C#
上位机开发
一本通

黄伟◎著

化学工业出版社
·北京·

内容简介

本书针对自动化工程师，全面、深入地介绍了C#上位机开发的基础知识、设计思路与功能实现，旨在帮助读者快速掌握上位机开发的基本原理、技术要点和实践方法。本书内容主要包括C#基本语法、常用控件和布局技巧，C#与WinCC数据交互，SCADA面向组件开发，利用C#实现设备通信，通信驱动库封装，数据库应用开发，文件操作与访问，程序安装与部署等。

本书内容翔实、实用性强，紧密结合自控行业技术人员的IT知识需求，在C#语法讲解中穿插大量程序实例，提高读者学习兴趣和编程成就感。同时，通过典型的上位机应用开发讲解，帮助读者掌握实际应用开发技能，学以致用。

本书适合从事上位机开发的自动化工程师学习，也可供控制工程、自动化相关专业的师生参考。

图书在版编目（CIP）数据

C#上位机开发一本通/黄伟著．一北京：化学工业出版社，2024.3（2025.4重印）
ISBN 978-7-122-44780-7

Ⅰ.①C… Ⅱ.①黄… Ⅲ.①C语言-程序设计 Ⅳ.①TP312.8

中国国家版本馆CIP数据核字（2024）第022126号

责任编辑：于成成　宋　辉　　文字编辑：侯俊杰　温潇潇
责任校对：王　静　　装帧设计：王晓宇

出版发行：化学工业出版社
（北京市东城区青年湖南街13号　邮政编码100011）
印　　装：北京云浩印刷有限责任公司
787mm×1092mm　1/16　印张$25^3/_4$　字数635千字
2025年4月北京第1版第4次印刷

购书咨询：010-64518888　　售后服务：010-64518899
网　　址：http://www.cip.com.cn
凡购买本书，如有缺损质量问题，本社销售中心负责调换。

定　　价：108.00元

序言

当老黄提出让我给他的新书写个序的时候，其实我内心是惶恐和拒绝的。老黄之所以成为老黄，不仅仅是年纪稍大于我，更因各方面技术都要优于我，所以让我对他的新书说点什么我都觉得不太合适。老黄说随便说点什么，不一定要说技术，那就真的随便说说。

我和老黄都是自动化出身，都是在工控圈摸爬滚打十几年的自控工程师，使用的也都是各个品牌的PLC。也许在圈外人士看来PLC也就是用梯形图控制一些输入输出的简单控制器，其实自动化这一行入门很简单，但真要做出好的控制方案和符合标准的程序还是挺难的。

随着信息技术和工业自动化技术的快速发展，PLC也在不断发展和变化，主要体现在以下几个方面。

①智能化：除原有的输入输出等模块以外，更多的功能将会被集成到PLC，例如MQTT、OPC、AI和行业专用算法模块等。

②网络化：新一代的PLC系统都开始提供一网到底的解决方案，PLC将成为一个网络节点，通过网络实现设备之间的互联和数据共享，提高设备的协同性和智能化程度。

③高级语言支持：目前一些更高级的PLC直接支持C++等编程语言进行编程，通过编程可以实现更加复杂的控制逻辑和高级算法。

④安全性：由于PLC已经脱离传统的本地控制模式，互联的架构不可避免地带来安全隐患，包括设备的物理安全和网络安全。现有的IT安全解决方案可能会更多地下沉，融合至工业控制系统中，以防止设备被恶意攻击和入侵，保护企业和设备的安全和稳定。

⑤环保性：未来的PLC将更加注重环保性，包括降低能源消耗和减少对环境的影响。PLC将通过更加高效和智能的控制来降低生产过程中的能源消耗，例如通过能耗监测、智能调度等技术来优化设备运行。此外，PLC将通过减少废弃物和污染物的产生来降低对环境的影响。未来的PLC将拥有更加环保的设计和实现，以满足日益增长的环保需求。

总之，未来PLC将成为工业自动化领域的核心设备，具备更高的集成化、智能化、网络化、可编程化、安全性和环保性，将成为实现工业自动化和智能化可持续发展的重要技术手段。

可以预见的是随着工业4.0和中国制造2025的提出，“智”造将会进一步将 ISA95架构中各层级打通融合，同样也对工业领域的人才提出了更高的要求，既懂IT又懂OT的人才将会有更多的发展空间。对于自动化行业的人员，掌握一门新的IT技能尤为重要。抛开IT&OT融合对综合性人才需求，现阶段.Net技术在自动化领域的应用也是非常广泛的，小到各SCADA对.Net控件扩展的支持，大到利用C#实现PLC程序和画面的自动生成，可以说.Net技术在自动化行业的应用无处不在。学习一门高级编程语言，不只是体现在工具上带来便捷和强大的扩展功能，面向对象的思想也可以在PLC程序开发上得到应用。得益于 IEC61131-3和ISA88标准的发展，基于标准化构建的程序具有结构化、模块化、可重用性、分层体系结构等特点，这些特点为自动化行业带来了更好的编程和控制体验，有助于提高自动化系统的可靠性、可维护性和可扩展性，学好C#语言能够帮助我们更好地理解这些标准。

市面上关于.NET和C#的书籍不胜枚举，但多数着重讲解C#语言基础和应用，理论方面居多。老黄这点也没有落下俗套，该讲的语法、数据类型一个不少，但更多地结合了实际应用。以其多年的从业经验为基础，深入浅出地讲解了C#编程语言的各种特性和用法，以及如何将C#应用于工业自动化等领域，比如设备通信、组态软件拓展，以及使用C#基于面向对象编程实现Icon和Faceplate等。除此之外，还涵盖了工业现场总线通信协议、IT和OT融合、物联网、数据中心、数据展示、数据分析等方面的内容，为读者提供了丰富的实例和案例，帮助读者深入理解如何将C#编程应用于工业自动化领域。此外，本书还采用了清晰简洁的结构和组织方式，使读者可以轻松地找到所需的信息。

总而言之，这是一本非常优秀的关于C#编程并专注于自动化行业的书籍，不仅适合新手学习C#编程，也适合有着丰富经验的开发者。本书内容丰富、案例实用，涵盖了工业自动化领域的各个方面，是一本不可或缺的指南，可以帮助自控工程师更好地开发、部署和维护工业自动化系统，提高工业自动化系统的效率和可靠性，同时也可以提高工业自动化从业人员的职业竞争力。希望本书能够帮助您更好地理解C#编程语言，并将其应用到实际的工业自动化系统中。

最后，祝愿您学习愉快!

Alec Xu

前言
PREFACE

以前我常在想，对于自动化工程师来说，如果你一直想走技术路线，那么该往哪个方向发展？我相信很多人肯定也考虑过这个问题。以我个人的经验来看，从自动化到信息化，融合OT和IT，是个不错的选择。目前自动化和信息化中间像是有个鸿沟，懂自动化的人不懂信息化，懂信息化的人又不懂自动化。这样会有什么问题？首先，对于一个复杂的智能制造项目来说，沟通成本高，架构无法合理设计。因为有些任务放在自动化里实现比较合理，而有的任务则放在信息化里实现更为合理。面对这种情况，只有同时熟悉自动化和信息化的人才会懂得合理规划项目架构。其次，对于项目中的问题，很容易出现自动化的人和信息化的人互相推诿、扯皮。这时如果有一位同时熟悉自动化和信息化的工程师就可以避免这种情况。未来，伴随着产业升级，同时精通自动化和信息化的智能制造架构师将会非常抢手。只要你稍微留意一下，就会发现目前市场上这类人才需求已经越来越多了。

另一方面，自动化技术发展一日千里，客户的控制需求也越来越高，相信很多自动化工程师已经感觉到因为缺乏高级编程语言技能而越来越使自己对很多工作感觉力不从心。比如在工厂数据采集中的各种非标协议转换、报表需求、数据存储、视觉识别，以及MES/ERP之间的信息交互等。在互联网浪潮下，很多新兴企业颠覆了传统行业，对于自动化行业来说亦是如此，仅仅拥有传统自控知识显然已经无法适应现如今的工业制造对自动化的要求。

微软的C#语言凭借完整而强大的技术体系，使其在工业生产领域的信息化系统中占据了主流地位。很多上位机(这里的上位机指的是SCADA)和生产过程管理系统都是采用C#开发。本书紧密结合自控行业对IT知识的需求，专门针对自动化工程师学习运用C#开发上位机或管理系统而编写。

本书是一本零基础入门教程，在内容上摒弃了那些不适用于自控工程师的知识点，比如控制台应用等，因为通常自控工程师不会涉及此类工作。另外，编程语言的学习通常是枯燥的，很多人往往还没有入门就放弃了！为了避免此类情况发生而使大家很快就可以获得编程成就感，本书减少了语法篇幅，将应用程序开发穿插在语法中来提高读者学习兴趣，而不至于半途而废。

本书的章节编排如下：前8章是C#的一些基本知识，涵盖了对C#的基本语法、常用控件、布局技巧等的介绍。这些知识点是开发C#应用程序的必备基础，如果你是从零开始学习，那么建议你一定要完整地学习完。如果你对C#的基本知识有过了解，那么可以不必在这部分花费太多时间。第9章我们安排了C#和WinCC的数据交互内容。这里开始了第一次实际应用开发，通过本章的学习，可以初步了解到C#的强大功能。第10～12章是三个章节的语法知识学习，结合SCADA开发中常用的Icon和Faceplate来演示面向组件开发。第13章讲解C#如何和设备通信，包含了S7、OPC、Modbus、Fins等主流通信协议。另外还引入了设计模式，讲解如何封装自己的通信驱动库。第14章结合数据库应用开发讲解了数据存储和展示。在数据库开发方面，从最基础的SQL语句使用到ORM使用都有涉及，涵盖面很完整。第15章讲解了常用的文件操作和访问、程序安装部署等一些C#应用开发中经常用到的技能。

本书在内容编排上涉及的知识点比较多，不可能对每个知识点面面俱到，所以我们对每个知识点进行了一定的裁剪，力求能够使用较小的篇幅就把每个知识点讲明白。因此我们建议大家在学习时除了基本语法外，部分知识点可以先有个基本了解，知道它的使用场景以及如何简单地应用，在接触到项目需求时可以结合实际情况再深入学习。比如OPC、Fins通信等一些未必马上能用到的技术。

编程技术的学习是需要持之以恒的，对于自控工程师来说尤其如此。希望大家在学习过程中不要急躁，只要稳扎稳打，持续保持学习热情，肯定可以实现自己的目标。

本书侧重于C#在工控行业中的应用开发，对于C#及.Net类库的知识难以全面介绍，所以大家在看完本书后如果还有兴趣深入了解它们，可以自行参考微软的帮助文档。本书程序源文件请前往化学工业出版社官网下载(网址:https://www.cip.com.cn/Service/Download)。

由于著者本人对C#的认知有限，书中不当之处在所难免，恳请工控界同行及IT界相关人士不吝指教，任何问题请发送邮件至huangwei@hwlib.cn，谢谢大家！

著者

目录
Contents

第 1 章 C# 上位机开发概述

2002年，微软发布了C# 1.0和Visual Studio 2002，用于替代尚如日中天的Visual Studio 6.0(包含VB6.0、VC++ 6.0等开发工具，目前还有不少人在使用)。这在当时引起了很大的争议，因为从VS 2002起，大部分语言（包括VB7.0、C#、Managed C++）编译生成的程序将由原先的本地运行转为托管运行。一部分人说这是微软明智的抉择，因为未来是Web时代，加上Java在当时已经风生水起，本地桌面程序未来将会衰落，而现有的产品线在Web上基本没有竞争力。而另一部分人认为托管运行后程序运行效率将大打折扣，丧失了原先的平台优势。著者曾看到过一篇C#总设计师安德斯的演讲，大意是未来开发语言的竞争其实就是平台的竞争，语言特性没那么重要，重点在于平台的性能与功能，能否提升开发效率、程序稳定性等。从现在来看，事实也确实如此。

C#与.Net Framework从第一个版本发布到现在已经二十多年，回过头来看微软当时的选择无疑是正确的，只不过一方面因为Java的先天优势（开源，丰富的框架）以及微软并未将.Net真正开源，另一方面又不能跨平台(虽然有Mono，但是性能差了不少)，所以导致.Net的市场占用率并不高。在互联网行业因为没有非常强有力的企业级解决方案，所以用户也不是很多。不过C#在工控行业和工业企业信息化行业倒是有很高的市场占有率，目前的制造执行系统(MES)大部分都是采用C#开发的，另外很多著名软件也是采用的C#与.Net Framework，比如AutoCAD，以及大名鼎鼎的西门子TIA Portal。C#在工控行业也有很多的技术资源，比如在机器视觉、OPC、数据采集和分析方面都有现成的开发包。正因为如此，我们推荐C#为工控行业上位机开发的首选语言，Visual Studio(简称VS)为开发工具。

微软也意识到了上述问题，加快了对.Net的研发与更新。2014年，Xamarin和微软发起.Net基金会，微软在2014年11月开放.Net框架源代码。随后在.Net开源基金会的统一规划下诞生了.Net Core。2020年，微软发布了.Net5.0。在这一版本中，微软去掉了名称中的Core，同时宣布.Net Framework 4.8是.Net Framework的最后一个版本，以后全部统一为.Net。微软对于.Net的升级开发很快，2021年11月正式发布了.Net6.0，2022年11月正式发布了.Net7.0。

几乎一年一个大版本发布。在本书成稿时，微软已经开始发布.Net8 Preview。其更新不可谓不快。本书部分新例程将基于VS 2022和.Net7.0。其实对于桌面应用(WinForm和WPF)来说，.Net7.0和.Net Framework相差并不大。

.Net7.0统一了各种开发平台，如图1-1所示，支持桌面应用、Web应用、移动应用、机器学习等的开发。代表了未来微软的技术方向，值得我们学习。

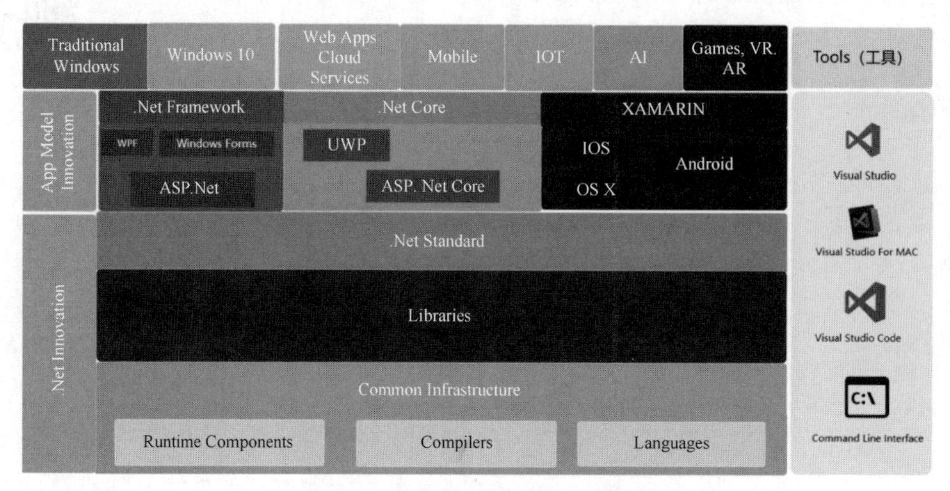

图1-1 持续进化的.Net统一开发平台

1.1 .Net Framework

.Net Framework的核心是公共语言运行库(CLR)，后面所说的托管程序就是在CLR中运行并被管理的，比如垃圾回收等都由CLR来完成。.Net Framework还提供一个非常庞大的代码库。这个库包罗万象，涵盖了软件开发中可能用到的方方面面，比如在Windows.Forms里包含了用于开发GUI程序的按钮、文本框等控件。在我们开发C#程序时，将需要用到框架里的那部分功能直接引用到项目里即可。

另外.Net Framework里还定义了很多基本数据类型，这些被称为通用类型系统(common type system, CTS)。无论是C#还是VB.Net，它们的数据类型在CTS中都有相对应的实现，用于实现不同语言之间的互操作。

随着多年不断地更新完善，.Net Framework已经从最初的应用程序开发框架发展成一个庞大的技术栈。除了可以开发桌面程序（运行在PC机上的本地GUI程序）外，还可以开发Web应用、移动应用等。目前.Net Framework已经非常成熟，微软为了真正地实现跨平台，从.Net Framework 4.8以后将完全转向.Net Core。后来为了名称版本统一，也去掉了Core，最新正式版本是.Net 7.0。

1.2 .Net Standard

.Net Standard是所有.Net类库的基本库（通常称为base class library或 BCL），它实现了一

些最基本、最常用的类库，比如I/O、数据类型、线程等。从图1-2中可以看出.Net Standard在微软.Net大家庭中的位置。

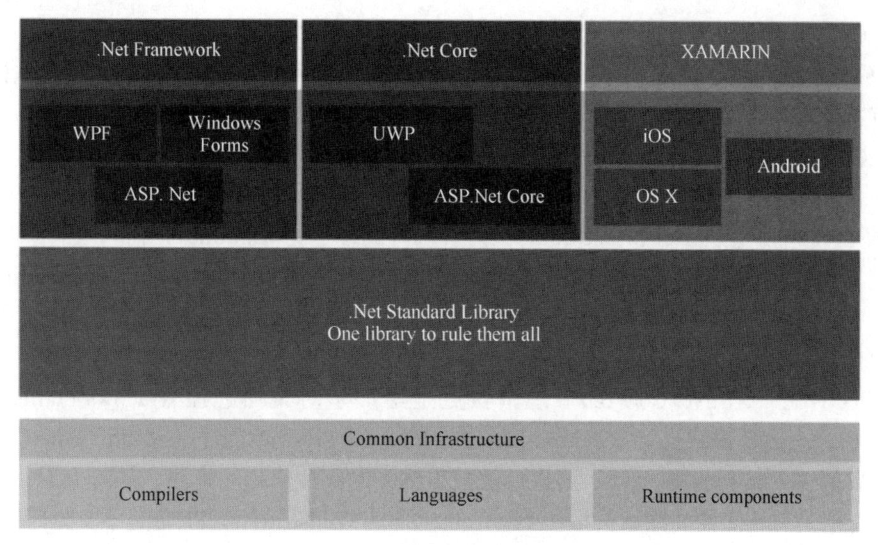

图1-2　.Net架构体系

从图1-2可以看出，无论.Net Framework还是.Net Core，都是基于.Net Standard提供的标准API开发的类库。.Net Standard为.Net平台提供了一组统一的和CPU及操作系统无关的BCL API。表1-1列出了.Net Standard的所有版本及其支持的平台。

表1-1　.Net Standard和其他版本关系

名称	对应支持关系								
Standard	1.0	1.1	1.2	1.3	1.4	1.5	1.6	2.0	2.1
.Net Core	1.0	1.0	1.0	1.0	1.0	1.0	1.0	2.0	3.0
.Net Framework (包含工具1.0)	4.5	4.5	4.5.1	4.6	4.6.1	4.6.2	vNext	4.6.1	4.8
.Net Framework (包含工具2.0)	4.5	4.5	4.5.1	4.6	4.6.1	4.6.1	4.6.1	4.6.1	4.8
Mono	4.6	4.6	4.6	4.6	4.6	4.6	4.6	vNext	—
Xamarin.iOS	10.0	10.0	10.0	10.0	10.0	10.0	10.0	vNext	—
Xamarin.Android	7.0	7.0	7.0	7.0	7.0	7.0	7.0	vNext	—
通用Windows平台	10.0	10.0	10.0	10.0	10.0	vNext	vNext	vNext	—
Windows	8.0	8.0	8.1	—	—	—	—	—	—
Windows Phone	8.1	8.1	8.1	—	—	—	—	—	—
Windows Phone Silverlight	8.0	—	—	—	—	—	—	—	—

微软推出.Net Standard的背后动机是要提高.Net生态系统中的一致性，但是自.Net5.0及更高版本将采用不同的方法来建立一致性，这种新方法在很多情况下都不再需要.Net Standard。

1.3 .Net Core/.Net

.Net Core是微软官方主持的一个跨平台的开源通用开发框架。即支持在Window、macOS、Linux等系统上的应用程序开发和部署，并且可以在硬件设备、云服务和嵌入式/物联网（如树莓派）方案中进行使用。.Net Core的源码放在GitHub上，由微软官方和社区共同维护。

.Net Core和传统的.Net Framework属于“子集-超集”的关系，或者也可以简单地认为它就是.Net Framework的跨平台版本（同样基于BCL）。这是因为在最初的版本中.Net Core中的大部分核心代码都是从.Net Framework中继承重写的，包括Runtime和Libraries（如GC、JIT部分类型）。在.Net Core 2.0中，微软为其添加的类库几乎完全覆盖了.Net Framework V4.6.1，这使得现有的.Net程序可以很容易地迁移到.Net Core 2.0，也可以直接使用.Net Core 2.0开发应用。

如图1-3所示，在.Net Core 3.0中，微软更是增加了对桌面程序Windows Forms、WPF和UWP的支持。也就是说它支持Windows Forms、Windows Presentation Foundation（WPF）和UWP等所有主要的Windows桌面平台。这将有效减少.Net的碎片化和混淆性，并减少.Net开发者的传统约束。但是有一点需要注意，即使.Net Core上面的WinForm和WPF也是不支持跨平台的。

从5.0开始，微软去掉了Core，以后统一命名为.Net5.0。2021年11月，微软又发布了.Net6.0。在这个版本中，微软新推出了跨平台的UI程序框架MAUI，一举解决了在这之前，无论是.Net Framework还是.Net Core，其桌面程序不支持跨平台的尴尬。

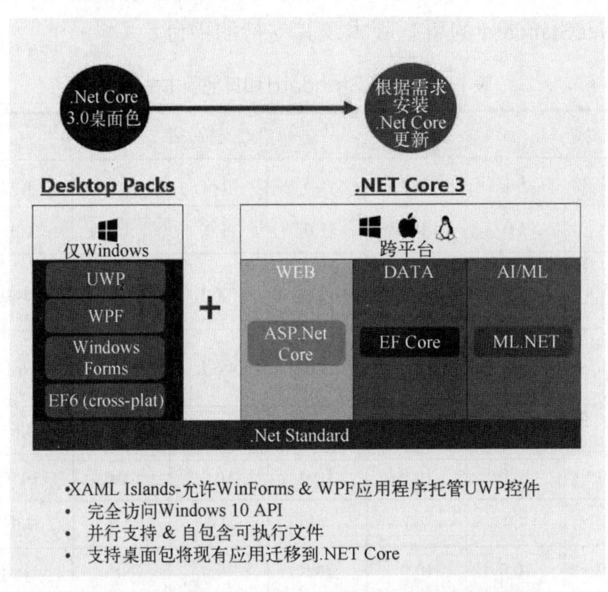

图1-3 可使用.Net Core 3.0的现代桌面应用程序

1.4 C#

C#是伴随.Net Framework一同发布的全新软件开发语言，被誉为.Net开发的首选语言。它以C和C++语言为蓝本，也吸取了Java等其他语言的优点。C#的语法和C++类似，但是比

C++要简单点。C#的功能非常强大，如果使用标记为“不安全(unsafe)”的代码，几乎可以实现C++的全部高级功能（比如直接访问和处理系统内存等）。当然若非万不得已，一般不提倡在程序中使用“不安全(unsafe)”代码。

借助.Net Framework的强大功能，C#除了可以开发桌面应用程序（也称为GUI程序，运行在本机上的计算机程序，具有完善的人机交互界面）外，还可以开发Web应用、移动应用（Android和iOS）、嵌入式应用等。本书涉及的基本是桌面应用开发，目前在此领域只有C#（也包括基于.Net Framework的VB、Managed C++等）和Delphi（托管和本地）两大阵营。鉴于Delphi的昂贵授权费用，所以推荐C#作为开发工业自动化应用的首选语言（如果你熟悉Basic语言，那么VB也是不错的选择）。C#语言通常跟随.Net Framework一同更新发布，表1-2列出了它们的版本关系。

表1-2　C#/.Net Framework/.Net Core版本关系

<table>
<tr><th>序号</th><th>.Net Framework版本</th><th>C#版本</th><th>.Net Core</th><th>发布时间</th><th>开发工具版本</th><th>操作系统</th></tr>
<tr><td>1</td><td>1.0</td><td>1.0</td><td rowspan="9">—</td><td>2002/02/13</td><td>VS.Net</td><td>XP(可安装)</td></tr>
<tr><td>2</td><td>1.1</td><td>1.1</td><td>2003/04/24</td><td>VS 2003</td><td>2003</td></tr>
<tr><td>3</td><td>2.0</td><td>2.0</td><td>2005/11/07</td><td>VS 2005</td><td>2003/2008</td></tr>
<tr><td>4</td><td>3.0</td><td rowspan="2">3.0</td><td>2006/11/06</td><td>Expression Blend</td><td>Vista</td></tr>
<tr><td>5</td><td>3.5</td><td>2007/11/19</td><td>VS 2008</td><td>2008 R2 SP1</td></tr>
<tr><td>6</td><td>4.0</td><td>4.0</td><td>2010/04/12</td><td>VS 2010</td><td>N/A</td></tr>
<tr><td>7</td><td>4.5</td><td rowspan="3">5.0</td><td>2012/08/15</td><td>VS 2012</td><td>Win8</td></tr>
<tr><td>8</td><td>4.5.1</td><td>2013/10/17</td><td>VS 2013</td><td>Win8.1</td></tr>
<tr><td>9</td><td>4.5.2</td><td>2014/05/05</td><td>N/A</td><td>N/A</td></tr>
<tr><td>10</td><td>4.6</td><td rowspan="2">6.0</td><td rowspan="2">1.0</td><td>2015/07/20</td><td>VS 2015</td><td>Win10</td></tr>
<tr><td>11</td><td>4.6.1</td><td>2015/11/30</td><td>VS 2015 UD1</td><td>Win10 1511</td></tr>
<tr><td>12</td><td>4.6.2</td><td>7.0</td><td>—</td><td>2016/08/02</td><td>VS 2017</td><td>Win10 1607</td></tr>
<tr><td>13</td><td>4.7</td><td>7.1</td><td>2.0</td><td>2017/04/05</td><td>VS 2017 V15.3</td><td>Win10 1703</td></tr>
<tr><td>14</td><td>4.7.1</td><td>7.2</td><td>—</td><td>2017/11</td><td>VS 2017 V15.5</td><td>Win10 1709</td></tr>
<tr><td>15</td><td>4.7.2</td><td>7.3</td><td>—</td><td>2018/05</td><td>VS 2017 V15.7</td><td>Win10 1803</td></tr>
<tr><td>16</td><td>4.8</td><td>8.0</td><td>3.0</td><td>2019/9/23</td><td>VS 2019 V16.3</td><td>Win10 1903</td></tr>
<tr><td>17</td><td>N/A</td><td>N/A</td><td>3.1</td><td>2019/12/3</td><td>VS 2019 V16.4</td><td>N/A</td></tr>
<tr><td>18</td><td>N/A</td><td>9.0</td><td>5.0</td><td>2020/11/11</td><td>VS 2019 V16.8</td><td>N/A</td></tr>
<tr><td>19</td><td>N/A</td><td>10.0</td><td>6.0</td><td>2021/11/8</td><td>VS 2022</td><td>Win11</td></tr>
<tr><td>20</td><td>N/A</td><td>11.0</td><td>7.0</td><td>2022/11/20</td><td>VS 2022</td><td>Win11</td></tr>
</table>

1.5 Native和Managed程序

Native(本地，也称为原生)应用程序是指编译为本机代码，可以直接利用操作系统资源的应用程序，比如VB6.0、VC++6.0开发的应用程序都属于原生程序。与之对应的是托管应用程序。Managed(托管)应用程序指的是代码不会被编译为本机代码，而是先被编译为通用中间语言(common intermediate language, CIL)代码。这种代码不针对某一种具体的操作系统。当它运行在有多个操作系统的机器上时，由JIT实时编译为本机代码。相比于本地应用，托管应用多了一个中间编译过程。当然这些编译过程目前我们无须花费过多精力，只需了解即可。其实也可以这样理解，本地程序是直接运行在操作系统中的，而托管程序是运行在公共语言运行库(CLR)中的。

一般来说，托管程序的运行速度会比原生程序要慢。早先使用.Net开发的应用程序，即使是一个空窗体启动也需要数秒。不过随着微软对.Net的不断优化，现在的托管程序和原生程序之间的速度差距已经很小了。

1.6 Visual Studio

Visual Studio是微软出品的一款IDE(integrated development environment，集成开发环境)，支持VB.Net、C#、C/C++等编程语言。截至目前，最新版的Visual Studio是VS 2022。VS功能非常强大，程序编辑与调试非常方便，有“宇宙最强IDE”之称。

Visual Studio目前包含三个版本，分别是Community、Professional、Enterprise版本，其中Community版本为社区免费版。虽然是免费版，但并不意味着功能缩水，Community版本足以满足我们绝大部分开发需求。除了可以开发常规桌面程序外，也可以开发类库、手机应用、UWP等。

1.7 安装Visual Studio

目前最新的Visual Studio版本是2022，可以到微软官网下载。因为离线安装包体积巨大，目前普遍采用在线安装方式。

VS 2022安装非常简单，根据提示一步步往下走就行了，故这里不再赘述。本书是基于WinForm的工业自动化领域软件开发，在安装时选择“.Net桌面开发”就可以了，如图1-4所示。

1.8 第一个C#程序

一般C#的教材都是从控制台程序开始，不过它对自控行业用处不是很大，所以本书不包含控制台应用程序，只涉及WinForm和类库开发。双击桌面上的“Visual Studio 2022”图标启动VS 2022，选择“创建新项目”，如图1-5所示。

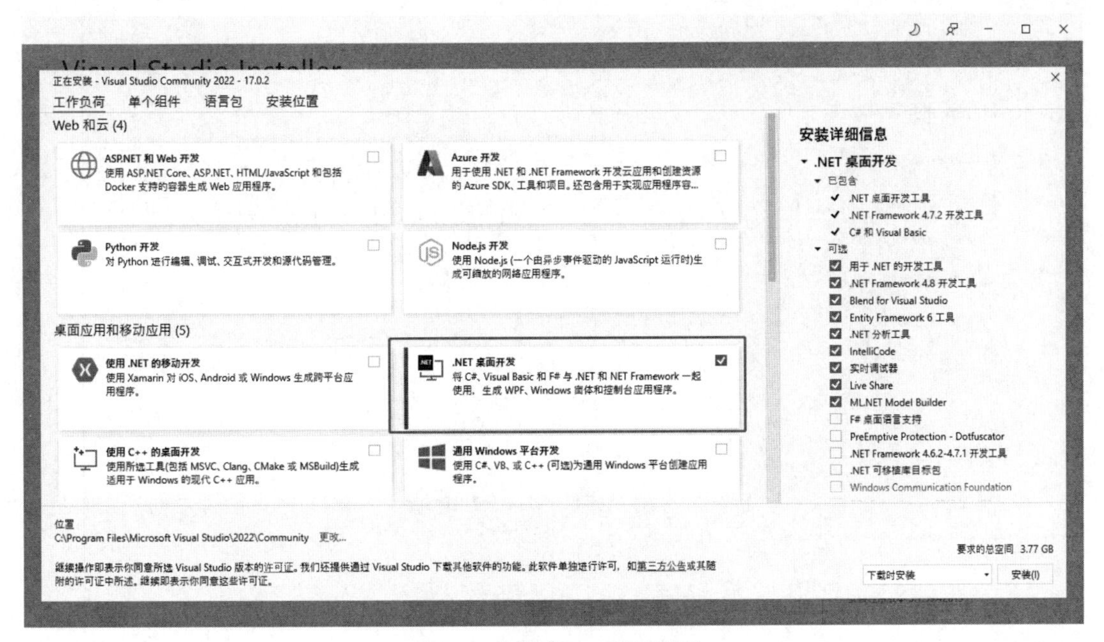

图1-4　选择“.Net桌面开发”

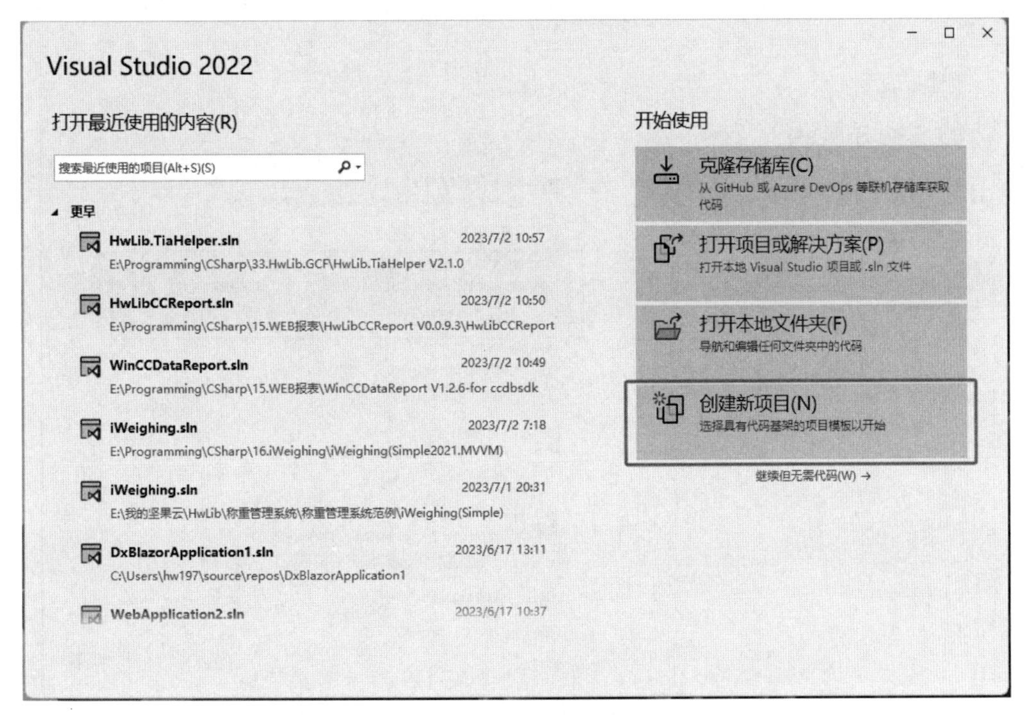

图1-5　创建项目

然后在窗体中选择“Windows Forms App”，如图1-6所示。这里的Windows Forms App就是我们常听到的WinForm应用程序，和.Net Framework框架里面的Windows窗体应用一样。

图1-6中创建的是基于.Net 7.0的WinForm应用。如果我们还是想基于.Net Framework来开发项目，那么可以参照图1-7中的选择。

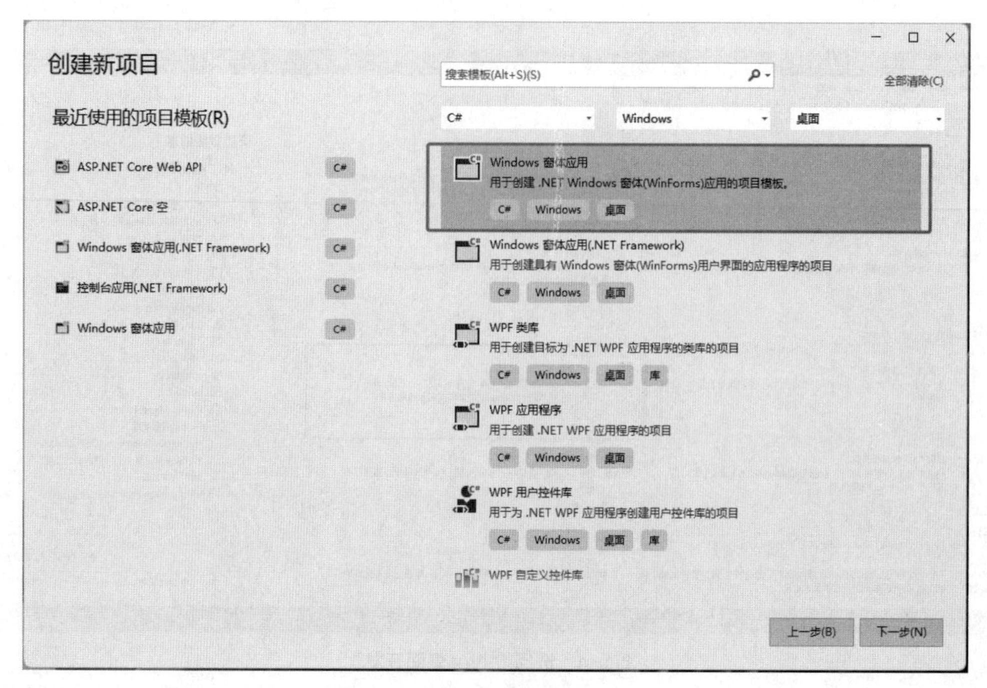

图1-6　选择项目类型（.Net 7.0）

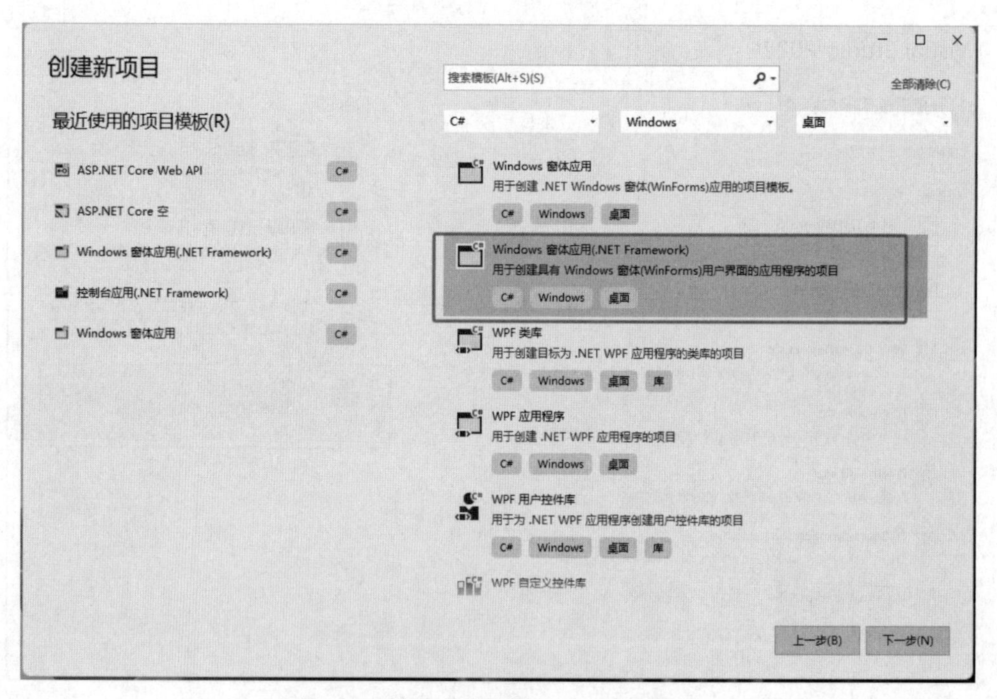

图1-7　选择项目类型(.Net Framework)

图1-7中深色方框内可以选择开发语言，这里我们选的是C#。然后点击图中的“下一步”，在窗口中输入项目名称和存储位置。

在图1-8中，深色方框内是存储路径。浅色方框内是项目名称。接下来选择.Net版本，如图1-9所示。

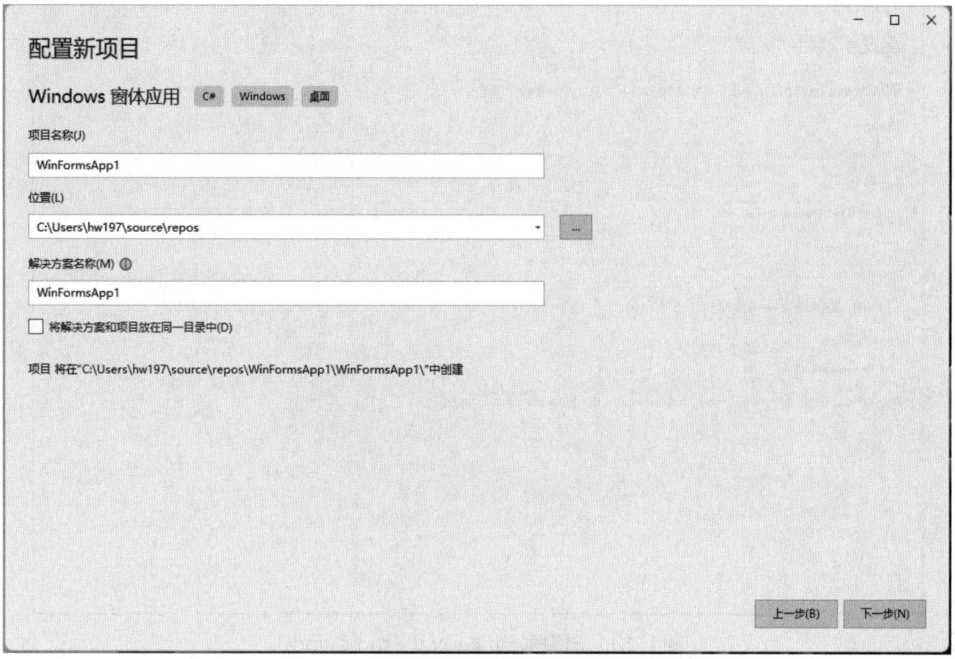

配置新项目
Windows 窗体应用
C#
Windows
桌面
项目名称(J)
WinFormsApp1
位置(L)
C:\Users\hw197\source\repos
解决方案名称(M)
WinFormsApp1
将解决方案和项目放在同一目录中(D)
项目 将在"C:\Users\hw197\source\repos\WinFormsApp1\WinFormsApp1\"中创建
上一步(B)
下一步(N)

图1-8　设置项目属性

其他信息
Windows 窗体应用
C#
Windows
桌面
框架(F)
.NET 7.0 (标准期限支持)
上一步(B)
创建(C)

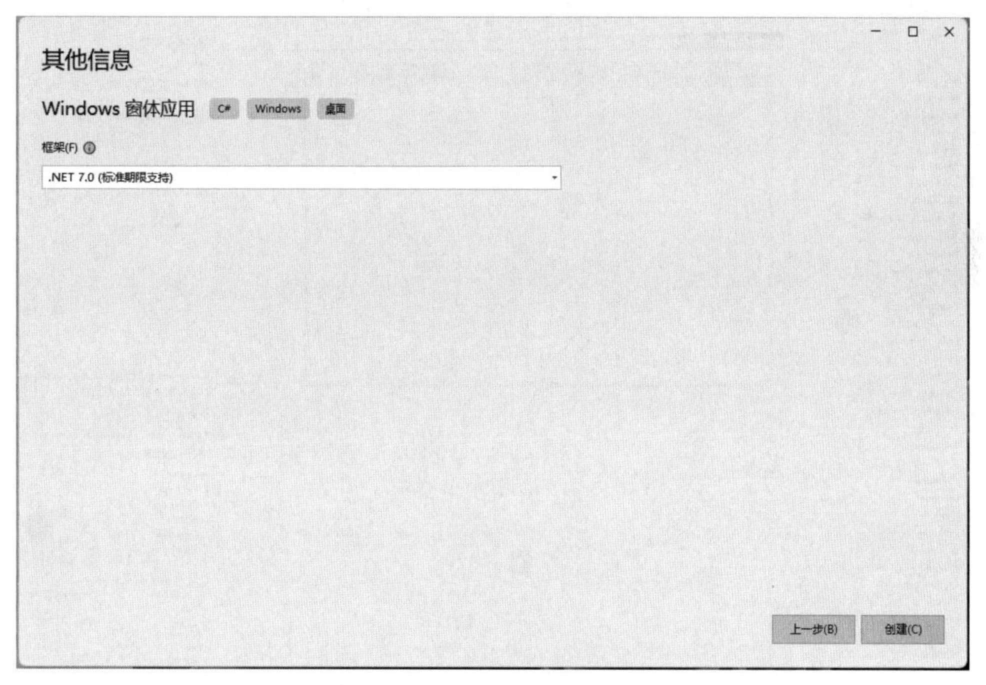

图1-9　选择框架版本(.Net7.0)

如果我们的项目是基于.Net Framework，那么目标框架选择和项目名称、存储路径等位于同一个界面，如图1-10所示。

设置完成后点击按钮“创建”，VS即创建了一个新项目。该项目自带一个窗体，如图1-11所示。

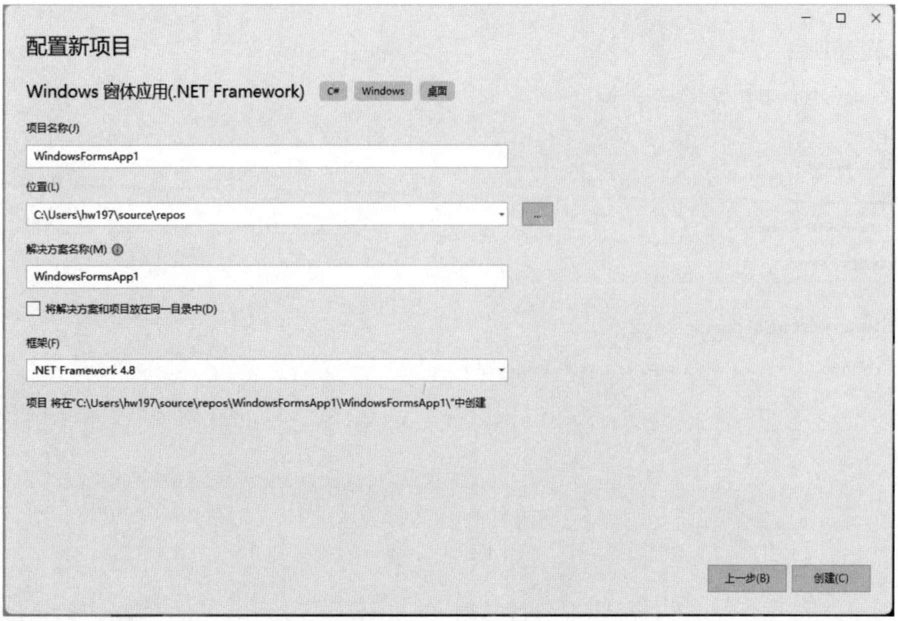

配置新项目

Windows 窗体应用(.NET Framework) C# Windows 桌面

项目名称(J)

WindowsFormsApp1

位置(L)

C:\Users\hw197\source\repos

解决方案名称(M)

WindowsFormsApp1

将解决方案和项目放在同一目录中(D)

框架(F)

.NET Framework 4.8

项目 将在"C:\Users\hw197\source\repos\WindowsFormsApp1\WindowsFormsApp1\"中创建

上一步(B) 创建(C)

图1-10 选择框架版本(.Net Framework)

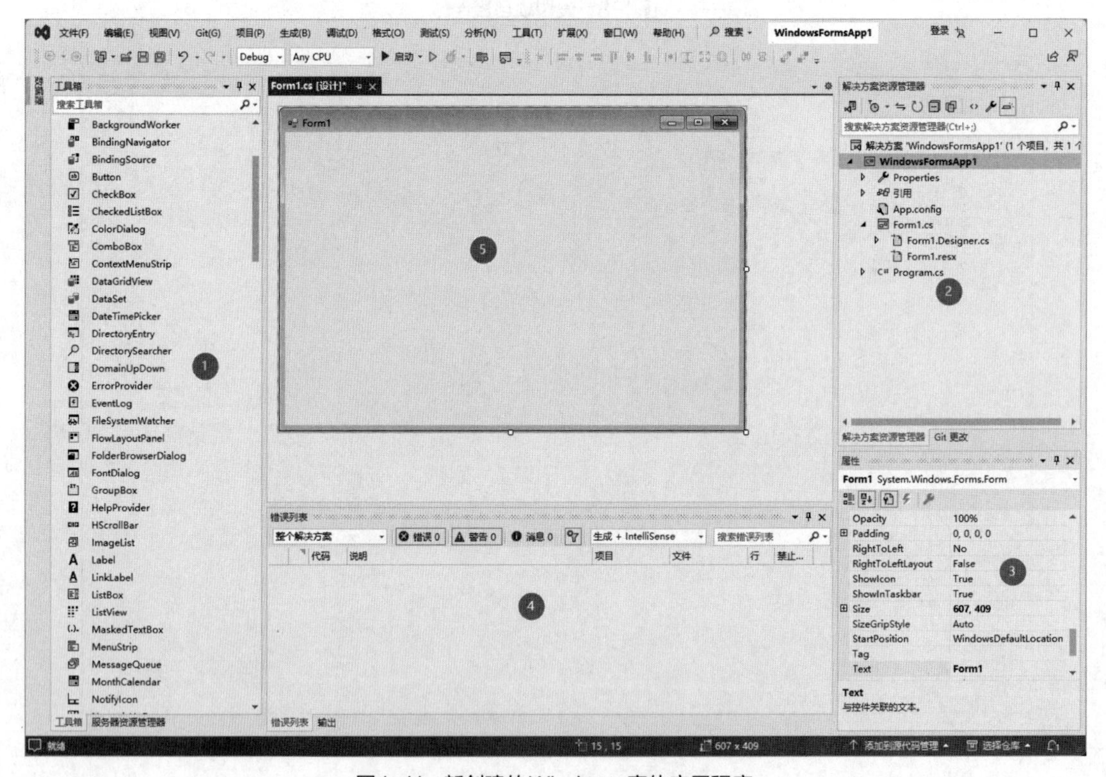

图1-11 新创建的Windows窗体应用程序

在图1-11中，左边是组件工具箱，里面是一些常用控件，比如按钮、文本框等。右边包括项目资源管理器和属性窗口。项目资源管理器中是该项目所有用到的文件和图片等资源。属性窗口包括属性和事件两部分，在属性栏中可以设置选中控件的相关属性，比如控件名称、背景颜色等。在事件栏中可以创建控件的相关事件并写入事件代码，比如点击事件、键盘事件等。

从左边工具箱中拖入一个“Button”控件和一个“Label”控件到窗体上。选中“Button”控件，在右下角属性栏中找到属性“Text”，写入“Click Me”，如图1-12所示。

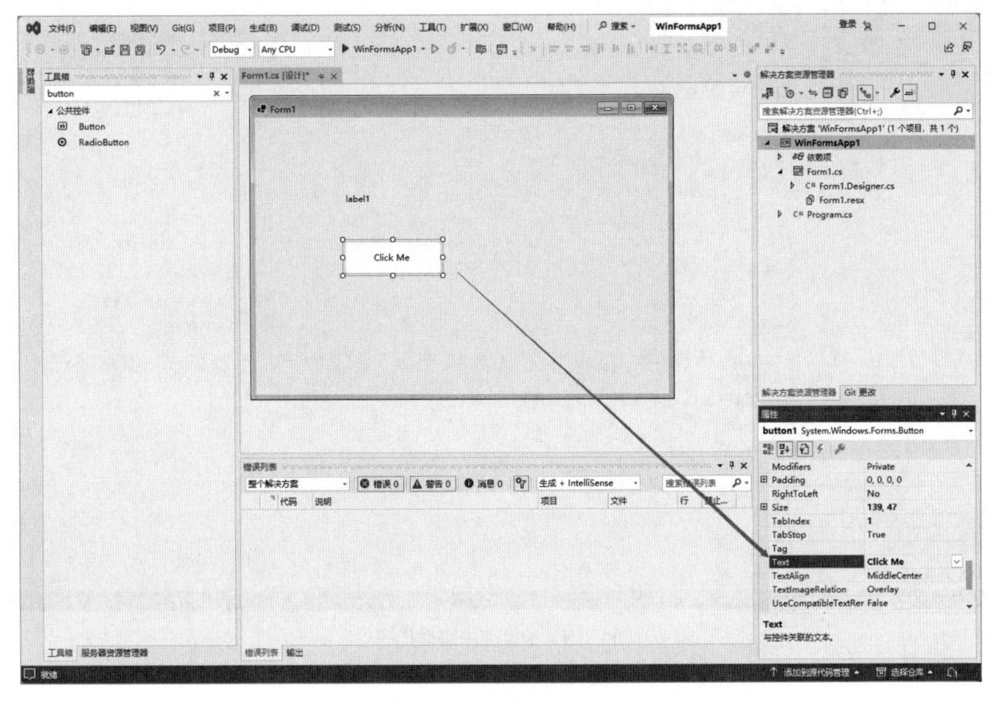

图1-12　修改控件属性

双击“Button”控件，VS将自动为该按钮创建一个点击事件，在该事件里写入图1-13中深色方框内的代码(键盘上的F7键可以实现在窗体设计器和代码编辑器之间快速切换，在窗体设计模式下按F7可以切换到代码编辑窗口，在代码编辑窗口按“Shift+F7”切换到窗体设计模式)。如果需要调用控件的其他事件，可以先选中控件，然后在右下角的属性栏中点击闪电图标切换到事件窗口，在事件名称后面的空白栏中双击即可自动生成该事件代码。

完成上面步骤后，点击工具栏上的绿色三角按钮（图中圈中处）“开始执行”，VS开始编译并启动程序，参见图1-14所示。

如果无错，程序窗体将会显示。点击按钮，控件“Label”中的文本被修改为“Hello, World!”，如图1-15所示。

在VS中，程序有两个执行模式，分别是Debug和Release，如图1-16所示。Debug通常称为调试版本，通过一系列编译选项的配合，编译的结果通常包含调试信息（比如断点、单步执行时的临时变量值等），而且不做任何优化，可以为开发人员提供强大的应用程序调试能力。而Release通常称为发布版本，是给用户使用的，一般用户不被允许在发布版本上进行调试，所以不保存调试信息。同时，它往往进行了各种优化，以期达到代码最小和速度最优，为用户的使用提供便利。

也就是说我们在开发程序的过程中应该选择Debug版本，测试完成发布时应该选择Release版本。与一般C#书籍不同的是，我们这里从窗体程序开始，而不是传统的控制台程序。因为对于自动化行业来说，控制台程序应用极少，所以这里就不再介绍了。

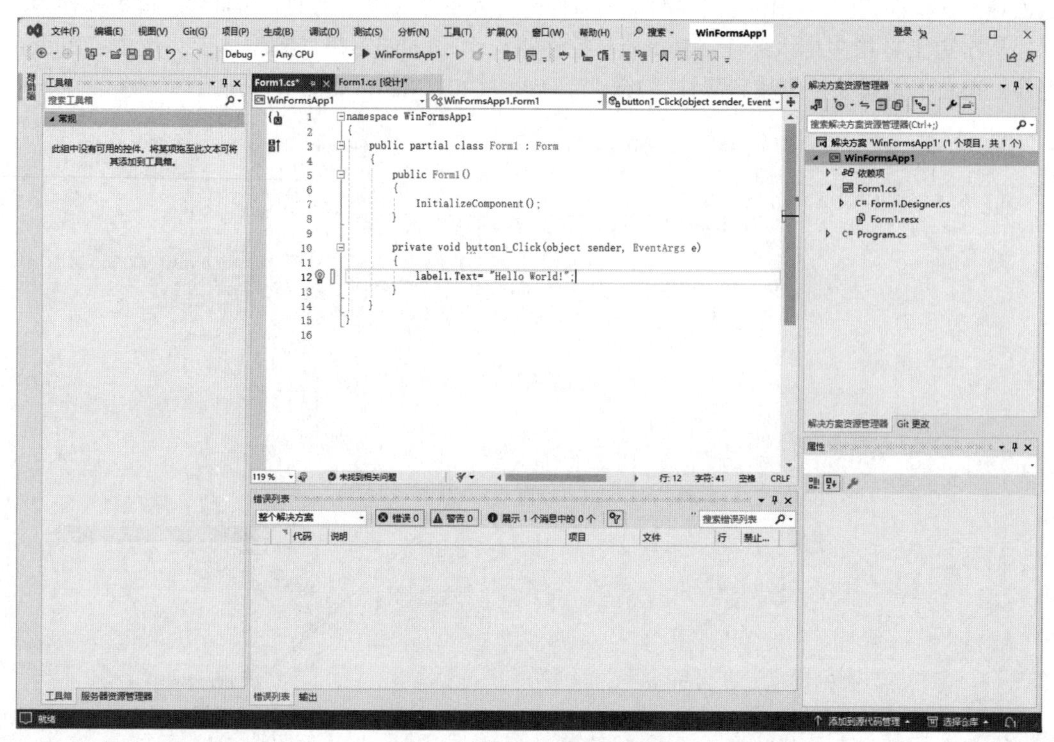

图1-13　控件点击事件代码

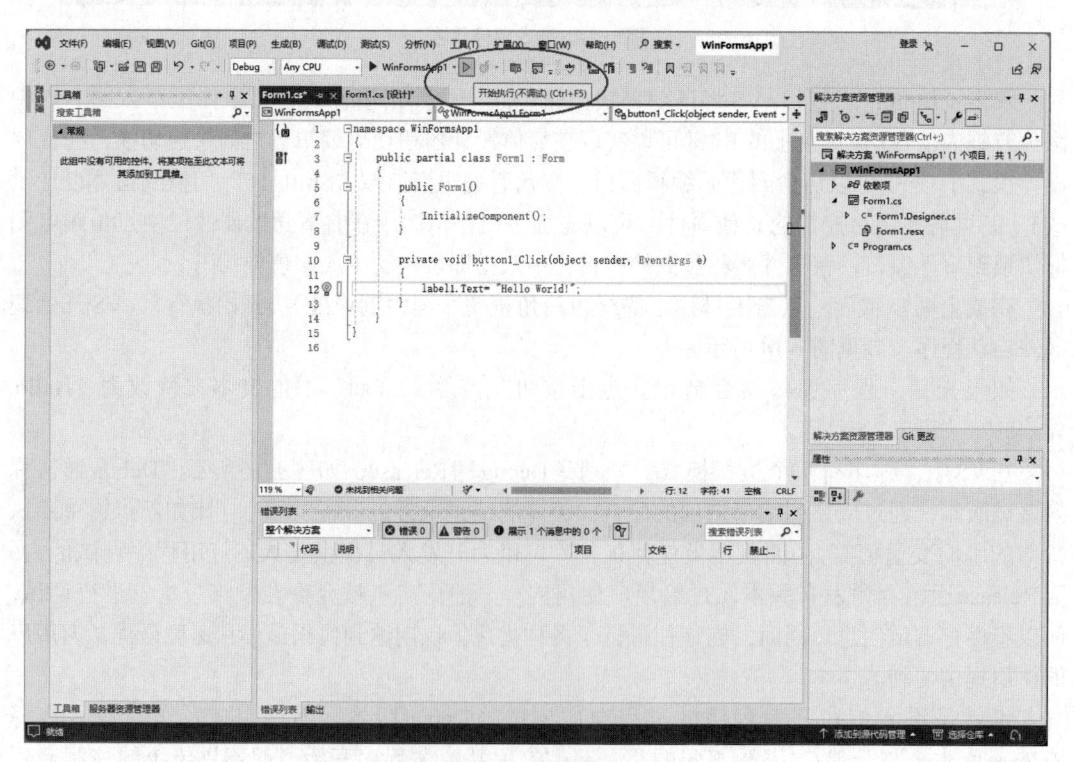

图1-14　执行程序

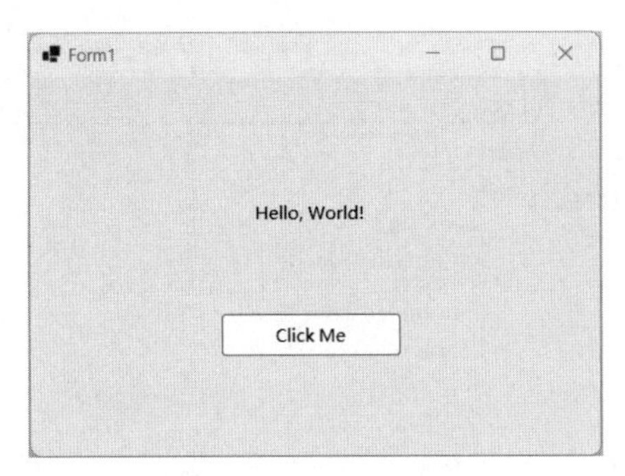

图1-15　程序运行效果

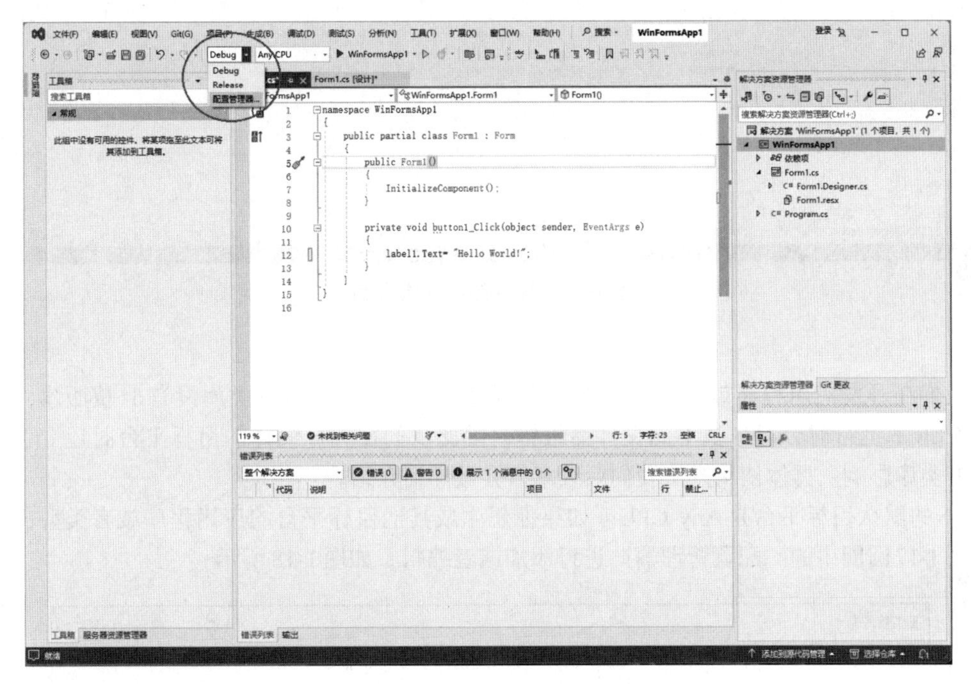

图1-16　程序版本

在VS中，应用程序及类库的生成有五个目标平台选项，分别是ARM32、ARM64、x86、x64和Any CPU，参见图1-17。

图1-17中的ARM32和AMR64针对的是采用ARM芯片的电脑，当然操作系统必须是Windows。如果我们选择的目标平台是x64，那么生成的应用程序及类库是无法在32位操作系统上运行的。如果选择的目标平台是x86，那么生成的应用程序及类库是可以在32/64位操作系统上运行的，具体区别参见表1-3。

表1-3　应用程序的目标平台区别

序号	目标平台	32位操作系统	64位操作系统
1	x86	在32位CLR上运行	在WOW下的32位CLR上运行
2	x64	无法运行	在64位CLR上运行
3	Any CPU	在32位CLR上运行	在64位CLR上运行

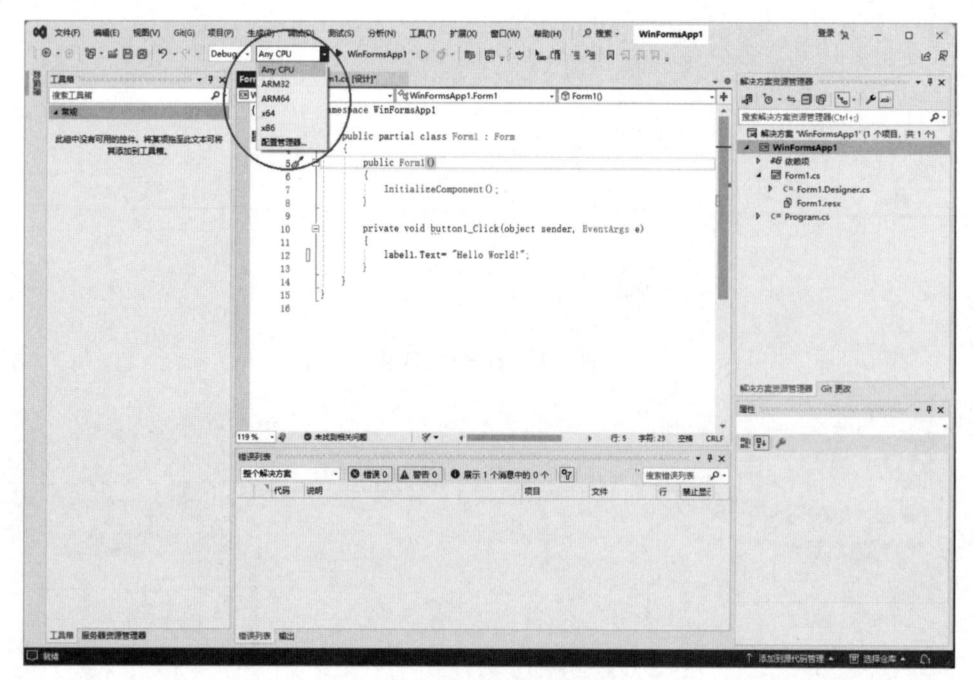

图1-17　程序及类库目标平台

我们在开发应用程序或者类库时往往会引用第三方类库。有些类库没有64位版本，当在64位CLR下运行时会因为找不到文件而报错，因此我们在选择编译的目标平台时还受引用的第三方类库影响。具体使用方法我们后续章节会做详细介绍。

VS的默认目标平台是Any CPU，如果你想生成其他目标平台的应用程序或者类型，可以点击图1-17圆圈中的“配置管理器”进行添加或者编辑，如图1-18所示。

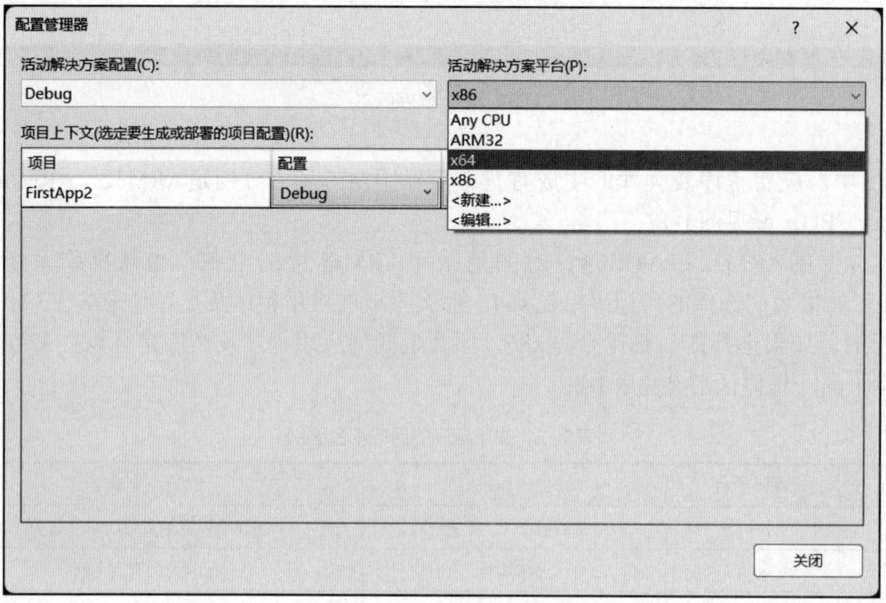

配置管理器
活动解决方案配置(C): Debug
活动解决方案平台(P): x86
Any CPU
ARM32
x64
x86
<新建...>
<编辑...>
项目上下文(选定要生成或部署的项目配置)(R):

项目	配置
FirstApp2	Debug

关闭

图1-18　目标平台管理

最终生成的应用程序和类库保存在项目文件夹路径下的“bin”文件夹里（bin是二进制英文binary的缩写），按照不同的目标平台分类存放，参见图1-19所示。

Visual Studio 2015 › Projects › WindowsFormsApplication3 › WindowsFormsApplication3 › bin

名称	修改日期	类型	大小
Debug	2018/3/31 8:23	文件夹	
Release	2018/3/31 8:22	文件夹	
x64	2018/3/31 8:39	文件夹	
x86	2018/3/31 8:39	文件夹	

图1-19　应用程序及类库文件夹

这些程序通常被称为GUI(graphical user interface)程序或者桌面应用程序。它们是指运行在本地计算机中的、具备图形用户界面的应用程序。桌面应用程序和Web应用程序是两种完全不同的程序形式，Web应用程序是指运行在浏览器中的，无需本地安装或者复制到本地的，从远端服务器获取数据的应用程序。

1.9　WinForm和WPF

WinForm是Windows Form Program的简称，是.Net平台对传统Win32 API的封装，提供了常用的按钮、文本框等控件，是一种GUI程序的快速开发框架。WinForm技术目前已经非常成熟和稳定，但在图形展示上有一定的缺陷，最典型的是在高DPI下显示会出现与设计时不一致的问题。不过这个问题在最新的.Net6.0中已得到一定的解决。

WPF是新一代的桌面程序开发框架，是windows presentation foundation的简称。WPF支持使用XAML语句来设计界面，实现了界面设计和业务逻辑设计的分离。使用WPF可以设计出非常酷炫的画面，不过WPF上手比WinForm要难一点，另外开发效率也比不上WinForm。实际上目前使用WPF的人数远不及WinForm。本书中的图形设计也是基于WinForm。

虽然WinForm技术比较久远了，不过我们也不用担心被淘汰。一方面是微软对程序的向下兼容一直做得很好，最典型的是二十年前VB6.0开发的程序依然可以在Win10上运行；另一方面令人欣慰的是从.Net Core 3.0开始已经全面支持WinForm了，而且微软还为其增强了一些特性，所以我们完全不用担心WinForm的生命周期问题。

相比较而言，WinForm上手快、开发周期短，WPF学习成本较高、设计模式更先进、界面更酷炫。关于WinForm和WPF之间如何选择，我们的看法是如果你开发的是项目型应用，那么优先选择WinForm，如果你开发的是产品型应用，那么优先选择WPF。

1.10　RAD工具

RAD(rapid application develop，快速应用开发)是指开发人员通过一组来自用户的基本需求，通常可以在工作室环境下快速地构建一个原型，用户可以与这个原型交互并建议特性、功能增强等。一个好的RAD工具，还应该为开发人员提供使用基于组件的架构来快速添加和删除特性的工具，而添加和删除特性要在不需要大量重新编写代码的情况下完成。常用的RAD工具主要有Visual Studio、RAD Studio等。

1.11 事件驱动模型

很多用过PLC的人都知道，PLC的程序执行机制是循环进行的逐行扫描。从PLC上电转入运行模式即从程序的第一行开始扫描到最后一行，然后再回到第一行继续扫描，如此周而复始地进行。但是Windows程序不是这样的，它是事件驱动型，也就是说收到一个请求才开始执行相应的程序，比如点击鼠标、按下键盘上的按键，在没有请求进入时不执行任何逻辑，而程序此时处于对消息的侦听状态。

事件消息的获取与分配是由Windows系统完成的，我们编写应用程序无须关心这些，我们只需要知道它的大概运行机制即可，如图1-20所示。

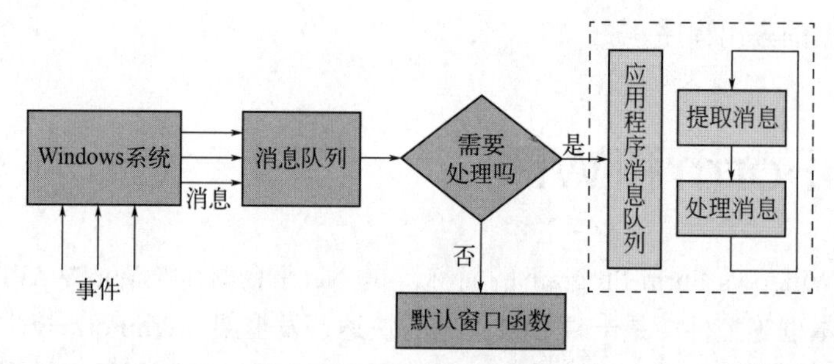

图1-20 Windows消息机制

Windows系统会对所有事件进行检测，然后将消息送到消息队列里。如果没有应用程序注册该消息，那么此消息将不被处理。反之，消息将被送到已注册该消息的应用程序里，由应用程序响应该消息。

.Net Framework里的System.Windows.Forms是一个GUI开发框架，它里面已经封装了对消息的响应，所以我们开发C#的GUI程序时只需要在相应事件里写入代码即可，而无须关心消息的具体传递过程。

1.12 Runtime

目前.Net Framework的Runtime已经被内置到操作系统（各种版本的操作系统内置的.Net Framework版本不一样，比如Windows 7内置的是.Net Framework3.5）中，所以我们的应用可以直接运行。.Net7.0暂时还没有被内置到Windows系统中，所以在没有安装VS的电脑上运行基于.Net7.0开发的应用程序时，需要额外安装对应版本的Runtime。.Net的Runtime一共有三个版本，常用的是.Net Desktop Runtime 7.0.0和ASP.Net Core Runtime 7.0.0，前者用于桌面程序，后者用于Web程序。Runtime可以在官网下载。

第2章 数据类型与运算符

本章主要对C#中常用的数据类型、运算符等进行简单介绍，使大家能对这些基本概念有个初步印象。在后面的具体实例应用章节中还会结合例子进行深入探讨，以避免大篇幅的基本概念使大家失去学习兴趣。其实无论是C#还是C或者C++，其基本语法大同小异，往往学习了其中一种，其他两种也能快速掌握。

2.1 变量

变量在程序运行中是可以随时更改的，它没有一个固定的值。在C#中，所有的变量必须先声明才能使用。声明变量使用数据类型+空格+变量名称+初始值的格式，参见代码2-1。

代码2-1 声明变量

```
float Val1 = 1.0f;    //变量声明时要有初始值，后面的f(F)表示是float类型
int Val2 = 4;
string s1 = string.Empty;
string s2 = "Hello";
```

代码2-1中声明变量的同时对变量进行了显式初始化，也就是为变量赋予了初始值。C#规定变量必须先初始化才可以使用。在程序中使用未被初始化的变量是无法被编译通过的，参见图2-1所示。

在其他语言中并没有强制要求对临时变量进行初始化，但是临时变量在未被初始化时确实有可能保留着上次被分配进程的遗留值，这对程序安全和稳定性会有潜在的影响，所以C#语言设计者认为变量在使用之前必须初始化。

打开上一章我们创建的C#项目，拖一个文本框控件到窗体上，双击按钮“Click Me”，在

这个按钮的点击事件中写入代码2-2。

```
18
19    private void button1_Click(object sender, EventArgs e)
20    {
21        int a;
22
23        MessageBox.Show(a.ToString());
24    }
25 }
```

错误列表

整个解决方案 | 错误 1 | 警告 0 | 消息 0 | 生成 + IntelliSense

代码 说明

CS0165 使用了未赋值的局部变量"a"

图2-1　禁止使用未被初始化的变量

代码2-2　Hello, World

```
//按钮的点击事件
//事件在我们双击控件时由IDE自动生成，我们只需要往里面填充代码即可
private void button1_Click(object sender, EventArgs e)
{
    string s1 = string.Empty;
    s1 = textBox1.Text;
    label1.Text = s1;
}
```

在代码编辑器中，蓝色字体表示的都是关键字（C#语言保留，不可以作为变量名称。如果非要使用则需要在前面加上@，比如@object，这样就合法了）。一般除了极个别的特殊情况外，C#中的关键字都是小写的。另外语句的后面需要有分号作为结束符。

在代码2-2中，首先声明一个字符串类型的变量s1，并初始化为空，再将窗体上文本框控件里的文本(textBox1是窗体上文本框控件的名称。选中控件，从右下角属性窗口里面的“Name”列可以看到控件名称。Text是文本框的一个属性，用以设置文本框显示的文本)属性值传送给变量s1，最后通过控件label1显示该值。这段代码执行时就是将控件textBox1中的值显示在控件label1中，参见图2-2。

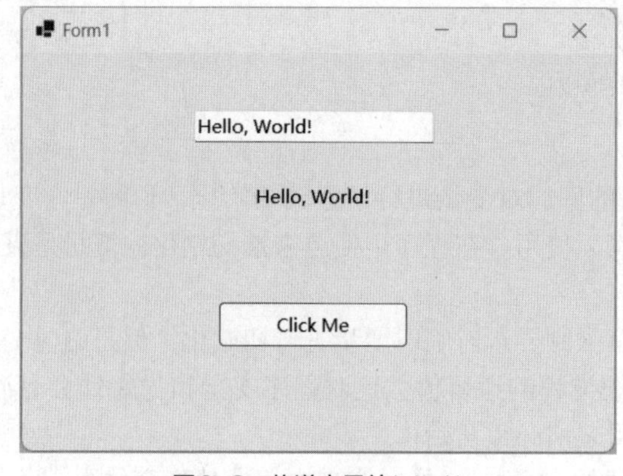

图2-2　传递变量给label1

在图2-2所示的程序中，无论我们在文本框控件中输入什么文本，当点击按钮时Label控件中将显示同样的内容。在书写代码的过程中我们应该体会到了VS具有功能强大的智能提示功能，当我们输入字符时，编辑器会自动列出所有可能的变量及控件名称。当我们输入控件名称及符号“.”后，编辑器会自动列出该控件所有的属性及方法，我们只需要将光标移到目标属性或者方法名称上面按回车键即可。

C#是完全面向对象的编程语言(也是第一个面向组件的编程语言)，它以类为组织单元，我们声明的变量不能放在类外面。和PLC中一样，在C#中也分为全局变量和局部变量(更合适的叫法是变量的生命周期)。全局变量类似于我们在M区、DB中声明的变量，局部变量类似于我们在FC/FB的TEMP区声明的变量，参见图2-3所示。

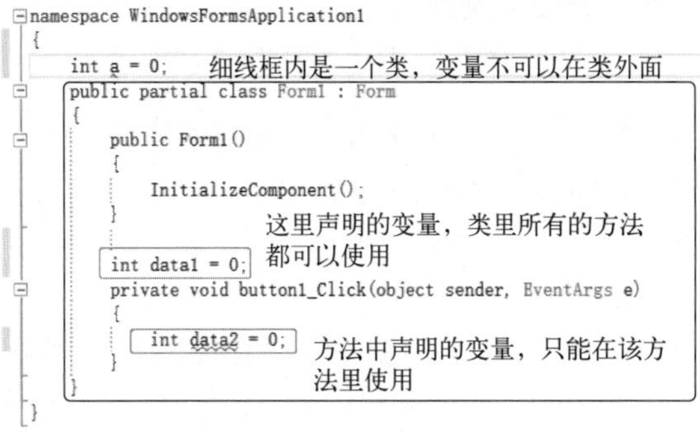

```
namespace WindowsFormsApplication1
{
    int a = 0;     细线框内是一个类，变量不可以在类外面
    public partial class Form1 : Form
    {
        public Form1()
        {
            InitializeComponent();
        }
                          这里声明的变量，类里所有的方法
        int data1 = 0;    都可以使用
        private void button1_Click(object sender, EventArgs e)
        {
            int data2 = 0;    方法中声明的变量，只能在该方
        }                     法里使用
    }
}
```

图2-3　变量声明

在图2-3中，方法内声明的变量就是该方法的内部变量，只能在该方法中使用。类变量可以被用于该类中所有的方法，是类的全局变量。类的变量如果使用了关键字public，那么在其他类中也可以访问该变量。除此之外，if、for、while等结构体中定义的变量也只能在此结构体中使用，结构体外是无法使用的。总之，C#中的变量生命周期还是有不少要注意的地方。大家暂时也不用强行记忆，因为VS的语法提示非常智能，它可以自动识别这些问题，另外随着后面的学习慢慢也会理解。

2.2　常量

常量就是在其被声明后，它的值不可以再修改。一般用于一些在程序中会被频繁使用的数据，比如标准大气压、圆周率等。如果我们不使用常量而是在程序中使用固定数值，那么一旦需要修改此值时将会非常麻烦，因为每一个用到该值的地方都要修改。但是使用常量就不一样了，我们只需要修改这个常量的值即可。数据类型前面加关键字“const”就指定该变量为一个常量，参见图2-4。

```
18
19         private void button1_Click(object sender, EventArgs e)
20         {
21             const string s1 = "hello, world!";
22             label1.Text=s1;
23             MessageBox.Show(label1.Text);
24         }
25     }
```

图2-4　声明常量

如果我们在程序中试图对一个常量再次赋值，编译器会提示错误，参见图2-5。

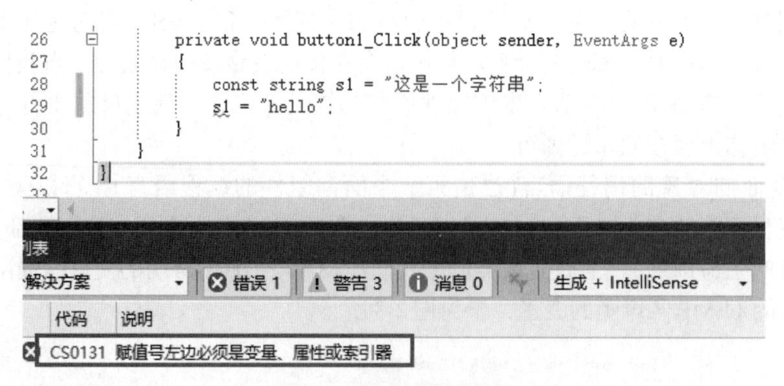
26 private void button1_Click(object sender, EventArgs e)
27 {
28 const string s1 = "这是一个字符串";
29 s1 = "hello";
30 }
31 }
32 }
解决方案
错误 1
警告 3
消息 0
生成 + IntelliSense
代码
说明
CS0131 赋值号左边必须是变量、属性或索引器

图2-5　禁止对常量赋值

常量的意义就在于编程时可以避免大量地重复使用固定的数值或者字符串等。一旦需要修改这些数据时只需将常量值调整即可。常量并不会占用存储地址，它们会在编译时被常量值替代。

关于变量/常量命名规范：变量/常量名称应直白，让人一眼看上去就可明白含义，哪怕长一点也没关系。建议采用Pascal命名法，就是每个单词的首字母大写，比如BackColor。变量名不一定要用英文，用拼音也可以，但是不建议英文和拼音混用，另外使用中文命名变量也是可以的。

2.3　基本数据类型

如表2-1所示，使用C#编程时允许使用两套数据类型，一套是C#语言自带的数据类型，另一种是.Net Framework提供的，也就是前面所说的CTS(通用类型系统，common type system)。这两套数据类型完全兼容，在程序中可以随意使用。当然还是建议最好统一，要么都用C#数据类型，要么都用CTS。

表2-1　C#与CTS类型一览表

C#类型	CTS类型	说明	值域
sbyte	System.SByte	8位有符号整数	−128～127
short	System.Int16	16位有符号整数	−32768～32767
int	System.Int32	32位有符号整数	−2147483648～2147483647
long	System.Int64	64位有符号整数	−9223372036854775808～9223372036854775807
byte	System.Byte	8位无符号整数	0～255
ushort	System.UInt16	16位无符号整数	0～65535
uint	System.UInt32	32位无符号整数	0～4294967295
ulong	System.UInt64	64位无符号整数	0～18446744073709551615
float	System.Single	32位单精度浮点数	-3.4×10^{38}～3.4×10^{38}
double	System.Double	64位双精度浮点数	-1.79×10^{308}～1.79×10^{308}

续表

C#类型	CTS类型	说明	值域
decimal	System.Decimal	128位高精度十进制	−79228162514264337593543950335～79228162514264337593543950335
bool	System.Boolean	布尔量	true, false
char	System.Char	—	16位的Unicode字符
object①	System.Object	根类型	其他类型都是从此类型而来
string①	System.String	Unicode字符串	—

①引用类型。

C#中的类型分为值类型和引用类型。所谓的值类型是指每个变量都有自己的存储空间，里面保存的是变量的值。不同的变量之间互不相关，改变任意一个变量的值不会影响另外的变量。

除了值类型外还有一种引用类型，这种类型的变量并没有自己的存储空间，它们指向的是另一个空间，是其他类型的映射，有点类似PLC编程中的间接寻址。如果有两个引用类型的变量都指向同一块存储区域，那么任意一个变量修改此值都会导致其他变量变化，因为存储空间里的值变化了，参见图2-6的例子。在例子中，d1是类plcData的实例，d2引用了d1，也就是说d1和d2指向了同一块内存区域，因此修改d2的值自然也导致了d1的变化，反之亦然。

```
18
19     /// <summary>
20     /// 创建一个类plcData
21     /// </summary>
22     class plcData
23     {
24         public string address;
25         public float value;
26     }
27
28     private void button1_Click(object sender, EventArgs e)
29     {
30         //创建类plcData，并为类里面的变量value赋值
31         plcData d1 = new plcData();
32         d1.value = 45;
33
34         //变量d2引用d1，并修改类里面的变量value
35         plcData d2=d1;
36         d2.value = 123;
37
38         //通过对话框显示d1.value,发现其值并不是45，而是123
39         MessageBox.Show(d1.value.ToString());
40
41     }
```

图2-6　引用类型示例

对引用类型可以把它简单理解为基于地址的间接访问，一旦修改了这个地址的值，那么所有指向该地址的变量都会随之变化。

类型string虽然也是引用类型，但它比较特殊。我们在复制一个string类型变量时，虽然新的变量也是指向原有的变量空间，但是一旦我们修改了新变量的值，编译器会自动为新变量分配一个空间。也就是说，虽然string类型也是引用类型，但是对复制变量的修改不会影响原先的变量。

在C#中，默认的浮点数类型是双精度，如果对一个单精度浮点数初始化，需要在后面加上“f”或者“F”。代码2-3是一些常用数据类型的表示方法。

代码2-3　常用数据类型表示

```
int d1 = 0xFF;                    //表示十六进制
int d2 = 23;                      //表示十进制
byte d3 = 0b01111110;             //表示二进制
float d4 = 2.3f;                  //float类型需要在后面加上后缀“f”
bool d5 = false;                  //布尔量
string d6 = "hello, world!";      //字符串
char d7 = 'H';                    //字符
double d8 = 4.5;                  //双精度浮点
```

2.4　枚举

枚举其实是一组整数类型的组合，它表示一个变量可以选择的值域。使用枚举的好处：一是可以使用符号代替实际的值，使代码看起来更容易理解；二是可以限定值范围，如果使用了枚举类型中没有的值，编译器会报错。

代码2-4　枚举PLC类型

```
enum plc
{
    S7_200=1,
    S7_300=2,
    S7_400=3,
    S7_1200=4,
    S7_1500=5
}
```

代码2-4枚举了我们常用的SIMATIC PLC系列。当我们声明一个数据类型为该枚举类型的变量时就可以直接用符号替代。IDE会在我们使用时自动列出该类型的所有枚举值。图2-7中的类型PLC就是我们刚才定义的一个枚举类型。

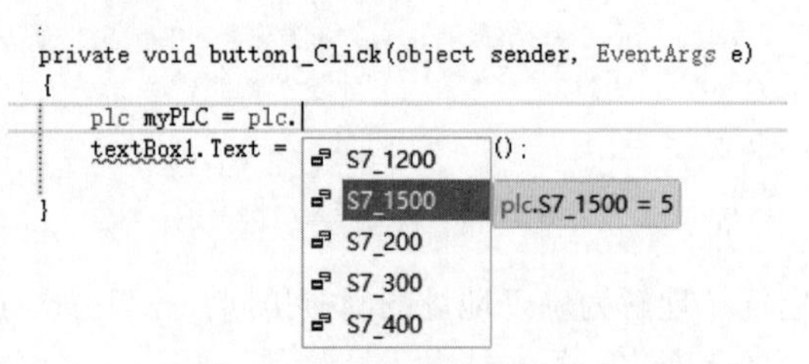

图2-7　对枚举类型的智能感知

如果我们分别使用字符串和整数来显示变量myPLC，那么结果如图2-8。

枚举类型的本质还是整型，当它们被编译后也是以基本类型(整型)存在的。也就是说使用枚举不会影响系统性能。枚举的意义在于可以有效地减少程序BUG。原因在于枚举限定了

变量的取值范围，你无法输入一个枚举之外的参数，而实现这样的功能你无需使用额外代码对参数进行检查，相当于提高了编码效率。

图2-8 转换枚举类型

2.5 结构

结构是一组相同或者不同数据类型的有机组合，它一般是对一个事物的数据抽象。比如我们可以用一个数据结构来表示一个PLC站点，参见代码2-5的代码清单。

代码2-5 PLC站点数据结构1

```
struct plc
{
    public int Rack;    //机架号
    public int Slot;    //槽号
    public int MPI;     //MPI地址
    public string IP;   //IP地址
}
```

结构一旦被定义好便和基本数据类型无异，我们可以直接声明使用，如代码2-6所示。

代码2-6 使用结构变量

```
private void button1_Click(object sender, EventArgs e)
{
    plc myPLC;    //声明一个plc类型的变量

    //对结构中的元素赋值
    myPLC.Rack = 0;
    myPLC.Slot = 2;
    myPLC.MPI = 2;
    myPLC.IP = "192.168.0.1";
}
```

结构允许嵌套，也就是说我们定义的结构中允许再包含结构，参见代码2-7的代码清单。

代码2-7　PLC站点数据结构2

```
struct plc
{
    public int Rack;    //机架号
    public int Slot;    //槽号
    public int MPI;     //MPI地址
    public string IP;   //IP地址
    public struct data
    {
         string TagNmae;
         float Value;
    }
}
```

除了嵌套之外，在结构中还可以使用函数，比如在一些情况下我们可以利用结构中的函数返回结果而无需额外调用其他函数，如代码2-8所示。

代码2-8　PLC站点数据结构3

```
struct plcData
{
     public float Value;
     public float Facotr;
     public float Val()
     {
         return Value * Facotr;
     }
}
```

图2-9演示了声明一个该结构的变量并赋值，最后使用消息对话框显示其计算结果的例子。

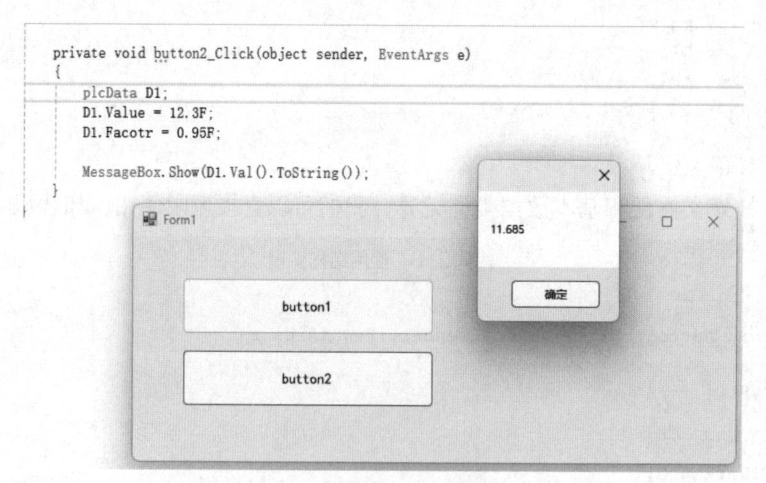

图2-9　调用结构中的方法

在C#中，结构的功能并不仅如此。在结构中还支持使用构造函数进行初始化，初始化后的各字段值为该类型的初始值，比如对整型数据来说，如果在定义结构的时候没有指定初始值那么就是0，如代码2-9所示。

代码2-9　调用构造函数初始化

```
private void button3_Click(object sender, EventArgs e)
{
        //使用new关键字调用构造函数
        //虽然可以调用构造函数来初始化结构，但是我们无需在结构中定义该
        //构造函数，实际上结构也不支持这样做
        plcData D1 = new plcData();
}
```

结构的意义在于:

- 将有关联的若干数据组织到一起，使程序结构更加清晰；
- 提高编程效率，使程序可读性更强。

2.6　数组

数组(array)，是一组固定数量的相同类型数据元素的集合。在使用数组前需要声明并指定其长度，C#支持一维数组和多维数组。

2.6.1　一维数组

代码2-10　声明数组

```
//声明一个整型数组，并指定其长度为4
int[] Data1 = new int[4];

//声明一个浮点型数组，并指定其长度为6
 float[] Data2 = new float[6];
```

代码2-10这种方式声明的数组其初始值都是0，如果我们需要为数组指定初始值可以使用代码2-11的方法。

代码2-11　声明数组并初始化

```
//声明一个整型数组，并指定其长度为4及初始化
int[] Data1 = new int[4] { 1,2,3,4};

//声明一个浮点型数组，并指定其长度为6及初始化
 float[] Data2 = new float[6]{1.1f, 2.1f, 3.1f, 4.1f, 5.1f, 6.1f};
```

在C#中，数组的索引总是从0开始，我们不可以指定其起始索引。所以对于上例中的数据Data1，它共有4个元素，分别是Data1[0]、Data1[1]、Data1[2]和Data1[3]。比如数组类型的变量，我们可以用foreach(foreach的用法参见第3章)循环获取数组中的每个元素。C#将面向对象发挥到了极致，数组其实也是一个对象，我们可以访问它的属性和方法，参见图2-10。

```
int[] Data1 = new int[4] { 1,2,3,8};
float[] Data2 = new float[6];


public Form1()...

private void button1_Click(object sender, EventArgs e)
{
    //获取数组长度，返回4
    MessageBox.Show(Data1.Length.ToString());
    //获取数组中元素最大值，返回8
    MessageBox.Show(Data1.Max().ToString());
    //获取数组中元素最小值，返回1
    MessageBox.Show(Data1.Min().ToString());
}
```

图2-10 访问数组的属性和方法

假设有这样的一个数组“int[] Data1 = new int[4] { 1, 2, 3, 4 };”，数组支持的主要属性和方法参见表2-2。

表2-2 数组支持的主要属性和方法一览表

序号	名称	说明	示例
1	Average	求数组平均值	MessageBox.Show(data1.Average().ToString());
2	Count	返回数组中元素的数量	MessageBox.Show(data1.Count().ToString());
3	First	返回数组中第一个元素	MessageBox.Show(data1.First().ToString());
4	Last	返回数组中最后一个元素	MessageBox.Show(data1.Last().ToString());
5	LongCount	返回Long类型的数组中元素数量	MessageBox.Show(data1.LongCount().ToString());
6	Length	返回数组长度	MessageBox.Show(data1.Length.ToString());
7	Max	返回数组中的元素最大值	MessageBox.Show(data1.Max().ToString());
8	Min	返回数组中的元素最小值	MessageBox.Show(data1.Min().ToString());
9	Sum	对数组求和	MessageBox.Show(data1.Sum().ToString());
10	GetUpperBound	返回数组指定维数的上索引值	data1.GetUpperBound(0)
11	GetLowerBound	返回数组指定维数的下索引值	data1.GetLowerBound(0)

2.6.2 多维数组

多维数组一般用于存储复杂的数据，比如存储像图2-11这样一张表格中的数据就会使用到二维数组。

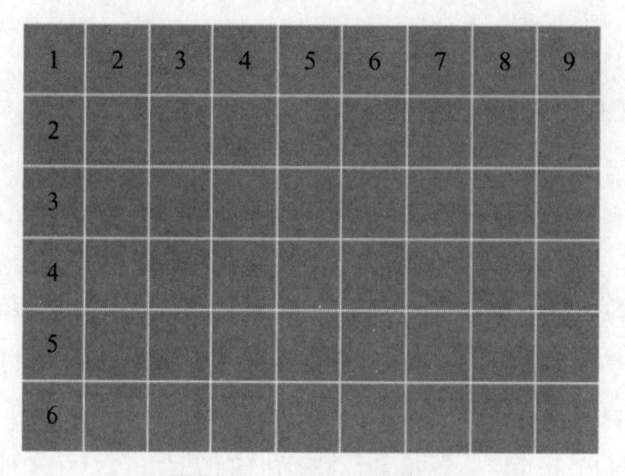

图2-11 二维数组表格

如果我们要处理图2-11的数据，可以先声明一个二维数组，参见代码2-12的代码清单。

代码2-12　声明二维数组

```
//声明一个二维数组
int[,] data = new int[6, 9];
```

在这个二维数组中，前面的6相当于表格中的行，后面的9相当于表格中的列。如果我们要访问表格中第三行第四列的数据，那应该是data[2,3]。代码2-13用于对图2-11的表格按列赋值，第一列从1～6，第二列从2～7，依次类推。

代码2-13　为二维数组填充数据

```
private void button1_Click(object sender, EventArgs e)
{
     for (int i = 0; i < 6; i++)
     {
         for (int j = 0; j < 9; j++)
         {
             data[i, j] = j + 1 + i;
         }
     }
}
```

程序执行完成后数组中的数据应该和表格中显示的数据一样。不过这里的代码仅仅是操作二维数组，并没有包含对数据表格的操作，所以可以用代码2-14验证一下结果。

代码2-14　验证操作结果

```
private void button2_Click(object sender, EventArgs e)
{
    MessageBox.Show(data[3,4].ToString());
}
```

通过对数组元素data[3,4]的查看，我们不难发现其数值和图2-12中第四行第五列的数值相等。

1	2	3	4	5	6	7	8	9
2	3	4	5	6	7	8	9	10
3	4	5	6	7	8	9	10	11
4	5	6	7	8	9	10	11	12
5	6	7	8	9	10	11	12	13
6	7	8	9	10	11	12	13	14

图2-12　数组填充结果

2.6.3 数组的数组

数组的数组意为可以用一个数组作为另一个数组的元素，参见代码2-15。

代码2-15 声明一个数组的数组

```
int[][] data1 = new int[2][];
data1[0] = new int[3];
data1[1] = new int[4];

//这种写法是错误的
//int[][] data1 = new int[2][3];
```

用一个数组作为另一个数组元素的用法在部分PLC(如S7系列)中是不被支持的。这种写法一般用于较复杂运算的场景。和多维数组不一样的是，数组的数组其作为元素的数组长度可以不一样，而在多维数组中是无法实现的。数组的数组对其元素的访问方法和多维数组也不一样，参见代码2-16的代码清单。

代码2-16 元素赋值

```
data1[1][2] = 5;
```

2.7 object

在C#中，object是所有类型的基类，所有类型都是从它继承而来。也就是说你可以把其他任何类型的值直接不加转换地传递给object，参见代码2-17的代码清单。

代码2-17 基类object使用示例

```
private void Object_Click(object sender, EventArgs e)
{
    int data1 = 5;
    float data2 = 6.7f;
    object data3 = null;
    data3 = data1;        //任何类型可以直接传递给object
    //data2 = data3;      //但是object不可以直接传递给其他类型
    MessageBox.Show(data3.ToString());
}
```

看似object使用方便，不需要在意类型，但实际上使用object的系统开销比较大。因为在每次使用object时都会存在一个装箱和拆箱的过程，这个过程比较消耗资源，因此在效率上比较低。所以除非万不得已，一般情况下我们不建议定义类型为object。

为什么叫装箱和拆箱呢？是因为我们用ildasm.exe查看编译后的程序集时会发现对object有box和unbox的操作，如图2-13所示。

```
IL_0000:  nop
IL_0001:  ldc.i4.5
IL_0002:  stloc.0
IL_0003:  ldc.r4     6.6999998
IL_0008:  stloc.1
IL_0009:  ldnull
IL_000a:  stloc.2
IL_000b:  ldloc.0
IL_000c:  box        [mscorlib]System.Int32
IL_0011:  stloc.2
IL_0012:  ldloc.2
IL_0013:  callvirt   instance string [mscorlib]System.Object::ToString()
```

图2-13　box和unbox

2.8　var

var用于一个不确定的类型，编译器会根据它的值自动推测出它的类型，并且该类型一旦确定便无法再更改。两个不同类型的var在程序编译时可以自动进行隐式转换，如果转换失败的话会编译报错，如代码2-18所示。

代码2-18　推断类型var使用示例

```
private void Var_Click(object sender, EventArgs e)
{
    //var类型必须初始化，在赋值时编译器便确定它的类型
    var data1 = 12.3;
    var data2 = "hello";

    //data2是string类型，无法隐式转换为float，所以会编译失败
    data1 = data2;

    MessageBox.Show(data1.ToString());
}
```

var和object不一样，var在编译时类型就已经确定了，而且确定后是无法再改变的，所以var类型对系统没有额外开销。

2.9　变量命名规则

合理的变量名称是保证代码可读性的必要条件。在早期的程序开发中，要求程序员对代码进行完整的注释，以保证其可读性。时过境迁，现在一致的看法是最好能够不添加注释或者仅少量的注释就可以保证程序的可读性。那么合理的变量命名将是实现这个目标的有效手段。

建议为每个变量分配一个简洁和有意义的名字，而不要随意命名。比如“Local”，从这个名字一眼就可以看出这个变量表示的是本地模式。而对于两个或两个以上词语的变量名建议采用完整的名称表示，例如变量“StartCommand”表示启动命令的意思，不建议采用省略语的方式命名，因为这增加了理解的难度。除非是已经约定俗成、通常大家都能理解的省略语，如“HTML”“CMD”等，其他的缩略语均不建议使用。

变量的命令一般有下面几种规则：第一种是称之为Pascal大小写风格，这种命名方式要求变量名中的每个单词的首字母大写，如AutoMode；第二种风格是camel大小写，即除了第一个字母小写，其他约定与Pascal大小写风格一样，如autoMode；最后一种是匈牙利命名法，也就是在变量名前面附加数据类型前缀，如blnAutoMode，bln表示这个变量是Boolean型。

无论采用哪种命名方式，总之要注意下面几点规范：

· 注重变量名的清晰易理解而不是简短；

· 尽量不要擅自在变量名中使用单词缩写，也尽量避免使用未被广泛接受的首字母缩写词，除非是约定俗成的；

· 尽量不要在变量名中使用下划线。

对于公司中的团队开发，统一的命名方式尤为重要。对于过长的单词可以规定统一的缩写方式，比如Manual可以写为Manu等。

C#是强类型语言，也就是对变量的数据类型检查非常严格，会对类型不匹配的变量之间的运算进行警告提示，所以在变量前面添加数据类型缩写代码已不是非常必要了。因此对于全局变量，这里我们建议的命名风格为Pascal大小写风格。

2.10 运算符

如表2-3所示，C#的运算符和C/C++非常类似，它包含算术、比较、逻辑等，每个运算符都有相应的优先级。优先级是指在一个表达式中可能包含多个由不同运算符连接起来的、具有不同数据类型的数据对象。由于表达式有多种运算，不同的运算顺序可能得出不同结果甚至出现错误运算，因为当表达式中含多种运算符时，必须按一定顺序进行运算，才能保证运算的合理性和结果的正确性、唯一性。

表2-3 C#运算符一览表

<table>
<tr><th>类别</th><th>符号</th><th>说明</th><th>示例</th><th>说明</th><th>优先级</th></tr>
<tr><td rowspan="11">赋值</td><td>=</td><td>赋值</td><td>D1 = 4;</td><td>为变量指定一个值，这个值可以是常量，也可以是另外一个变量，还可以是一个表达式</td><td rowspan="11">11</td></tr>
<tr><td>+=</td><td>先加再赋值</td><td>D1 += 5;</td><td>等价于D1=D1+5</td></tr>
<tr><td>-=</td><td>先减再赋值</td><td>D1 -= 5;</td><td>等价于D1=D1-5</td></tr>
<tr><td>*=</td><td>先乘再赋值</td><td>D1 *= 5;</td><td>等价于D1=D1*5</td></tr>
<tr><td>/=</td><td>先除再赋值</td><td>D1 /= 5;</td><td>等价于D1=D1/5</td></tr>
<tr><td>%=</td><td>先求余数再赋值</td><td>D1 %= 5;</td><td>等价于D1=D1%5</td></tr>
<tr><td>&=</td><td>先与运算再赋值</td><td>D1 &= 5;</td><td>等价于D1=D1&5</td></tr>
<tr><td>|=</td><td>先或运算再赋值</td><td>D1 |= 5;</td><td>等价于D1=D1 | 5</td></tr>
<tr><td>^=</td><td>先异或运算再赋值</td><td>D1 ^= 5;</td><td>等价于D1=D1 ^ 5</td></tr>
<tr><td><<=</td><td>先左移再赋值</td><td>D1 <<= 5;</td><td>等价于D1=D1<<5</td></tr>
<tr><td>>>=</td><td>先右移再赋值</td><td>D1 >>= 5;</td><td>等价于D1=D1>>5</td></tr>
</table>

续表

类别	符号	说明	示例	说明	优先级
算术	+	加	D1+D2	—	2
	–	减	D1–D2	—	2
	*	乘	D1*D2	—	4
	/	除	D1/D2	—	4
	%	求余数	D1%D2	操作数仅限整型或双整型	4
	++	递增	D1++	等价于D1=D1+1	5
	––	递减	D1––	等价于D1=D1–1	5
比较	>	大于	a > b;	返回值是布尔量	6
	<	小于	a < b;	返回值是布尔量	6
	>=	大于或等于	a >= b;	返回值是布尔量	6
	<=	小于或等于	a <= b;	返回值是布尔量	6
	==	等于	a == b;	返回值是布尔量	7
	!=	不等于	a != b;	返回值是布尔量	7
布尔	!	取反	!D2	操作数必须是布尔类型	3
	&&	与	D1 && D2	操作数必须是布尔类型	8
	||	或	D1 || D2	操作数必须是布尔类型	10
逻辑	^	异或	D1 ^ D2	—	3
	&	与	D1 & D2	—	8
	|	或	D1 | D2	—	10
括号	()	圆括号	(a+b)	用于改变运算优先级	1
	[]	方括号	a[0], a[1]	用于数组下标，数组元素寻址	1
条件	?	条件判断	a>b ? a:b	根据判断结果选择性输出	10

当表达式包含不止一种运算符时，则按照下列规则对其进行计算：

· 先执行高优先级运算符，再执行低优先级运算符；

· 具有相同优先级的运算符将按照它们在表达式中出现的顺序从左至右进行计算。

2.10.1　一元运算符

只有一个操作数的运算符称之为一元运算符。除了++和––这两个一元运算符外，+和–也可以作为一元运算符，参见代码2-19。

代码2–19　一元运算符

```
a = +b;     //等价于a = b
a = -b;     //等价于a = b * -1
```

2.10.2 二元运算符

有两个操作数的运算符称为二元运算符。在C#中，大多数运算符都是二元运算符，如&&、||等。

2.10.3 三元运算符

运算符？是C#中唯一的三元运算符。该运算符类似于if的作用，参见图2-14。图中的代码先判断？左边的表达式是否为真，如果是则左边的值有效，反之则右边的值有效。

```
int a = 5;
int b = -10;

//如果？左边的表达式为真则c=a
//如果？左边的表达式为假则c=b
int c =a > b ? a : b;    //结果是c=5
```

图2-14 三元运算符

2.11 程序注释

适当的注释可以增加代码的可读性，便于后续的功能维护或升级。C#中的程序注释有三种，分别为符号“//”“/*…*/”和“///”。前一种用于行注释，也就是后面只可以有一行注释；中间那种用于段注释，/*是一段注释的起始符，最后用*/结尾；最后一种注释可以将程序里的注释生成XML格式的文件。图2-15演示了这三种注释。

```
/// <summary>
/// 这是注释
/// XML格式文档
/// </summary>
/// <param name="sender"></param>
/// <param name="e"></param>
private void button1_Click(object sender, EventArgs e)
{
    plcData d1 = new plcData();
    d1.value = 45;

    //这是一行注释
    MessageBox.Show(d1.value.ToString());

    /*这是一段注释
     *
     *
     *
     */
    MessageBox.Show("");

}
```

图2-15 程序注释

对于段注释，当我们输入/*后回车，IDE会自动在每行前加上符号*直至我们输入了符号/为止。

2.12　代码折叠

VS支持使用关键字#region和#endregion将部分代码折叠隐藏。将部分功能相对独立的代码折叠起来使整个程序看起来更加简洁，更方便于阅读。还可以在关键字#region后面添加注释，这时不需要使用注释符号。折叠前后的代码如图2-16和图2-17所示。

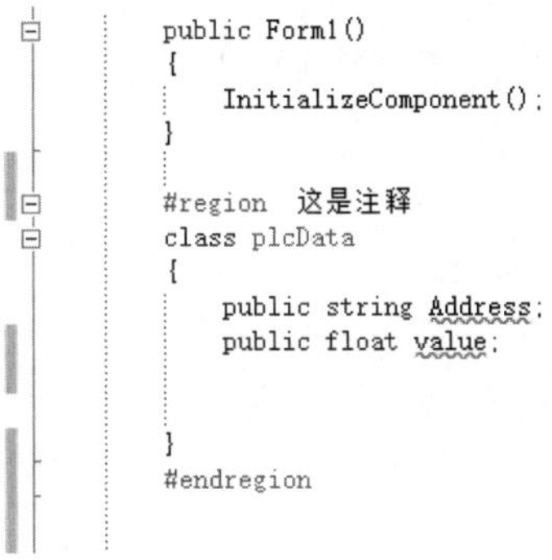

```
public Form1()
{
    InitializeComponent();
}

#region  这是注释
class plcData
{
    public string Address;
    public float value;


}
#endregion
```

图2-16　代码折叠前

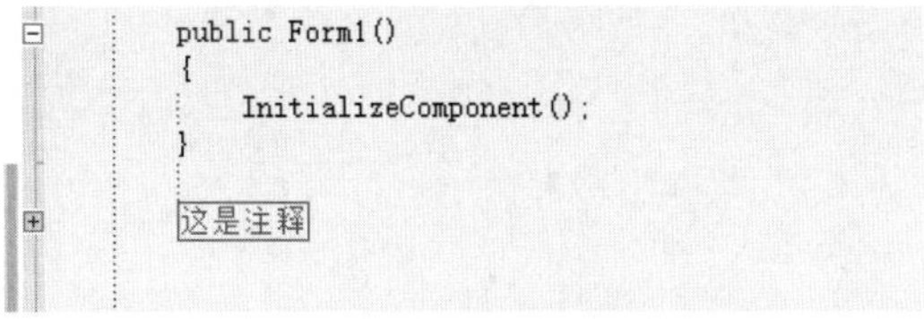

```
public Form1()
{
    InitializeComponent();
}

这是注释
```

图2-17　代码折叠后

需要注意的是，关键字#region和#endregion还支持嵌套，图2-18演示了使用方法。

```
#region 这是注释
private void button1_Click(object sender, EventArgs e)
{
    这是一个for循环

}
#endregion
```

图2-18　代码折叠嵌套

2.13　变量作用域

通常在其他编程语言中可以用全局变量、局部变量来对变量作用域进行划分，但在C#中却很难这样做。大体我们可以把C#中的变量分为三类，分别是循环体内变量、方法或者事件内变量、类变量(字段)。从生命周期来看，类变量(字段)存在于类中，所以它的生命周期长于方法或者事件内变量，因为方法或者事件通常属于某一个类。而方法或者事件内变量生命周期又长于循环体内变量，因为这些循环体只会存在于某一个方法或者事件内。

字段>方法或者事件内变量>循环体内变量

2.13.1 循环体中的变量

循环体定义的变量只存在于该循环内，一旦该循环结束，那么变量也就会被自动清理。在代码2-20中我们定义了两个循环，那么用的循环计数器变量都是i，它们可以并存而不会冲突。

代码2-20 循环体内变量

```
private void button1_Click(object sender, EventArgs e)
{
    for (int i = 0; i < 10; i++)
    {
        int m = 0;

        //其他逻辑
        //......
    }

    for (int i = 0; i < 20; i++)
    {
        int m = 0;

        //其他逻辑
        //......
    }
}
```

在代码2-20中，除了循环计数器i之外，我们还定义了整型变量m。虽然两个循环体里面都有m，但是编译器并没有报错。在一个方法或者事件里定义的变量不可以和循环体内的变量名称相同，否则编译器无法区别它们。在图2-19中我们定义了一个名为i的浮点型变量，实际上该代码是无法通过编译的。

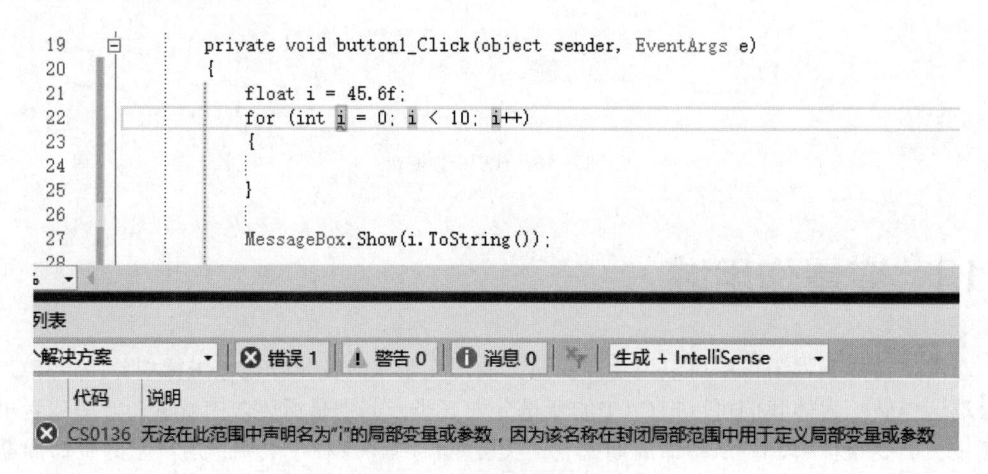

图2-19 名称相同的变量1

但是如果我们把语句float i=4.56f挪到事件之外，但还是和这个事件在同一个类中，那么就是合法的，编译器可以区分它们，如图2-20所示。

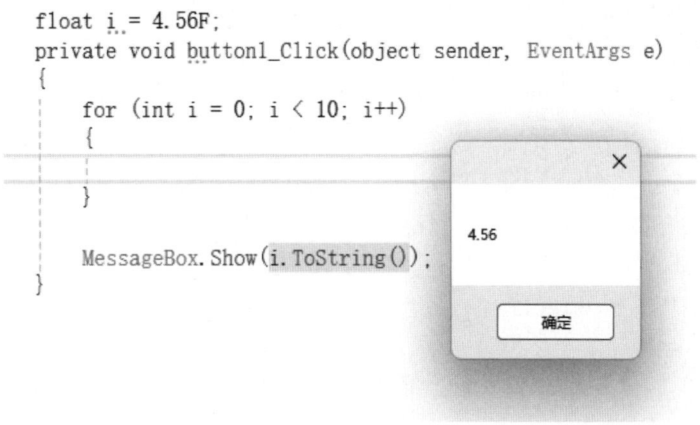

```
float i = 4.56F;
private void button1_Click(object sender, EventArgs e)
{
    for (int i = 0; i < 10; i++)
    {

    }

    MessageBox.Show(i.ToString());
}
```


图2-20 名称相同的变量2

2.13.2 方法或者事件中的变量

通常方法或者事件中的变量只存在于该方法或者事件内。一旦该方法或者事件执行结束，那么变量就会被自动回收。由于方法或者事件内的变量只存在于该方法或者事件内，因此不同方法或者事件内可以定义名称相同的变量，且方法或者事件中定义的变量名称可以与该方法或者事件所在的类中定义的字段名称相同。

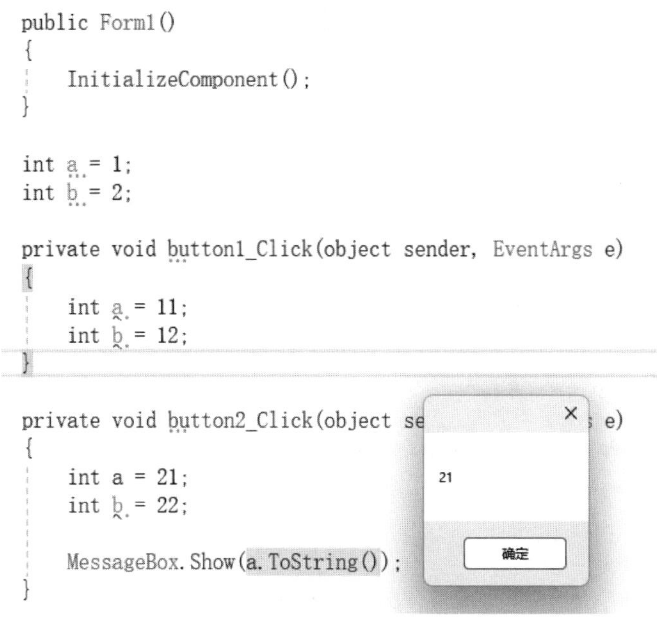

```
public Form1()
{
    InitializeComponent();
}

int a = 1;
int b = 2;

private void button1_Click(object sender, EventArgs e)
{
    int a = 11;
    int b = 12;
}

private void button2_Click(object se                  e)
{
    int a = 21;
    int b = 22;

    MessageBox.Show(a.ToString());
}
```


图2-21 方法或事件内变量

在图2-21中我们看到了存在于三个地方的变量a和b，程序执行中采用的是该事件中的变量。那么这样就有了一个问题，如果我们想在方法中使用和该方法内变量名称相同的字段怎么办？编译器提供了关键字this来区分，参见图2-22。

```
int a = 1;
int b = 2;

private void button1_Click(object sender, EventArgs e)
{
    int a = 11;
    int b = 12;
}

private void button2_Click(object sender, EventArgs e)
{
    int a = 21;
    int b = 22;

    MessageBox.Show(this.a.ToString());
}
```

1

确定

图2-22　类字段

在C#中，关键字this指向的是事件或者方法所在的类。

2.13.3　类字段

类字段一般存在于该类里，其生命周期是类被实例化到被释放这段时间。也就是说类一般需要被实例化才可以访问其字段，但是有一种例外，就是带有关键字static的静态变量。使用类的静态变量无需对类进行实例化，它的生命周期是程序运行直到结束。

```
class test
{
    int a;
    public int b;
    public static int c = 4;
}

private void button1_Click(object sender, EventArgs e)
{
    int a = 21;
    int b = 22;

    MessageBox.Show(test.c.ToString());
}
```

4

确定

图2-23　访问类的静态变量

图2-23中类test中的字段c是静态的，所以我们可以直接访问。如果我们想直接访问字段b那就不行了，需要先对类进行实例化才被允许。VS的代码提示功能非常强大，我们也不用担心记不住这些规则，因为VS会在我们犯错的时候提示我们。但是我们也不能完全依赖它，随着代码量的增加，这些规则我们都必须记在心中。

2.14　关键字

关键字是指编程语言保留的、带有特定语法含义的词语。C#的关键字全部是小写，表2-4列出了这些关键字。

表2-4　C#关键字一览表

abstract	as	Base	bool	break
byte	case	Catch	cahr	checked
class	const	Continue	decimal	default
delegate	do	Double	else	enum
event	explicit	Extem	false	finally
fixed	float	For	foreach	goto
if	implicit	In	int	interface
internal	is	Lock	long	namespace
new	null	Object	operator	out
override	params	Private	protected	public
readonly	ref	Return	sbyte	sealed
short	sizeof	Stackalloc	static	string
struct	switch	This	throw	true
try	typeof	Uint	ulong	unchecked
unsafe	ushort	using	virtual	void
volatile	while			

一般我们在编程时应该尽量避免使用关键字作为变量名称，如果迫不得已而必须使用关键字作为变量名称时应该在前面加上“@”符号，例如代码2-21中的变量名称都是合法的。

代码2-21　使用关键字作为变量名称

```
int @int = 34;
float @float = 45.6f;
```

虽然我们可以采用这种方法把关键字作为变量名称，但是在实际项目中一般没必要这么做。

2.15 命名空间

命名空间（也称为名称空间）是.Net对代码功能进行归类的一种方法。通过命名空间可以为类打上唯一的标识符，有效地解决了自定义类、方法、函数同名的问题。命名空间是对类进行管理的一种有效工具，它允许使用不同的规则对自定义类进行分门别类地规划。通常创建一个类时VS会根据项目名称自动生成一个命名空间。我们为了方便管理或者易于辨识会修改此命名空间，命名空间中存放的是类，它不可以有方法或者数据等，也就是说类是命名空间的次级单位，参见图2-24所示。

```
5
6   namespace hwlib
7   {
8       class Class1
9       {
10          public const int count = 100;
11
12      }
13
14      class Class2
15      {
16
17
18      }
19
20  }
```

名称空间，可以根据需要修改

图2-24　命名空间

合理的管理命名空间非常重要。我们可以按照功能进行管理，也可以按照业务类型或者公司/部门等规则。比如我们可以对自己的类按照用途进行命名空间的管理，对于和PLC相关的操作命名为HwLib.PLC，若是和MES相关的命名为HwLib.MES。合理的命名空间规划会使程序结构清晰，易于理解，参见图2-25。

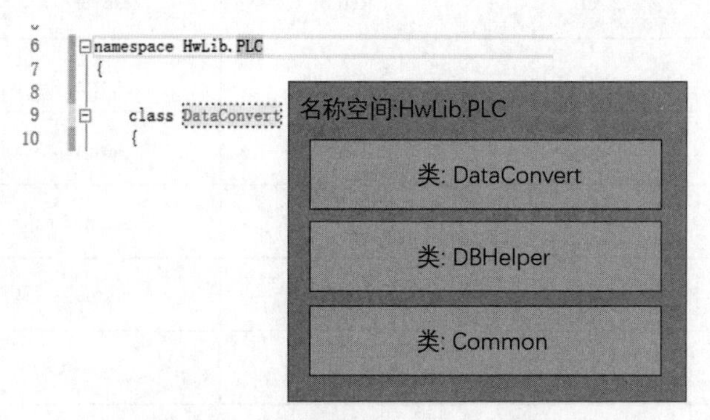

图2-25　命名空间HwLib.PLC结构

在图2-25中我们修改命名空间为HwLib.PLC，该命名空间里包含了3个类，分别是DataConvert、DBHelper和Common。这样我们在项目的其他地方访问这两个类时前面加上命名空间即可，参见代码2-22。

代码2-22　命名空间使用演示

```
public Form1()
{
    InitializeComponent();
```

```
        //实例化类
        dbConvert = new HwLib.PLC.DataConvert();
    }

    //声明类HwLib.PLC.DataConvert
    HwLib.PLC.DataConvert dbConvert;

    private void button1_Click(object sender, EventArgs e)
    {
        byte[] data = new byte[4] {0x42,0xc8,0x00,0x00 };
        //调用类中的方法
        MessageBox.Show(dbConvert.Hex2Float(data,0).ToString());
    }
```

在代码2-22中我们首先声明命名空间HwLib.PLC中的类DataConvert并实例化，然后就可以调用里面的方法Hex2Float执行数据转换了。如果我们每次都要输入命名空间或者存在多级命名空间，未免在编程时稍显麻烦。VS允许我们使用关键字using在代码文件顶部引用命名空间，这样我们就可以直接使用命名空间里的类了，参见图2-26所示。

```
8     using System.Windows.Forms;
9     using HwLib.PLC;
10
11   namespace NameSpaceExample
12   {
13       public partial class Form1 : Form
14       {
15           //HwLib.PLC.DataConvert dbConvert;
16           DataConvert dbConvert;
17           public Form1()
18           {
```

图2-26 使用using

在图2-26中，我们使用了using HwLib.PLC，这样我们就不再需要在类DataConvert前面添加HwLib.PLC了。命名空间如果规划合理，可以使程序结构非常清晰，易于维护扩展。现在PLC编程中也开始引进命名空间这个概念，比如最新的TIA Portal V18。

2.16 实用技巧

2.16.1 快速输入

在VS中，我们可以通过其内置的代码模板快速生成代码片段。其使用方式是模板名称+两次TAB键。比如我们输入“mbox”后再按两次TAB键即可生成图2-27代码片段。需要注意的是，代码模板名称是不区分大小写的。

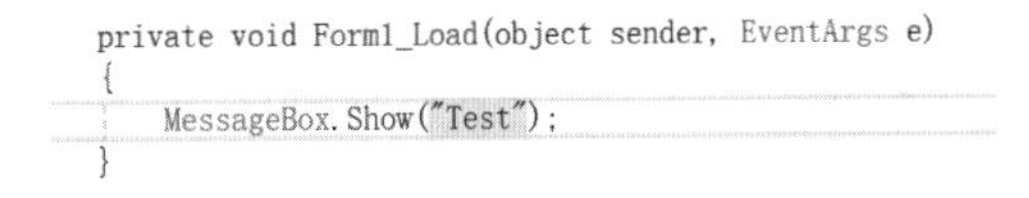

private void Form1_Load(object sender, EventArgs e)
{
MessageBox.Show("Test");
}

图2-27 使用mbox代码模板

表2-5是VS自带的一些代码模板。

表2-5 VS代码模板

模板名称	生成代码片段
for	for(int i = 0; i < length; i++){}
foreach	foreach (var item in collection) {}
do	do… while loop
while	while (true) {}
if	if (true) { }
try	try….catch…
class	class MyClass{}
ctor	根据当前的类名生成空构造函数
cw	Console.WriteLine()
Exception	自定义异常类模板
indexer	索引器模板
mbox	MessageBox.Show()
prop	自动属性 get;set;
propfull	传统属性（私有字段、封装get;set）
propg	自动属性 get; private set;

除了VS自带的代码模板外，我们也可以自定义代码模板，感兴趣的读者可以自行学习，本书不再介绍。

2.16.2 错误提示

VS具有强大的错误提示功能。当我们的代码有错误时，可以把鼠标放到错误处，这时它会出现一个“显示可能的修补程序”选项，如图2-28所示。

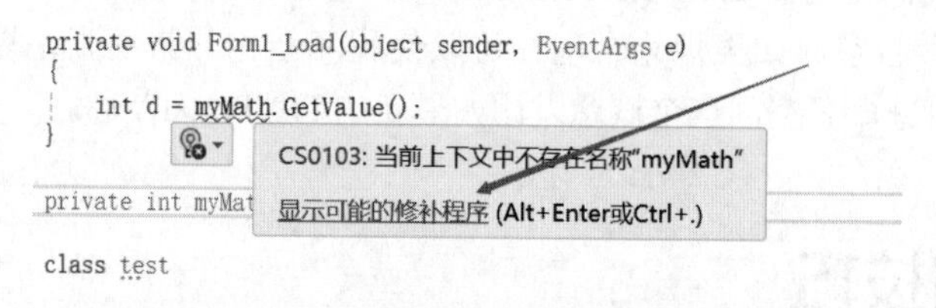

图2-28 “显示可能的修补程序”选项

这时VS会列出所有解决方法，我们只需要用鼠标选择即可，如图2-29所示。

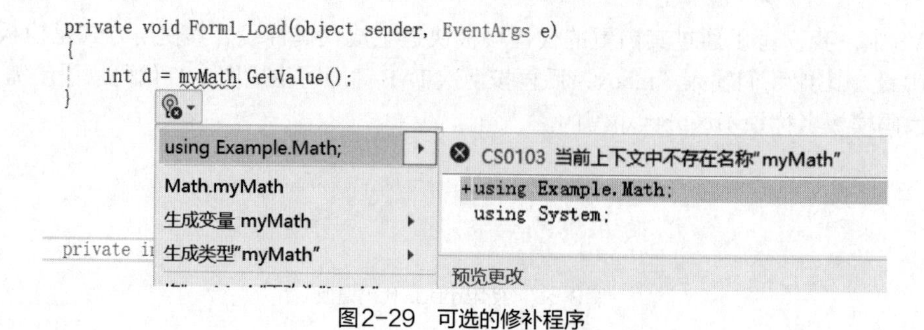

图2-29 可选的修补程序

第3章 流程控制

流程控制语句用于控制程序执行顺序，使程序按照我们期望的顺序执行。常用的流程控制语句包括条件、选择、循环、跳转四大部分，在C/C++/C#/Java这几种语言中，流程控制语句的用法基本类似。其他诸如Pascl、Basic等语言也差不了太多。

3.1 条件语句

所谓的条件语句即是根据已知条件判断该执行哪段语句，使程序有选择地执行。条件语句就是判断条件，它可以是一个变量，也可以是一段语句的运算结果。如果判断条件是变量，那么它必须为Bool型；如果判断条件是语句，那么它的运算结果也必须为Bool型。

代码3-1 if语句1

```
private void button1_Click(object sender, EventArgs e)
{
    //条件语句的结果必须是Bool型
    if (textBox1.Text == "A")
        MessageBox.Show("这是字母A");
}
```

在代码3-1的语句中，首先判断窗体上文本框控件textBox1里的文本是不是“A”，如果是则弹出一个对话框提示“这是字母A”，反之没有任何动作。textBox1.Text表示的是文本框控件里面的文本信息，MessageBox.Show的作用是弹出一个对话框，后面我们会详细介绍控件及对话框的使用。

判断条件是语句textBox1.Text == “A”的运算结果。如果这个值为真，那么后面的语句执行，反之没有任何动作。判断条件必须在一个“( )”之内，如果执行语句只有一条那么写在下一行即可，后面跟上“;”表示语句结束。如果执行语句不止一条，那么需要用符号“{ }”将执行语句包含起来，参见代码3-2的代码清单。

代码3-2　if语句2

```
private void button1_Click(object sender, EventArgs e)
{
      //条件语句的结果必须是Bool型
      if (textBox1.Text == "A")
      {
         MessageBox.Show( “这是字母A” );
         textBox1.BackColor = Color.Red;

      }
}
```

在代码3-2的代码清单中，执行语句包含两条，第一条是弹出对话框，后面一条是设置文本框的背景色为红色，其中textBox1.BackColor表示文本框的背景颜色。

代码3-2的if语句都是在条件为真时执行一段语句，在条件为假时不做任何动作。那么如果需要在if语句为假时也执行相应的语句，则可以使用代码3-3的代码清单中所示的if…else语句。

代码3-3　if…else语句

```
private void button1_Click(object sender, EventArgs e)
{
      //条件语句的结果必须是Bool型
      if (textBox1.Text == "A")
      {
            MessageBox.Show( “这是字母A” );
            textBox1.BackColor = Color.Red;

      }
         else
            textBox1.BackColor = Color.Green;
}
```

在代码3-3的语句中，如果判断条件语句textBox1.Text == “A”的运算结果是真，那么将弹出一个对话框，并且将文本框的背景色设置为红色，反之则将文本框的背景色设置为绿色。

到目前为止，我们讨论的if语句均只对一个条件进行判断，那么如果需要判断的条件不止一个呢？对于这种条件不止一个的情况，我们可以使用if…else if语句。该语句允许对多个条件进行判断，条件的数量不受限制，如代码3-4所示。

代码3-4　if…else if语句

```
private void button1_Click(object sender, EventArgs e)
{
```

```
    if (textBox1.Text == "A")
    {
        MessageBox.Show("这是字母A");
        textBox1.BackColor = Color.Red;
    }
    else if (textBox1.Text == "B")
    {
        MessageBox.Show("这是字母B");
        textBox1.BackColor = Color.Yellow;
     }
     else
        textBox1.BackColor = Color.Blue;
}
```

在代码3-4中，我们可以看出一共有两个判断条件，程序首先执行第一个判断语句，如果文本框中的字符为“A”，则显示信息提示对话框并设置文本框背景色为红色。接着程序执行第二个判断语句，如果文本框中的字符为“B”，则显示另一个信息提示对话框并设置文本框背景色为黄色。如果既不是“A”也不是“B”，则设置文本框背景色为蓝色。

值得注意的是，在条件语句中允许再嵌套条件或其他流程控制语句，这样可以实现一些比较复杂的逻辑判断及控制。

代码3-5 if嵌套

```
private void button1_Click(object sender, EventArgs e)
{
   if (textBox1.Text == "A")
    {
        if (textBox1.BackColor==Color.White)
        {
             MessageBox.Show("这是字母A");
             textBox1.BackColor = Color.Red;
        }

     }
}
```

在代码3-5中，我们演示了if语句的嵌套，在判断文本框控件的文本内容后还再次判断了其背景颜色，实现了较复杂的条件判断。

3.2 选择语句

一个变量或语句可能存在若干个值，如果需要根据不同的值选择执行不同语句，那么就需要选择语句了。选择语句是使用关键字switch…case在语句或变量（变量或语句结果可以是整型、字符串、枚举等类型）可能存在的若干个结果中选择执行相应的程序。它和if…else if不同，if…else if中的条件变量或者语句不必相同，但是switch…case中的条件变量或者语句只有一个。switch…case语句用于在条件变量或者语句的多个可能存在的结果中进行选择。

代码3-6　switch…case语句1

```
private void button1_Click(object sender, EventArgs e)
{
   switch (textBox1.Text)
   {
        case "A":
            button1.BackColor = Color.Green;
            break;
        case "B":
            button1.BackColor = Color.Yellow;
            break;
        case "C":
            button1.BackColor = Color.Red;
            break;

        default:
            button1.BackColor = Color.Gray;
            break;
    }
}
```

在代码3-6的代码清单中，程序首先读取文本框textBox1中的文本值，然后根据这个值选择执行相应的语句。若这个值为A，则设置按钮颜色为绿色；若这个值为B，则设置按钮颜色为黄色；若这个值为C，则设置按钮颜色为红色；若此值不符合所有的选择条件则执行默认语句，设置按钮颜色为灰色。需要注意的是每个选择语句后面要跟上关键字break，否则编译器会提示错误，这样做的目的是保证在所有的选择语句中只有一段会被执行。

使用特殊的手段，我们可以使两个或者两个以上的选择语句被执行，那就是使用goto替代break，参见代码3-7的代码清单。

代码3-7　switch…case语句2

```
private void button1_Click(object sender, EventArgs e)
{
   switch (textBox1.Text)
   {
          case "A":
              button1.BackColor = Color.Green;
              goto case "B";
              //break;
          case "B":
              button1.BackColor = Color.Yellow;
              break;
          case "C":
              button1.BackColor = Color.Red;
              break;

          default:
              button1.BackColor = Color.Gray;
              break;
    }
}
```

执行代码3-7的语句，当我们在文本框中输入字符A并按下按钮时，按钮的背景色是黄色而不是绿色，这是因为在执行语句case“A”后又跳转到了case“B”。当然这种在选择语句中使用跳转的方式还是慎用，因为会使代码难以阅读及后续维护。

3.3　循环语句

循环语句是一个非常方便使用的语法。顾名思义，它用于一组需要重复操作的程序处理，例如对数组的操作等。循环结构在实际应用中是非常普遍的。在C#语句中支持四种循环，分别为for、while、do…while和foreach循环，每种循环适用于不同的场合，下面给予分别介绍。

3.3.1　for

for循环可以指定循环的次数。在使用这种循环时，它需要你首先定义一个整数型的变量，并指定它的计数范围，也就是它的循环次数。for循环自身会维护这个计数器，直到循环次数到达你的设定范围。

代码3-8　for循环1

```
private void button1_Click(object sender, EventArgs e)
{
        //共执行10次，从0～9
        //只是一个组合语句，首先定义一个整型变量并赋初值，然后判断并增量计算
        for (int i = 0; i < 10; i++)
        {
            textBox1.Text += i.ToString() + " ";
        }
}
```

代码3-8展示了最简单的for循环，程序在文本框中写入了0～9个数字。由于循环体的判断条件是小于10，所以在文本框中不会出现10这个值，参见图3-1所示。i.ToString()的作用是将整型转换为字符串格式。

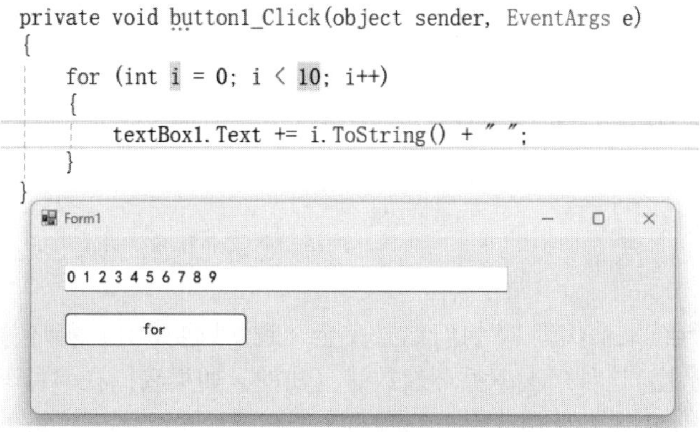

```
private void button1_Click(object sender, EventArgs e)
{
    for (int i = 0; i < 10; i++)
    {
        textBox1.Text += i.ToString() + " ";
    }
}
```

Form1

0 1 2 3 4 5 6 7 8 9

for

图3-1　for循环1执行结果

for循环是允许中断的，我们可以在必要时跳出循环体，退出到调用它的地方继续执行程序。在C#中，关键字break用于跳出循环。

代码3-9　for循环2

```
private void button1_Click(object sender, EventArgs e)
{
    for (int i = 0; i < 10; i++)
    {
       //判断是否为8，如果是则跳出循环
       if (i == 8)
           break;

       textBox1.Text += i.ToString() + " ";
     }
}
```

执行代码3-9，我们会发现文本框中的数字为0 ～ 7，这是因为i=8后便退出循环体了。

3.3.2　while

while循环和for循环不同，for循环体的循环次数是已知的，它可以通过循环变量的起始值和结束值得出。而while循环则不同，while循环体的循环次数在很多情况下是不可知的。它在执行循环体内的程序前会根据给定的逻辑条件判断，若为真则执行循环体的程序，反之则不执行循环体程序。因此在使用while循环时，应注意防止循环控制条件不能永远为真，这会导致程序陷入死循环。

循环判断条件可以是bool类型变量，也可以是一个表达式，但表达式的返回值必须是bool类型。

代码3-10　while循环1

```
private void button2_Click(object sender, EventArgs e)
{
     int i = 0;

     //循环条件为True则继续循环，反之退出循环
    while (i<10)
    {
        textBox1.Text += i.ToString() + " ";
        i++;
    }
}
```

代码3-10的执行结果和代码3-8执行结果完全一致。只要i<10，循环体内语句会不断重复执行，直至i==10为止。这种情况下循环次数是可知的，如果我们在书写语句时忘了加上语句i++，那么此循环体便进入了死循环而无法跳出，循环体内语句将无休止重复执行，直至程序退出为止。

while循环也可以通过关键字break退出。此时程序跳转到循环体后面的语句继续执行，参见图3-2所示。

```
private void button1_Click(object sender, EventArgs e)
{
    for (int i = 0; i < 10; i++)
    {
        textBox1.Text += i.ToString() + " ";
    }
}

private void button2_Click(object sender, EventArgs e)
{
    int i = 0;
    while (i < 10)
    {
        textBox1.Text += i.ToString() + " ";
        i++;
        if (i == 8)
            break;
    }
}
```

Form1

0 1 2 3 4 5 6 7

for　while

图3-2　while循环中断示例

3.3.3　do…while

do…while和while循环结构不同之处在于do…while循环会先执行一次循环体内的程序再判断循环条件的逻辑值，若判断为假则结束循环而执行后面的语句，反之则回到循环体开始处开始再一次循环。

与while循环相同的是在很多情况下循环次数是不可知的，它在执行一次循环后会根据给定的逻辑条件判断，若为假则结束循环，反之则跳转到循环体开始处开始再一次循环。因此在使用do…while循环时同样也要注意防止循环控制条件不能永远为真，这会导致程序陷入死循环。

循环判断条件可以是bool类型变量，也可以是一个表达式，但表达式的返回值必须是bool类型。

代码3-11　do…while循环1

```
private void button2_Click(object sender, EventArgs e)
{
    int i = 0;
    do
    {
        i++;
        textBox1.Text += i.ToString() + " ";

     } while (i < 10);
}
```

代码3-11执行后文本框内的值是0 ～ 10，和代码3-10的结果不一样。这是因为do…while会首先执行一次循环体内语句再判断循环条件，所以数值10会被显示。该循环体的中断法则和while循环相同。

3.3.4 foreach

foreach循环用于遍历集合中的元素。

代码3-12 foreach

```
private void button4_Click(object sender, EventArgs e)
{
     int[] a = new int[10] { 0,1,2,3,4,5,6,7,8,9};
        foreach (int i in a)
        {
           textBox1.Text += a[i].ToString() + " ";

         }
}
```

在代码3-12中，i缓存了数组a的索引，通过循环将数组a中的元素显示到文本框控件中。

3.4 跳转语句

3.4.1 goto

使用goto语句可以使程序跳转到通过特殊标签区分的指定位置运行，是控制什么时候执行哪些程序的一种简单且有效的方式。该语句优缺点并存：其优点主要是可以简化程序代码，使程序控制更加灵活；其缺点主要是不宜过多使用，否则将会使代码难以理解。

代码3-13 goto

```
private void button1_Click(object sender, EventArgs e)
{
     int d1 = 0;
     goto j1;    //跳转到标签j1
     d1 = 5;
     MessageBox.Show(d1.ToString());

     j1:
     for (int i = 0; i < 4; i++)
     {
        i++;
     }
}
```

在代码3-13中，消息对话框实际上是不会弹出的，因为程序还没执行到此代码就已经跳转出去了。

在使用goto语句时，为了防止出现意外情况，下面的事项值得注意：

- 跳转的目标应在同一个函数或者方法中；
- 跳转目标标记必须是唯一的；
- 不可以跳入循环体中，也不可以跳出异常处理的finally块；
- 不要向后跳转，即跳回至已执行部分，易造成死循环。

3.4.2 break

break通常用于退出循环体。执行break后，程序跳出循环体继续执行。如果break在嵌套的循环体内，那么只是跳出嵌套的循环体，外面的循环体依然会正常运行。

代码3-14　break

```
private void button2_Click(object sender, EventArgs e)
{
    for (int i = 0; i < 10; i++)
    {
        for (int j = 10; j < 20; j++)
        {
            button2.Text = j.ToString();
            if (j==12)
            {
                //跳出嵌套的循环体
                break;
            }

        }
        button2.Text = i.ToString();
    }
}
```

在代码3-14的嵌套循环体中，使用break跳出了里面的for循环，但是外面循环体里的语句button2.Text = i.ToString()依然得到了执行。

3.4.3 continue

continue一般用于for、while、do…while等循环体中，用于结束本次循环而进入下一次循环（并不是开始新的循环,循环计数器会自动递增），当循环体检测到continue关键字后，其后面的代码被忽略而不执行，其作用是用于优化循环体。

代码3-15　continue

```
private void button3_Click(object sender, EventArgs e)
{
    button3.Text = "";
    for (int i = 0; i < 5; i++)
```

```
        {
            if (i == 2)
                continue;

            button3.Text += i.ToString() + " ";
        }
    }
```

执行代码3-15的语句后，按钮3的文本不是“0 1 2 3 4”而是“0 1 3 4”。这是因为当i==2时循环体中止了本次循环而直接进入了下一次循环。

3.4.4 return

关键字return用于退出函数或者方法。如果函数或者方法有返回值，那么也是使用return返回数据。如果return用于循环体中，当程序运行到此处时也是会跳出方法或者事件，执行方法或者事件后面的代码。也就是说return无论在方法或者事件的哪个位置，只要它被执行，都是会跳出该方法或者事件。

第4章 高级类型

高级类型进一步丰富了C#的语法体系，使编程方式与手段更加丰富、高效，实现方式更加多样性。本章并没有包含所有的C#高级类型，而只是挑选一些我们开发应用程序时常用到的一些类型进行介绍，更多、更丰富的高级类型大家在学习完本书后可以自行参考微软的官方文档。

4.1 数据字典

数据字典Dictionary属于一种集合。它按照键值对(key-value)保存数据，在查找数据时可以使用键作为索引。它保存的数据在内存中类似图4-1所示结构。在数据字典中，键值(key)必须是唯一的，而数据(value)可以重复。

key	value
key	value
key	value
key	value

图4-1 字典结构

键和值支持很多种数据类型，比如代码4-1的几种对字典的声明。从它们在内存的结构来看，也有点类似于数据库。Dictionary的数据保存在内存中，可以把它作为一个小的内存数据库使用。

代码4-1 声明并创建数据字典

```
//声明并创建数据字典
Dictionary<int, string> D1 = new Dictionary<int, string>();
```

```
Dictionary<string, string> D2 = new Dictionary<string, string>();
Dictionary<int, float> D3 = new Dictionary<int, float>();
```

Dictionary具有类似于数据库的操作，比如添加、删除数据等。为Dictionary添加数据很简单，调用其方法Add即可。代码4-2为Dictionary添加了10行数据，其key为0 ～ 9。

代码4-2　添加数据

```
//为字典添加数据
private void AddData_Click(object sender, EventArgs e)
{
      for (int i = 0; i < 10; i++)
      {
            //Dictionary<int, string> D1 = new Dictionary<int, string>();
            //前面是键，后面是值
            D1.Add(i, "Value: "+ i.ToString());
      }
}
```

知道了Dictionary里数据的键，我们也可以通过键修改它对应的值，如代码4-3所示。注意，键是不可以修改的。这与数据库里面的主键类似。

代码4-3　通过key修改数据

```
//通过key修改数据
private void MidData_Click(object sender, EventArgs e)
{
      D1[0] = "HELLO";
}
```

如果一定要修改键，只能先根据键删除此条数据，然后重新添加，加代码4-4所示。

代码4-4　通过key删除数据

```
//通过key删除数据
private void DelData_Click(object sender, EventArgs e)
{
      //先判断是否存在该键
      if (!D1.ContainsKey(2))
      {
          MessageBox.Show( "没有发现 Key 2" );
      }
      else
          //删除元素
          D1.Remove(2);
}
```

如果想获取字典中所有的键，也可以使用遍历的方法。为了方便展示数据，这里我们使用控件Listview显示数据，如代码4-5所示。关于此控件的使用请参见第5章相关内容。

代码4-5 遍历键

```
//遍历键
private void FroeachKey_Click(object sender, EventArgs e)
{
    listView1.View = View.Details;//设置数据展示样式
    listView1.Columns.Clear();
    //添加列和列标题
    listView1.Columns.Add("Key", 100, HorizontalAlignment.Center);
    this.listView1.BeginUpdate();

    //清除旧数据
    listView1.Items.Clear();
    //在字典中遍历键
    foreach (int key in D1.Keys)
    {
        ListViewItem data = new ListViewItem();
        data.Text = key.ToString();
        this.listView1.Items.Add(data);
    }
    this.listView1.EndUpdate();  //结束数据处理
}
```

运行程序，首先点击“添加数据”按钮为字典添加数据，然后点击按钮“遍历键”，在控件Listview中会看到效果，如图4-2所示。

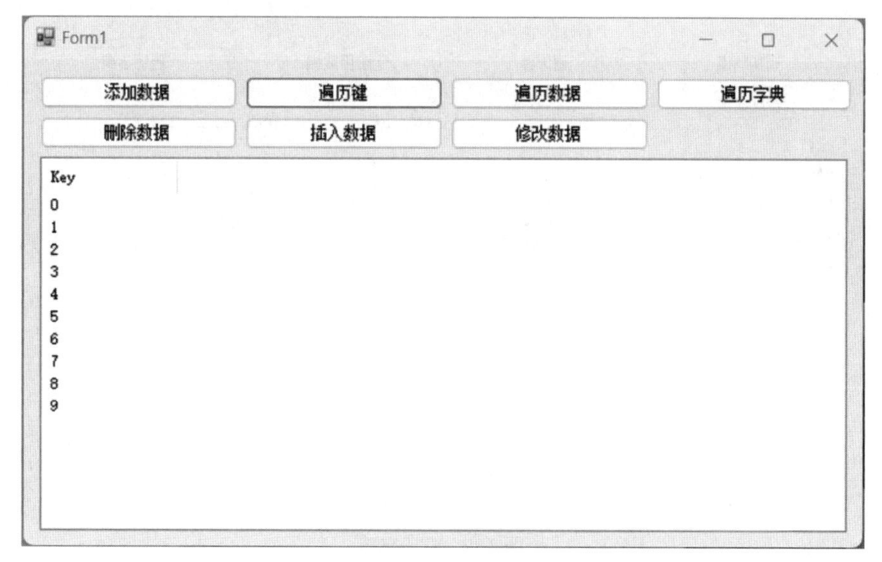

图4-2 遍历键

也可以使用语句foreach (string key in D1.Values)获取字典中所有数据。如果想完整获取键和值，需要使用代码4-6。

代码4-6 遍历字典

```
//遍历键
private void FroeachKey_Click(object sender, EventArgs e)
```

```
{
    listView1.View = View.Details;//设置数据展示样式
    listView1.Columns.Clear();
    //添加列和列标题
    listView1.Columns.Add("Key", 100, HorizontalAlignment.Center);
    listView1.Columns.Add("Valve", 260, HorizontalAlignment.Center);

    this.listView1.BeginUpdate();

    //清除旧数据
    listView1.Items.Clear();
    foreach (KeyValuePair<int, string> kvp in D1)
    {
        ListViewItem data = new ListViewItem();
        //通过与imageList绑定，显示imageList中第i项图标
        data.Text = kvp.Key.ToString();
        data.SubItems.Add(kvp.Value.ToString());
        this.listView1.Items.Add(data);
    }
    this.listView1.EndUpdate();  //结束数据处理
}
```

保存并运行程序，首先为字典添加数据，然后点击按钮“遍历字典”就可以看到图4-3的效果。

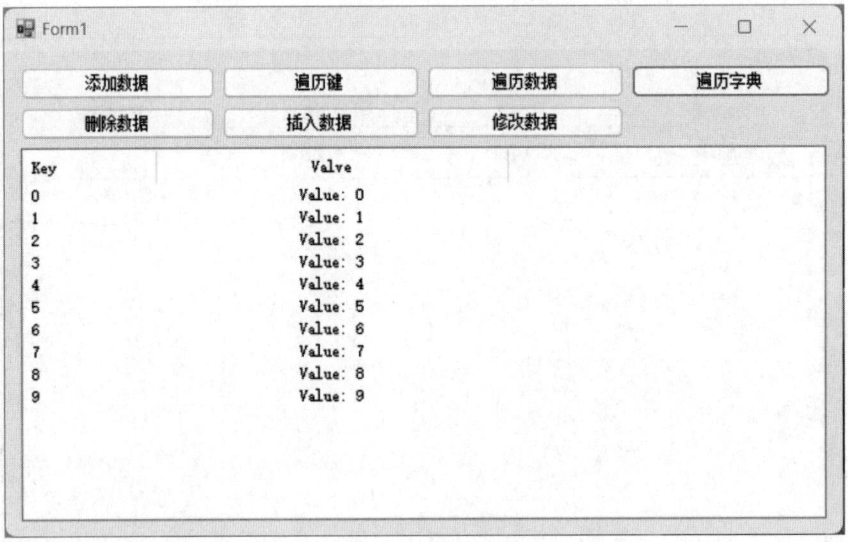

图4-3　遍历字典

4.2　dynamic

dynamic是.Net Framework 4.0中的新特性。它的出现为C#增添了一些弱类型语言的特性。之前我们有介绍到在声明变量时必须指定变量的类型，不同类型的变量在运算时也必须进行类型转换。var类型的出现使得我们在声明变量时无须特意指定类型，但是会在第一次赋值时由

编译器确定。dynamic类型则完全不同，编译器在编译期间不会检查它的类型，它的最终类型是在运行时获得的，所以无论我们在编程时对dynamic怎么操作编译器都不会报错。

在var类型里面我们举了一个例子来演示var类型一旦被确定就无法再更改。同样的例子如果我们把var改为dynamic就可以运行了。

代码4-7 dynamic类型

```
private void dynamic_Click(object sender, EventArgs e)
{
    //var类型必须初始化，在赋值时编译器便确定它的类型
    dynamic data1 = 12.3;
    dynamic data2 = "hello";

    //即使不同类型可以互相赋值，dynamic可以作为任何类型
    data1 = data2;

    MessageBox.Show(data1.ToString());
}
```

从代码4-7可以看出，dynamic和var其实是有本质不同的，在使用上dynamic更加便利，但是我们也不建议滥用它，毕竟在性能上还是欠缺的，另外也不利于以后的项目重构。

object也可以用于任意数据类型，那么它们之间又有什么区别呢?dynamic可以直接用于任意类型之间的相互赋值，而object则不行，它必须进行显式转换。其实从底层来说，dynamic就是object的升级版，它本质上还是object，不过易用性要更高一点，但风险也会更大一点。

4.3 list

对初学者来说，list可以简单理解为一个高级的动态数组。它可以实现很多Array数组无法实现的功能，且在使用上更加灵活。list属于泛型数组，可以存储任意类型的数据，但是在同一个list中，只能存储相同类型的数据。因为list在声明时就已经确定了它的存储类型，如代码4-8所示。

代码4-8 list类型

```
//声明一个类型为string的list
list<string> buff = new list<string>();
```

list是动态的，它没有长度限制，在声明之后，使用Add方法即可往里面添加数据。但是只能添加指定类型的数据，不同类型的数据是不能添加的，如代码4-9所示。

代码4-9 添加数据

```
//声明一个类型为string的list
buff.Add("Tag1");
buff.Add("Tag2");
buff.Add("Tag3");
```

```
buff.Add(8);        //buff是类型是string的list，整型数据不能被添加
```

list除了可以添加元素外，还可以对里面的数据进行删除、插入等操作，如代码4-10所示。

代码4-10　删除、插入数据

```
//插入元素
//插入新元素后，之前的元素会自动重新排序
buff.Insert(1,"Tag4");

//根据元素的值删除
buff.Remove("Tag2");

//根据元素的序列删除
buff.RemoveAt(1);
```

除了添加、删除和插入这些常规操作外，list还提供了对里面元素进行一些操作的方法，比如查找、清除、排序、反转等，如代码4-11所示。

代码4-11　list操作

```
bool IsTrue=buff.Contains("Tag1");
buff.Sort();
buff.Clear();
buff.Reverse();
```

list的遍历一般有两种，可以用for和foreach分别实现，如代码4-12所示。

代码4-12　遍历list

```
//使用foreach遍历list
foreach (var item in buff)
{
    MessageBox.Show(item);
}

//使用for遍历list
for (int i = 0; i < buff.Count; i++)
{
    MessageBox.Show(buff[i]);
}
```

List除了可以存储简单类型的数据外，也可以存储对象，后面我们会在项目实例中使用到。

4.4　泛型

在开发应用程序中我们经常会封装一些方法，比如对两个数求和（只是举例说明泛型的使用，实际上对两个数求和没有必要进行封装）。代码4-13演示了一个对整数求和并被调用的示例。

代码4-13　求和方法1（整型）

```
//调用求和方法
private void button1_Click(object sender, EventArgs e)
{
     int add = GetAdd(int.Parse(txtNum1.Text), int.Parse(txtNum2.Text));
     MessageBox.Show(add.ToString());
}

//对求和的封装
private int GetAdd(int IN1,int IN2)
{
     return IN1 + IN2;
}
```

代码4-13的方法是对整数求和。如果需要对浮点数求和呢？那我们还得再写一个对浮点数求和的方法供调用。

代码4-14　求和方法2（浮点型）

```
//调用求和方法
private void button1_Click(object sender, EventArgs e)
{
    int add1 = GetAdd(int.Parse(txtNum1.Text), int.Parse(txtNum2.Text));
    float add2 = GetAdd(float.Parse(txtNum1.Text), float.Parse(txtNum2.Text));
    MessageBox.Show(add1.ToString());
}

//对求和的封装(浮点型)
private float GetAdd(float IN1, float IN2)
{
     return IN1 + IN2;
}

//对求和的封装(整型)
private int GetAdd(int IN1,int IN2)
{
     return IN1 + IN2;
}
```

代码4-14中，我们重载了方法GetAdd，使其支持整型和浮点型两种数据类型的加法。虽然问题解决了，但是如果还需要double、Int64类型的加法呢？每种类型编写一个方法也是可以的，但很明显这不是明智的做法。

幸好微软为C#提供了泛型。使用泛型我们只需要使用一个通用类型符“T”即可使方法在被调用时接受任何数据类型。

代码4-15　求和方法3（泛型）

```
//调用求和方法
private void button1_Click(object sender, EventArgs e)
{
    int add1 = GetAdd(int.Parse(txtNum1.Text), int.Parse(txtNum2.Text));
    float add2 = GetAdd(float.Parse(txtNum1.Text), float.Parse(txtNum2.Text));
```

```
        MessageBox.Show(add1.ToString());
    }

    //使用泛型对方法改写
    private T GetAdd<T>(T IN1, T IN2)
    {
        dynamic v1 = IN1;
        dynamic v2 = IN2;
        return (T)(v1 + v2);
    }
```

从代码4-15中可以看出，使用泛型对方法改写后不但可以接受整型参数，也可以接受浮点型参数。

第5章 常用控件

当年的Visual Basic之所以能够在非计算机专业人士中普及，就是因为其具有快速应用开发(RAD，rapid application development)的能力。拖拉几个控件、设置一些属性、添加一些事件代码，一个简单的应用程序就可以被开发出来了。无论是软件开发效率还是程序稳定性都让人称道，所以Visual Basic一经推出就得以风靡全球，并且至今还有一部分人在坚守VB6.0。

C#同样具有强大的RAD能力，在命名空间System.Windows.Forms下有很多封装好的控件，比如按钮、文本框、列表框等。利用这些控件，同样可以实现应用程序的快速开发。控件的本质是对象或者组件，它们同样具有属性、方法和事件。

5.1 公共属性

在这些控件中，它们都具有一些公共属性和事件，这些属性和事件对于绝大部分控件都是通用的。比如所有的控件都有Name、Enable等属性。控件属性的设置很简单，可以通过代码来动态修改，也可以通过属性窗口来快速设置。用鼠标选中控件，即可在VS开发环境的右下角设置控件属性，如图5-1所示。

5.1.1 Name

所有控件都具有Name属性，该属性用于设置控件名称。比如我们命名按钮控件为btnYES、btnNO等。在代码中就是通过属性Name的值来访问控件的，所以在同一个窗体中控件不允许同名。

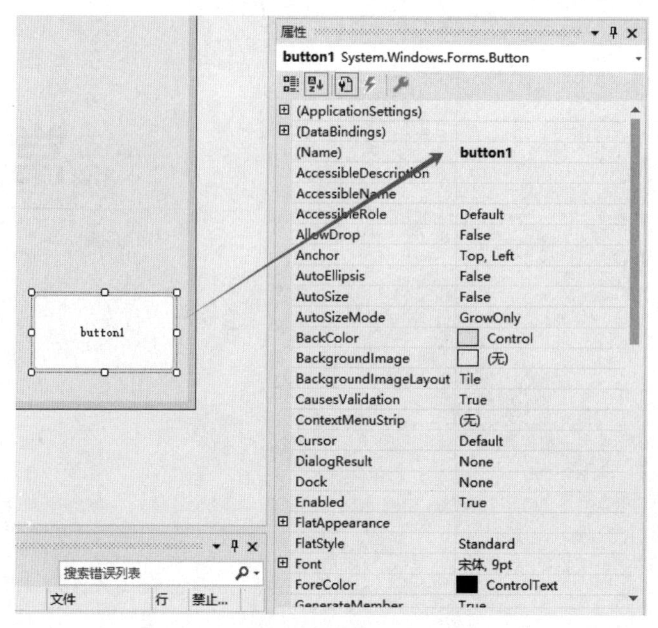

图5-1　属性窗口

5.1.2　Text

用于设置控件显示的文本，比如控件TextBox、Button中的文本，如图5-2所示。

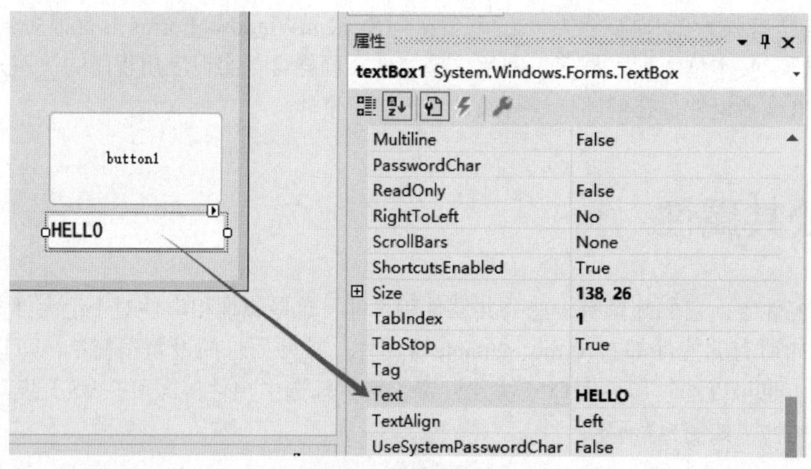

图5-2　属性Text

5.1.3　Enabled

该属性用于设置控件是否可用，比如按钮控件是否允许点击、文本框控件是否允许输入、下拉列表框控件是否允许选择等。图5-3演示了该效果，窗口里面有2个按钮，它们的Enabled属性分别为True和Flase。

5.1.4 Location

该属性用于设置控件位置。通常情况下我们是不需要设置这个属性值的，而是用鼠标拖拉控件调整位置。但是在某些情况下我们可以用代码动态调整该属性，实现物体移动等效果。

Location属性包含了X和Y两个子属性。通过动态修改这两个属性值(控件名称.Left和控件名称.Top)，就可以实现物体的移动。属性X指的是控件左上角距离窗体左边框的距离，属性Y指的是控件左上角距离窗体上边框的距离，参见图5-4所示。

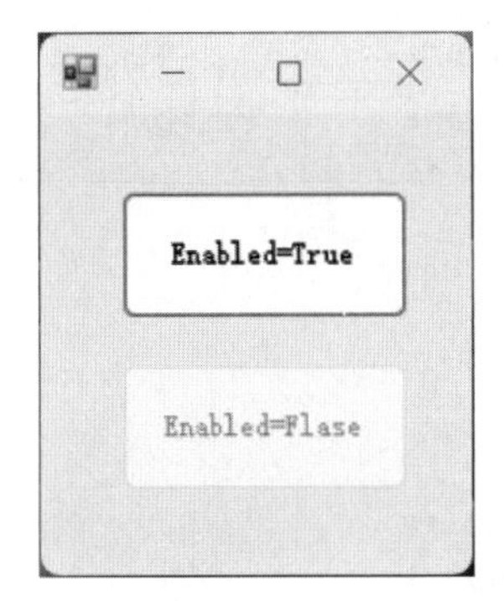

图5-3　属性Enabled

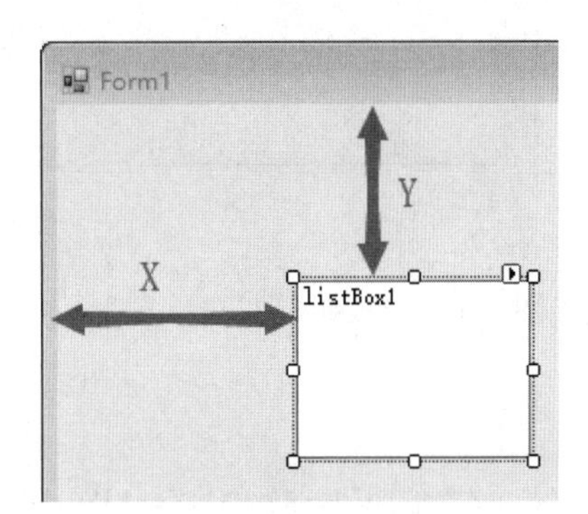

图5-4　属性Location

下面以一个例子来说明如何通过属性Location来实现物体动态移动。先创建一个新项目，在窗体上放置一个Label控件、两个按钮控件和两个TextBox控件。它们的属性分别设置如表5-1。

表5-1　控件及其属性一览表

序号	控件名称	属性名称	属性值
1	Label1	Text	NULL
		BackColor	Red
		AutoSize	false
2	TextBox1	Name	xVal
		Text	2
3	TextBox2	Name	yVal
		Text	2
4	Button1	Text	左右平移
5	Button2	Text	上下平移

再添加两个Label控件，设置它们的属性Text分别为平移量和升降量，完成后的窗体布局参见图5-5。

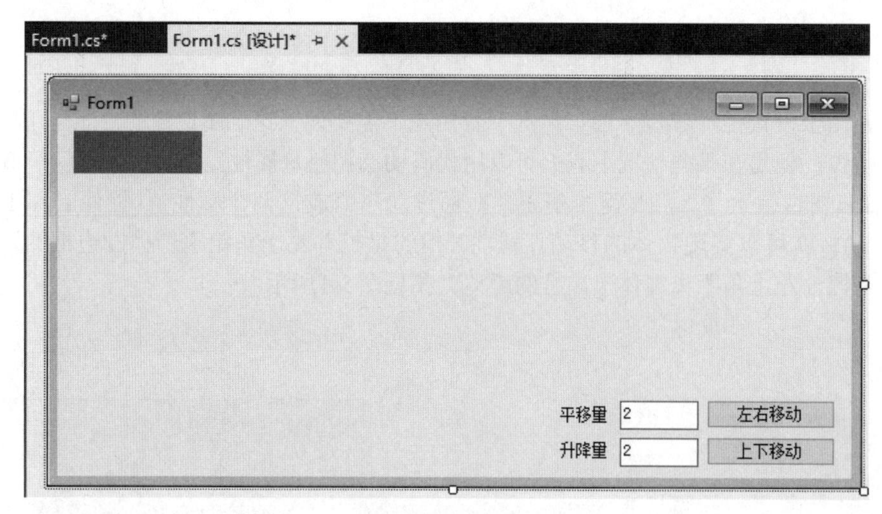

图5-5 窗体布局

双击图5-5中的按钮“左右移动”，在其事件中输入代码5-1。

代码5-1 水平移动控件

```
if (((Convert.ToInt32(xVal.Text)>0 && label1.Left<=300)) ||
    ((Convert.ToInt32(xVal.Text) < 0 && label1.Left >= 10)))
      label1.Left +=Convert.ToInt32(xVal.Text);
```

代码5-1的意思是如果在点击按钮“左右移动”时满足下面两个条件，方块(label1)的X坐标(距离窗体左边框)就会增加一个平移量:

- 方块(label1)的X坐标(距离窗体左边框)小于300并且平移量是正值;
- 方块(label1)的X坐标(距离窗体左边框)大于10并且平移量是负值。

这样做的目的是防止方块移动坐标超限。

双击图5-5中的按钮“上下移动”，在其事件中输入代码5-2。

代码5-2 垂直移动控件

```
if (((Convert.ToInt32(yVal.Text) > 0 && label1.Top <= 200)) ||
    ((Convert.ToInt32(yVal.Text) < 0 && label1.Top >= 10)))
      label1.Top += Convert.ToInt32(yVal.Text);
```

代码5-2的意思是如果在点击按钮“上下移动”时满足下面两个条件，方块(label1)的Y坐标(距离窗体上边框)就会增加一个升降量:

- 方块(label1)的Y坐标(距离窗体上边框)小于200并且升降量是正值;
- 方块(label1)的Y坐标(距离窗体上边框)大于10并且平移量是负值。

代码输入完成后我们运行程序，点击按钮就可以控制方块移动。改变平移量或者升降量中的数值，就可以实现对平移或者升降速度的调节。

5.1.5 FlatStyle

该属性用于设置控件的外观样式，一般包括四种可选择项，分别是Flat、Popup、Standard、System。图5-6展示了这四种效果。

5.1.6 BackColor

该属性用于设置控件的背景颜色，如图5-7所示。在C#中，颜色来自命令空间System.Drawing。通常应用程序会默认引用这个命名空间，我们只需直接使用诸如Color.Red即可，如代码5-3所示。

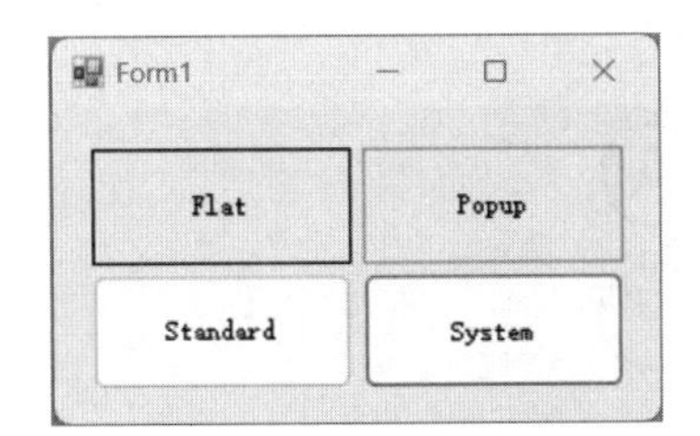

图5-6　控件样式

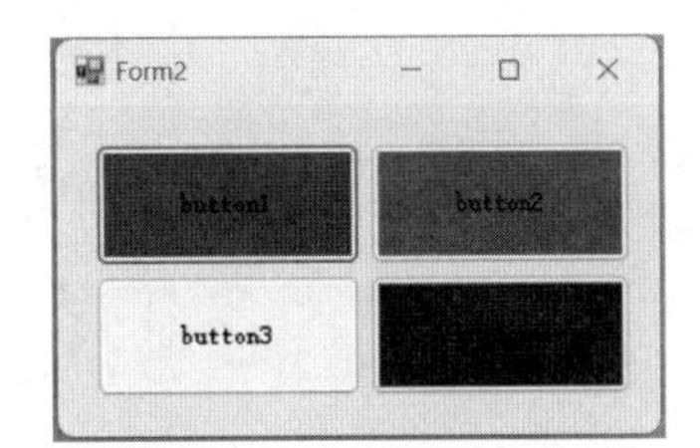

图5-7　控件背景色

代码5-3　设置背景色

```
Button1.BackColor=Color.Red;
```

5.1.7 Font

该属性用于设置控件的字体、字体大小及样式等，如图5-8所示。

5.1.8 ForeColor

该属性用于设置控件的前景颜色，如图5-9所示，大部分情况下改变的是控件的字体及边框颜色(属性FlatStyle的值为Flat时才会改变边框颜色)。

图5-8　控件字体

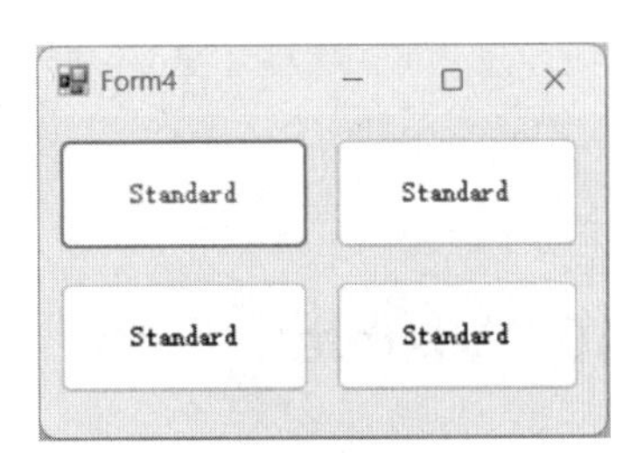

图5-9　控件前景色

5.1.9 BackgroundImage

该属性用于设置控件的背景图片，如图5-10所示。如果需要通过代码动态切换背景图片实现特殊效果，使用代码5-4。

代码5-4 设置控件背景图片

```
button1.BackgroundImage = Image.FromFile("e:\\example.gif");
```

对象Image也是来自命令空间System.Drawing。FromFile是对象Image的一个方法，该方法用于通过路径加载图片。

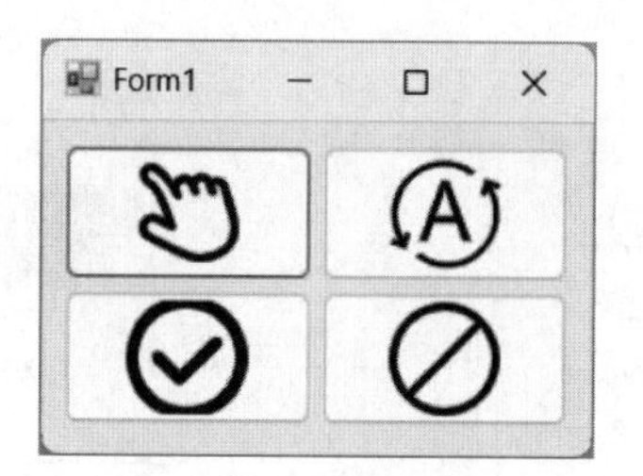

图5-10 控件背景图片

控件背景图片的布局方式有Center、Zoom、Tile等数种，大家可以自行体验不同布局的效果，如图5-11所示。

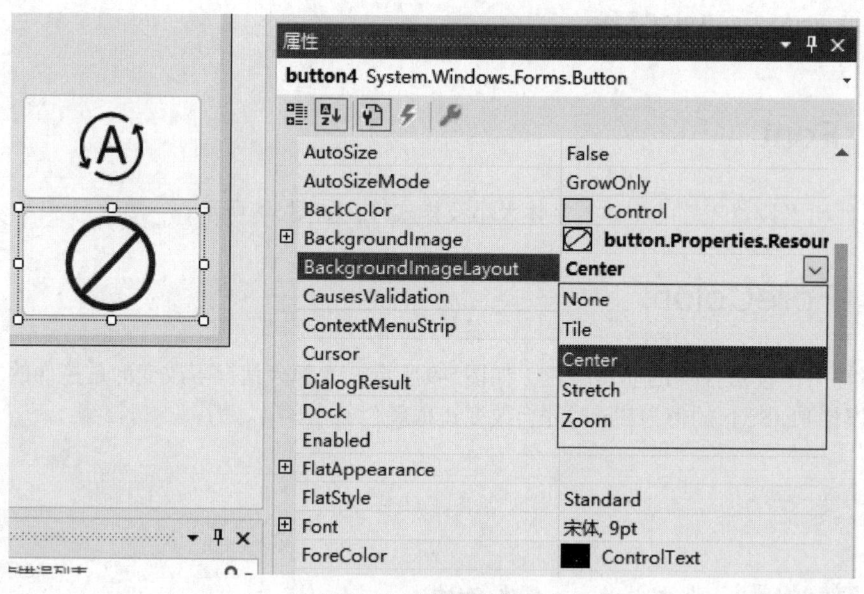

图5-11 背景图片布局

5.1.10 Visible

该属性用于设置控件在运行时是否可见。

5.1.11　Size

该属性用于设置控件大小。

5.1.12　Dock

控件在容器中的停靠方式。这个一般在涉及布局时使用。控件共有五种停靠方式，分别是Left、Right、Top、Bottom和Fill。通过合理地设置Dock属性，可以实现控件在窗体大小变化时自动进行缩放，如图5-12所示。

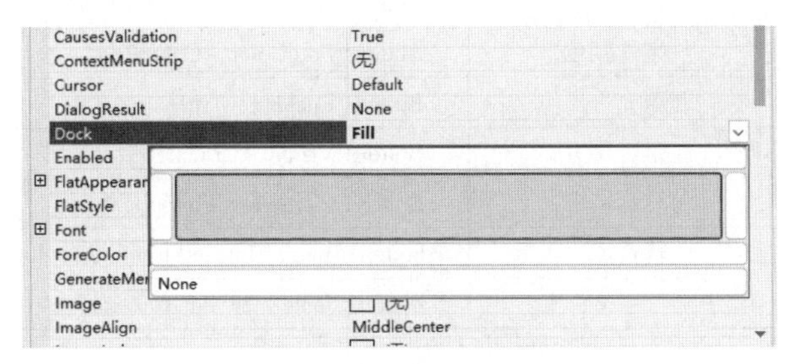

图5-12　控件Dock方式

5.1.13　Locked

该属性值为True时控件在窗体上不能移动及改变大小。此时控件左上角会显示一个锁状的图标。可以通过设置控件属性为True而锁住该控件，也可以在窗体上右击，选择“锁定控件”来锁住窗体上所有控件，如图5-13所示。

图5-13　锁定控件

5.2 按钮控件(Button)

按钮是应用程序中最常用的控件。它通常用于发送命令等操作。按钮控件在工具箱中的名称是Button。表5-2是按钮控件的一些常用属性。

表5-2 按钮控件常用属性一览表

序号	属性名称	说明	示例
1	Name	按钮名称	默认值
2	Text	按钮文本	Button1.Text = "Click me";
3	BackColor	背景颜色	Button1.BackColor = Color.Green;
4	ForeColor	字体颜色	Button1.ForcColor = Color.Red;
5	Enabled	是否允许操作	Button1.Enabled = True;
6	Visible	是否可见	Button1.Visible = True;
7	FlatStyle	显示风格	Button1.FlatStyle = FlatStyle.Popup;
8	Image	背景图片	button1.Image =Image.FromFile("e:\\timg1.gif");
9	Font	字体	button1.Font = new Font("宋体", 10, FontStyle.Bold);

如前所述，实际上我们在设置属性时无须使用表里的代码。选中控件，直接在属性窗口中设置即可。按钮控件最常用的是它的事件，双击按钮即可生成它的默认事件处理程序。按钮的默认事件是“Click”。如果你想使用按钮控件的其他事件，比如双击事件等，那么选中按钮，点击属性窗口中的闪电图标切换到事件窗口，在事件后面的空白栏中双击即可生成该事件处理程序，如图5-14所示。

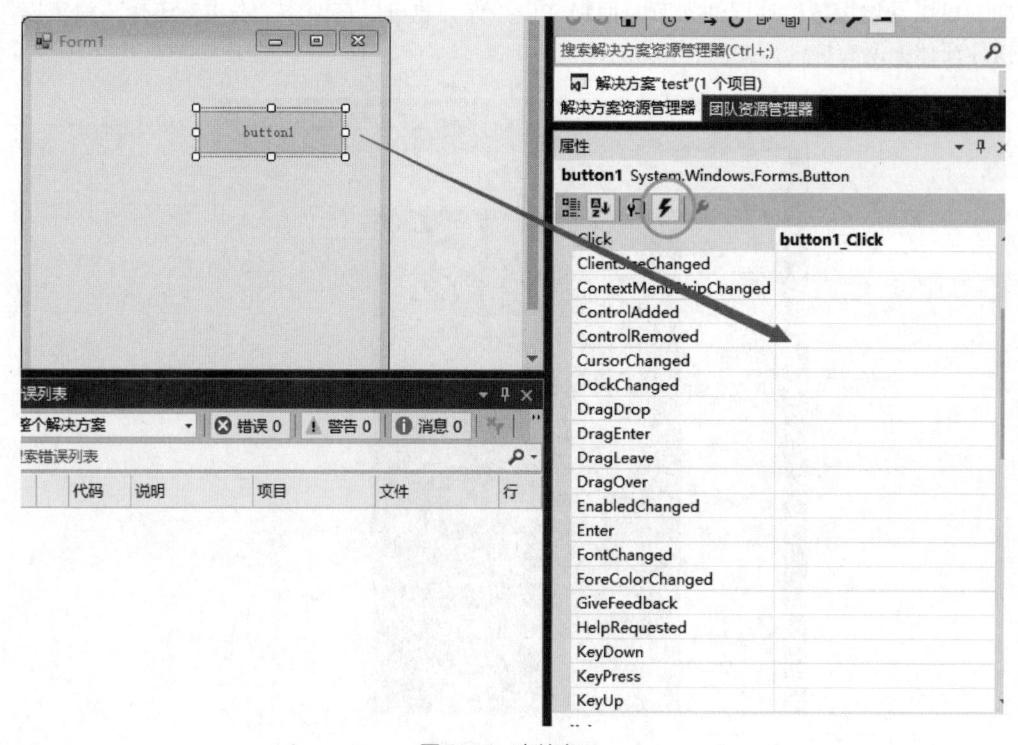

图5-14 事件窗口

我们在事件处理程序中添加自己的代码即可，参见图5-15所示。

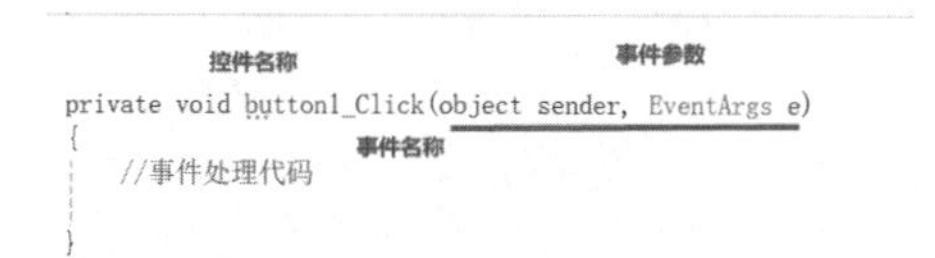
控件名称
事件参数
private void button1_Click(object sender, EventArgs e)
{
事件名称
//事件处理代码
}

图5-15 事件程序代码

除了属性Image可以设置按钮图片外，还有一个属性BackgroundImage专门用于设置按钮的背景图片。和属性Image相比，属性BackgroundImage装载的图片可以通过属性BackgroundImageLayout设置布局，使图片显示大小合适。属性BackgroundImageLayout有五种可选项，参见表5-3。

表5-3 BackgroundImageLayout选项

序号	选项名称	说明
1	None	无
2	Tile	图片铺满按钮，如果一张不够会自动变成两张或者更多，直至填满按钮
3	Center	图片位于按钮中央
4	Stretch	图片拉伸至按钮同样大小
5	Zoom	图片左右或者上下适用按钮尺寸

5.3 文本框控件(TextBox)

文本框是最常用的控件之一，通常用于显示状态信息和接收操作人员的参数输入。文本框控件在工具箱中的名称是TextBox。表5-4是文本框控件一些常用的属性。

表5-4 文本框控件常用属性一览表

序号	属性名称	说明	示例
1	Name	文本框名称	默认值
2	Text	文本框文本	textBox1.Text = ” Click me”;
3	BackColor	背景颜色	textBox1.BackColor = Color.Green;
4	ForeColor	字体颜色	textBox1.ForcColor = Color.Red;
5	Enabled	是否允许输入	textBox1.Enabled = True;
6	Visible	是否可见	textBox1.Visible = True;
7	BorderStyle	显示风格	textBox1.BorderStyle BorderStyle.FixedSingle; 包含了三种风格：none/FixedSingle/Fixed3D
8	MultiLine	是否多行	textBox1.MultiLine = true;
9	Font	字体	textBox1.Font = new Font(“宋体”, 10, FontStyle.Bold);

设置文本框控件的属性MultiLine后，在文本框内输入一行内容后按回车键光标移到下一行，支持继续输入，参见图5-16所示。

对于多行文本，其属性“Text”的返回值包含了换行符，我们可以用代码5-5获取每行内容。

代码5-5　读取多行文本

```
private void button1_Click(object sender, EventArgs e)
{
    string[] strTxt = textBox1.Text.Split("\n".ToCharArray());
    int i = strTxt.Length;
    foreach (var s in strTxt)
    {
        MessageBox.Show(s);
    }
}
```

如果我们想通过代码写入多行文本，需要在每行文本的后面加上换行符，参见图5-17的代码及执行效果。

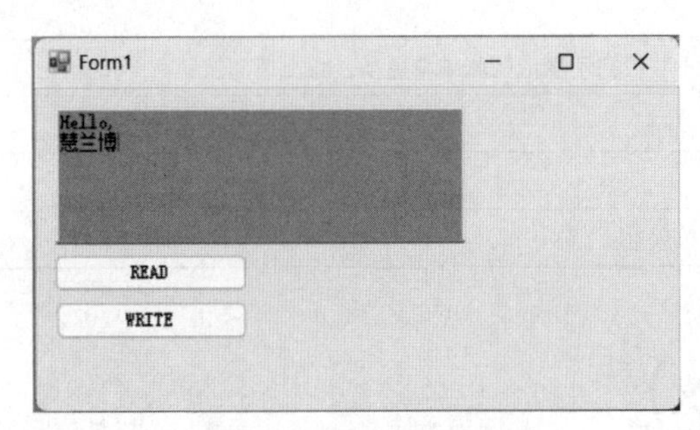

图5-16　输入多行文本

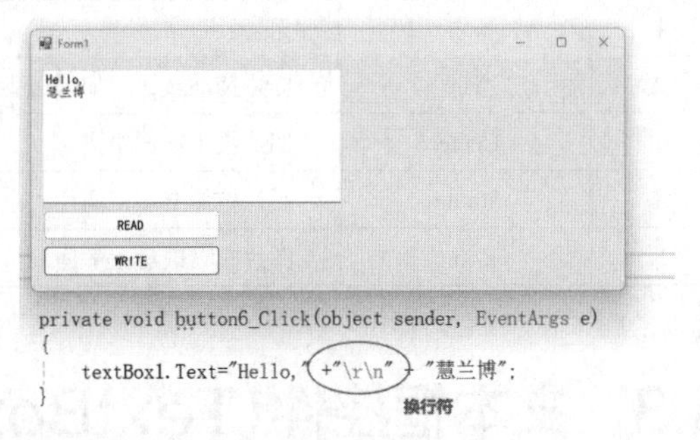

图5-17　写入多行文本

5.4　标签控件(Label)

标签控件是应用程序中最常用的控件之一。它通常用于显示一些文本信息，它是只读的，不允许操作员输入。标签控件在工具箱中的名称是Label。表5-5是标签控件一些常用的属性。

表5-5　标签控件常用属性一览表

序号	属性名称	说明	示例
1	Name	标签名称	默认值
2	Text	标签文本	Label1.Text = ” Click me”；
3	AutoSize	自动大小	Label1.AutoSize = true; 标签大小根据文本内容自动调整
4	BackColor	背景颜色	Label1.BackColor = Color.Green;
5	ForeColor	字体颜色	Label1.ForcColor = Color.Red;

续表

序号	属性名称	说明	示例
6	Enabled	是否允许操作	Label1.Enabled = True;
7	Visible	是否可见	Label1.Visible = True;
8	FlatStyle	显示风格	Label1.FlatStyle = FlatStyle.Popup;
9	Image	背景图片	Label1.Image = Image.FromFile(“e:\\timg1.gif”);
10	Font	字体	Label1.Font = new Font(“宋体” , 10, FontStyle.Bold);

5.5　下拉列表框控件(ComboBox)

下拉列表框控件是应用程序中最常用的控件之一。它通常用于显示一组可供选择的信息。与文本框控件不同的是，下拉列表框控件通常不允许操作员自己输入信息，只能从应用软件提供的信息中选择。下拉列表框控件在工具箱中的名称是ComboBox。表5-6是下拉列表框控件一些常用的属性。

表5-6　下拉列表框控件常用属性一览表

序号	属性名称	说明	示例
1	Name	控件名称	默认值
2	Text	控件文本	ComboBox.Text = ” Click me” ;
3	DataSource	数据源	允许绑定到一个数据源
4	BackColor	背景颜色	Label1.BackColor = Color.Green;
5	ForeColor	字体颜色	Label1.ForcColor = Color.Red;
6	Enabled	是否允许操作	Label1.Enabled = True;
7	Visible	是否可见	Label1.Visible = True;
8	FlatStyle	显示风格	Label1.FlatStyle = FlatStyle.Popup;
9	Items	子项数据	用于设置可供选择的数据信息， 点击空白栏后面的按钮“…”可以在弹出窗口中选择 Items (集合) ...
10	Font	字体	Label1.Font = new Font(“宋体” , 10, FontStyle.Bold);

当然对于此控件我们有可能需要在代码中动态添加数据。代码5-6演示了在窗体装载时预先为下拉列表框添加一组可供选择的数据，是在程序运行时操作人员选择控件数据触发数据变化事件时弹出当前选择数据的一个小例子。

代码5-6　向控件添加数据

```
private void Form1_Load(object sender, EventArgs e)
{
    string[] seq = new string[] { "a", "b", "c", "d" };
```

```
        comboBox1.Items.AddRange(seq);
    }

    private void comboBox1_SelectedIndexChanged(object sender, EventArgs e)
    {
        MessageBox.Show(comboBox1.Text);
    }
```

窗体装载事件Form1_Load通过双击窗体空白部分进入。列表框选择改变事件通过双击列表框进入。程序运行结果如图5-18。

上面的例子是添加一个数据集合，当然我们也可以为列表框控件添加一个数据。窗体上添加一个按钮，在按钮点击事件里写入代码5-7。

代码5-7　为列表框添加数据

```
    comboBox1.Items.Add("New Data");
```

再次运行程序我们会发现列表框控件里面多了一项新数据，如图5-19所示。

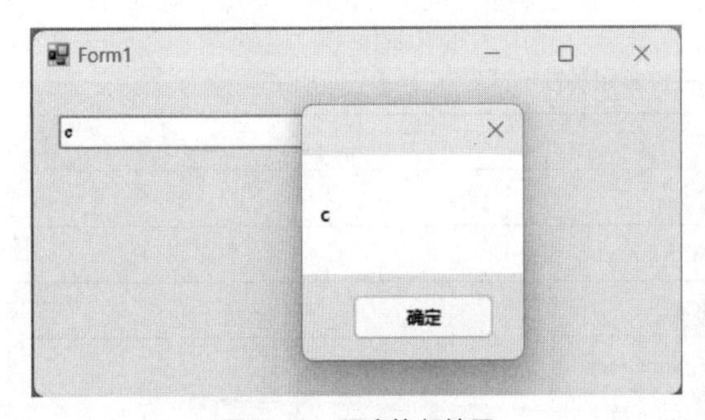

图5-18　程序执行结果

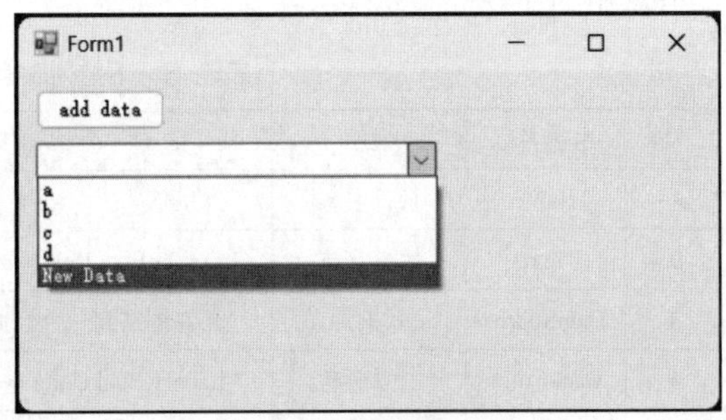

图5-19　添加新数据

如果列表框的可供选择数据太多了怎么办，比如有几十个甚至上百个下拉数据？在这种情况下如果我们通过肉眼查找并选择显然不太合理。其实控件ComboBox提供了模糊查询功能，我们只要输入文本的首字符它就会自动列出相关的可选择项，这时我们再选择就会容易多了。代码5-8的例子演示了这种功能。

代码5-8　ComboBox控件支持模糊查询

```
    string[] seq = new string[] { "北京", "上海", "天津", "深圳","广州" };
    comboBox1.Items.AddRange(seq);
    comboBox1.AutoCompleteMode = AutoCompleteMode.SuggestAppend;
    comboBox1.AutoCompleteSource = AutoCompleteSource.ListItems;
```

与之前的代码相比，这里只是多了设定ComboBox的自动完成方式和自动完成数据源。属性SuggestAppend设置控件具有自动显示候选字符的功能，属性AutoCompleteSource设置控件用于自动显示的数据源。添加了这两行代码后的控件ComboBox在我们输入字符时会自动显示可能的候选文本，我们只需要点击目标文本即可，相对快捷了不少。当然这一般适用于选择项非常多的情况。

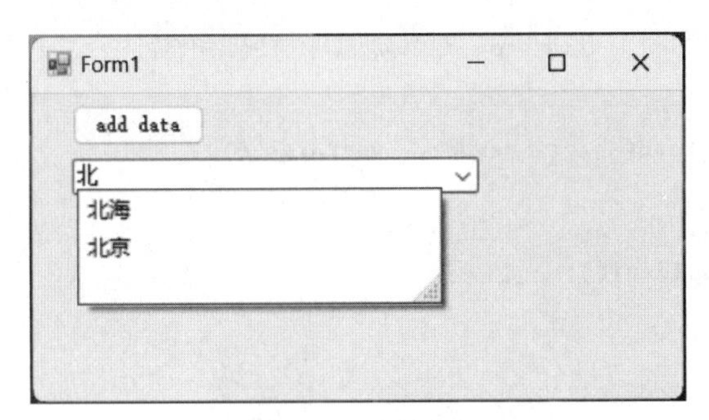

图5-20　自动完成

从图5-20中可以看出，当我们输入字符“北”时，下拉列表中的候选文本“北京”和“北海”自动显示出来，我们只需要在目标文本上点击即可完成输入。

5.6　ListBox

ListBox控件通常用于显示若干相关联或者待选择的数据项。它在使用上和控件ComboBox有点类似，但是也有区别。ListBox同时显示它里面所有的数据项，而ComboBox只能显示一行数据项，其他数据项通过点击箭头显示。

从工具箱中拖一个ListBox到窗体，点击控件右上角的箭头，选择“编辑项”，然后就可以在弹出的窗口中为其添加数据项，如图5-21所示。

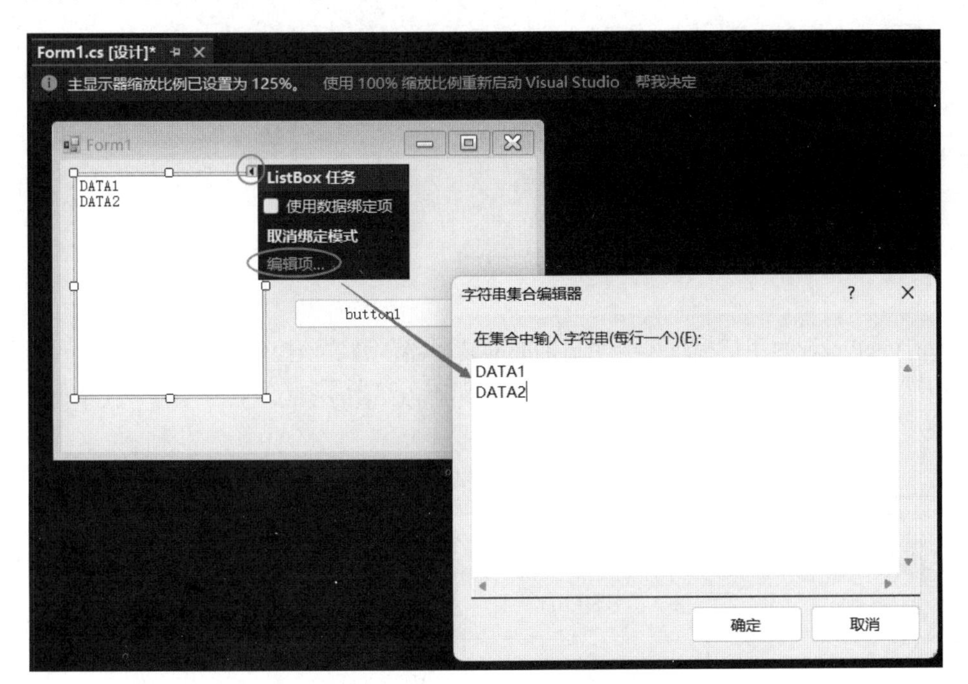

图5-21　为ListBox添加数据项

这种添加数据项的方式属于静态添加。在实际项目中大多数情况下需要我们动态添加/删除数据项，可以用代码5-9实现。

代码5-9　在窗体加载事件中初始化控件

```
private void Form1_Load(object sender, EventArgs e)
{
    //清空控件内容，如果不清空，新数据项会在旧数据项后面
    listBox1.Items.Clear();

    //添加两个数据项
    listBox1.Items.Add("DATA3");
    listBox1.Items.Add("DATA4");

    //批量添加两个数据项
    string[] NewData = new string[] { "1", "2", "3" };
    listBox1.Items.AddRange(NewData);
}
```

那在程序运行时如何知道选择的是哪一个数据项呢？通过控件属性SelectedItem可以获取当前选中的数据项。控件有一个事件为SelectedIndexChanged，双击该事件名称可以在代码中自动添加该事件，写入代码5-10我们会在运行时通过对话框显示当前选中的数据项。

代码5-10　数据选择事件

```
private void listBox1_SelectedIndexChanged(object sender, EventArgs e)
{
    MessageBox.Show(listBox1.SelectedItem.ToString());
}
```

运行结果如图5-22所示。

5.7　DateTimePicker

DateTimePicker为用户提供了一个日期时间选择器，通过该控件可以选择任意一段日期时间值，并以字符串及日期时间格式返回当前值，如图5-23所示。

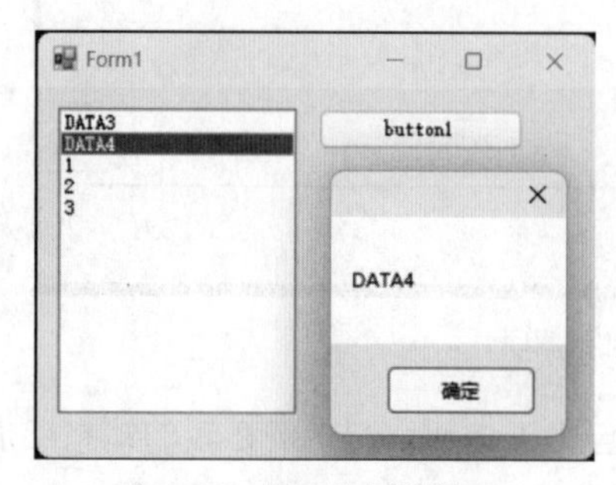

图5-22　显示选中的数据项

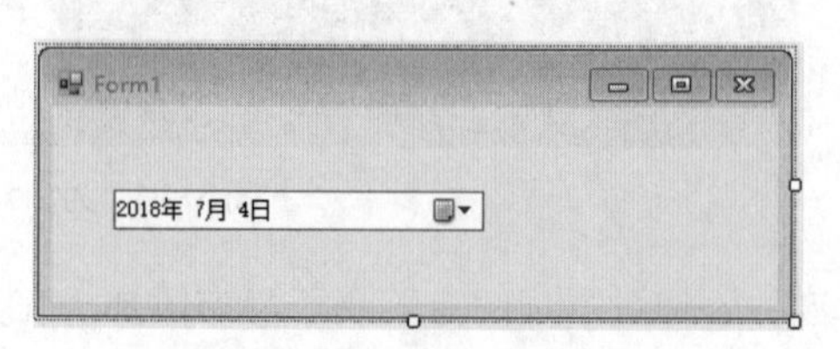

图5-23　控件DateTimePicker

DateTimePicker常用属性见表5-7。

表5-7 DateTimePicker常用属性一览表

序号	属性名称	说明	示例
1	Name	控件名称	默认值
2	Text	控件文本	以字符串格式返回当期日期时间值 MessageBox.Show(DateTimePicker1.Text);
3	Value	当前值	以日期时间格式返回当期值 MessageBox.Show(DateTimePicker1.Value.ToString());
4	Enabled	是否允许操作	DateTimePicker1.Enabled = True;
5	Visible	是否可见	DateTimePicker1.Visible = True;
6	FlatStyle	显示风格	DateTimePicker1.FlatStyle = FlatStyle.Popup;
7	Font	字体	DateTimePicker1.Font = new Font(“宋体”, 10, FontStyle.Bold);
8	Format	显示格式	dateTimePicker1.Format=DateTimePickerFormat.Custom
9	CustomFormat	自定义格式	dateTimePicker1.CustomFormat = “yyyy/mm/dd hh:mm:ss”;

如果读者已经在练习，想必已经发现该控件在默认情况下只显示日期值而没有时间值。如果我们希望该控件显示日期时间，可以将它的属性Format定义为Custom，并且在属性CustomFormat中定义显示格式，参考表5-7中的第8栏和第9栏。在代码5-11中我们演示了这一方法。

代码5-11 DateTimePicker显示格式

```
//在窗体装载时初始化该控件
private void Form1_Load(object sender, EventArgs e)
{
    dateTimePicker1.Format = DateTimePickerFormat.Custom;
    dateTimePicker1.CustomFormat = "yyyy/MM/dd hh:mm:ss";
}
```

保存并运行程序，控件DateTimePicker的显示格式如图5-24。

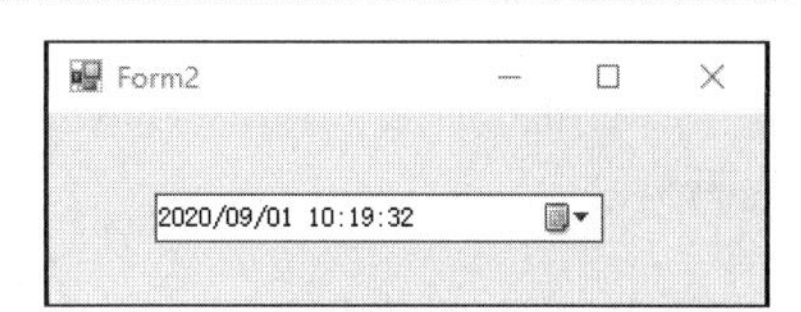

图5-24 修改了显示格式的控件DateTimePicker

5.8 ListView

ListView控件主要用于数据展示，是C#中功能非常强大的一个控件，利用它可以做出各种表格样式的效果。虽然ListView也是可以做出表格效果，但是它和后面的DataGridView还是区别很大的。ListView非常适合于小批量的数据显示。

利用ListView展示数据，首先要使用代码为控件设计样式，第一步我们需要添加列，并且设计列标题，也就是标题栏。首先拖一个imageList控件到窗体上，点击控件右上角的箭头图标并选择“选择图像”，参见图5-25。

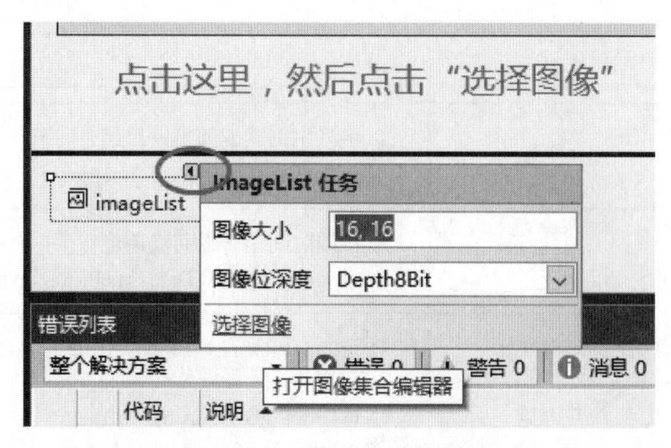

图5-25　打开图片编辑窗口

在弹出窗口中为imageList添加图片组，如图5-26所示。

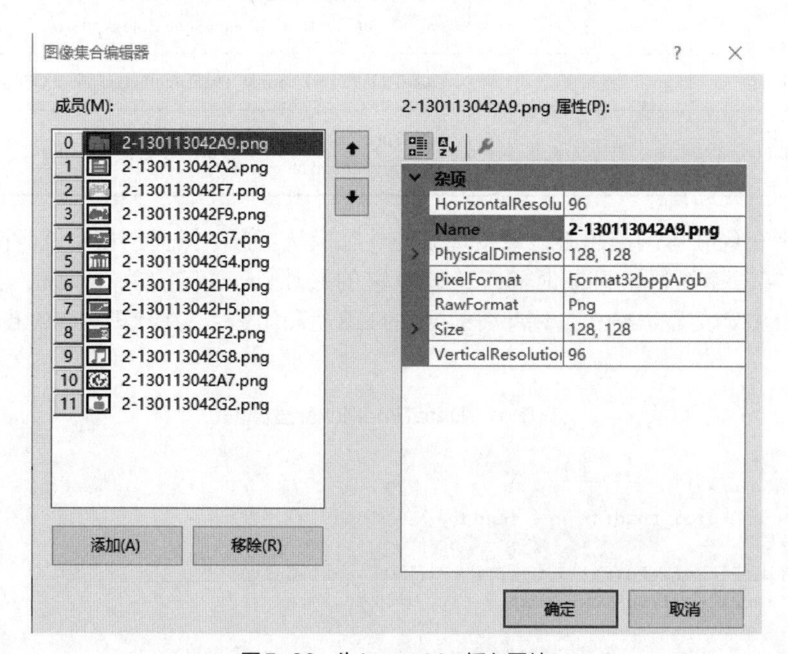

图5-26　为imageList插入图片

然后再分别拖一个ListView控件和按钮控件到窗体上，双击按钮控件，在点击事件中输入代码5-12。

代码5-12　为ListView添加标题栏

```
//在窗体装载时初始化该控件
private void button1_Click(object sender, EventArgs e)
{
    listView.View = View.Details;//设置数据展示样式
    listView.SmallImageList = imageList;//绑定图片列表
```

```
    //添加列和列标题
    listView.Columns.Add( "站点名称", 100, HorizontalAlignment.Center);
    listView.Columns.Add( "位置", 120, HorizontalAlignment.Center);
    listView.Columns.Add( "CPU型号", 100, HorizontalAlignment.Center);
    listView.Columns.Add( "IP地址", 120, HorizontalAlignment.Center);
}
```

保存并运行程序，我们可以看到图5-27所示的效果。

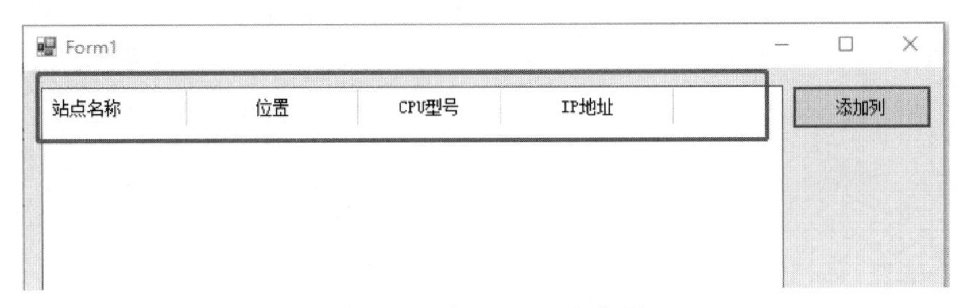

图5-27　为ListView添加列

为控件添加了列后就可以插入数据了。拖一个按钮控件到窗体上，双击该按钮控件，在事件中写入代码5-13。

代码5-13　为ListView插入数据

```
//在窗体装载时初始化该控件
private void button2_Click(object sender, EventArgs e)
{
    //数据更新，UI暂时挂起，直到EndUpdate绘制控件
    //可以避免闪烁并提高加载速度
    this.listView.BeginUpdate();
    //清除旧数据
    listView.Items.Clear();
    for (int i = 0; i < 10; i++)    //添加10行数据
    {
        ListViewItem data = new ListViewItem();
        //通过与imageList绑定，显示imageList中第i项图标
        data.ImageIndex = i;
        data.Text = "Station" + i;
        data.SubItems.Add("Address" + i );
        data.SubItems.Add("S7-1500");
        data.SubItems.Add("192.168.0." + i);
        this.listView.Items.Add(data);
    }

    this.listView.EndUpdate();   //结束数据处理
}
```

代码5-13为控件ListView循环添加了10行数据，并通过index为每行数据绑定了控件imageList中的图片。保存代码并运行程序，先点击按钮“添加列”创建列标题，再点击按钮“添加数据”就可以看到图5-28所示的效果。

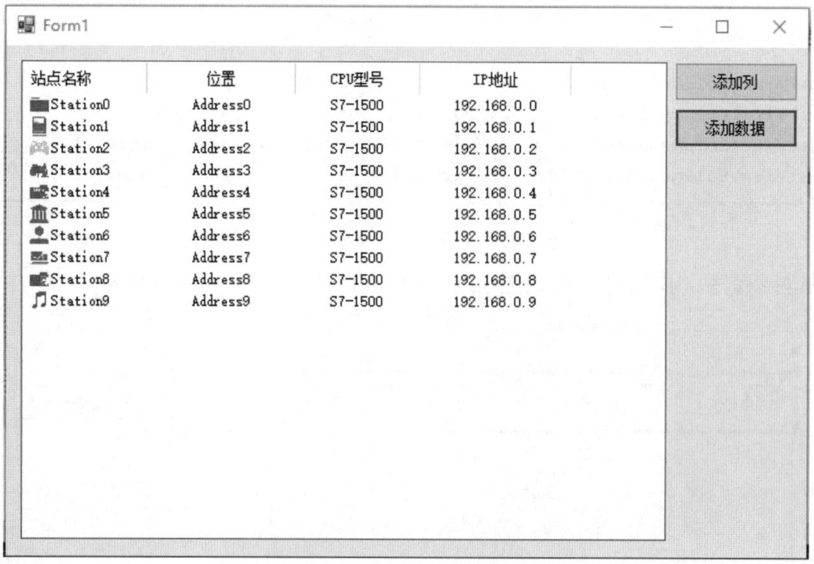

图5-28　为ListView添加数据

方法BeginUpdate和EndUpdate用于刷新显示ListView，在这个过程中会暂停窗体上其他控件的更新，避免在刷新过程中产生闪烁。除了可以使用代码插入数据外，我们也可以通过代码获取指定行、列的数据。拖一个按钮控件到窗体上，双击按钮，在其点击事件中写入代码5-14。

代码5-14　获取ListView

```
private void button3_Click(object sender, EventArgs e)
{
      //通过对话框显示第二列、第二行的数据
      //注意：索引是从0开始的
      MessageBox.Show(listView.Items[1].SubItems[1].Text);
}
```

保存并运行程序，当点击按钮“获取数据”时会弹出图5-29的信息框。

直到现在为止我们介绍的都是如何向ListView添加数据。很多时候我们可能并不只是添加数据，也有可能需要更新里面的数据，如果使用Clear()方法全部清除后再添加无疑会导致ListView在刷新时闪烁，影响用户体验。所以我们可以对ListView里面的内容遍历并更新指定行。

代码5-15　更新ListView数据

```
private void button4_Click(object sender, EventArgs e)
{
    //遍历Item
    foreach (ListViewItem item in this.listView.Items)
    {
          //修改IP地址为192.168.0.3的数据项
          if (item.SubItems[3].Text=="192.168.0.3")
          {
                //开始数据处理
                this.listView.BeginUpdate();
```

```
                item.SubItems[3].Text = "Is Changed!";
                this.listView.EndUpdate();  //结束数据处理

            }

    }
```

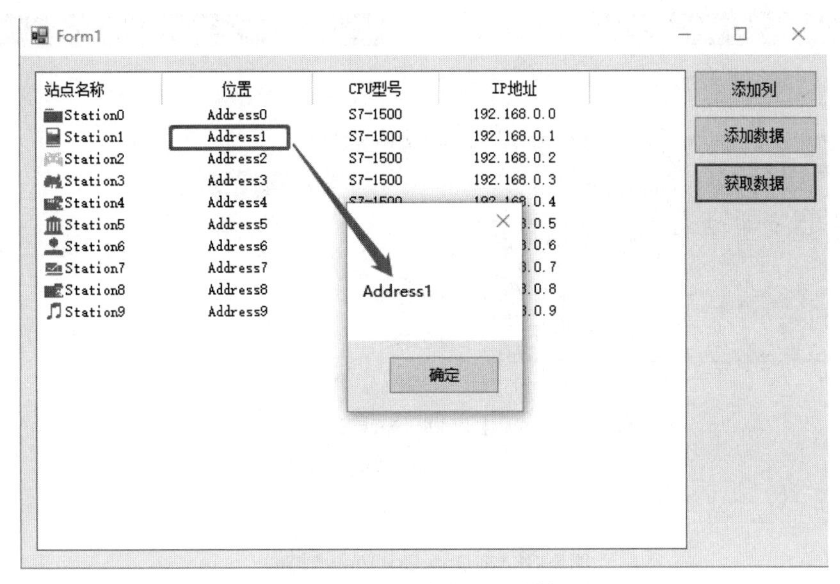

图5-29 获取指定行、列数据

代码5-15首先对ListView里面的数据项进行遍历，取出每个数据项的第四列数据并和“192.168.0.3”进行比较，如果一致则更新为“Is Changed”。保存项目并运行，当我们点击按钮“更新数据”就可以看到图5-30所示的效果。

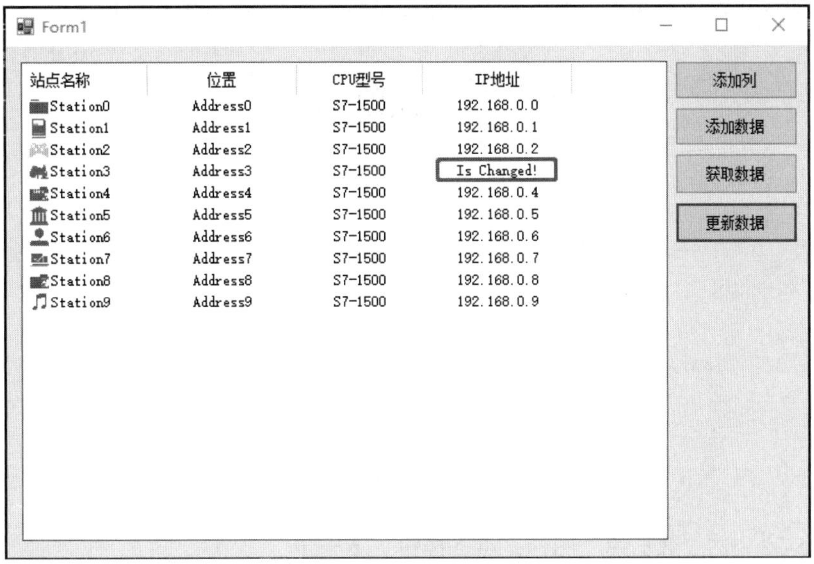

图5-30 更新数据

5.9 DataGridView

DataGridView是.Net Framework提供的一种数据展示控件，非常适合用于生成各式各样的数据报表，类似于VB6.0时代的FlexGrid。不过DataGridView在功能上要强大得太多。当我们拖放一个DataGridView控件到窗体上时会看到如图5-31所示的画面。

图5-31 拖DataGridView到窗体

5.9.1 绑定数据表(Access)

可以通过简单的设置为控件DataGridView绑定数据表显示数据。点击图5-31中“选择数据源”后面的箭头按钮，在窗口中选择“添加项目数据源”，参见图5-32所示。

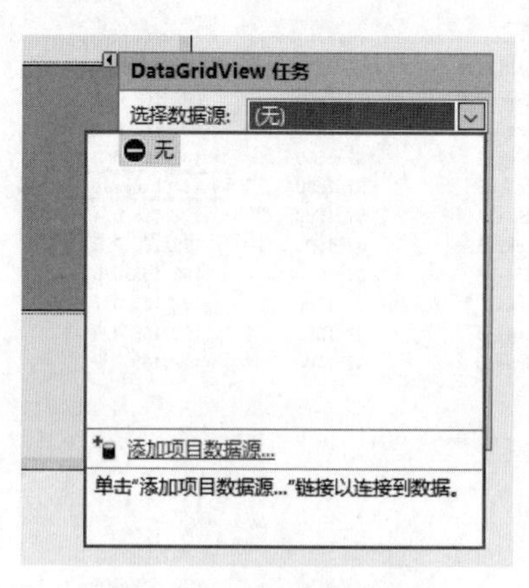

图5-32 添加项目数据源

选择图5-33中的“数据库”图标，点击按钮“下一步”。

选择图5-34中的“数据集”图标，点击按钮“下一步”。

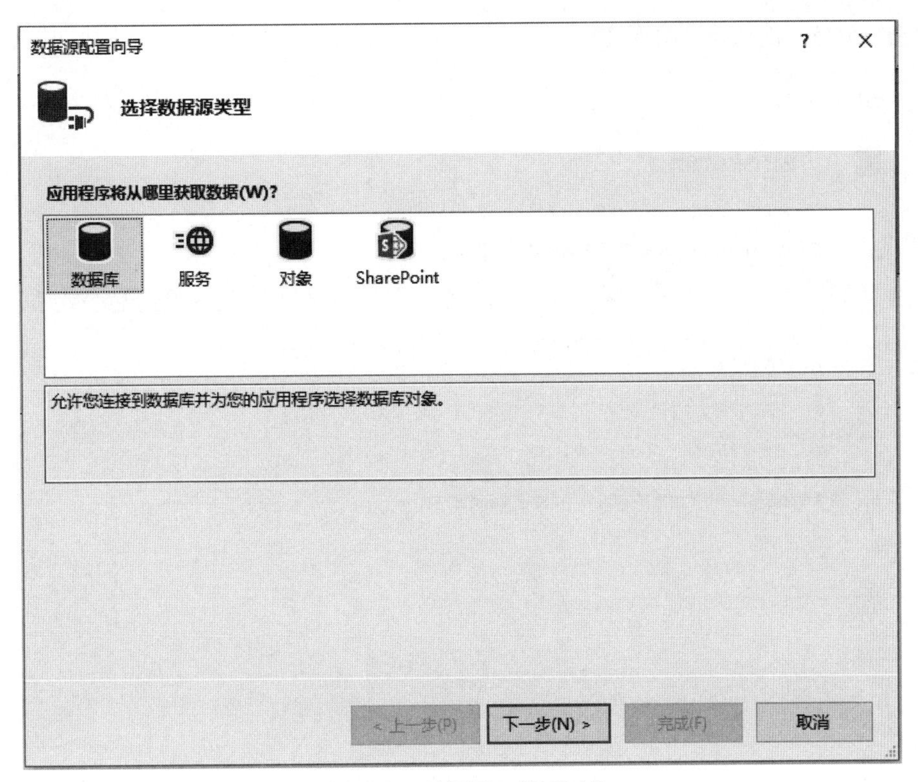

图5-33　选择图标“数据库”

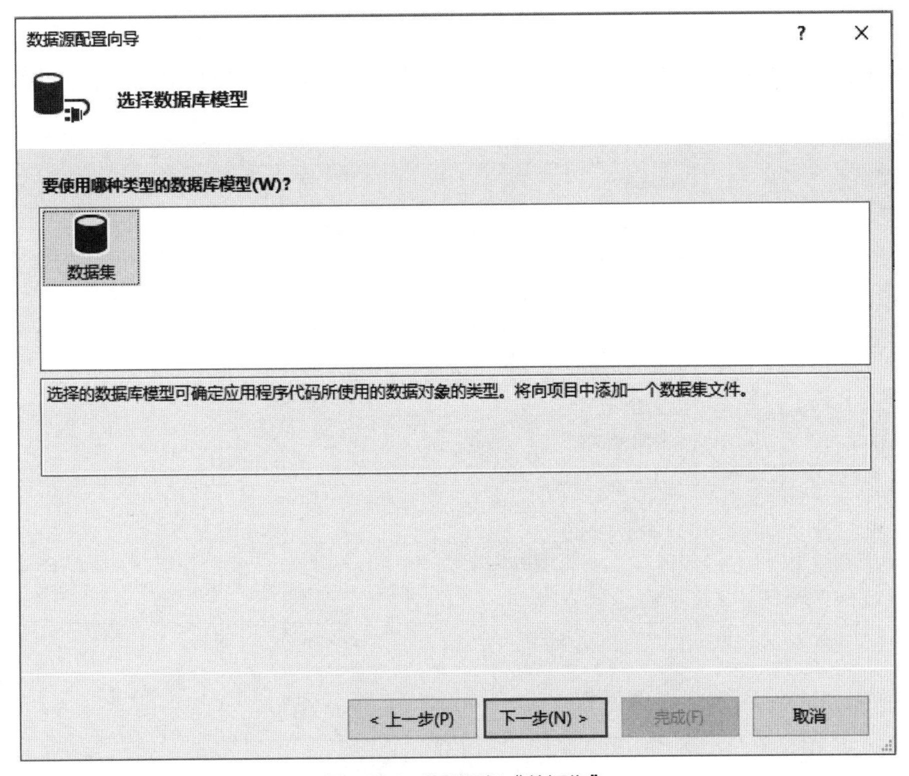

图5-34　选择图标“数据集”

点击图5-35中的按钮“新建连接”。

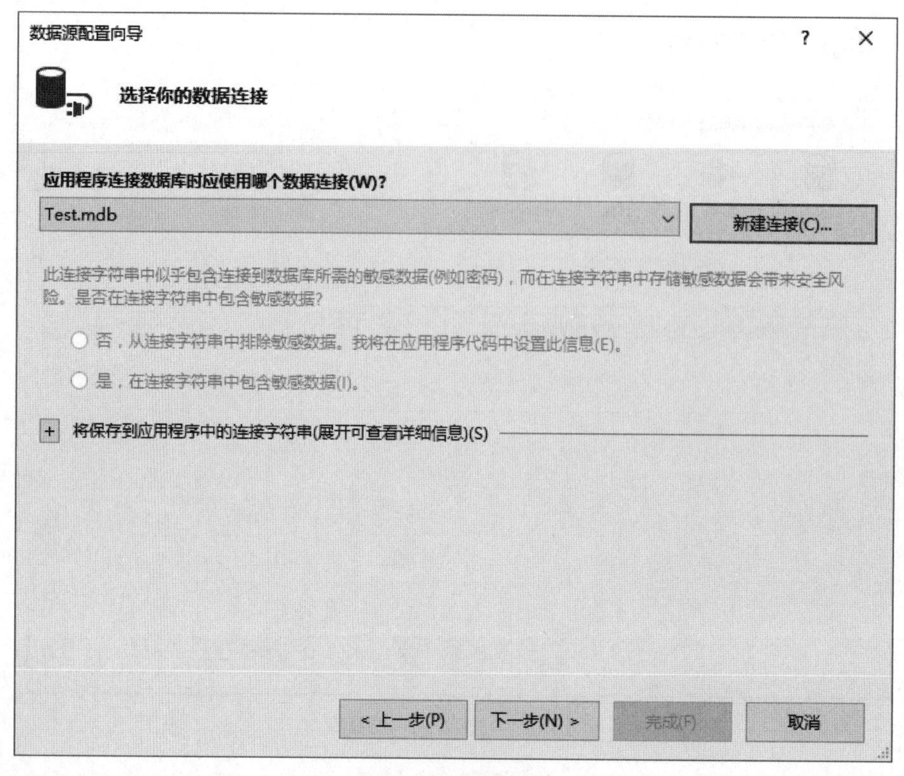

图5-35 新建连接

在弹出窗口中点击按钮“浏览”定位到目标数据文件，如果有密码则在密码框中输入预先设置的密码。

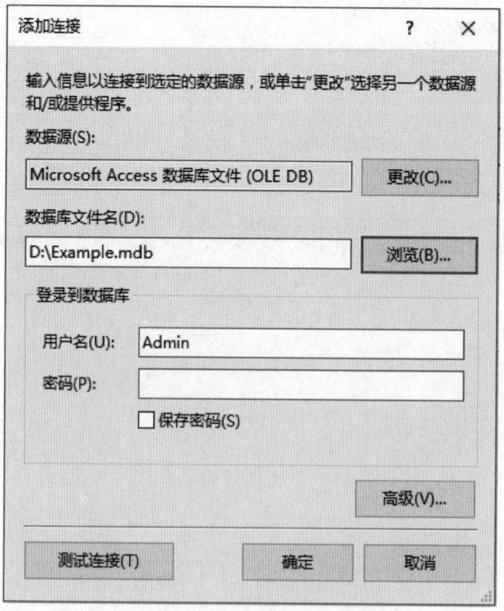

图5-36 选择目标数据文件

点击图5-36中的按钮“测试连接”可以测试连接是否正常。如果连接没问题则会弹出相应的信息框，参见图5-37所示。

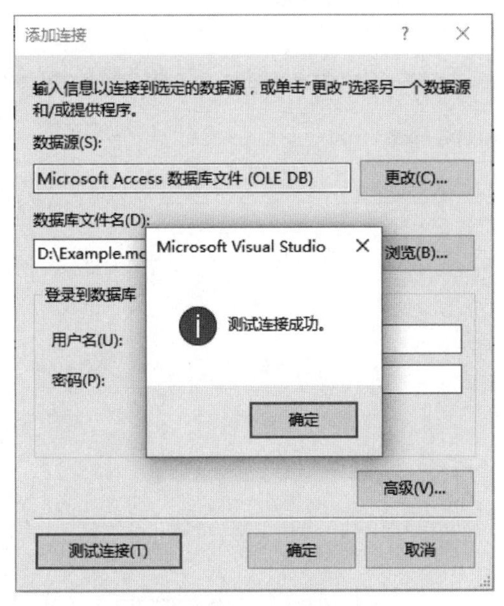

图5-37　测试结果信息框

关闭信息框并点击确定后返回到图5-35所示的窗口，点击按钮“下一步”会出现图5-38所示的窗口。点击按钮“是”即可。

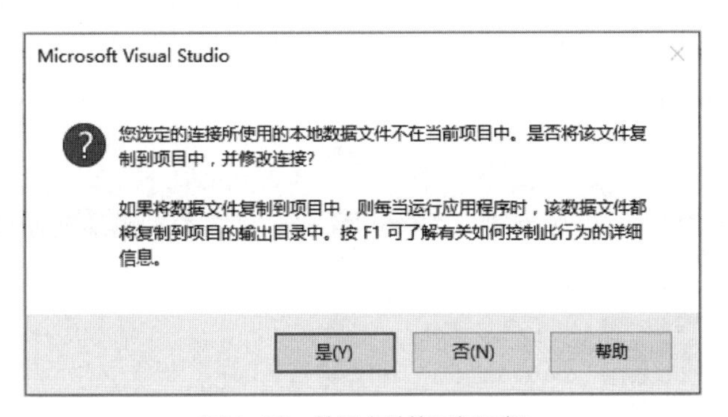

图5-38　数据文件拷贝提示框

出现该窗口的原因是Access数据库是单文件格式，为了便于程序移植到别的机器后能够顺利运行，将该数据文件拷贝到程序文件同一目录下。继续点击“下一步”，出现图5-39的窗口。

点击“下一步”，在图5-40的窗口中选择数据表和字段，完成后应如图5-40所示。

点击按钮“完成”。然后我们可以看到控件DataGridView中已经显示了我们在图5-40中选择的字段，如图5-41所示。

运行程序，显示的效果如图5-42。

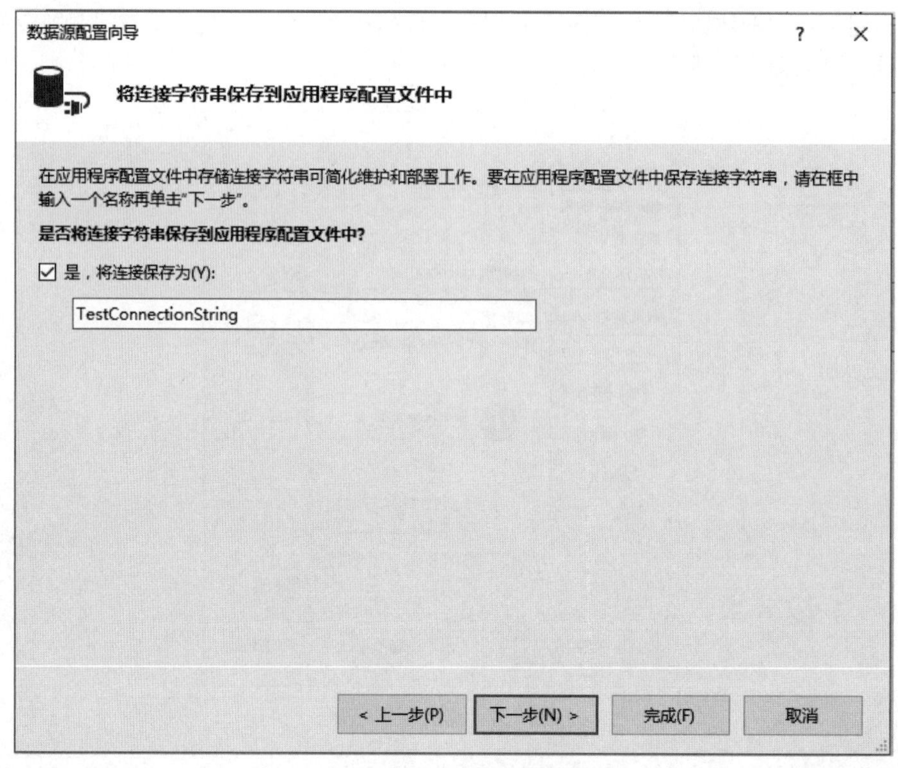

图5-39　保存配置文件

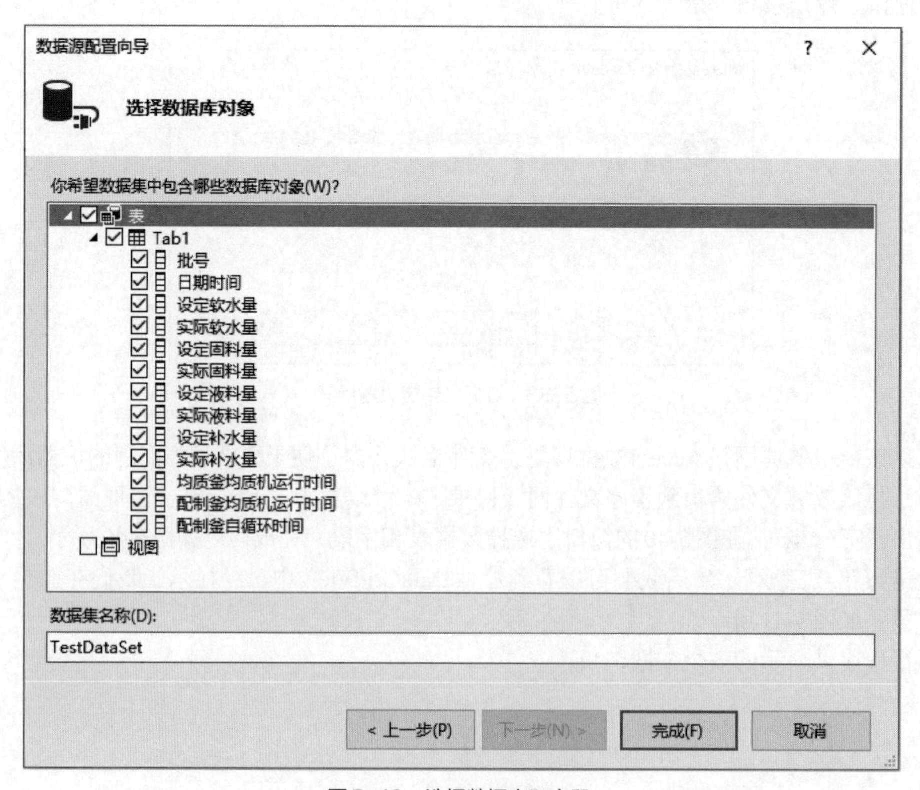

图5-40　选择数据表和字段

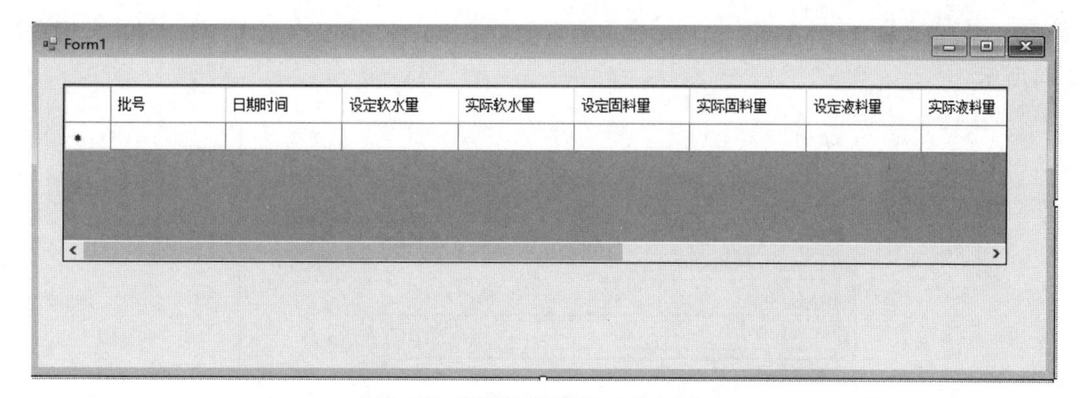

图5-41　设置完成后的DataGridView

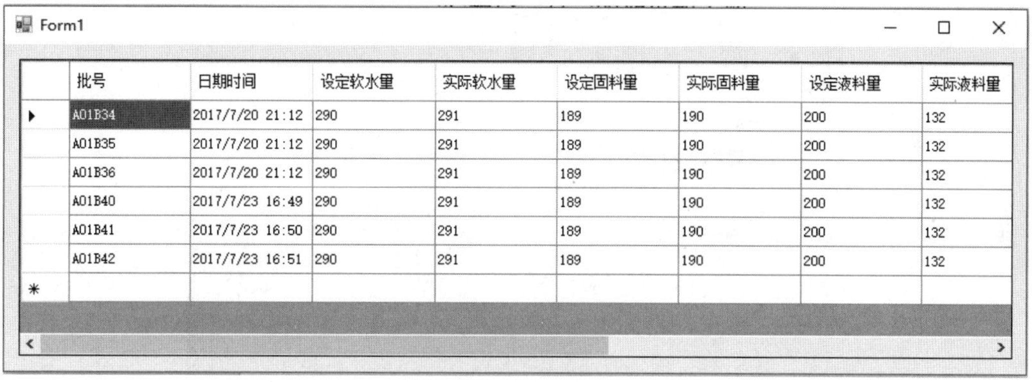

Form1

	批号	日期时间	设定软水量	实际软水量	设定固料量	实际固料量	设定液料量	实际液料量
▶	A01B34	2017/7/20 21:12	290	291	189	190	200	132
	A01B35	2017/7/20 21:12	290	291	189	190	200	132
	A01B36	2017/7/20 21:12	290	291	189	190	200	132
	A01B40	2017/7/23 16:49	290	291	189	190	200	132
	A01B41	2017/7/23 16:50	290	291	189	190	200	132
	A01B42	2017/7/23 16:51	290	291	189	190	200	132
*								

图5-42　程序效果

5.9.2　绑定数据表(SQL Server)

可以在图5-36选择目标数据文件中更换数据源。点击图5-36中的按钮“更改”弹出图5-43对话框。

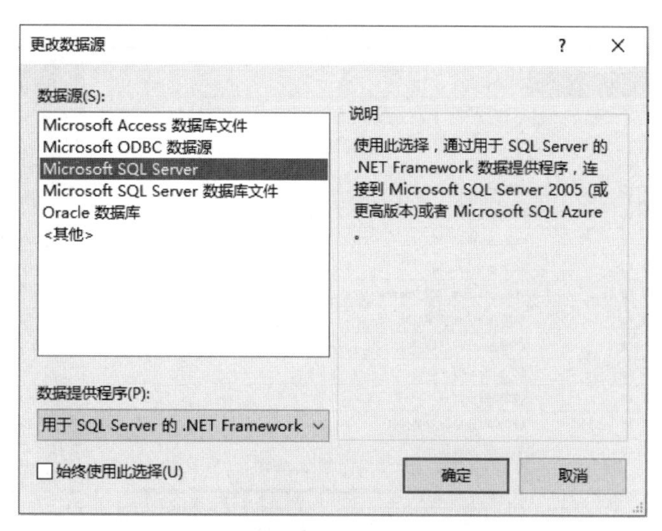

图5-43　选择SQL Server数据源

点击按钮“确定”，在弹出窗口中选择本机的SQL Server服务器实例和目标数据库，如图5-44所示。

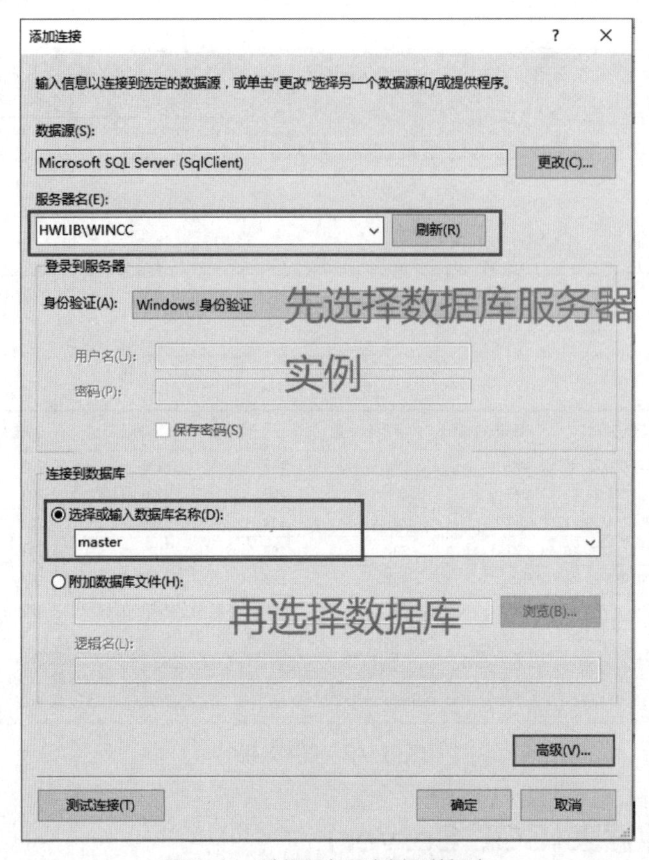

图5-44　选择服务器实例和数据库

后面的操作步骤和绑定Access数据文件一样，完成设置后运行程序，效果参见图5-45。

Form1

	InsertDate	FName
▶	2017/10/4 7:18	CCDetachAll
	2017/10/4 7:18	CCInit_CS
	2017/10/4 7:18	CCInit_Master
	2017/10/4 7:18	CCInit_RT
	2017/10/4 7:18	CCMigration_620_700
	2017/10/4 7:18	CCMigration_700_703
	2017/10/4 7:18	CCMigration_703_720
	2017/10/4 7:18	CCMigration_720_730
	2017/10/4 7:18	CCMigration_720_Update
	2017/10/4 7:18	CCMigration_730_731
	2017/10/4 7:18	CCMigration_740_741
	2017/10/4 7:18	CCUnicodeMigrate
	2017/10/4 7:18	OPCUAMigrator
	2017/10/4 7:18	OPCUAMigrator_740_741
	2017/10/4 7:18	Sec_AllTogether
*		

图5-45　运行效果图

5.9.3 代码操作DataGridView

除了通过设置绑定数据表外还可以通过代码对控件DataGridView进行操作。下面我们以设计一个数据报表来演示如何通过代码来操作DataGridView。从工具箱中拖一个DataGridView和四个按钮控件到窗口里，分别修改四个按钮的“Text”属性为“生成报表样式”“插入一行数据”“设置背景色”“获取选中单元格的数据”。设计完成的窗口参见图5-46所示。

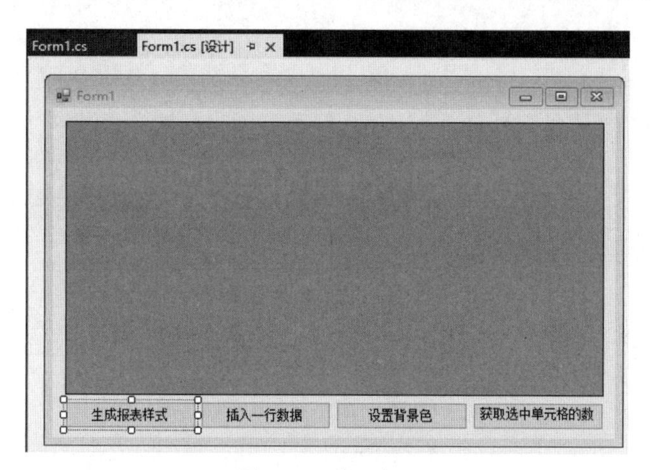

图5-46 窗口布局

双击按钮“生成报表样式”，在其点击事件中输入代码5-16。

代码5-16 报表样式

```
private void button1_Click(object sender, EventArgs e)
{
    dataGridView1.Rows.Clear();      //清除旧格式
    dataGridView1.ColumnCount = 3;   //设置列数

    //设置列宽
    dataGridView1.Columns[0].Width = 160;
    dataGridView1.Columns[1].Width = 80;
    dataGridView1.Columns[2].Width = 80;

    //设置列标题
    dataGridView1.Columns[0].Name = "日期时间";
    dataGridView1.Columns[1].Name = "温度";
    dataGridView1.Columns[2].Name = "压力";

    //设置列标题样式
    dataGridView1.ColumnHeadersVisible = true;
    DataGridViewCellStyle columnHeaderStyle = new DataGridViewCellStyle();

    columnHeaderStyle.BackColor = Color.Beige;
    columnHeaderStyle.Font = new Font("Verdana", 10, System.Drawing.FontStyle.Bold);
    dataGridView1.ColumnHeadersDefaultCellStyle = columnHeaderStyle;
    dataGridView1.ColumnHeadersDefaultCellStyle.Alignment =
                        DataGridViewContentAlignment.MiddleCenter;
}
```

代码5-16主要是通过代码对报表标题、字体、颜色等样式进行设定。完成代码输入并运行程序，点击按钮“生成报表样式”后看到的程序界面如图5-47。

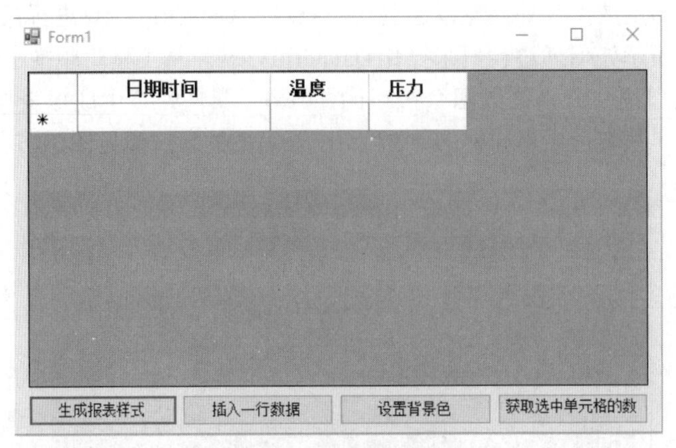

图5-47　生成的报表样式

双击按钮“插入一行数据”，在其点击事件中输入代码5-17。

代码5-17　插入数据

```
private void button2_Click(object sender, EventArgs e)
{
    dataGridView1.Rows.Add(DateTime.Now, "1.2","3.4");
}
```

代码5-17是在控件DataGridView中插入一行新数据。完成代码输入并运行程序，点击按钮“插入一行数据”后看到的程序界面如图5-48。

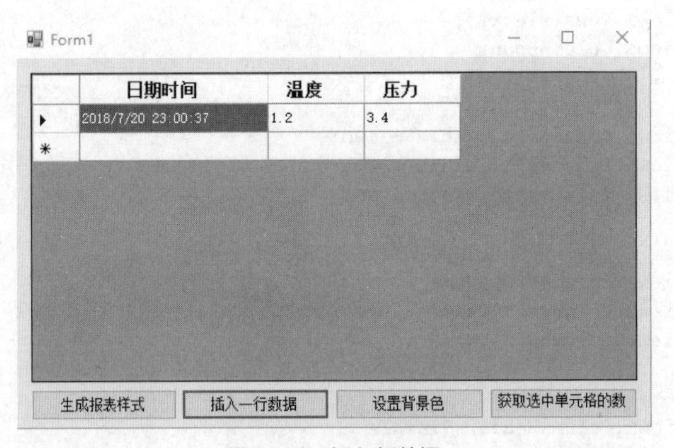

图5-48　插入新数据

双击按钮“设置背景色”，在其点击事件中输入代码5-18。

代码5-18　设置背景色

```
private void button3_Click(object sender, EventArgs e)
```

```
{
    dataGridView1.Rows[0].DefaultCellStyle.BackColor = Color.GreenYellow;
}
```

代码5-18是设置控件第一行的背景色。完成代码输入并运行程序，点击按钮“设置背景色”后看到的程序界面如图5-49。

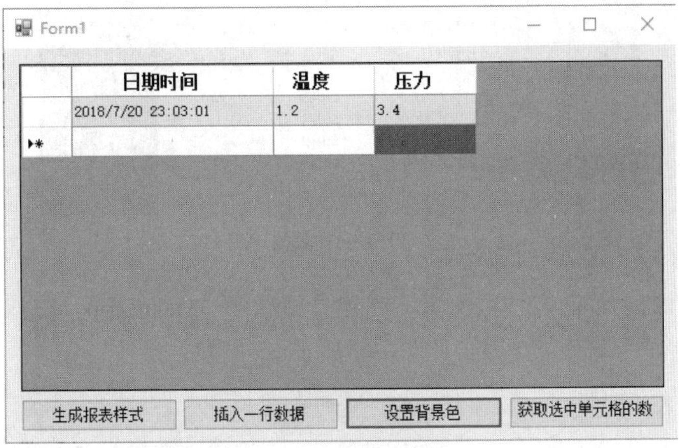

图5-49 设置背景色

双击按钮“获取选中单元格的数据”，在其点击事件中输入代码5-19。

代码5-19 获取选中单元格的数据

```
private void button4_Click(object sender, EventArgs e)
{
    MessageBox.Show(dataGridView1.CurrentCell.Value.ToString());
}
```

代码5-19是通过信息对话框显示鼠标选中单元格的数据。完成代码输入并运行程序，点击按钮“获取选中单元格的数据”后看到的程序界面如图5-50。

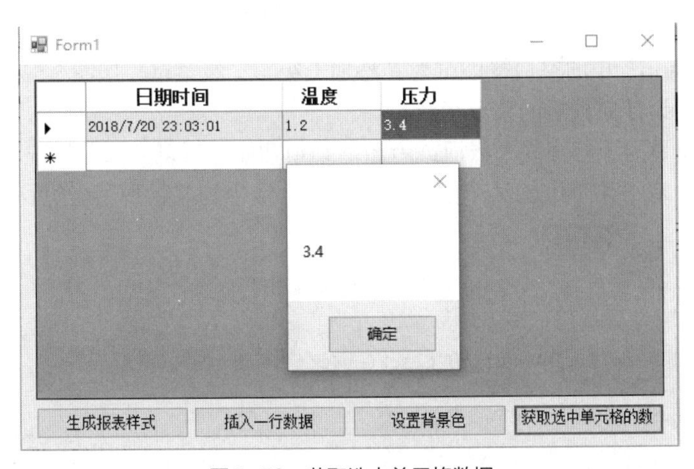

图5-50 获取选中单元格数据

5.10 菜单(MenuStrip)

菜单是应用程序中最重要的界面元素之一。通常会按照功能定义来划分菜单，使软件应用人员能够快速找到需要的界面或者功能，图5-51是TIA Portal中的菜单。

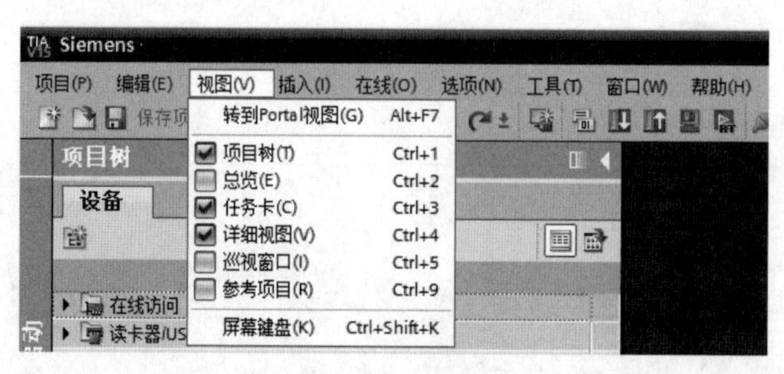

图5-51　菜单

为应用程序添加菜单的方法很简单，在工具箱选中“MenuStrip”并拖到目标画面即可，MenuStrip会自动停靠在窗体最上方，如图5-52所示。

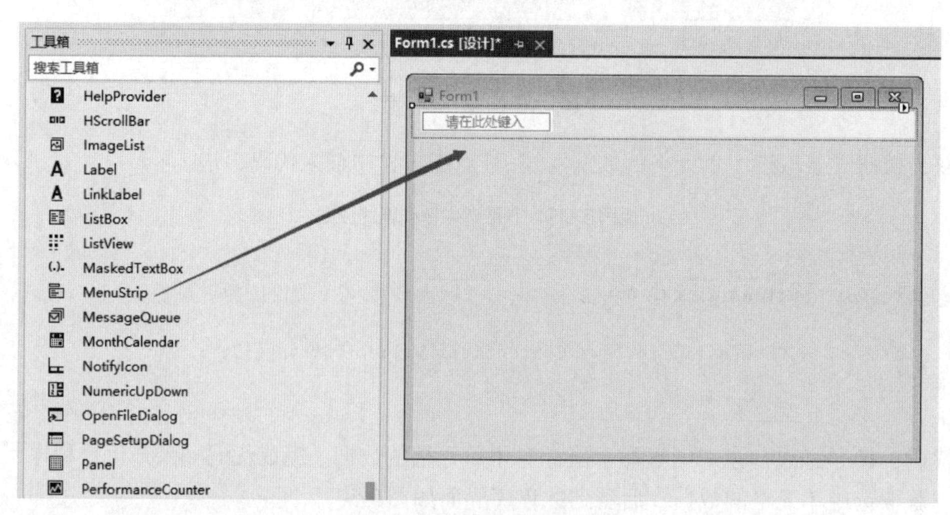

图5-52　为应用程序添加菜单

点击“MenuStrip”中的空白框即可为其添加一级、二级菜单，如图5-53所示。

图5-54是一个设计完成后的菜单示意。

用户点击菜单是为了打开某个界面或者激活某项功能，所以大部分情况下我们还需要为菜单添加点击事件。双击菜单中的某个按钮，比如图5-54中的“新建”，然后在点击事件中写入代码5-20。

代码5-20　菜单事件

```
private void 新建ToolStripMenuItem_Click(object sender, EventArgs e)
{
    MessageBox.Show("您选择了"新建"");
}
```

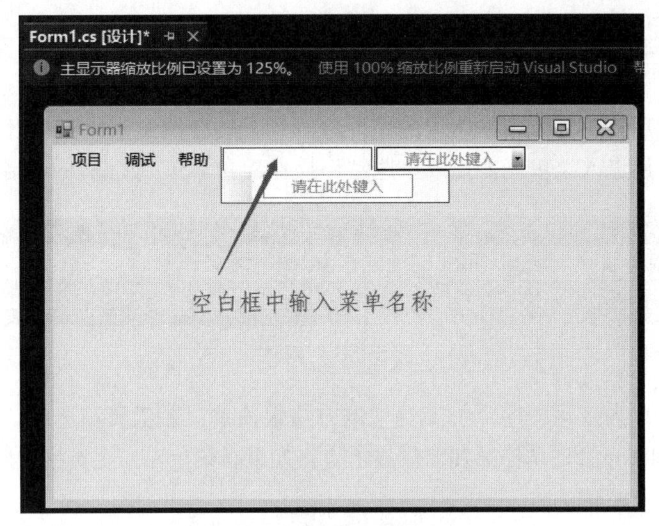

图5-53　添加一级、二级菜单

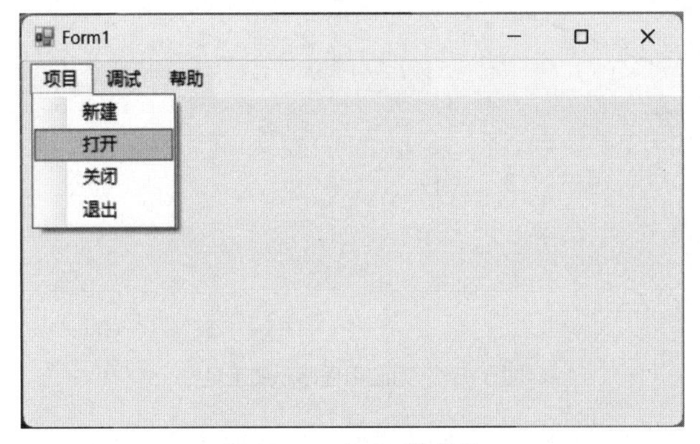

图5-54　完成后的菜单

保存并运行程序，选择菜单“项目”→“新建”就会弹出图 5-55 的对话框。

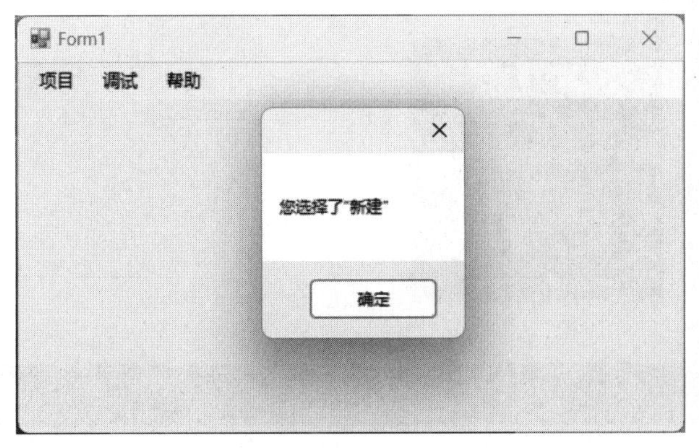

图5-55　菜单运行效果

5.11 工具栏(ToolStrip)

工具栏也是应用软件开发中最常用的组件之一。一般会把一些比较常用的功能放到工具栏上，使操作人员不用进入菜单就能完成一些常用操作，图5-56是TIA Portal中的工具栏。

图5-56　工具栏

如图5-57所示，为应用程序添加工具栏的方法很简单，在工具箱选中“ToolStrip”并拖到目标画面即可，ToolStrip会自动停靠在窗体最上方。如果有菜单栏，工具栏会停靠在菜单栏里面。

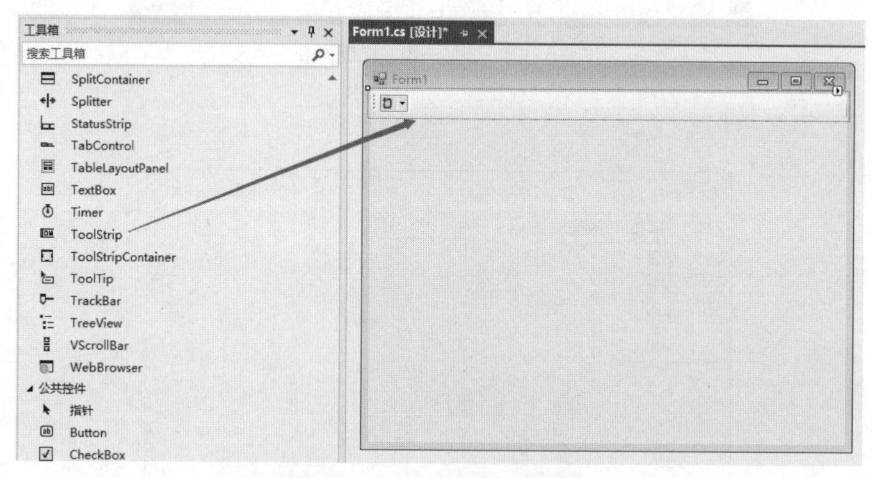

图5-57　为应用程序添加工具栏

点击“ToolStrip”，点击下拉箭头可以为工具栏添加按钮、进度条、下拉列表框等控件，参见图5-58所示。

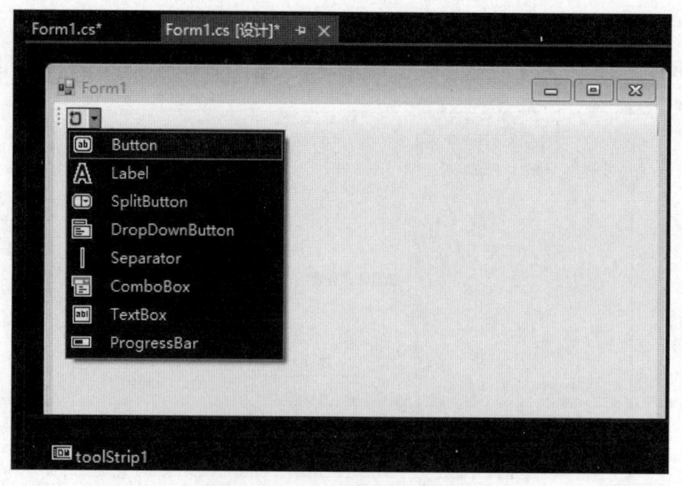

图5-58　为工具栏添加控件

如图5-59所示，选择“Button”为工具栏添加一个按钮。然后选中按钮，通过其属性“Image”为其设置背景图片。

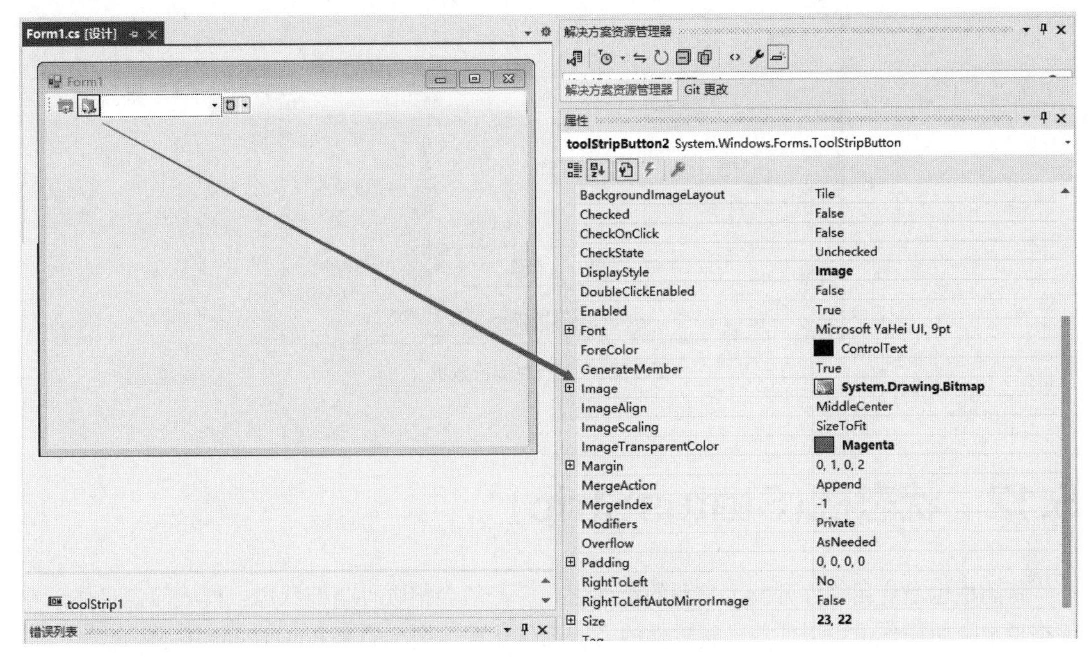

图5-59　添加按钮并设置背景图片

用同样的方法为工具栏添加控件，然后我们可以看到如图5-60所示的效果。

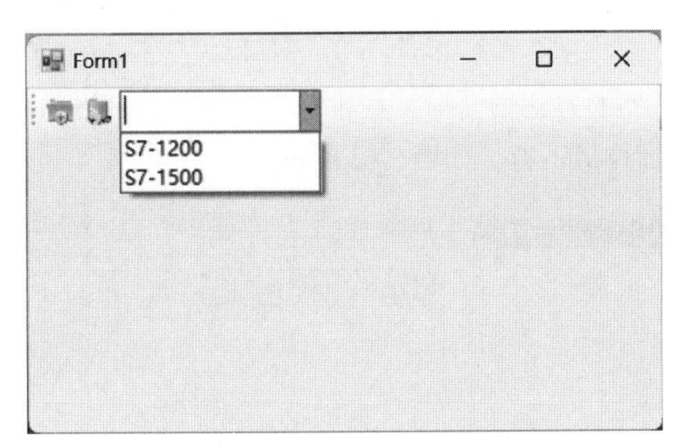

图5-60　工具栏效果图

同样的道理，用户点击工具栏按钮是为了打开某个界面或者激活某项功能，所以大部分情况下我们还需要为工具栏控件添加点击事件。双击工具栏中的某个按钮，比如图5-60中的下拉列表框，然后在点击事件中写入代码5-21。

代码5-21　工具栏事件

```
private void toolStripComboBox1_SelectedIndexChanged(object sender, EventArgs e)
{
    MessageBox.Show("您选择了" + toolStripComboBox1.Text);
}
```

保存并运行程序，选择菜单“项目”→“新建”就会弹出图5-61的对话框。

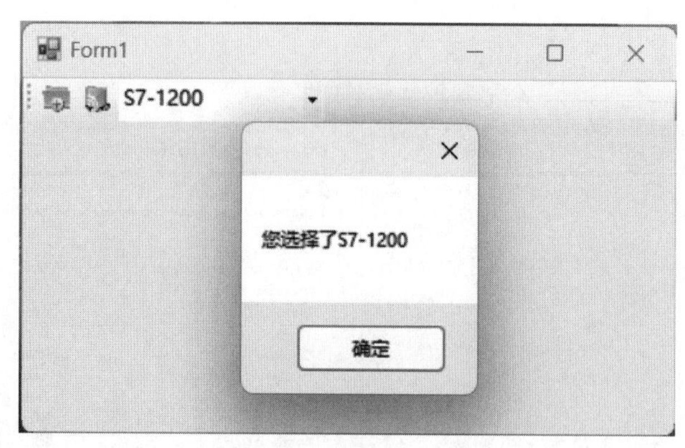

图5-61 工具栏运行效果

5.12 状态栏(StatusStrip)

状态栏也是应用软件开发中常用的组件之一。一般会把软件当前状态、模式等信息显示在状态栏上，使操作员可以快速了解软件的当前工作状况。图5-62是PowerPoint中的状态栏。

图5-62 状态栏

为应用程序添加状态栏的方法很简单，在工具箱选中“StatusStrip”并拖到目标画面即可，StatusStrip会自动停靠在窗体最下方，如图5-63所示。

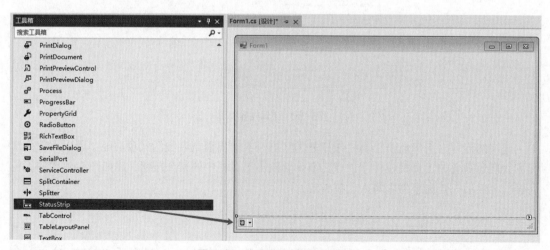

图5-63 为应用程序添加状态栏

点击“StatusStrip”，点击下拉箭头可以为工具栏添加Label、进度条等控件，参见图5-64所示。

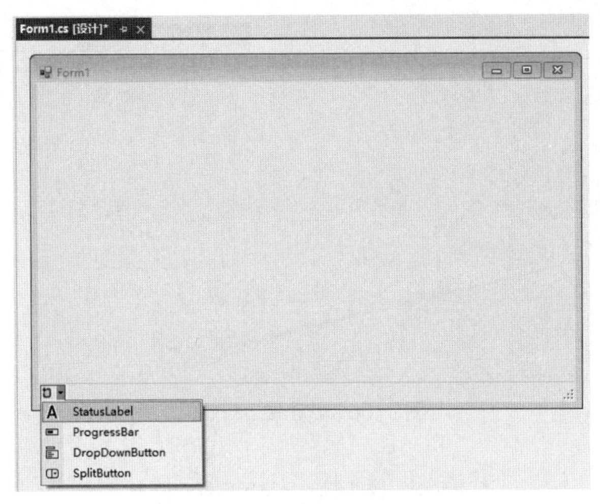

图5-64 为状态栏添加控件

选择“StatusLabel”为工具栏添加一个标签。然后选中该标签，设置其名称（属性Name）为“tsLabel1”。代码5-22演示定时更新“tsLabel1”中的时间显示。

代码5-22 工具栏事件

```
private void timer1_Tick(object sender, EventArgs e)
{
    tsLabel1.Text = DateTime.Now.ToString();
}
```

保存并运行程序，我们就可以在状态栏上看到当前时间，如图5-65所示。

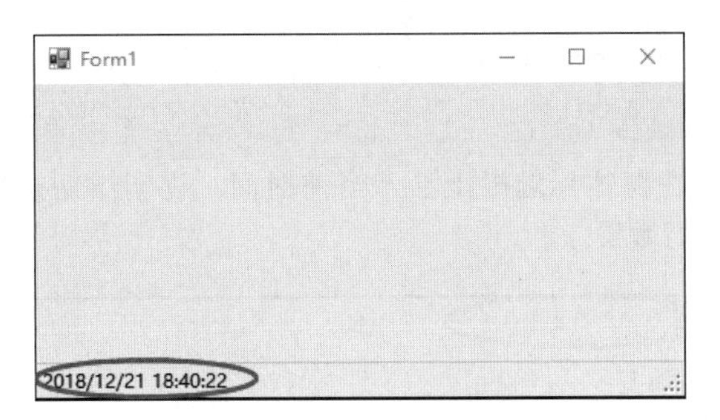

图5-65 状态栏运行效果

5.13 Timer

Timer是最常用的控件之一，常用于按照一定的时间间隔循环执行指定的程序(类似于PLC中的OB35)，比如对PLC中的数据进行轮询(仅限于变量不多的情况)。Timer控件不属于可视化控件，它被拖到窗口中的效果如图5-66所示。

控件Timer的属性不多，参见表5-8所示。

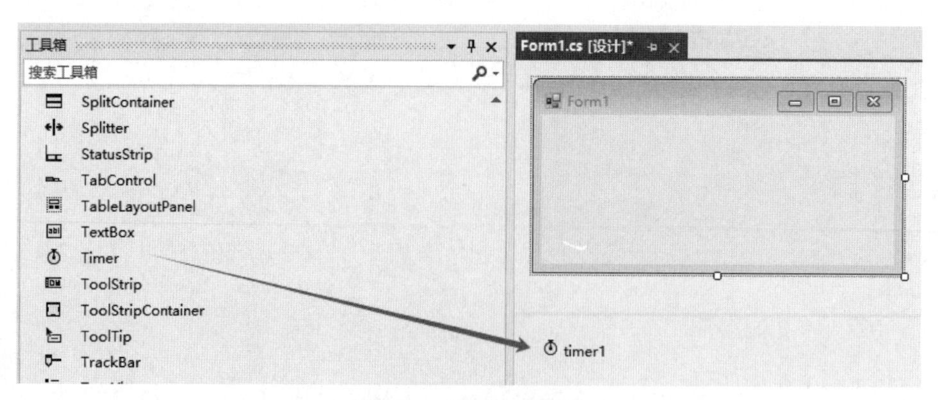

图5-66 状态栏运行效果

表5-8 控件Timer常用属性一览表

序号	属性名称	说明	示例
1	Name	控件名称	默认值
2	Enabled	使能控件	Timer1.Enabled=true;
3	Interval	执行间隔(单位:ms)	Timer1.Interval=100;

双击控件“timer1”，在其事件Tick中写入需要循环执行的代码即可。

代码5-23 定时器事件

```
private void timer1_Tick(object sender, EventArgs e)
{
     this.Text=DateTime.Now.ToString();
}
```

代码5-23的作用是在窗体标题栏上显示当前时间，刷新周期是1s(属性Interval设置为1000)，图5-67是代码执行效果。

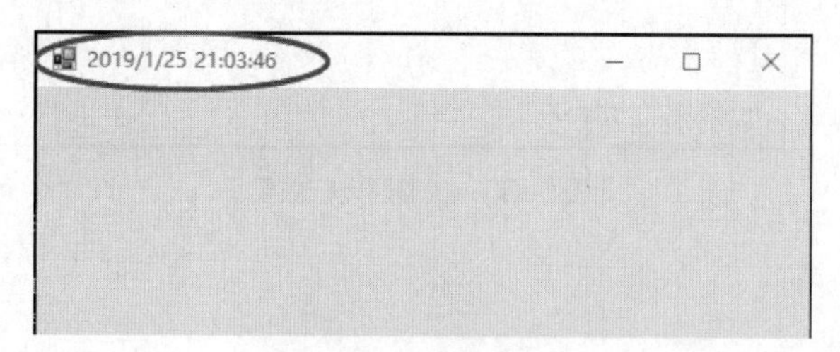

图5-67 代码执行效果

需要注意的是Timer(Windows.Forms.Timer)控件和窗体UI合用一个线程，如果它里面的代码执行耗时较长则会影响窗体UI的操作体验。对于一些耗时较长的任务建议多线程运行。

5.14 LinkLabel

LinkLabel俗称超链接标签，通常用于点击后跳转到一个指定页面的文本显示，当然它也可以当成Label使用。如果我们需要在窗体上显示一个网址或者图片，当点击它的时候自动跳转到该网站，那么就需要使用该控件来实现。

拖一个LinkLabel控件到窗体上，修改其“Text”属性为www.hwlib.com.cn。双击窗体空白处，在窗体的“Load”事件里对LinkLabel进行设置。

代码5-24 初始化LinkLabel

```
private void Form_Load(object sender, EventArgs e)
{
    linkLabel1.Links.Add(0, 16, @"www.hwlib.com.cn");
}
```

代码5-24是为控件LinkLabel的字符添加链接。有效字符是从0开始的16个字符，也就是为这16个字符设置对应的链接。如果我们需要在一个LinkLabel上使用两个超链接可以修改LinkLabel的文本为“www.hwlib.com.cn”或者“www.hwlib.cn”，然后使用代码5-25进行初始化。

代码5-25 两个超链接的初始化LinkLabel

```
private void Form_Load(object sender, EventArgs e)
{
    //第一个链接
    linkLabel1.Links.Add(0, 16, @"http://www.hwlib.com.cn");

    //第二个链接
    linkLabel1.Links.Add(18, 12, @"http://www.hwlib.cn");
}
```

完成对LinkLabel的初始化后就可以在其点击事件中调用浏览器进行访问了，如代码5-26所示。

代码5-26 调用默认浏览器访问目标URL

```
private void linkLabel1_LinkClicked(object sender, LinkLabelLinkClickedEventArgs e)
{
    linkLabel1.Links[linkLabel1.Links.IndexOf(e.Link)].Visited = true;
    string TargetUrl = e.Link.LinkData as string;
    if (string.IsNullOrEmpty(TargetUrl))
        MessageBox.Show(“没有链接地址！”);
    else
        System.Diagnostics.Process.Start("explorer.exe", TargetUrl);
}
```

保存并运行程序，点击窗口中的文本www.hwlib.com.cn就可以通过调用浏览器访问网页了。

5.15 TreeView

TreeView控件通常用来显示信息的分级视图，如同WinCC等组态软件里的资源管理器目录。TreeView控件中的各项信息都有一个与之相关的Node对象。TreeView显示Node对象的分层目录结构，每个Node对象均由一个Label对象和其相关的位图组成。在建立TreeView控件后，可以展开和折叠、显示或隐藏其中的节点。图5-68展示的是C#工业自动化框架里面TreeView的使用。

我们可以通过点击控件右上角的箭头打开配置对话框。

点击图5-69中的“编辑节点”，可以在弹出窗口中为控件添加节点信息，参见图5-70所示。

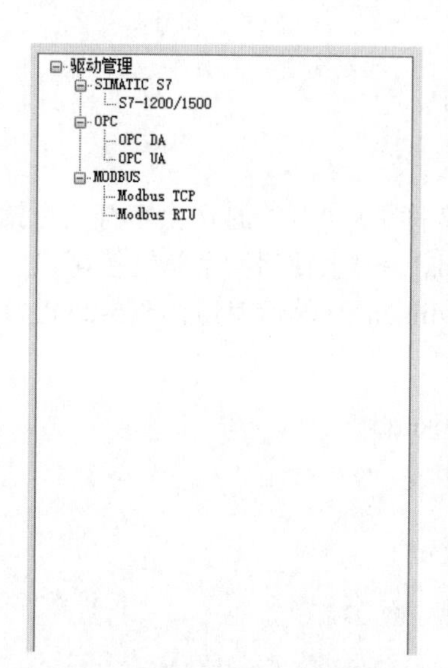

图5-68 TreeView的使用

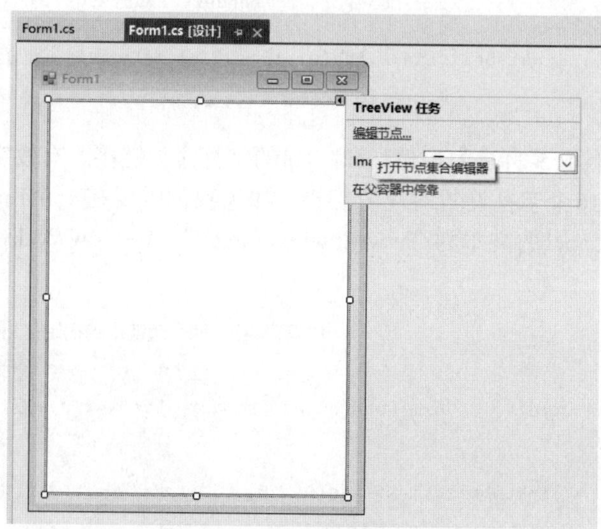

图5-69 打开编辑节点对话框

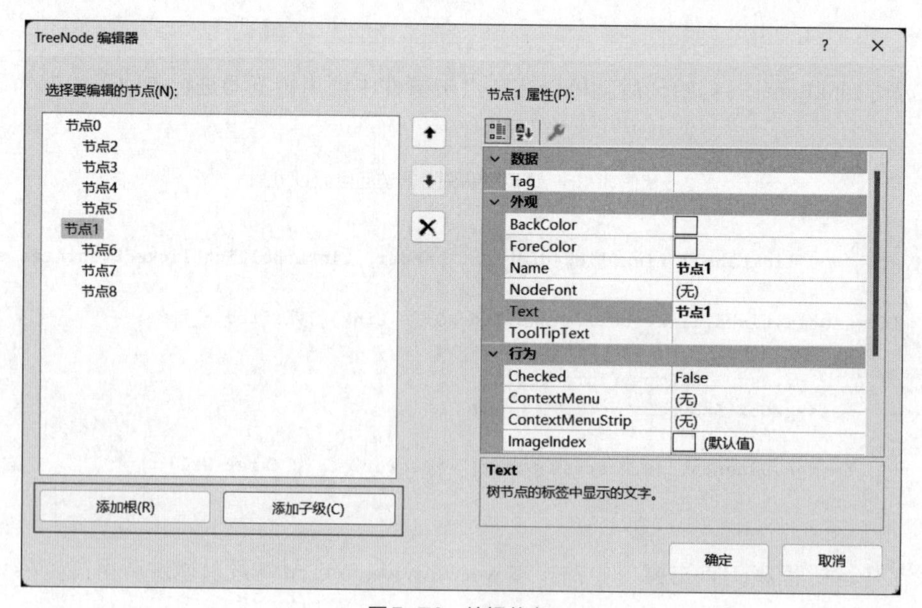

图5-70 编辑节点

通过图5-70中的按钮“添加根”和“添加子级”为控件手动配置节点信息。完成后的控件参见图5-71所示。

当然我们也可以使用代码5-27为控件TreeView添加节点信息。

代码5-27　通过代码添加节点

```
private void Form1_Load(object sender, EventArgs e)
{
    //添加根节点
    treeView1.Nodes.Add("驱动管理");

    //添加一级节点
    treeView1.Nodes[0].Nodes.Add("SIMATIC S7");
    treeView1.Nodes[0].Nodes.Add("OPC");
    treeView1.Nodes[0].Nodes.Add("MODBUS");

    //添加二级节点
    treeView1.Nodes[0].Nodes[1].Nodes.Add("OPC DA");
    treeView1.Nodes[0].Nodes[1].Nodes.Add("OPC UA");
}
```

保存项目并运行就可以看到图5-72所示的效果。

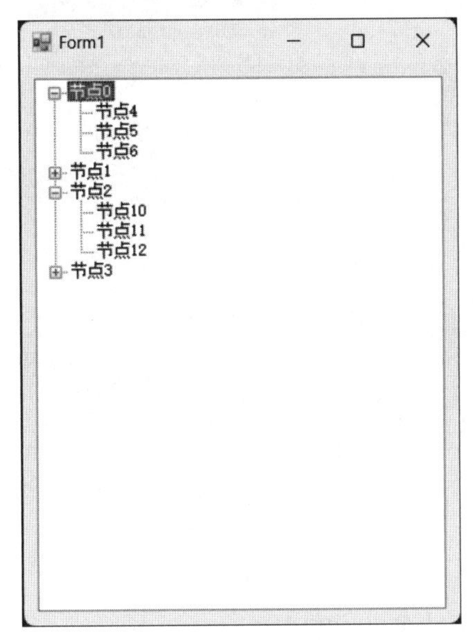

图5-71　效果展示1

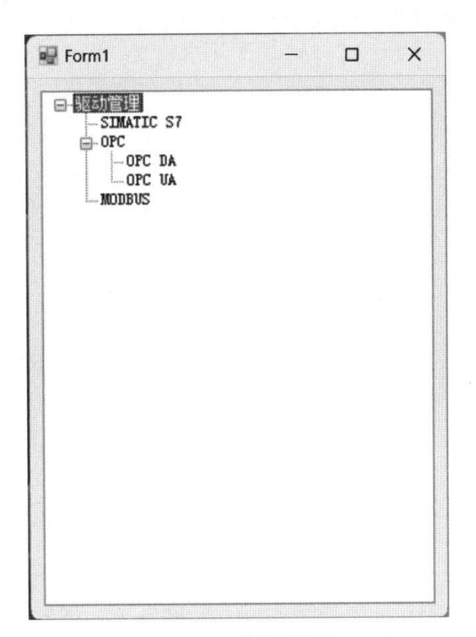

图5-72　效果展示2

5.16　contextMenuStrip

contextMenuStrip俗称为右键菜单，这个和我们前面介绍的MenuStrip有所不同。contextMenuStrip通常不会显示，一般在鼠标右击时控制其显示。

从工具箱里面拖一个contextMenuStrip控件到窗体上，这时我们会看到一个菜单编辑窗口，这里我们可以对菜单内容进行编辑，如图5-73所示。

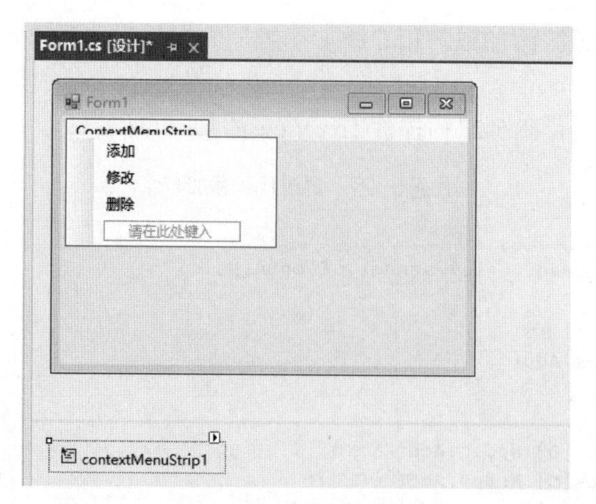

图5-73 编辑右击菜单

右键菜单编辑完成后怎么调用呢？我们还需要将它和其他控件进行绑定。假定我们希望在窗体上右击时弹出右键菜单，那么选中窗体，将contextMenuStrip控件绑定到它的属性“contextMenuStrip”，参见图5-74所示。

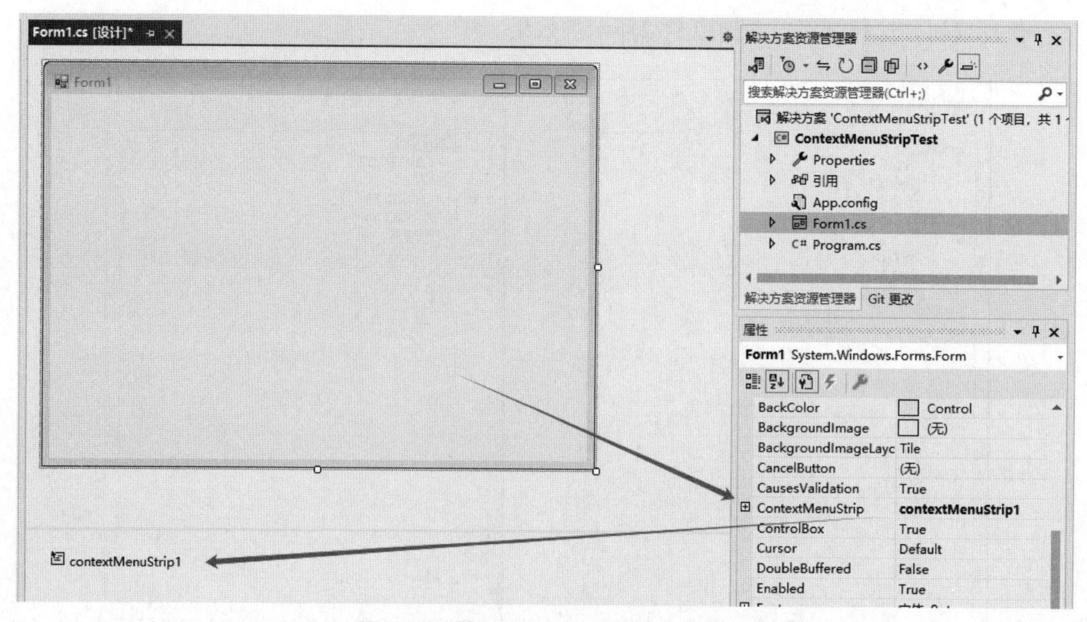

图5-74 绑定控件contextMenuStrip

保存项目并运行程序，当我们在窗体上右击时就会看到快捷菜单了，如图5-75所示。

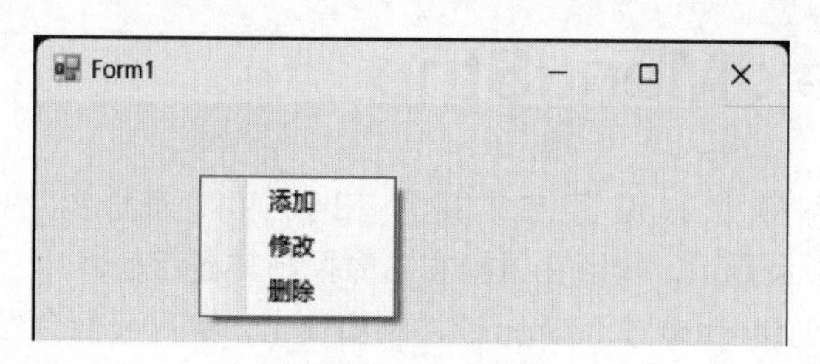

图5-75 运行效果

5.17 PictureBox

控件PictureBox用于显示各种不同格式的图片，除了常见的jpg、png、bmp之外，还可以显示gif格式的动态图片。从工具箱里面拖一个PictureBox到画面上，点击右上角的“选择图像”可以为控件选择图片。

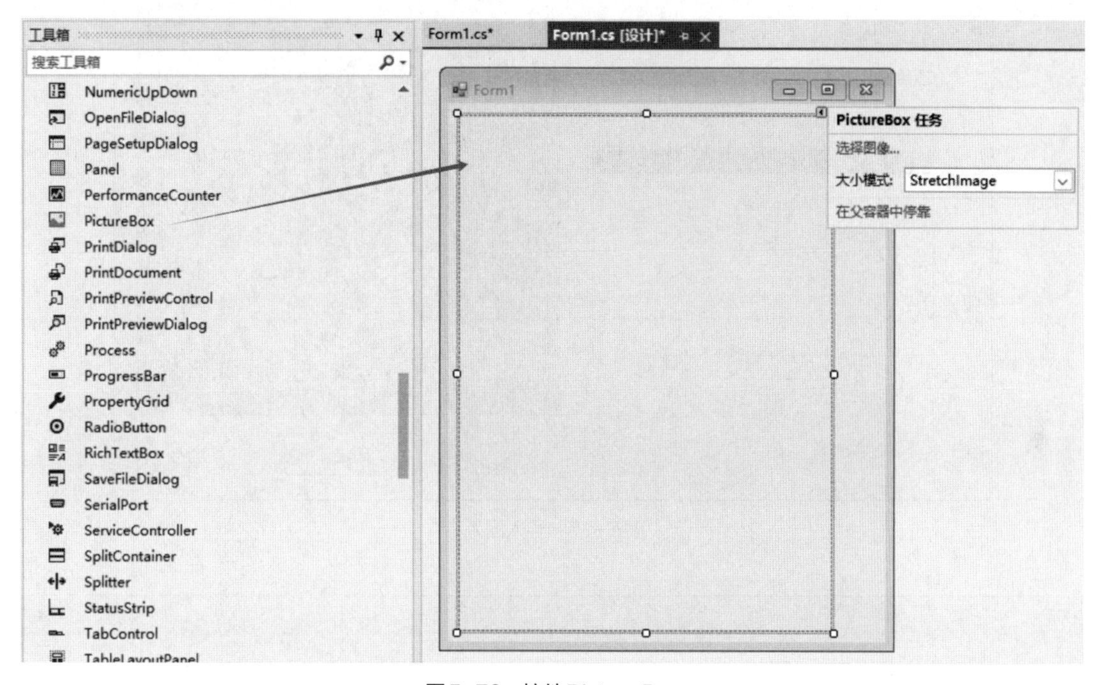

图5-76 控件PictureBox

点击图5-76的“选择图像”后，我们可以看到图5-77所示的窗口。在图5-77中，我们可以有两种方法导入图片，分别是本地资源和项目资源。不管是本地资源还是项目资源，最后这些图片都会被编译到应用程序里面。但是本地资源加载后不能再修改了，而项目资源则可以。

点击按钮“导入”开始选择图片，如图5-78所示。

点击按钮“打开”后即可看到图片已进入项目资源库。

如图5-79所示，选中目标图片后点击按钮“确定”即可看到控件PictureBox已经加载了图片。图片显示的大小模式有5种，分别是Normal、StretchImage、AutoSize、CenterImage和Zoom。默认的大小模式是Normal，可以通过属性“SizeMode”重新设置，一般常用的是StretchImage模式。

读者也可以自己分别切换这5种模式，体会下它们的显示区别。上面介绍的是静态加载图片方法。实际项目中我们可能需要通过代码来实现动态加载。控件PictureBox支持两种方法加载，分别是方法Image()和ImageLocation()。下面的例子演示了它们的使用。首先拖一个PictureBox和四个按钮到画面上，分别调整位置和设置显示文本，完成后的效果参见图5-81所示。

图5-81四个按钮中上面的两个按钮用于显示jpg文件，第三个按钮用于显示GIF文件，它

们的代码如代码5-28所示。

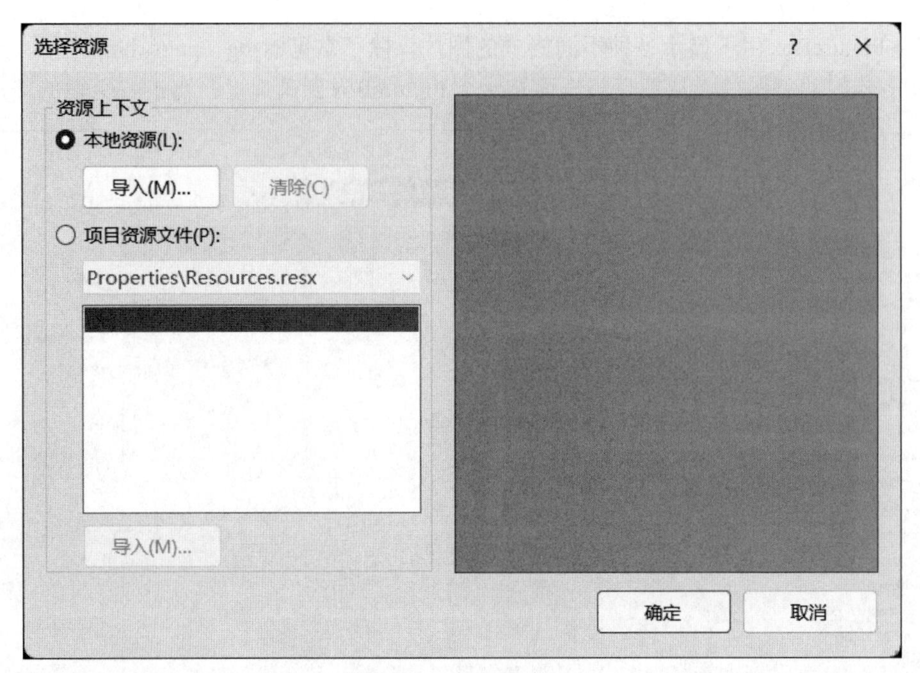

图5-77　导入图片

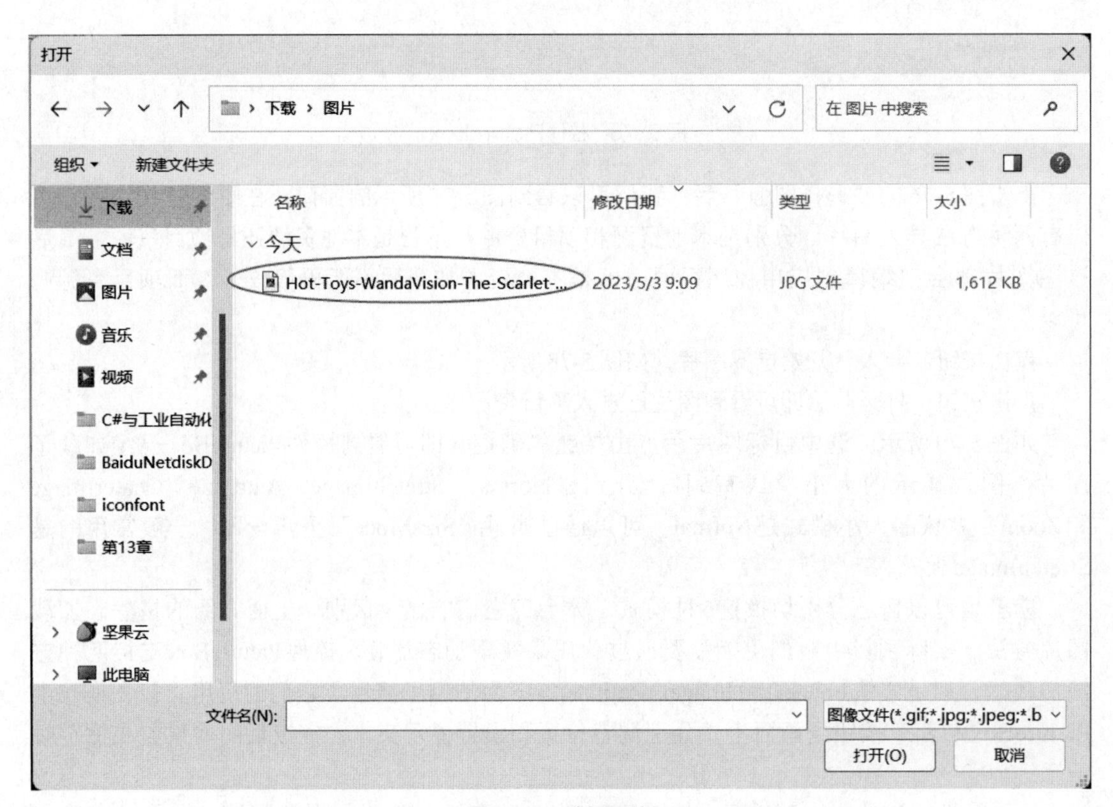

图5-78　选择图片

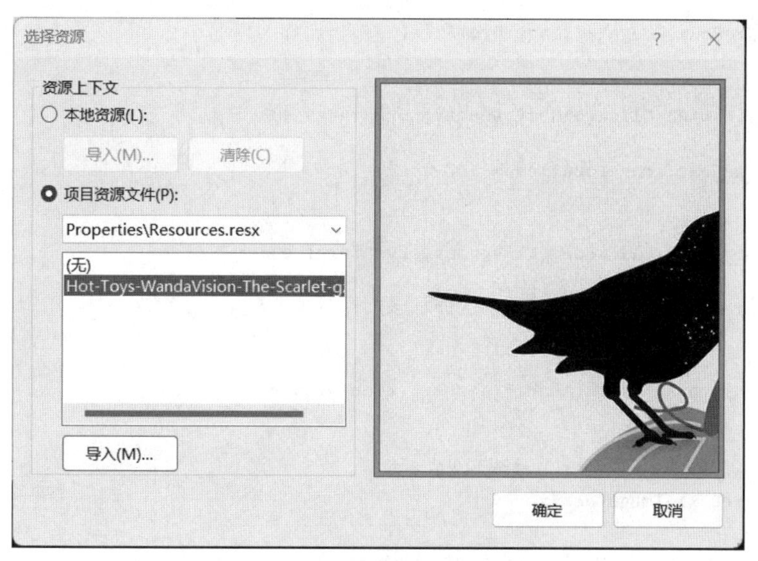

图5-79　在项目资源库中选择图片

图5-80　StretchImage模式

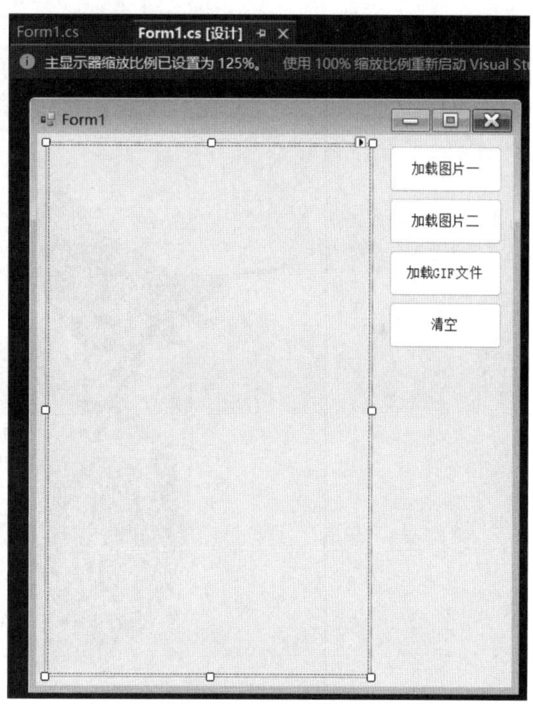

图5-81　界面布局

代码5-28　动态加载图片

```
private void btn1_Click(object sender, EventArgs e)
{
    //这两种方法都可以加载图片
    //pictureBox1.ImageLocation = "p1.jpg";
```

```
        pictureBox1.Image = Image.FromFile("p1.jpg");
    }

    private void btn2_Click(object sender, EventArgs e)
    {
        pictureBox1.ImageLocation = "p2.jpg";
    }

    private void btn3_Click(object sender, EventArgs e)
    {
        pictureBox1.ImageLocation = "GIF1.gif";
    }

     private void btn4_Click(object sender, EventArgs e)
    {
        //这两种方法都可以清空图片
        //pictureBox1.Image = null;
        pictureBox1.ImageLocation = "";
    }
```

保存项目，运行程序，我们就可以看到图5-82所示的效果。

图5-82　动态加载图片

第6章 窗体布局

本书介绍的是C#在工业自动化中的应用，因此我们所开发的应用程序基本上都是带有GUI(graphical user interface，图形用户界面)的。一个好的界面布局一定是人性化的，具有优秀的交互性。在本章中，我们将介绍应用程序的窗体布局技巧。由于本书的GUI基于WinForm，所以这里的窗体布局也是介绍WinForm下的布局。在WinForm中常见的布局有下面几种。

6.1 默认布局

默认布局就是我们将控件直接拖到窗体上并通过鼠标键盘或者设置控件Location和Size属性来调整大小与位置。通常我们窗体上的控件除了满足操作员的操作需求外还要考虑整体的美观性，比如横平竖直等控件对齐。这种布局比较简单易用，不过它的缺点也显而易见，最明显的就是我们在改变窗体大小时，窗体上的控件位置与大小无法随之改变，也就是说控件无法自动适应窗体大小。

6.2 边界布局

边界布局其实就是利用控件的Dock和Anchor属性来实现对窗体大小变化的自动跟随。这种布局虽然也能使控件在窗体大小改变时自动进行调整，不过它的局限性很大。通常需要与其他布局方式结合起来使用。

属性Dock用于设置控件在容器中的停靠方式，共有六种。默认是“None”，也就是不停靠的意思，如图6-1所示。

图6-2演示了设置Dock属性后的按钮效果，上面三个按钮的Dock方式为Top，下面按钮的

Dock方式为Bottom。程序运行后，当我们改变窗体大小时会发现按钮也可以自动调整大小。

如图6-3所示，属性Anchor用于固定控件和窗体边框的距离，它和Dock属性相互制约。控件默认只根据容器的Top和Left变化。也就是说容器大小变化时，容器里的控件和容器的上、左边距离始终保持不变。

读者可以自行调整这几个属性以体会不同之处。

控件和容器边框的距离可以通过容器的Padding属性来设置。容器内部控件之间的距离可以通过内部控件的Margin属性来设置。边界布局效果如图6-4所示。

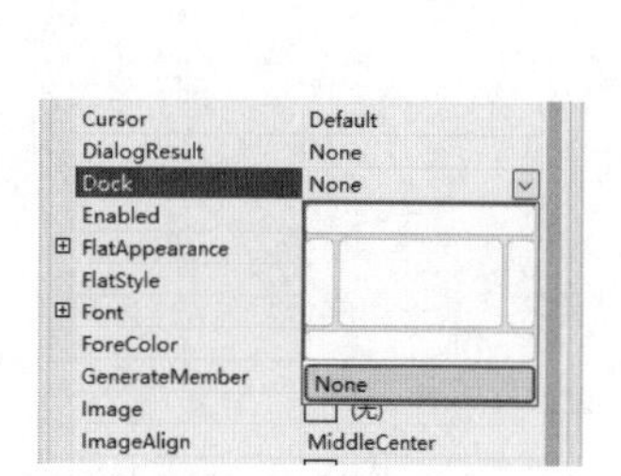

图6-1 六种Dock方式

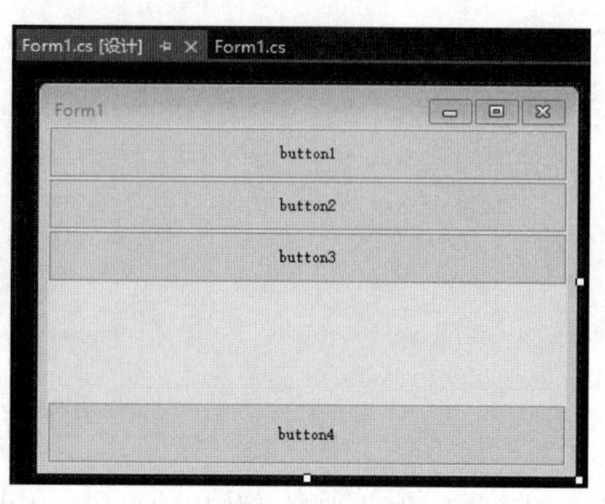

图6-2 设置了Dock属性的按钮

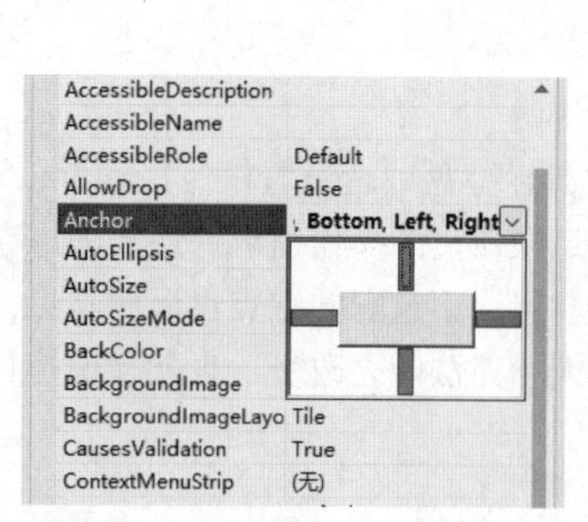

图6-3 控件的Anchor属性

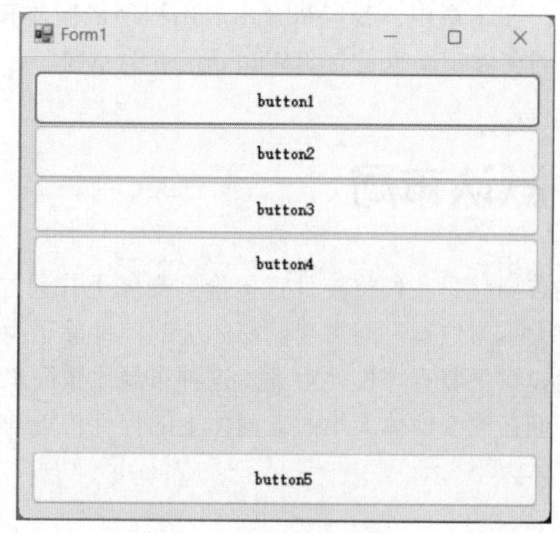

图6-4 边界布局效果展示

6.3 流式布局

流式布局会自动按顺序排列容器里的控件。如果控件里面的内容过长，其控件布局可以实现自动换行。流式布局可以通过控件FlowLayoutPanel实现。新建一个窗体，拖一个FlowLayoutPanel控件到窗体上，设置其属性Dock为Fill。再拖若干按钮到控件FlowLayoutPanel里，如图6-5所示。

运行程序，当我们拖动窗体大小时，控件FlowLayoutPanel里的按钮位置会自动变化，参见图6-6所示。

我们也可以通过调整控件FlowLayoutPanel的Pading属性来控制它里面的控件到其边框的距离，如图6-7所示。

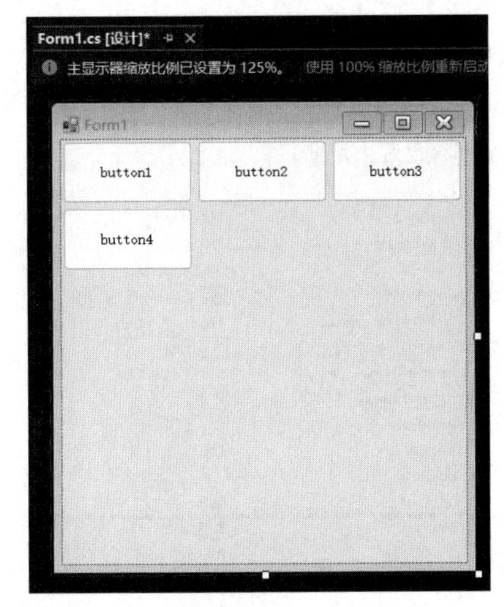

图6-5　控件FlowLayoutPanel

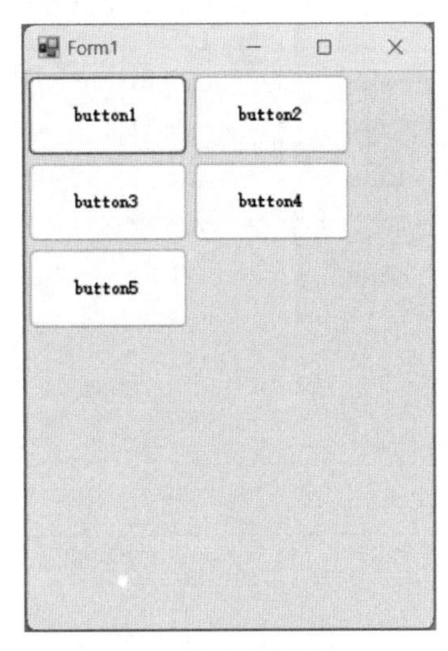

图6-6　控件位置自适应1

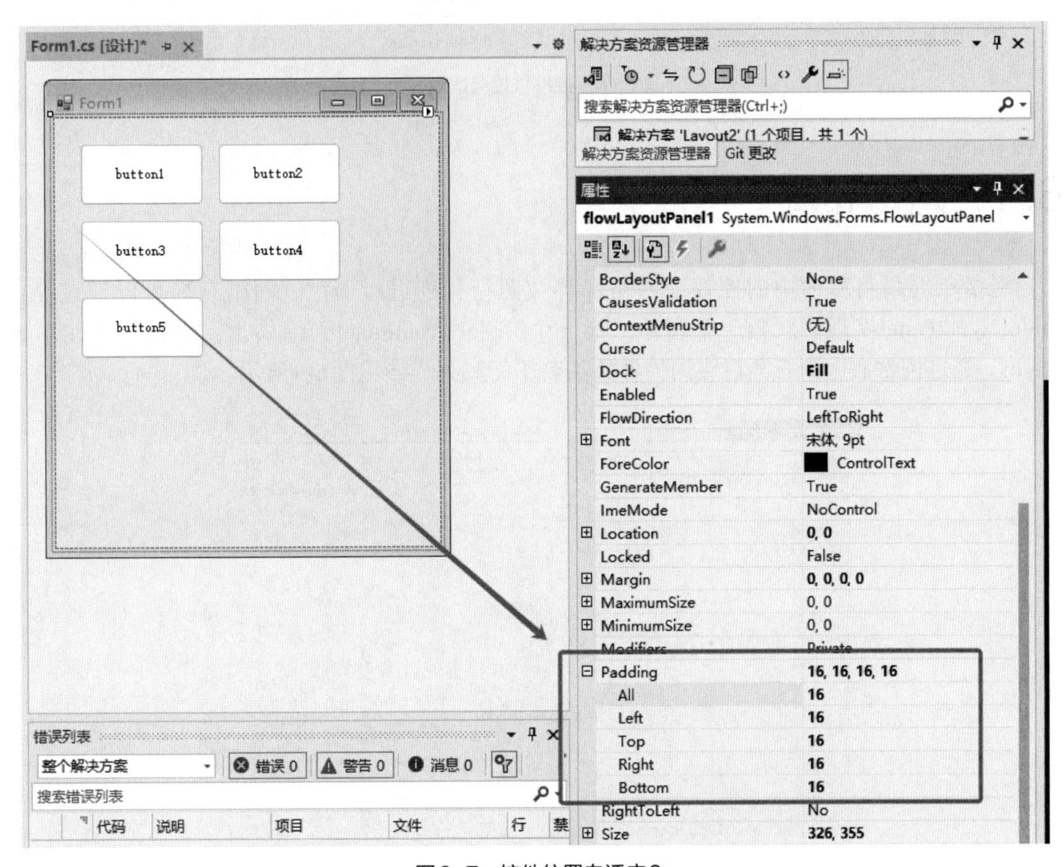

图6-7　控件位置自适应2

如果要调整控件FlowLayoutPanel里面按钮控件之间的间距可以通过调整各个按钮的Margin属性来实现，如图6-8所示。

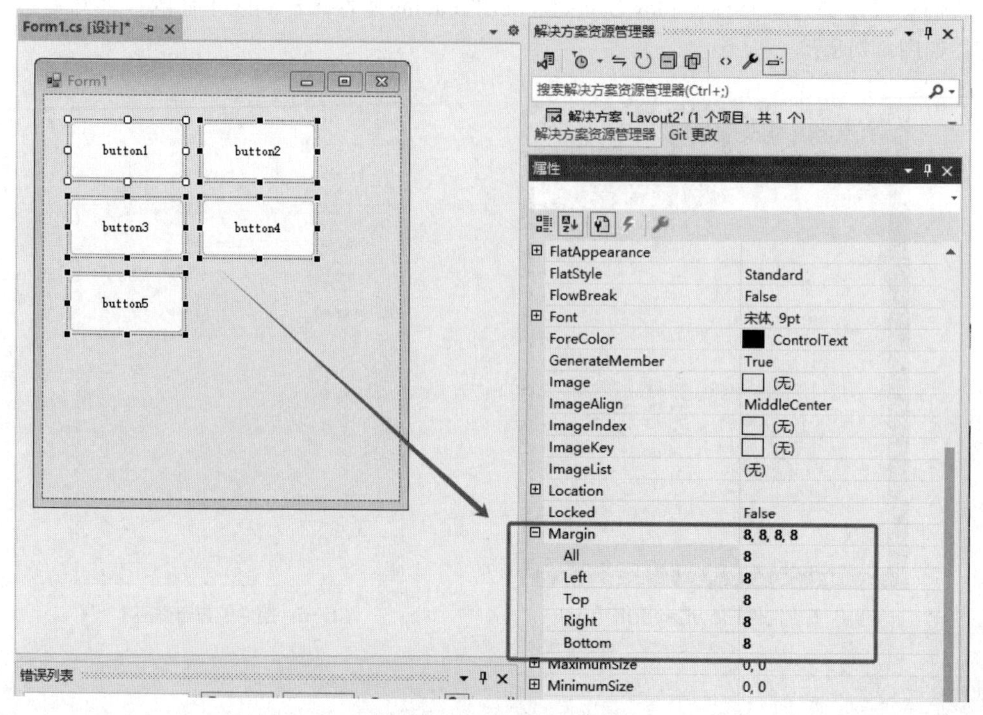

图6-8 控件位置自适应3

6.4 网格布局

网格布局是将窗体中的控件像网格那样按照行和列进行固定。网格布局可以通过控件TableLayoutPanel实现。新建一个窗体，拖一个TableLayoutPanel到窗体上，设置其属性Dock为Fill。通过控件右上角三角箭头为控件添加若干行和列，参见图6-9所示。

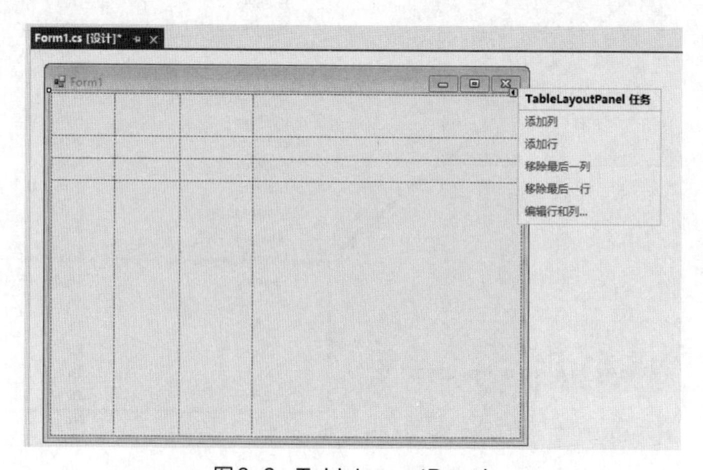

图6-9 TableLayoutPanel

再拖若干控件到图6-9的网格里面，设置控件的属性Dock为Fill，如图6-10所示。

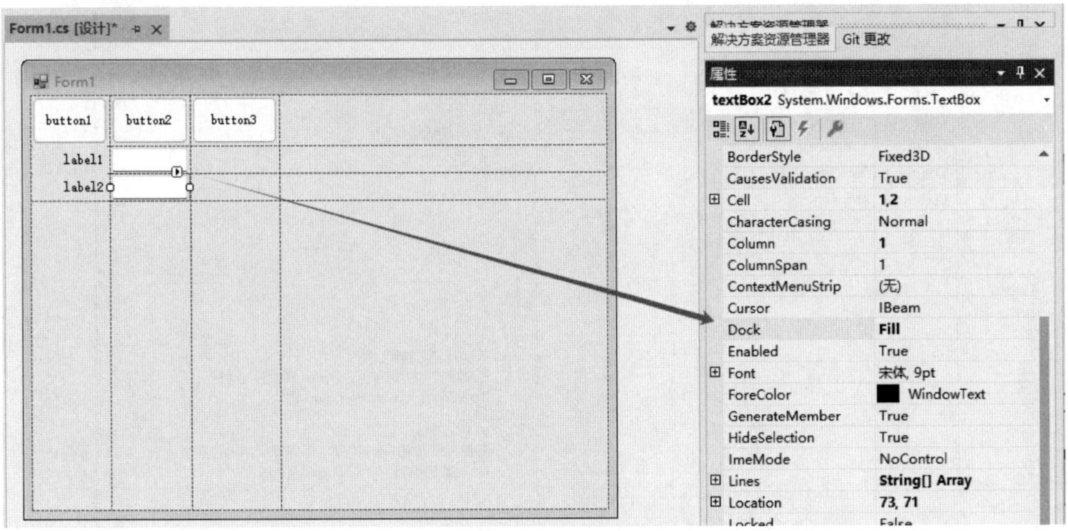

图6-10　设置控件属性

如果个别控件需要横跨两个网格，可以通过设置该控件的RowSpan或者ColumnSpan来实现，比如图6-11中的控件textBox2。

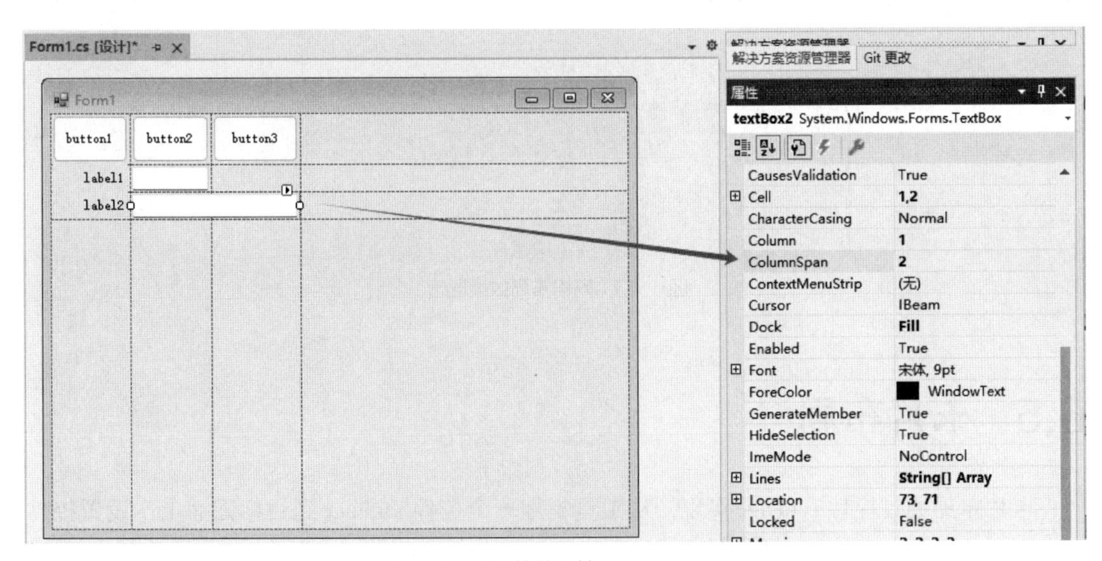

图6-11　设置控件属性ColumnSpan

还可以对控件TableLayoutPanel的行列进行编辑，设置其在窗体大小变化时的变化规则，如图6-12所示。

图6-13展示了这种布局的效果。

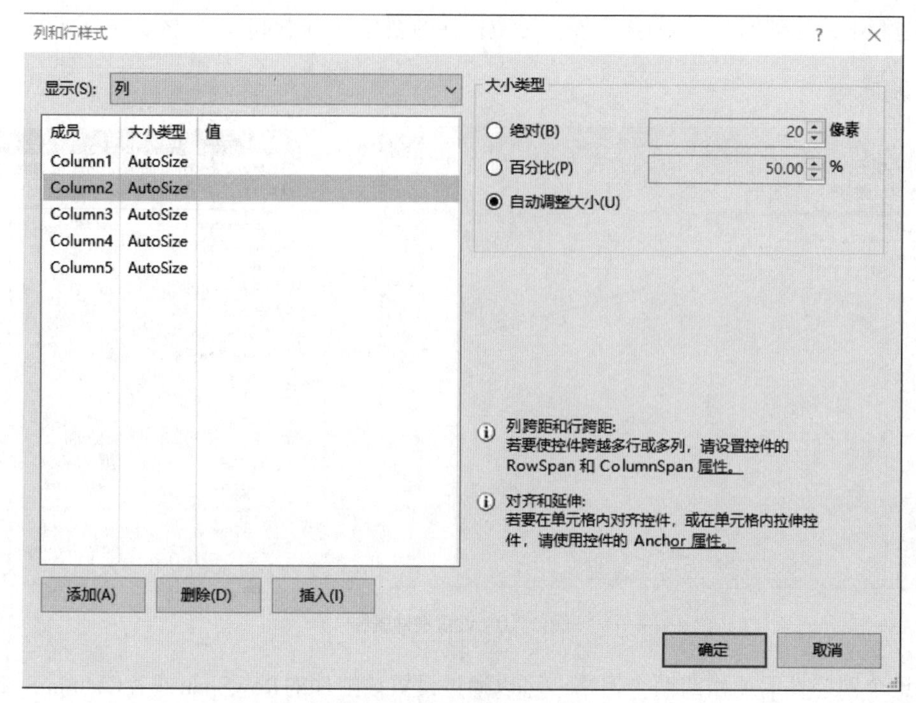

图6-12 设置控件缩放规则

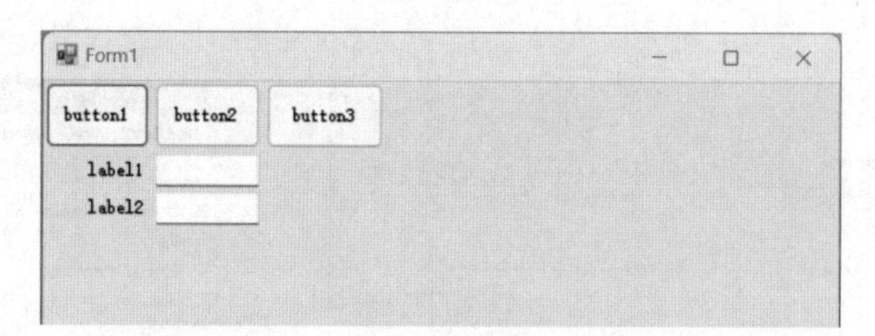

图6-13 网格布局效果展示

6.5 卡片布局

卡片布局通过控件TabPage实现，从工具箱拖一个控件TagPage到目标画面上，设置控件属性Dock为Fill，如图6-14所示。

6.6 混合布局

前面介绍了WinForms中的几种常用布局方式。除非功能可以很简单地应用，否则它们单独使用都不太适合工业控制领域。对于工控行业来说，大部分应用需要使用本节介绍的混合布局。混合布局综合运用上述的几种布局方式，可以构建出专业的应用程序界面。比如报表产品基本都是采用这种布局方式，如图6-15所示。

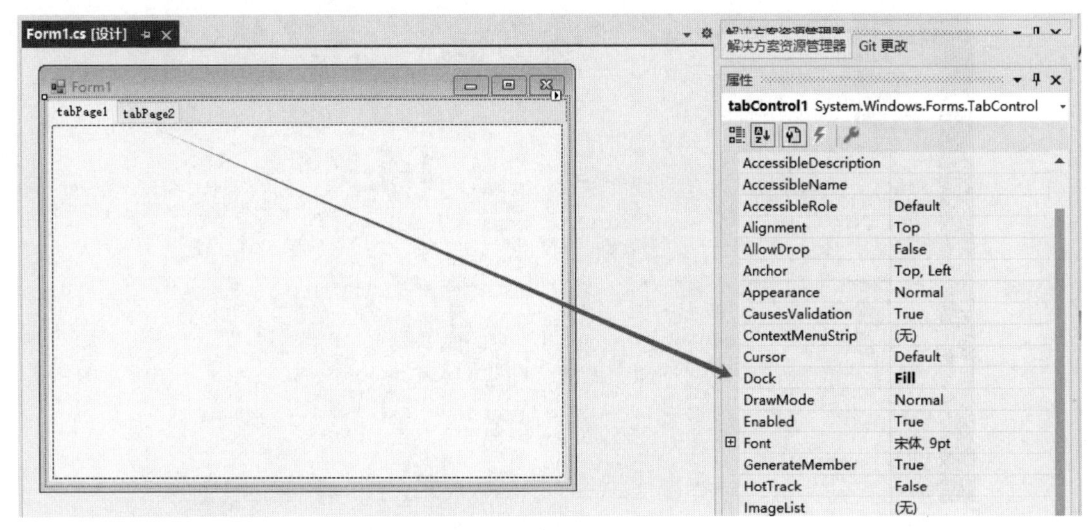

图6-14　控件TabPage

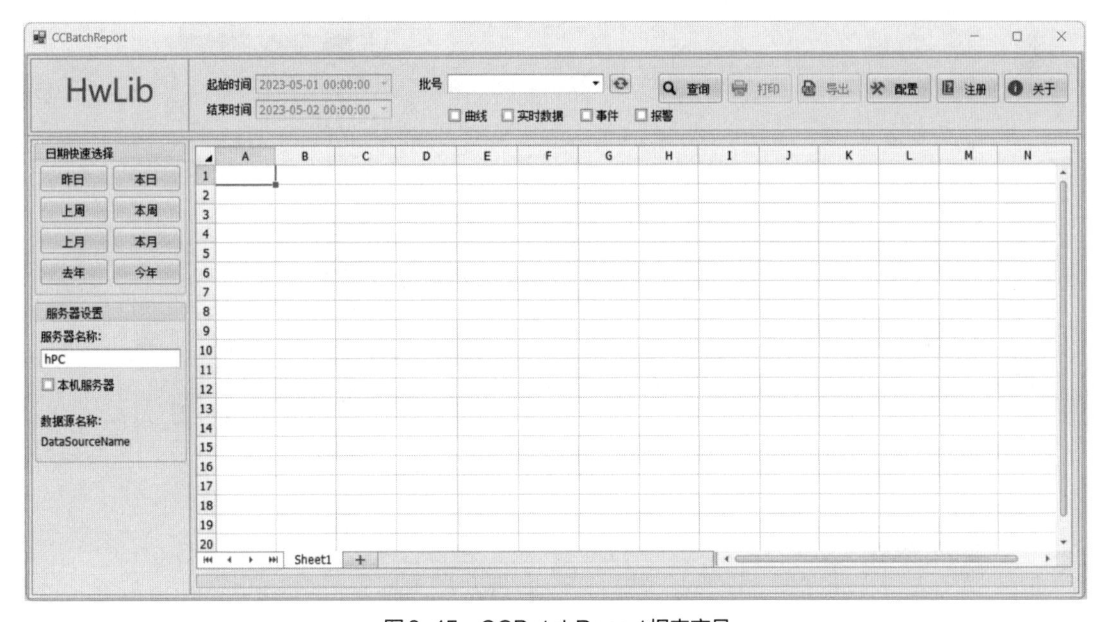

图6-15　CCBatchReport报表产品

如果是类似SCADA的上位机一般会采用图6-16所示的布局。

在图6-16中，最上面一行一般用于显示公司LOGO、项目名称、日期时间等。左边一列一般用于放置导航按钮，工艺画面在右侧大块区域。针对这种布局，我们先将拖一个控件Panel到画面上并调整好大小，设置其属性Dock为Top，如图6-17所示。

然后拖一个控件FlowLayoutPanel到画面上并调整好大小，设置其属性Dock为Left，如图6-18所示。这里使用FlowLayoutPanel的好处是导航按钮会在窗体大小变化时自动跟随。

左上角添加一个图片控件，用于显示企业Logo。在控件FlowLayoutPanel中拖放几个按钮用于画面导航。为了美观性，可以为按钮添加一些图片。添加后如图6-19所示。

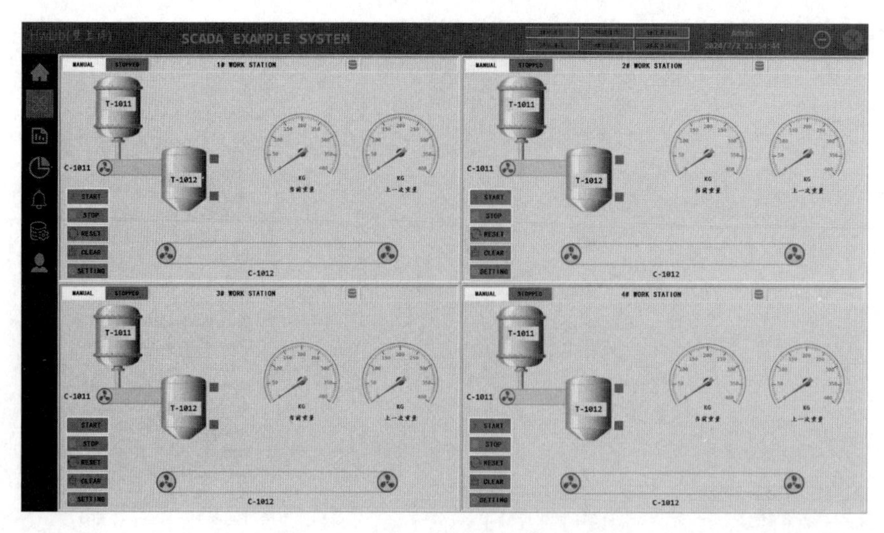

图6-16　HwLib.Automation布局

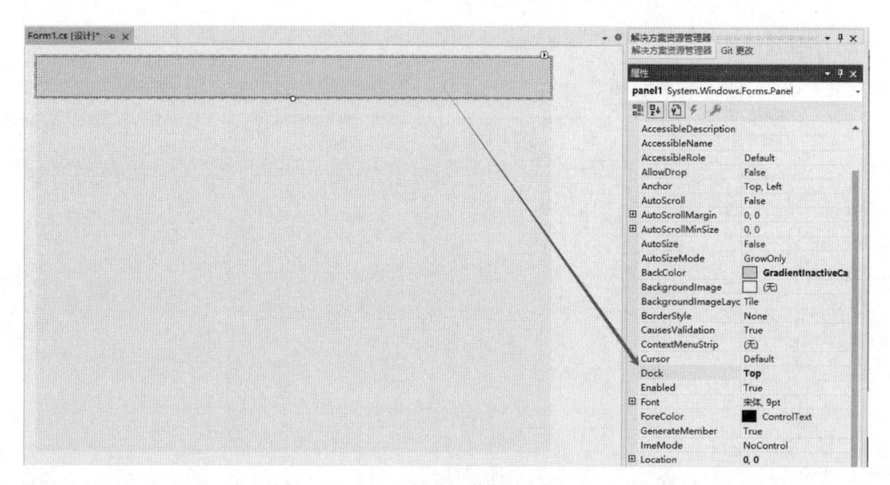

图6-17　添加并设置控件Panel

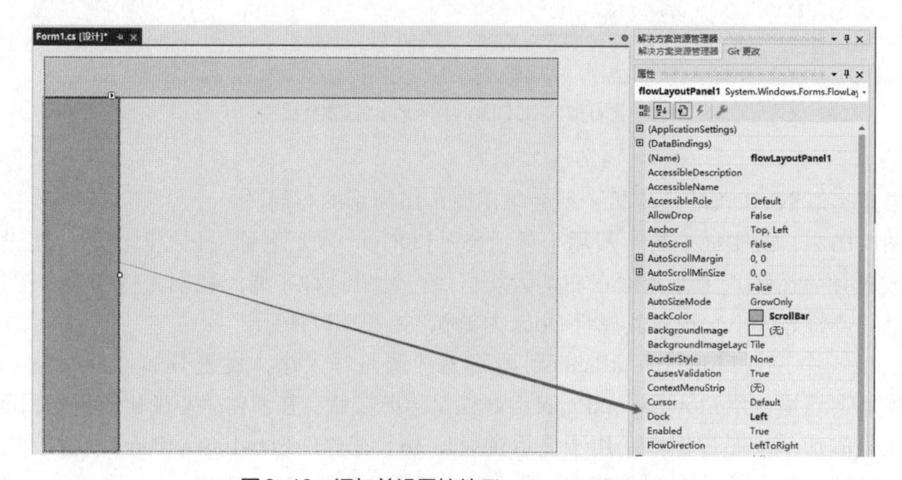

图6-18　添加并设置控件FlowLayoutPanel

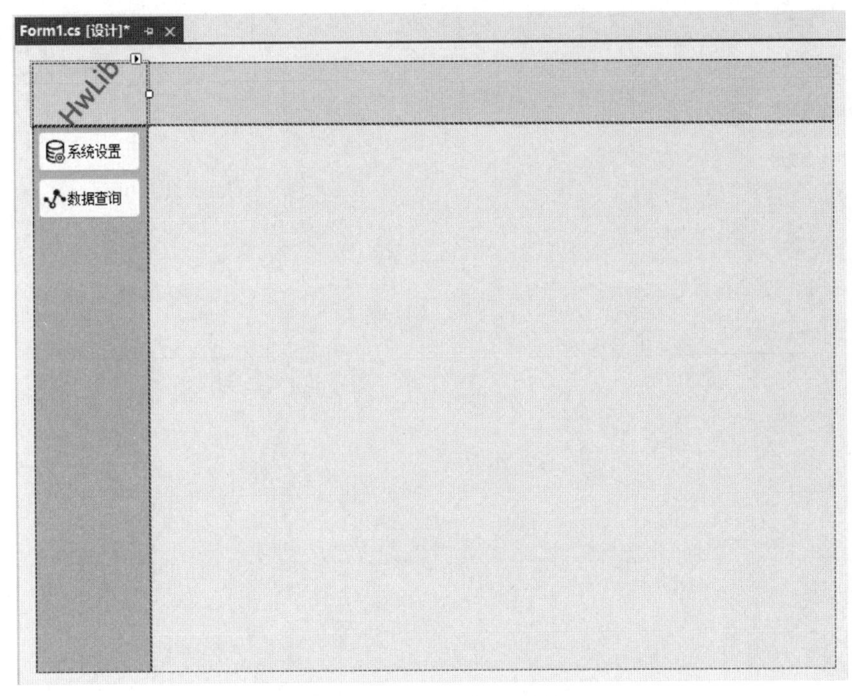

图6-19　添加图片控件和按钮

最后再拖一个控件Panel到画面上用于放置工艺画面，设置其属性Dock为Fill，如图6-20所示。

通过上面两个Panel和一个FlowLayoutPanel即可完成画面布局。最后在画面右上角可以放几个按钮用于其他特殊功能。为了美化画面，也可以选择一些图片作为按钮背景，图6-21展示了一个简单的上位机画面布局。

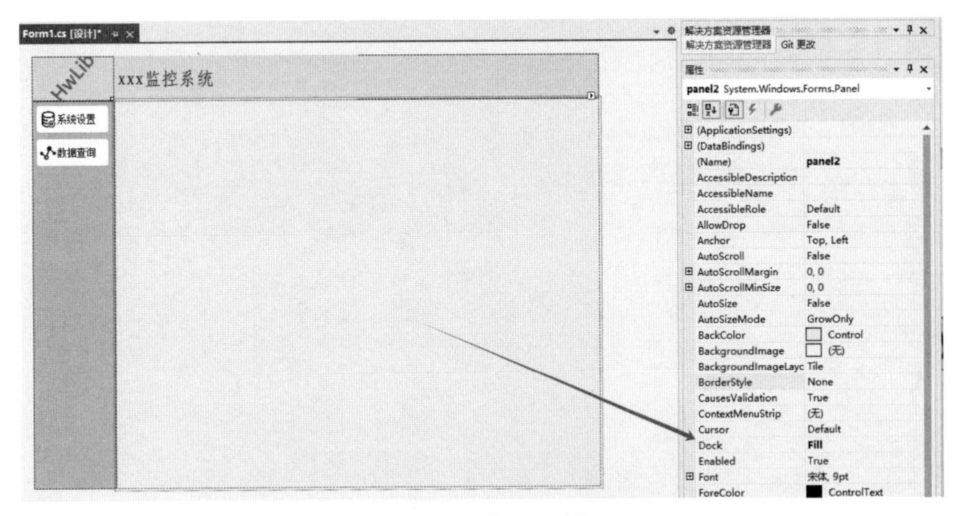

图6-20　添加工艺画面区域Panel

图6-21　简单布局示例

如果我们在左边和顶部的Panel中再添加TableLayoutPanel控件对按钮进行布局，那么整个窗体将可以实现在不同分辨率下的自适应变化，可以很好地提供了人机交互性。

第7章 常用类库

.Net Framework包含了一个功能非常丰富的庞大代码库，里面涵盖了应用程序开发的方方面面，为我们的开发工作提供了很多便利。这里选择几个和工业自动化应用开发相关的类库来重点介绍，其他类库应用可以参考VS的离线或者在线帮助文档。

7.1 Convert

在工业自动化应用中，对于数据类型的转换非常普遍，因为大多数时候我们都是在和PLC、智能仪表或者第三方系统交换数据，我们需要将基于字节的原始数据转换为我们需要的那种数据类型。C#自带有强制转换操作符，允许将一种数据类型强制转换为另一种数据类型。不过强制转换符只适用于简单的数据转换，比如整数和浮点数，如果想把一个字符串强制转换为数值是不可以的。强制转换只需要在被转换变量前加上“(目标数据类型)”即可。

代码7-1 强制类型转换

```
float d1 = 12.5f;
int d2 = (int)d1;

string s1 = "12.5";
int s2 = (int)s1;     //编译器报错
```

在代码7-1中，浮点数强制转换为整数是可以的，但是强制把字符串转换为整数是不被允许的。但是很多数据类型提供了一种Parse方法，例如int.Parse、float.Parse等。下面我们使用Parse方法尝试进行转换。通过强制类型转换将一个字符串转换为浮点型是不被允许的，但是方法Parse可以很好地完成这一任务，如代码7-2所示。

代码7-2　Parse转换

```
string s1 = "12.5";
float s2 = float.Parse(s1);
```

如果类型转换失败，C#会抛出异常，影响程序稳定性。比如图7-1中的例子中就是字符串中多了一个英文字母，导致转换失败而抛出了异常。

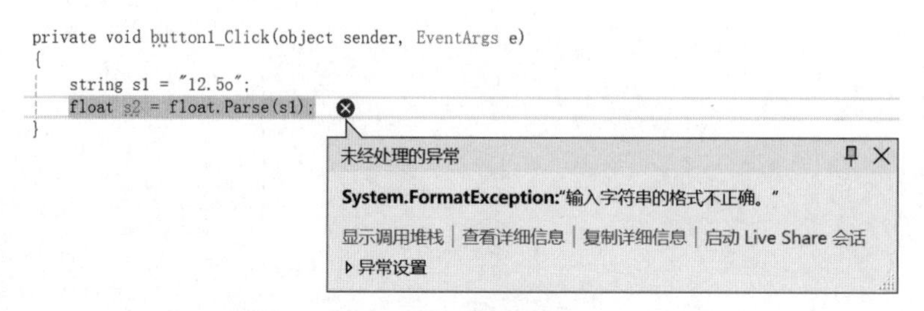
private void button1_Click(object sender, EventArgs e)
{
string s1 = "12.5o";
float s2 = float.Parse(s1);
}
未经处理的异常
System.FormatException:"输入字符串的格式不正确。"
显示调用堆栈 | 查看详细信息 | 复制详细信息 | 启动 Live Share 会话
异常设置

图7-1　转换失败抛出异常

因此除了Parse外，C#还提供了一种TryParse的方法。它和Parse方法的区别是转换失败时不会引起异常，如代码7-3所示。

代码7-3　TryParse转换

```
string s1 = "12.5o";
float s2 = 0.0F;
bool IsOk = float.TryParse(s1, out s2);
```

IsOk为真表示转换成功，反之表示转换失败，但是不会抛出异常。Convert类库是由.Net Framework提供的一种用于类型转换的类库。它位于命名空间System下。由于命名空间System是默认引用的，所以我们可以直接使用类库Convert中的方法。Convert类库中几乎包含了所有数据类型之间的转换，下面再看代码7-4的几个例子。

代码7-4　Convert 转换

```
string s1 = "12.5";
float s2 = Convert.ToSingle(s1);
Int64 s3 = Convert.ToInt64(Convert.ToSingle(s1));
```

代码7-4的三种数据类型转换中，强制转换和Parse方法属于C#语言的功能，而Convert类库属于.Net Framework中提供的功能。一般我们应优先使用强制转换和Parse方法，如果这两种方法都实现不了再考虑使用Convert类库。

7.2　BitConvert

BitConvert是.Net Framework中提供的另一个类型转换类库，用于对不同类型的数据进行转换。前面介绍的Convert是基于数值进行的转换，而BitConvert是对数据进行基于字节的转换，这是两种转换方法的差异所在。下面我们用一个例子来演示它们的区别。在工业控制系统的不同设备通信中，浮点数和字节之间的转换是非常常见的。无论是串口还是以太网通信，它们都是以字节为最小单位进行封包发送及接收。对于以C#来开发上位机而言，如果我们需要读一个浮点数的话，必须将PLC或者其他设备发送过来的字节转换为浮点型。众所周知，计算机处理信息是以字节为单位的，它无法直接表达浮点型。有鉴于此，美国电气电子工程师学会(IEEE)计算机学会旗下的微处理器标准委员会制定了标准IEEE754。该标准对字节和浮点型的相互转换进行了规定。

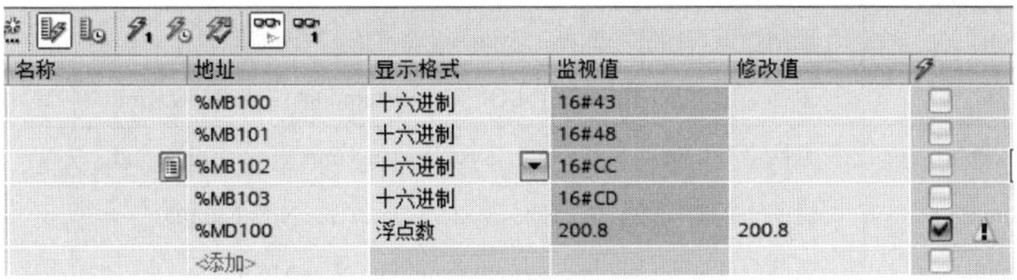

名称	地址	显示格式	监视值	修改值	
	%MB100	十六进制	16#43		
	%MB101	十六进制	16#48		
	%MB102	十六进制	16#CC		
	%MB103	十六进制	16#CD		
	%MD100	浮点数	200.8	200.8	
	<添加>				

图7-2　PLC中的浮点型和字节

从图7-2可以看出，浮点数200.8在PLC中是四个字节(双精度是八个字节)，从低到高分别是43 48 CC CD。如果我们通过通信读到C#程序中也将是这四个字节，要想将它们用浮点类型表达就需要调用类库BitConvert来实现。

代码7-5　BitConvert转换

```
private void button1_Click(object sender, EventArgs e)
{
    float data1;
    //字节需要进行颠倒处理
    byte[] buff = new byte[4] { 0xCD, 0xCC, 0x48, 0x43 };
    data1 = System.BitConverter.ToSingle(buff, 0);
    MessageBox.Show(data1.ToString());
}
```

代码7-5演示了如何通过类库BitConverter中的方法ToSingle将一个字节数组转换为浮点型数值。值得一提的是，西门子PLC中的字节排列和PC中的有所差别，我们需要进行颠倒才能得到正确的数值。

7.3　DateTime

C#并没有提供日期时间操作的相关方法，对于这类需要使用.Net Framework中System命名空间里的DateTime结构，该结构包含了很多常用的日期时间处理方法。System.DateTime在.Net Framework中是一个结构，不是类，虽然它也有自己的属性、方法等。

7.3.1　属性

DateTime结构提供了很多有用的属性，这些属性可以用于获取当前时间、年份、月、日等信息，详见表7-1。

表7-1 结构DateTime的属性

序号	属性名称	属性说明
1	Date	获取日期信息, System.DateTime.Now.Date
2	Day	获取当天是本月几号,返回值是整数，System.DateTime.Now.Day
3	DayOfWeek	获取当天是星期几，System.DateTime.Now.DayOfWeek
4	DayOfYear	返回现在是哪一年，System.DateTime.Now.Year
5	Hour	返回当前时间的小时值，System.DateTime.Now.Hour
6	Kind	返回当前时间时UTC还是LOCAL, System.DateTime.Now.Kind
7	Millisecond	返回当前时间的毫秒部分，System.DateTime.Now.Millisecond
8	Minute	返回当前时间的分钟部分，System.DateTime.Now.Minute
9	Month	返回当前时间的月份，System.DateTime.Now.Month
10	Now	返回当前时间，System.DateTime.Now
11	Second	返回当前时间的秒部分，System.DateTime.Now.Second
12	Ticks	返回自1970年1月1日00:00:00 GMT以来的微秒数 System.DateTime.Now.Ticks System.DateTime.Now.Ticks/10000000(返回秒)
13	TimeOfDay	当前时间(时/分/秒/毫秒),System.DateTime.Now.TimeOfDay
14	Today	当前日期(年/月/日,从零点开始), System.DateTime.Today
15	UtcNow	返回UTC(协调世界时)格式, System.DateTime.UtcNow
16	Year	获取年份信息, System.DateTime.Now.Year

7.3.2 方法

System.DateTime提供的方法非常多，除了用于日期时间计算及比较的方法外还包括很多类型转换的方法。表7-2列出了我们常用的一些方法。

表7-2 结构DateTime的方法

序号	属性名称	属性说明
1	Add	将指定的时间间隔TimeSpan叠加到一个DateTime类型变量上
2	AddDays	将指定的天数叠加到一个DateTime类型变量上
3	AddHours	将指定的小时数叠加到一个DateTime类型变量上
4	AddMilliseconds	将指定的毫秒数叠加到一个DateTime类型变量上
5	AddMinutes	将指定的分钟数叠加到一个DateTime类型变量上
6	AddMonths	将指定的月份叠加到一个DateTime类型变量上
7	AddSeconds	将指定的秒数叠加到一个DateTime类型变量上
8	AddTicks	将指定的微秒叠加到一个DateTime类型变量上
9	AddYears	将指定的年份叠加到一个DateTime类型变量上
10	Compare	比较两个时间日期变量

续表

序号	属性名称	属性说明
11	DaysInMonth	返回指定的某年某月中的天数
12	Parse	转换一个字符串类型至DateTime
13	ToString	转换DateTime类型为字符串格式
14	ToLocalTime	转换DateTime变量值为本地时间
15	TryParse	转换一个字符串类型至DateTime

（1）ToString()

方法ToString用于将日期时间格式的变量转换为字符串格式。对于DateTime的属性Now来说，其方法ToString()有很多重载。我们可以通过传递不同的值获取不同的返回结果，如代码7-6所示。

代码7-6　DateTime.ToString()

```
//2008年4月24日
System.DateTime.Now.ToString("D");
//2008-4-24
System.DateTime.Now.ToString("d");
//2008年4月24日 16:30:15
System.DateTime.Now.ToString("F");
//2008年4月24日 16:30
System.DateTime.Now.ToString("f");
//2008-4-24 16:30:15
System.DateTime.Now.ToString("G");
//2008-4-24 16:30
System.DateTime.Now.ToString("g");
//16:30:15
System.DateTime.Now.ToString("T");
//16:30
System.DateTime.Now.ToString("t");
//2008年4月24日 8:30:15
System.DateTime.Now.ToString("U");
//2008-04-24 16:30:15Z
System.DateTime.Now.ToString("u");
//4月24日
System.DateTime.Now.ToString("m");
System.DateTime.Now.ToString("M");
//Tue, 24 Apr 2008 16:30:15 GMT
System.DateTime.Now.ToString("r");
System.DateTime.Now.ToString("R");
//2008年4月
System.DateTime.Now.ToString("y");
System.DateTime.Now.ToString("Y");
//2008-04-24T15:52:19.1562500+08:00
System.DateTime.Now.ToString("o");
System.DateTime.Now.ToString("O");
//2008-04-24T16:30:15
System.DateTime.Now.ToString("s");
//2008-04-24 15:52:19，HH大写表示24小时制，如果hh小写表示12小时制
System.DateTime.Now.ToString("yyyy-MM-dd HH：mm：ss：ffff");
```

```
//2008年04月24 15时56分48秒
System.DateTime.Now.ToString("yyyy年MM月dd HH时mm分ss秒");
//星期二, 四月 24 2008
System.DateTime.Now.ToString("dddd, MMMM dd yyyy");
//二, 四月 24 '08
System.DateTime.Now.ToString("ddd, MMM d \"'\"yy");
//星期二, 四月 24
System.DateTime.Now.ToString("dddd, MMMM dd");
//4-08
System.DateTime.Now.ToString("M/yy");
//24-04-08
System.DateTime.Now.ToString("dd-MM-yy");
```

（2）Add

方法Add用于将一个时间间隔叠加到日期时间类型变量上。TimeSpan是一个结构类型，我们可以使用关键字new将其实例化并指定其天数、小时等。在代码7-7的例子中我们在当前日期时间上叠加了36天。

代码7-7 日期加

```
System.DateTime today = System.DateTime.Now;
//如果传递负值的话就是减，如TimeSpan(-36, 0, 0, 0)
System.TimeSpan duration = new System.TimeSpan(36, 0, 0, 0);
System.DateTime answer = today.Add(duration);
MessageBox.Show(answer.ToString());
```

（3）Addxx

Addxx指的是AddDays、AddHours等方法，它们的用法完全一样，就是在一个日期时间变量上叠加指定的天、小时等数值，如代码7-8所示。

代码7-8 AddHours方法

```
//如果传递负值的话就是减，如AddDays(-2)
DateTime dt = System.DateTime.Now.AddDays(-2);
DateTime dt = System.DateTime.Now.AddDays(2);
```

（4）Parse和TryParse

方法Parse和TryParse都是将字符串格式转换为DateTime格式，参见代码7-9的例子。

代码7-9 时间类型转换

```
string s = "1934-4-5";
System.DateTime d1 = System.DateTime.Parse(s);
bool b1 = System.DateTime.TryParse(s, out d1);
```

Parse和TryParse虽然都是将字符串转换为DateTime类型，但是TryParse是会返回状态值的。如果转换成功会返回状态True，反之会返回False。如果待转换的字符串s为空，那么方法Parse会报错，但方法TryParse会返回一个False状态值，程序可以根据此状态值进行相应的处理。不过方法Parse在使用上要更简单一点。

7.4 GDI+

GDI+(graphics device interface plus，图形设备接口)是自Windows XP时代开始内置于操作系统中的一个子系统，它主要负责在显示屏幕和打印设备上输出有关图形和文字信息。在.Net Framework中已经封装了GDI+的相关接口，我们只需要调用类库中的方法就可以使用GDI+为我们提供的丰富功能。

7.4.1 几个概念

在使用GDI+绘图之前我们需要先介绍几个后面要用到的概念。其实我们可以把GDI+理解为在屏幕上画图、写字，那么首先需要一块画板。在C#中，窗体、按钮、图片都可以作为画板。有个画板之后我们还需要画笔，在画笔中定义了线条粗细、颜色等。然后通过对目标图形端点的定位控制画笔进行绘图。如果需要对图形进行填充，那么还需要用到画刷。代码7-10演示了这几个概念在C#中的定义。

代码7-10　GDI+对象

```
//使用GDI+需要引用System.Drawing命名空间，新建项目默认会添加
//using System.Drawing;
public partial class Form1 : Form
 {
     public Form1()
     {
         InitializeComponent();
     }

     Graphics board;    //定义画板
     Pen P;             //定义画笔
     SolidBrush brush;  //定义画刷
 }
```

7.4.2 绘制直线

画笔对象Graphics提供了方法DrawLine用于我们绘制直线，只要传递画笔对象与端点坐标信息即可控制绘制效果。首先拖一个按钮到窗体上，双击按钮，在其点击事件中写入代码7-11。

代码7-11　绘制直线

```
//调用方法DrawLine绘制直线
private void button1_Click(object sender, EventArgs e)
{
    //创建画板
    board= this.CreateGraphics();

    //创建画笔，指定了画笔颜色和线宽
```

```
        P = new Pen(Color.Red, 2);

        //调用方法DrawLine绘制直线，传递了5个参数，分别是画笔
        //起始点的X和Y坐标，结束点的X和Y坐标
        board.DrawLine(P, 10, 10, 100, 100);

        //释放对象
        P.Dispose();
        board.Dispose();
    }
```

保存并运行程序，我们看到的效果如图7-3。

图7-3　绘制直线

上面我们演示的是在窗体上绘图，当然我们也可以将图绘制在控件上，比如按钮、Panel等控件。下面我们来演示一下如何在Panel上绘图。首先拖放一个Panel控件到窗体上，设置其背景色为蓝色，参见图7-4所示。

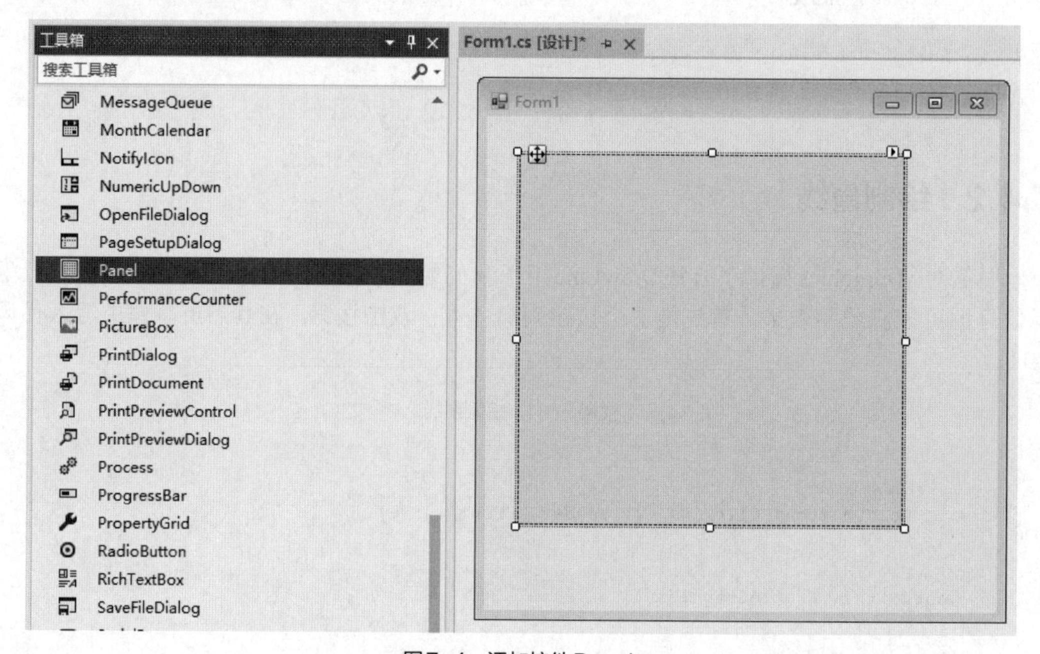

图7-4　添加控件Panel

代码也要稍微调整下，和之前在窗体上创建画板不一样，这里需要在控件Panel上创建画板，如代码7-12所示。

代码7-12　在Panel上绘制直线

```
//调用方法DrawLine绘制直线
private void button1_Click(object sender, EventArgs e)
{
    //在控件Panel1上创建画板
    board= Panel1.CreateGraphics();

    //创建画笔，指定了画笔颜色和线宽
    P = new Pen(Color.Red, 2);

    //调用方法DrawLine绘制直线，传递了4个参数，分别是画笔
    //起始点的X和Y坐标，结束点的X和Y坐标
    board.DrawLine(P, 10, 10, 100, 100);

    //释放对象
    P.Dispose();
    board.Dispose();

}
```

保存并运行程序，我们看到的效果如图7-5。

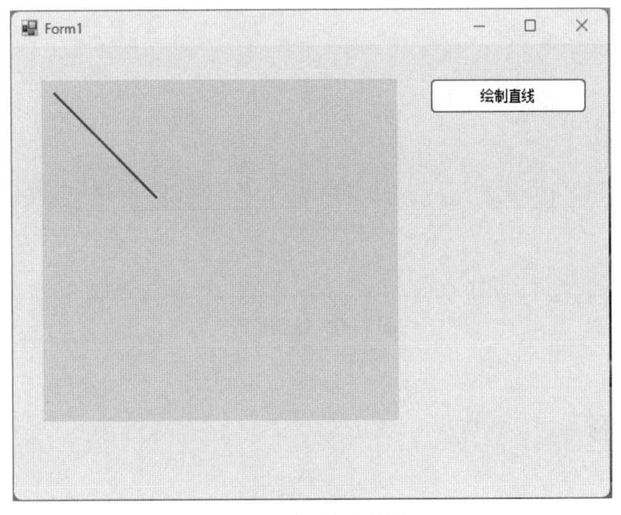

图7-5　程序运行效果

7.4.3　绘制矩形

画笔对象Graphics提供了方法DrawRectangle用于我们绘制矩形，只要传递画笔对象及端点坐标信息和矩形的高度、宽度即可控制绘制效果。首先拖一个按钮到窗体上，双击按钮，在其点击事件中写入代码7-13。

代码7-13　绘制矩形

```
//调用方法DrawLine绘制直线
private void button1_Click(object sender, EventArgs e)
{
    //创建画板
    board= this.CreateGraphics();

    //创建画笔，指定了画笔颜色和线宽
    P = new Pen(Color.Blue, 2);

    //调用方法DrawRectangle绘制矩形，传递了5个参数，分别是画笔
    //起始点(左上角)的X和Y坐标，宽度、高度
    board.DrawRectangle(P,100,100,200,20);

    //释放对象
    P.Dispose();
    board.Dispose();
}
```

保存并运行程序，我们看到的效果如图7-6。

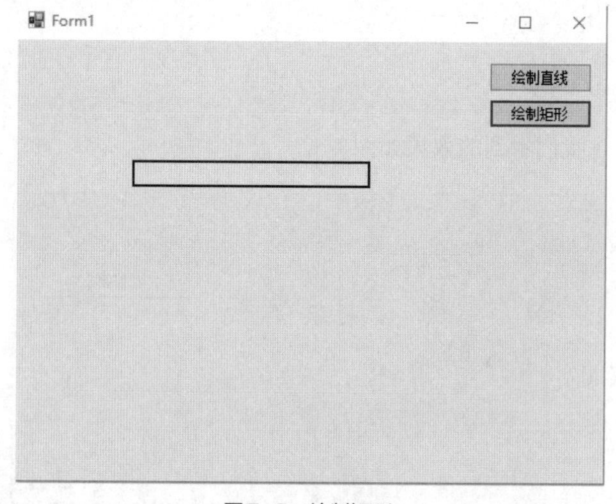

图7-6　绘制矩形

7.4.4　绘制圆形

画笔对象Graphics提供了方法DrawEllipse用于我们绘制圆形及椭圆形，只要传递画笔对象及端点坐标信息和圆形的高度、宽度即可控制绘制效果。首先拖一个按钮到窗体上，双击按钮，在其点击事件中写入代码7-14。

代码7-14　绘制圆形

```
//调用方法DrawLine绘制直线
private void button1_Click(object sender, EventArgs e)
{
```

```
    //创建画板
    board= this.CreateGraphics();

    //创建画笔，指定了画笔颜色和线宽
    P = new Pen(Color.Blue, 2);

    //调用方法DrawRectangle绘制矩形，传递了4个参数，分别是画笔
    //起始点(左上角)的X和Y坐标，宽度、高度
    //如果高度和宽度一样就是圆形，否则就是椭圆形
    board.DrawEllipse(P,0,0,200,200);

    //释放对象
    P.Dispose();
    board.Dispose();

}
```

保存并运行程序，我们看到的效果如图7-7。

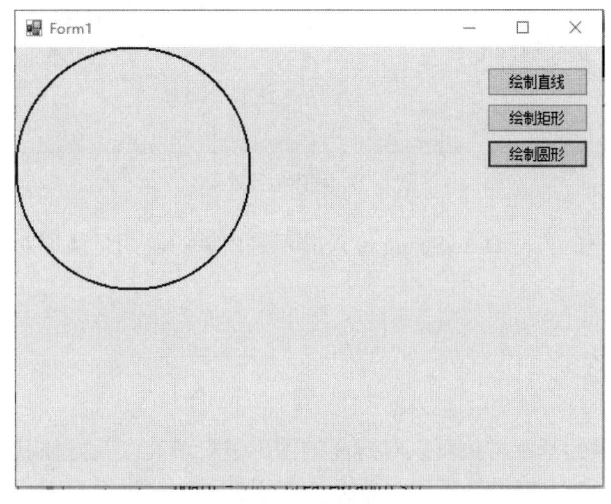

图7-7　绘制圆形

7.4.5　绘制文本

画笔对象Graphics提供了方法DrawString用于我们向屏幕或者打印机输出字符串，只要传递画笔对象、字体样式和字体位置即可控制文本输出效果。首先拖一个按钮到窗体上，双击按钮，在其点击事件中写入代码7-15。

代码7-15　绘制文本

```
//调用方法DrawLine绘制直线
private void button1_Click(object sender, EventArgs e)
{
    //创建画板
    board= this.CreateGraphics();

    //创建画笔，指定了画笔颜色和线宽
```

```
        P = new Pen(Color.Blue, 2);

        //调用方法DrawRectangle绘制矩形，传递了4个参数，分别是文本内容
        //字符信息、画笔对象，起始端点的X/Y坐标
        board.DrawString("Welcome", f, P.Brush, 10, 100);

        //释放对象
        P.Dispose();
        board.Dispose();

    }
```

保存并运行程序，我们看到的效果如图7-8。

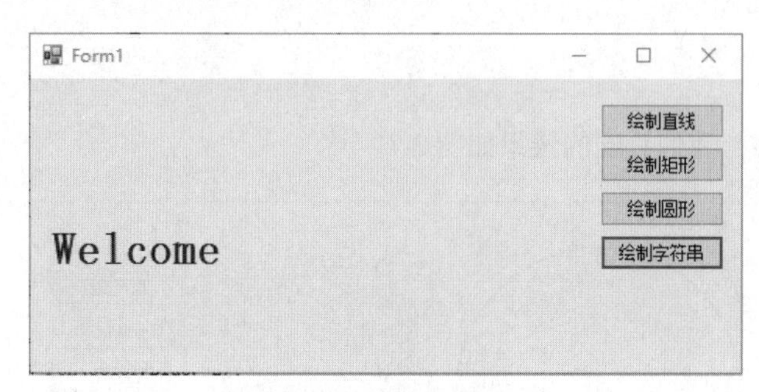

图7-8　程序运行效果

需要注意的是这里的方法DrawString传入的不是画笔对象而是画刷对象，画刷对象一般用于对形状进行填充等。

7.4.6　填充矩形

使用Graphics提供的画刷对象可以对封闭的图形进行填充，就好像我们在画图软件中用画刷工具涂色一样。Graphics提供的画刷对象允许使用多种物料进行填充，如纯色、过渡色、图形文件等。

表7-3　Brush对象

序号	名称	描述
1	System.Drawing.SolidBrush	纯色填充
2	System.Drawing.TextureBrush	图片填充
3	System.Drawing.Drawing2D.HatchBrush	阴影填充
4	System.Drawing.Drawing2D.LinearGradientBrush	过渡色填充
5	System.Drawing.Drawing2D.PathGradientBrush	渐变填充

使用表7-3中的后面三种填充方式需要先引用命名空间System.Drawing.Drawing2D，该命名空间不是默认的，需要手动添加。下面我们以方法SolidBrush来演示如何对一个封闭图形对象进行填充。首先拖一个按钮到窗体上，双击按钮，在其点击事件中写入代码7-16。

代码 7-16　填充圆形

```
//调用方法DrawLine绘制直线
private void button1_Click(object sender, EventArgs e)
{
    //创建画板
    board= this.CreateGraphics();

    //创建画笔，指定了画笔颜色和线宽
    P = new Pen(Color.Blue, 2);

    //调用方法DrawRectangle绘制矩形，传递了4个参数，分别是画笔
    //起始点(左上角)的X和Y坐标，宽度、高度
    board.DrawRectangle(P,100,100,200,20);

    //创建画刷对象
    SolidBrush brush = new SolidBrush(Color.Red);
    //填充圆形，此方法和绘制矩形类似，只是把传入的画笔对象改为画刷对象
    board.FillEllipse(brush, 0, 0, 200, 200);

    //释放对象
    P.Dispose();
    board.Dispose();

}
```

保存并运行程序，我们看到的效果如图 7-9。

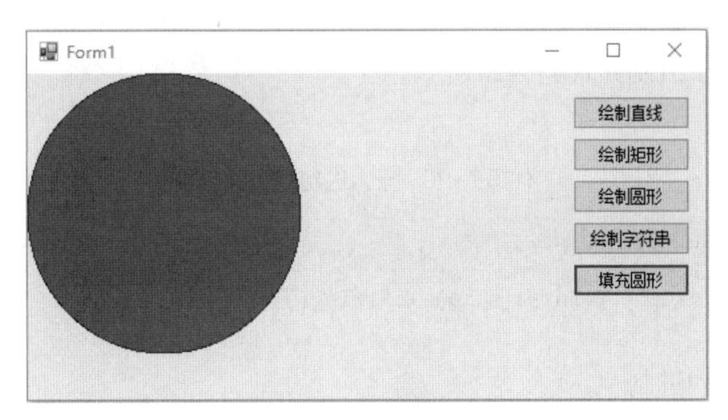

图7-9　填充圆形

从代码 7-16 我们可以看出，方法 DrawEllipse 和 FillEllipse 的区别只是前者传入的是画笔对象，后者传入的是画刷对象。

7.5　常见应用

7.5.1　进制转换

进制转换在工业自动化中非常常见，下面列出常用进制之间的转换。

（1）十进制→二进制

我们可以使用 int 的 ToString() 方法将十进制值转换为二进制字符串，如代码 7-17 所示。

代码7-17　十进制转二进制

```
int d1 = 20;
MessageBox.Show(Convert.ToString(d1, 2)); //结果是10100
```

如果二进制位数不够怎么办。比如一个字节对应8位的二进制，转换字符串时C#只是按实际数值进行转换，上面例子的转换结果是“10100”，而不是“00010100”。如果我们需要转换出来的结果必须是8位，可以使用ToString()的PadLeft方法，如代码7-18所示。

代码7-18　PadLeft

```
int d1 = 20;
MessageBox.Show(Convert.ToString(d1, 2).PadLeft(8,'0'));  //结果是00010100
```

PadLeft有两个参数。第一个参数指定目标长度，第二个参数指定填充字符。

（2）二进制→十进制

二进制转换为十进制如代码7-19所示。

代码7-19　二进制转十进制

```
string s = "11001000";
MessageBox.Show(Convert.ToInt32(s,2).ToString()); //结果是200
```

（3）十六进制→十进制

十六进制转换为十进制如代码7-20所示。

代码7-20　十六进制转十进制

```
string s = "0xff";
MessageBox.Show(Convert.ToInt32(s,16).ToString()); //结果是255
```

（4）十进制→十六进制

十进制转换为十六进制如代码7-21所示。

代码7-21　十进制转十六进制

```
MessageBox.Show(string.Format("{0:x}", 100)); //结果是64
```

7.5.2 vbpowerpacks

vbpowerpacks全称visual basic powerpacks，是一个重要的VB.Net组件，是微软为了方便程序员迁移VB6.0程序到VB.Net而开发的一个组件库。不过vbpowerpacks并没有被包含在标准的.Net Framework里面。vbpowerpacks除了提供了类似VB6.0里面的Line、Shape那样的控件外，还提供了数据报表、打印样式等类库。vbpowerpacks的安装非常简单，按照安装提示即可轻松完成。

打开项目，在工具箱中右击，快捷菜单中选择“选择项”，参见图 7-10。

图7-10　工具箱中添加组件

然后我们可以看到图 7-11 的对话框。

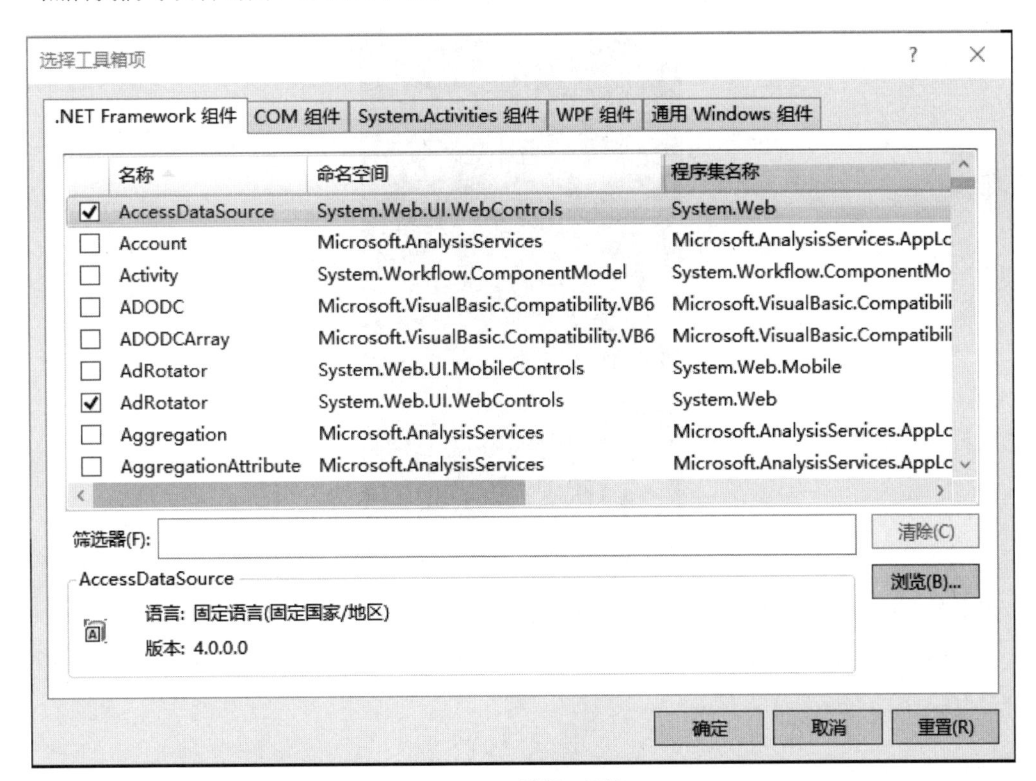

图7-11　选择工具箱

在图7-11的“筛选器”栏中输入“power”,然后勾选筛选后的几个组件，参见图7-12。

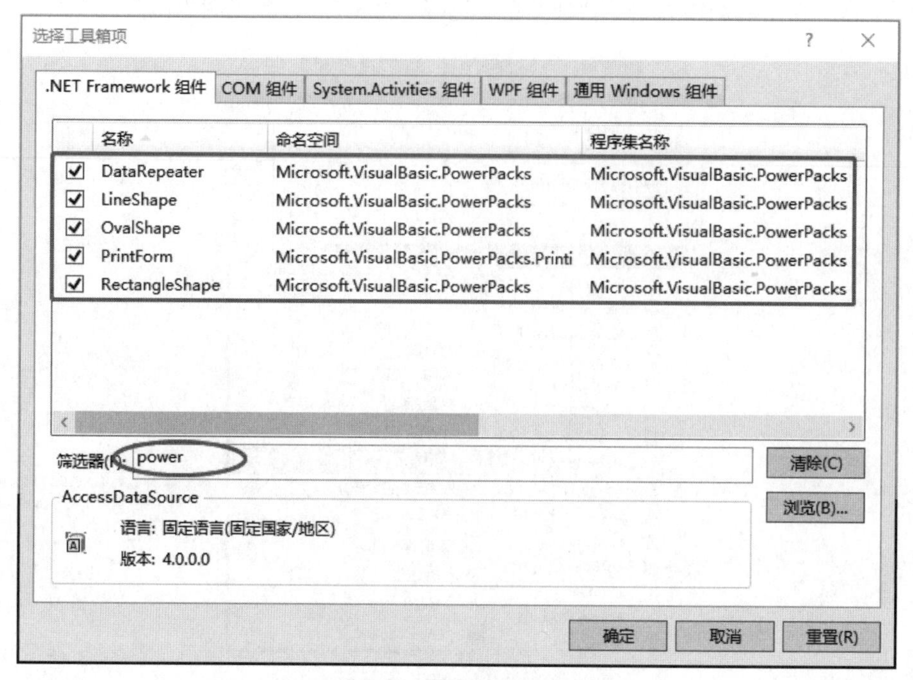

图7-12　选择组件

点击按钮“确定”后我们就可以在工具箱里面看到它们了（图7-13）。

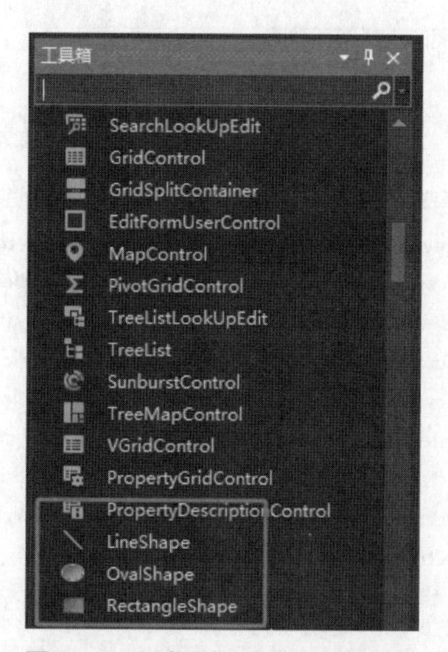

图7-13　添加到工具箱里面的组件

然后就可以在项目中使用它们了（图7-14）。

vbpowerpacks中的组件功能比VB6.0里面的更加强大，比如新的组件支持过渡色等特性（图7-15）。

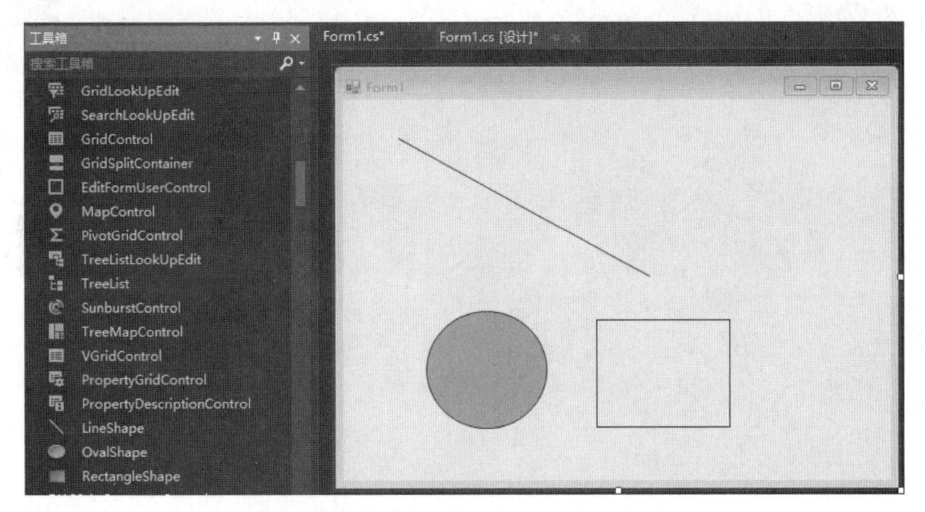

图7-14　窗体上添加vbpowerpacks组件

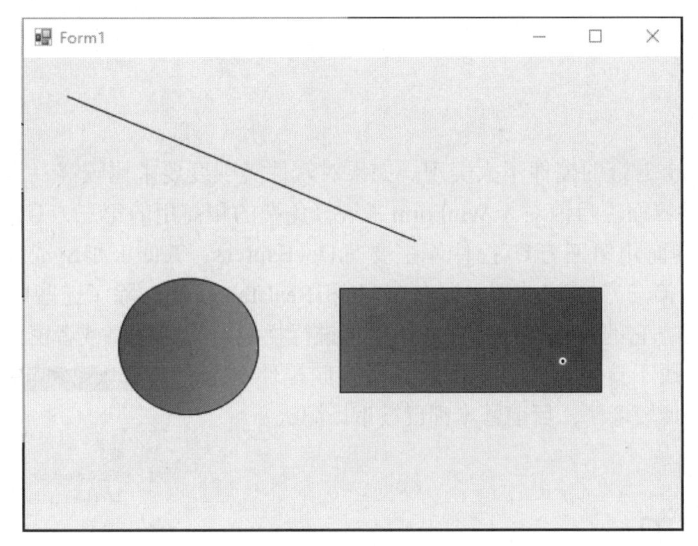

图7-15　过渡色效果

第8章 第三方UI控件库

.Net Framework自带的控件不太美观。如果对软件美观度要求比较高，可以借助一些第三方控件来美化软件界面。目前对于WinForm来说，免费的和商用的第三方UI控件库都比较多。其中使用比较多的商用第三方UI控件库主要有DevExpress、Telerik和Syncfusion Essential等，使用比较多的免费第三方UI控件库主要有CSkin和ReaLTaiizor等。除了这些UI控件库外，早期还有一种换肤控件，它的实现原理是对窗体消息进行拦截然后对控件或者窗体重绘，比如商业控件IrisSkin4就是属于这一类控件。不过这些换肤控件提供的样式都已经比较老了，目前基本都已被市场淘汰。

8.1 CSkin

CSkin是一款拥有几十种WinForm组件的免费界面库，所有组件兼容原生的WinForm组件，它们和原生控件的使用方法几乎一致。CSkin属于一款轻量级控件库，代码精简、小巧灵活。使用它可以设计出比较精美的程序界面。

CSkin的使用方法非常简单，可以直接将CSkin.dll拖到工具箱里，然后我们就会看到很多Skin开头的控件，参见图8-1所示。

直接将我们所需要的控件拖到画面上即可。CSkin控件接口保持了对原生WinForm控件接口的兼容，它们的使用方法基本一致。我们可以像使用原生WinForm控件一样使用它们，如图8-2所示。

图8-1 CSkin控件

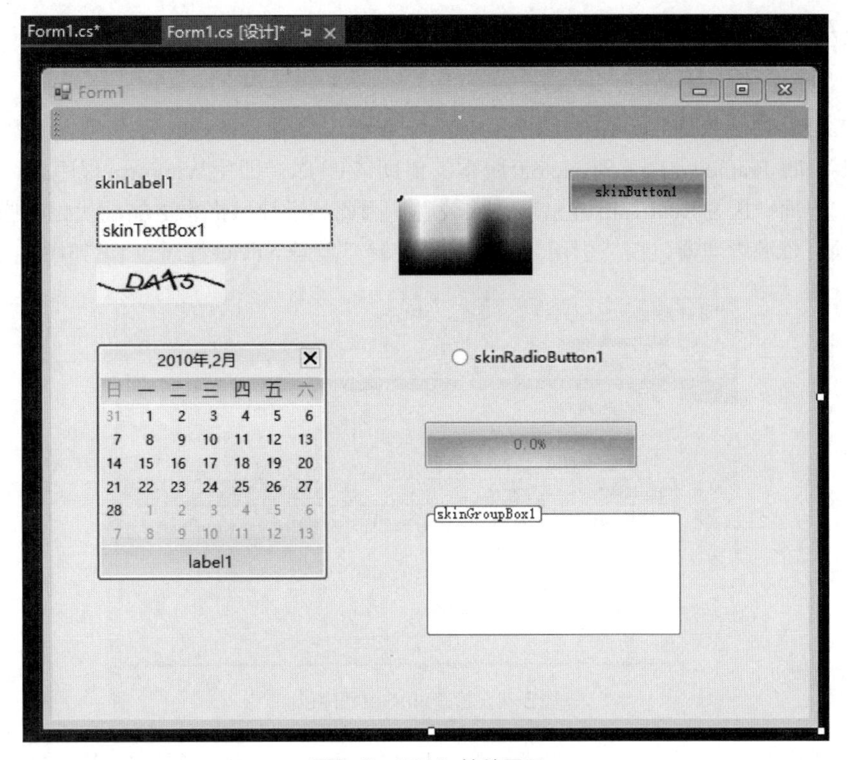

图8-2　CSkin控件展示

关于CSkin的进一步使用方法，大家也可以参考CSkin官网上面提供的一些案例，比如仿360手机助手界面（图8-3）、仿QQ聊天软件等，设计得都很不错。

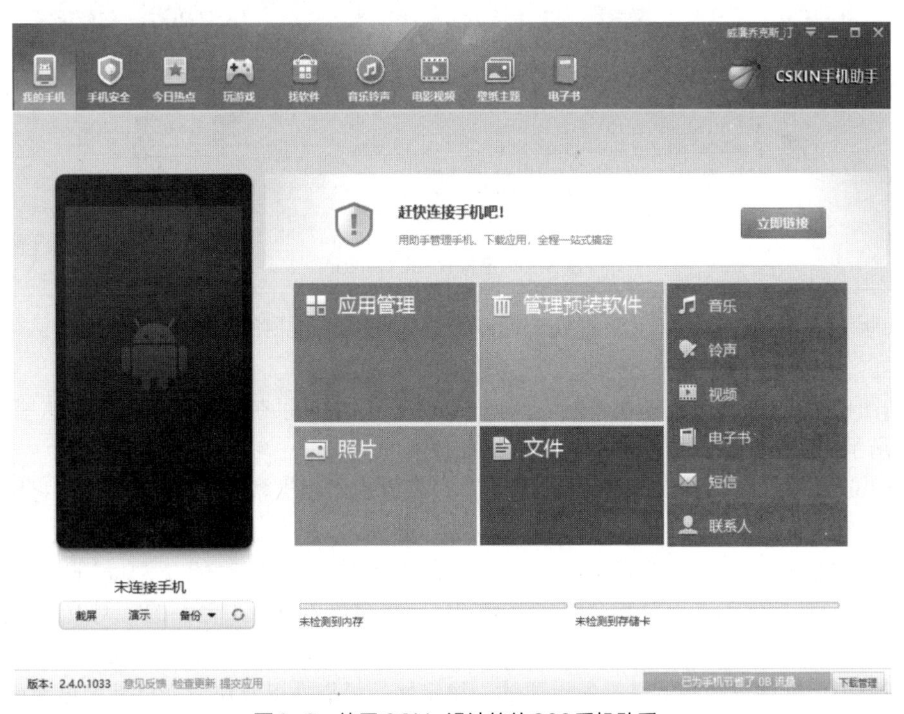

图8-3　使用CSkin设计的仿360手机助手

8.2 ReaLTaiizor

ReaLTaiizor是一款扁平风格的UI控件库。它包含了多种常用控件和多种主题风格，最新稳定版支持.Net Framework4.8到.Net6.0版本。借助该UI库，即使WinForm程序也可以设计出非常精美的界面。因为ReaLTaiizor出现得比较晚，因此其设计风格也更加现代化一些。

展开项目资源管理器，在“引用”上右击，选择“管理NuGet程序包”，如图8-4所示。

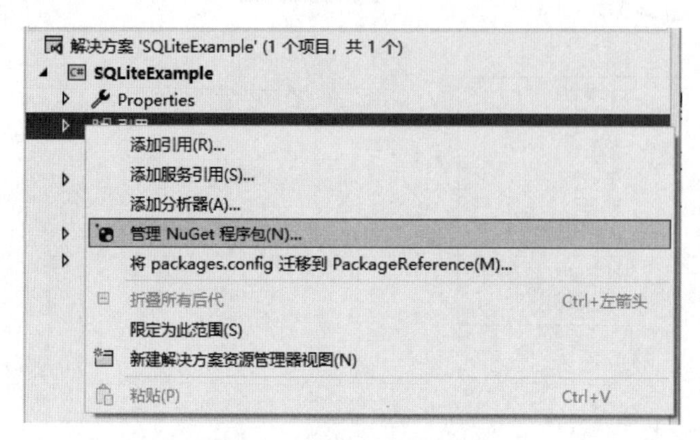

图8-4 管理NuGet程序包

在“浏览”窗口中输入“ReaLTaiizor”后回车，我们会看到返回的结果，如图8-5所示。目前最新版本是3.7.9.2。

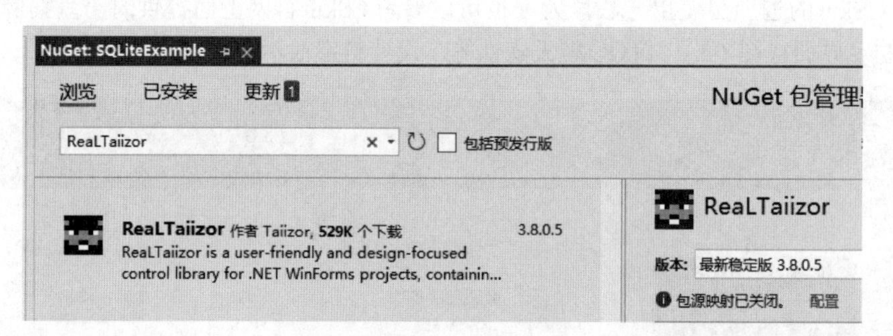

图8-5 查找ReaLTaiizor

最新版本对.Net Framework版本要求比较高，如果我们项目的目标框架比较低，可以选择早期版本。

点击图8-6中的安装按钮即可开始安装。安装完成后就可以在工具箱里面看到这些控件了，如图8-7所示。我们可以根据需要添加相应的控件。

ReaLTaiizor的UI风格相对比较现代一点，它可以制作相当精美的UI界面。在它提供的范例中也做了充分的展示（图8-8）。

上面介绍的两种UI控件库都是可以免费使用的。还有功能更强大的DevExpress、DotNetBar等商业控件库这里没有介绍，大家如果感兴趣可以自行去他们的官网做进一步了解。这些控件库为WinForm开发提供了强有力的工具。虽然在界面美观上WinForm和WPF还是有差距，但是工业软件美观并不是最为重要的，稳定性、可靠性以及快速交付其实更为重要。

图8-6　控件依赖项

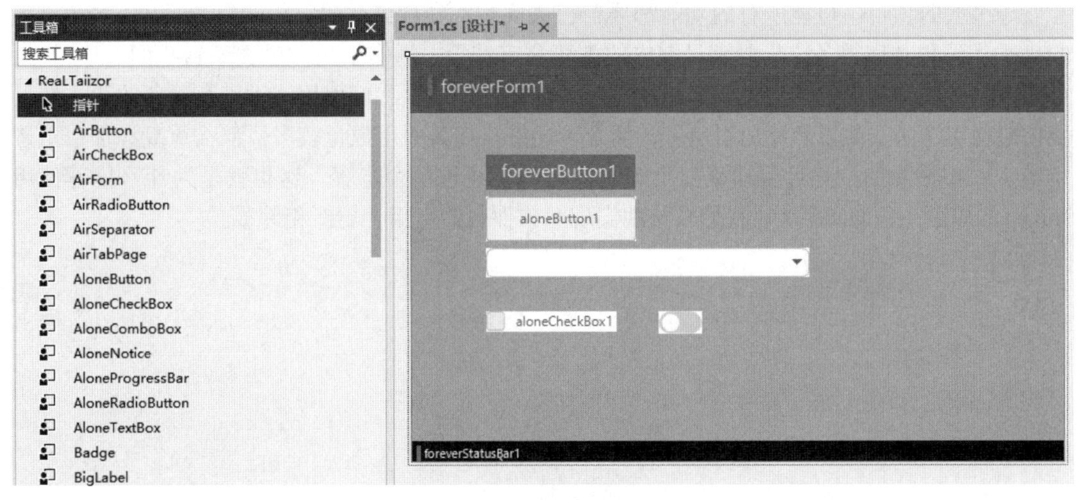

图8-7　添加控件到窗体中

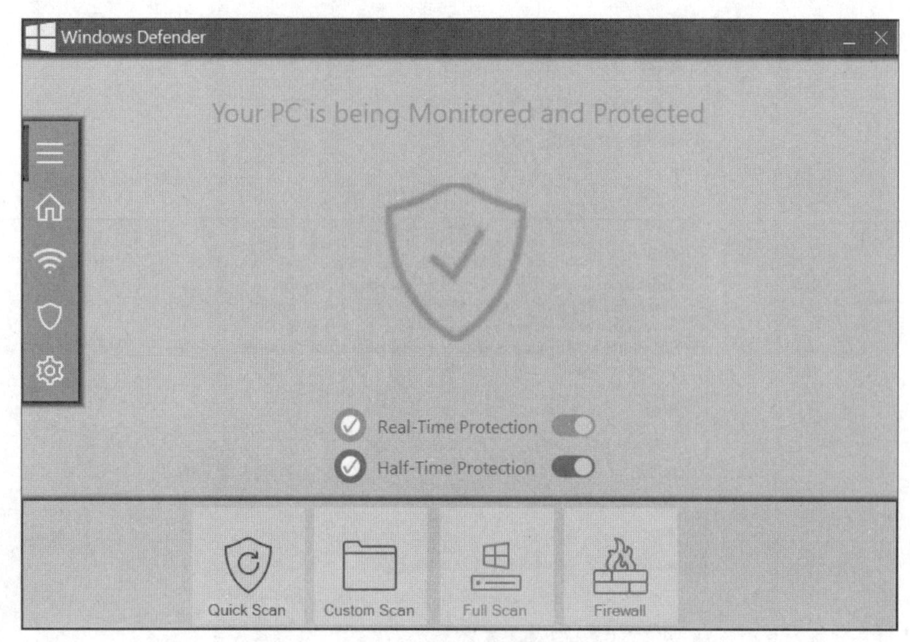

图8-8 ReaLTaiizor开发的仿Defender界面

8.3 NuGet简介

NuGet（读作New Get）是用于微软.Net开发平台的软件包管理器，是一个Visual Studio的扩展插件。在使用Visual Studio开发基于.Net Framework的应用时，NuGet能够使你非常方便地在项目中添加、移除和更新引用自己或者第三方的类库。通过NuGet你可以很容易地访问到其他开发者发布的软件包，你也可以创建、分享或者发布自己的包到NuGet。NuGet是一个代码托管平台，微软的EntityFramework、ASP.Net MVC等或者一些常用到的第三方软件包如Json.Net、NUnit等都托管到NuGet上。

一个大的项目不可能所有的功能都要自己去实现，能做到代码复用的尽量复用。NuGet上的优秀代码和类库很多，只要满足需求的即可拿来使用。通常引用一个类库到我们的项目时，要先下载或找到类库，然后在我们的项目中添加引用。如果我们引用的类库有更新的版本并且我们想使用，则又要重新添加引用。一两个倒还好，如果引用数量较多，那么重复添加引用是比较麻烦和枯燥的，并且要卸载引用的时候还是要经过几个步骤。这也就是为什么推荐使用NuGet的原因，NuGet能够让我们轻松地实现对软件包的引用、更新和卸载。

第9章 C#与WinCC

西门子与微软一直是合作伙伴关系，其很多产品都提供了针对微软开发工具的访问方法。从最开始的VB到现在的C#等，其官网不乏这些例子。西门子的人机界面软件WinCC也提供了使用VB或者C#的组件开发工具，这给第三方拓展带来了很大的便利。在本章中，我们会首先介绍如何使用C#访问WinCC的变量和控件，然后介绍如何使用C#开发WinCC支持的控件。这部分内容不但适用于WinCC，也适用于支持.Net控件的其他组态软件，比如iFix、InTouch等。

9.1 C#访问WinCC

9.1.1 COM技术

COM（component object model，组件对象模型），是由微软推出的一套接口规范，通过设定不同组件之间需要遵守的标准与协议，主要用来实现跨语言、跨进程之间的模块通信。为保证能够互操作，此规范提供了客户和组件应遵循的一些二进制和网络标准。通过这种标准将可以在任意两个组件之间进行通信而不用考虑其所处的操作环境是否相同、使用的开发语言是否一致，以及是否运行于同一台计算机。C#访问WinCC正是基于这种技术，因为WinCC对外提供了COM组件HMIRUNTIME。基于该组件提供的接口我们可以在WinCC运行时访问其变量和控件。需要注意的是COM组件HMIRUNTIME只有TIA WinCC Professional以及经典WinCC提供，TIA WinCC Advanced是不支持的。

9.1.2 访问WinCC变量

鉴于WinCC自带脚本及控件的功能与性能比较有限，通过对WinCC变量值的获取，我们可以使用C#开发独立于WinCC的报表程序或者数据分析软件，以弥补WinCC自身的不足。首先我们创建一个WinCC项目，添加两个整型内部变量，分别为Data1和Data2。在画面上添加两个I/O域，分别连接这两个变量，如图9-1所示。

新建一个VS项目，命名为WinCC Tags。在VS的解决方案资源管理器的“引用”上右击，选择“添加引用”，参见图9-2。

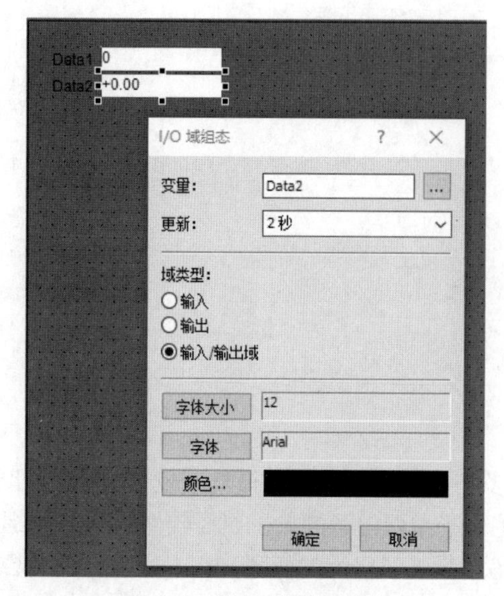

图9-1 组态WinCC画面

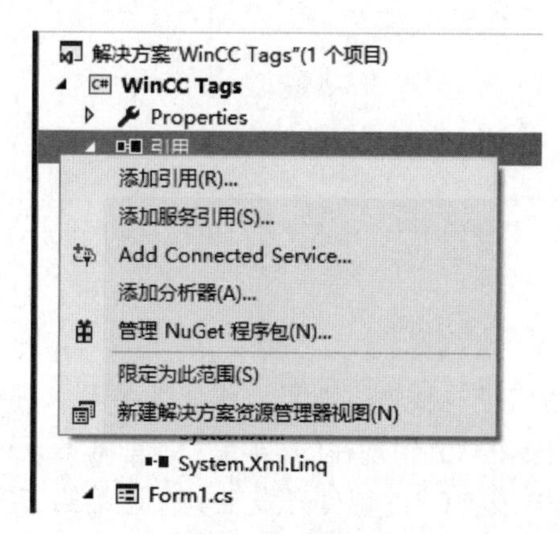

图9-2 添加引用

在引用管理器对话框中选择“COM”选项卡，在右边的系统COM组件列表中找到“WinCC HMIRuntime 1.0 Type Library”并勾选，参见图9-3。

点击按钮“确定”后我们即可在解决方案资源管理器的引用目录下看到该类型库，名称是“CCHMIRUNTIME”，如图9-4所示。

在窗体上添加两个文本框控件，再添加两个按钮，分别设置其Text属性为“Read Data from WinCC”和“Write Data to WinCC”，完成后的窗体如图9-5所示。

按F7切换到代码编辑器，添加代码9-1。

代码9-1 声明CCHMIRUNTIME

```
public partial class Form1 : Form
{
    public Form1()
    {
       InitializeComponent();
    }

    //添加此行代码
    CCHMIRUNTIME.HMIRuntime cchmi=new CCHMIRUNTIME.HMIRuntime();
}
```

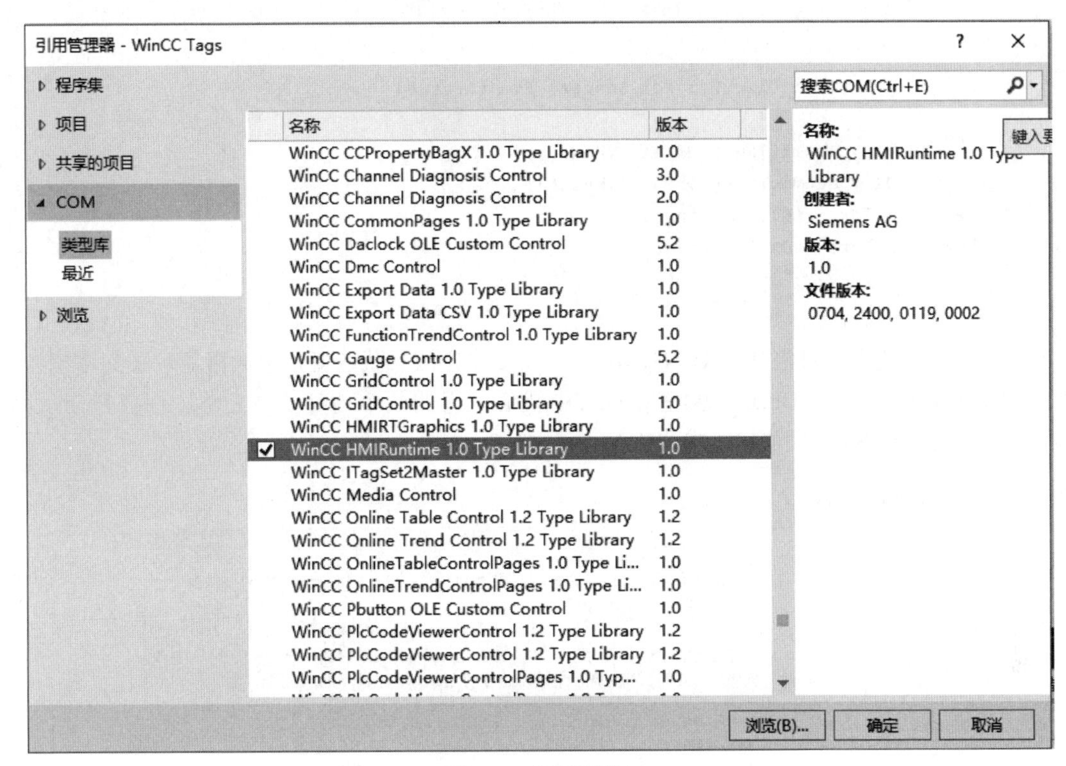

图9-3　添加类型库

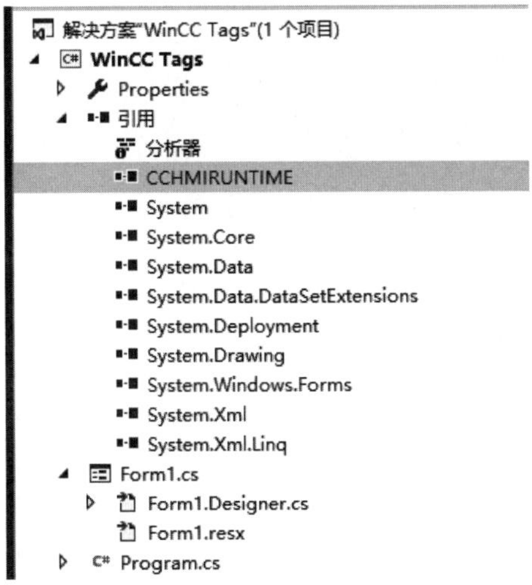

图9-4　引用CCHMIRUNTIME

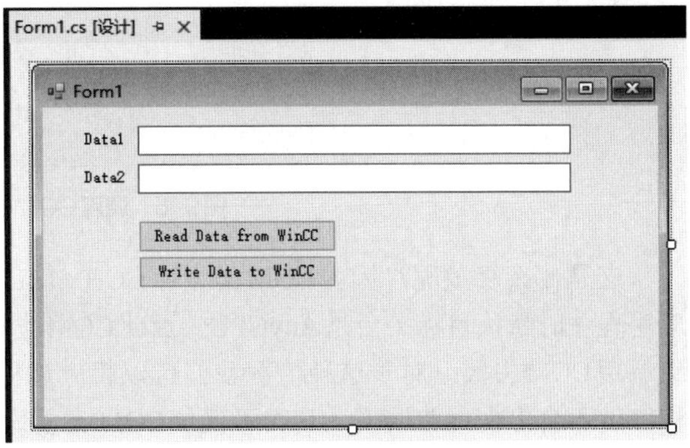

图9-5　C#程序窗体设计

代码9-1的作用是声明一个CCHMIRUNTIEM对象并实例化，关于对象和实例化的意思我们后面会介绍，这里照着使用即可。

双击按钮“Read Data from WinCC”，在该按钮的点击事件里输入代码9-2。

代码9-2 读取WinCC变量值

```
private void button1_Click(object sender, EventArgs e)
 {
    object D1 = cchmi.Tags["Data1"].Read();
    object D2 = cchmi.Tags["Data2"].Read();
    textBox1.Text = D1.ToString();
    textBox2.Text = D2.ToString();
}
```

代码9-2首先调用对象HMIRUNTIME中的读变量方法，获取变量值后再显示在文本框中。代码中的“Data1”和“Data2”就是WinCC中我们定义的两个内部变量名称。保存并启动程序，我们会发现VS出现了图9-6中的错误，程序运行失败。

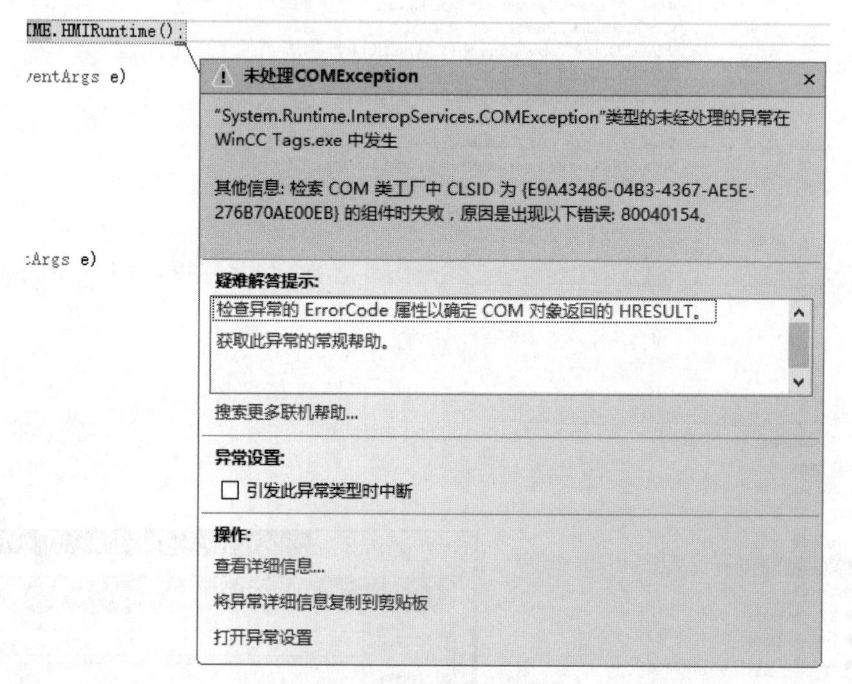

图9-6 调用COM接口失败

这是什么缘故呢？因为COM类型库CCHMIRUNTIME是32位组件，而我们使用VS开发应用程序时默认目标平台是AnyCPU，而此COM类型库又不支持在64位CLR上运行，所以导致调用COM失败。对于这种情况我们可以将应用程序的目标平台修改为x86，这样再次启动程序就不会出现此错误了。其实不仅仅COM类型库CCHMIRUNTIME存在此情况，对于早期的很多COM组件都是如此，比如常用的OPC组件OPCAuto.dll也是如此，解决方法都是将目标平台改为x86。

运行之前的WinCC项目，启动我们的C#应用程序。当我们在WinCC画面上的I/O域中输入值后，点击C#应用程序窗体上的按钮“Read Data from WinCC”就可以看到文本框中显示的值和WinCC中的完全一致，如图9-7所示。

在VS中双击按钮“Write Data to WinCC”，在该按钮的点击事件里输入代码9-3。

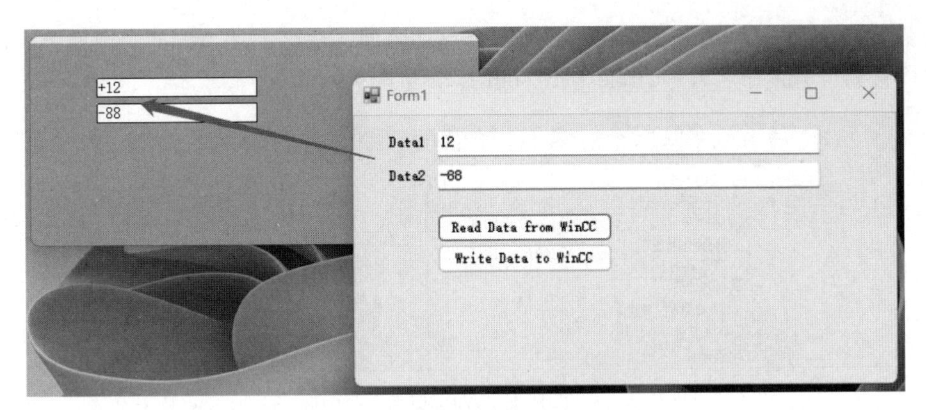

图9-7　从WinCC中读数据

代码9-3　写入WinCC变量值

```
private void button2_Click(object sender, EventArgs e)
 {
    cchmi.Tags["Data1"].Write(Convert.ToInt16(textBox1.Text));
    cchmi.Tags["Data2"].Write(Convert.ToInt16(textBox2.Text));
}
```

代码9-3调用对象CCHMIRUNTIME中的写变量值方法，将文本框中的数值转换后写入WinCC。无论我们在文本框中输入什么数值或者字符，它的类型都是string。所以为了保证数据的准确性和一致性，我们需要将文件框中的字符串转换为和WinCC中的变量类型一致。程序运行结果如图9-8。

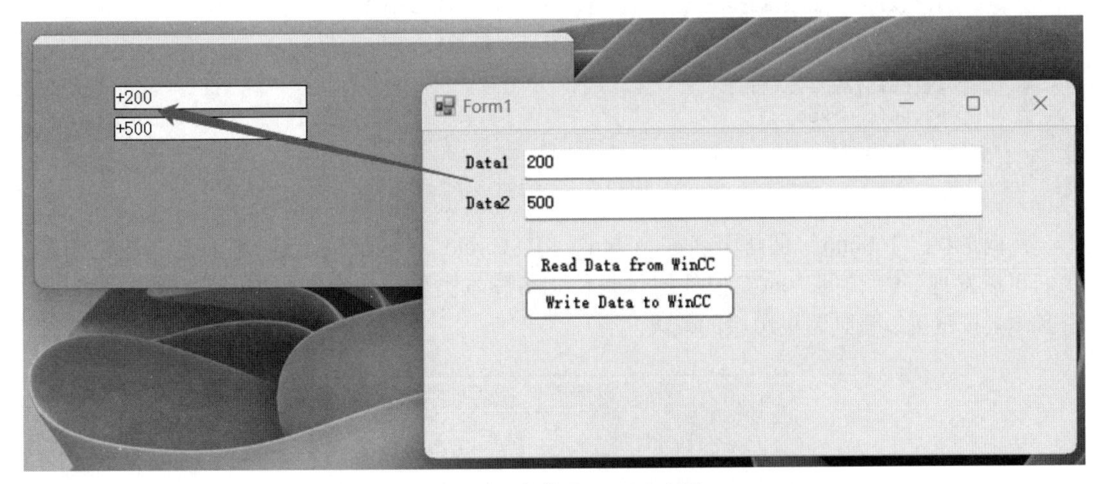

图9-8　写新值至WinCC变量

9.1.3　访问WinCC控件

使用C#同样可以访问WinCC画面中控件，这种访问实际上意义并不是很大，但为了内容的完整性，这里还是稍作介绍，使大家有个初步了解。

首先我们创建一个WinCC项目，添加一个启动画面，命名为“_Main”。画面上添加一个圆和一个按钮，分别命名为“Circle”和“btn”，参见图9-9。

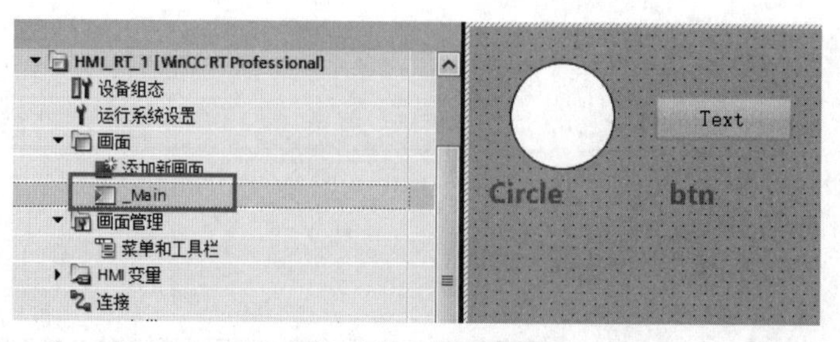

图9-9　WinCC画面

新建一个VS项目，使用前面介绍的方法创建引用CCHMIRUNTIME。在窗体内添加一个按钮，双击按钮，在点击事件里写入代码9-4。

代码9-4　操作控件1

```
public partial class Form1 : Form
 {
    public Form1()
    {
        InitializeComponent();
    }

    CCHMIRUNTIME.HMIRuntime cchmi = new CCHMIRUNTIME.HMIRuntime();

    private void button1_Click(object sender, EventArgs e)
    {
        var a1 = cchmi.Screens["_Main"].ScreenItems["btn"];
        var a2 = cchmi.Screens["_Main"].ScreenItems["Circle"];

        a1.Enabled = false;
        a2.Left = 200;
    }
}
```

代码9-4中“_Main”是画面名称，“btn”和“Circle”分别是WinCC画面上的按钮和圆。我们可以发现，C#访问WinCC控件的代码和VBS脚本类似。运行WinCC，启动C#程序，点击窗体上按钮可以看到图9-10中的效果。

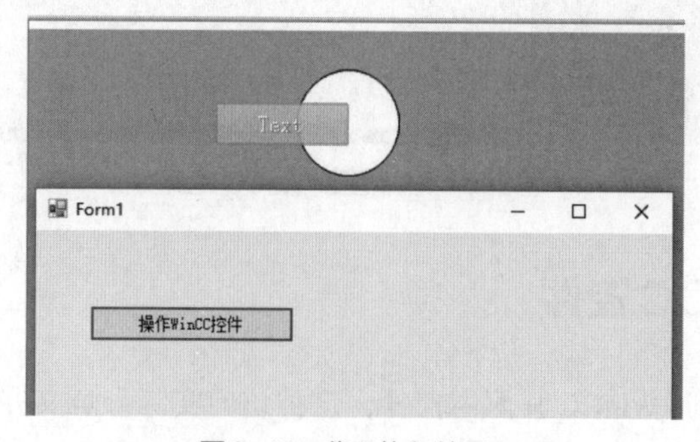

图9-10　代码执行结果1

如果此时你已经在VS中测试过代码9-4，那么一定会发现，上面的变量a1和a2所能访问的属性非常有限，比如我们无法通过它们修改控件的背景颜色。如果想要获得更进一步的控件需要将它们声明为类型dynamic。

前面我们已经介绍过，类型dynamic在编译期间不会被检查，所以只要我们确保控件拥有该属性就可以通过dynamic来访问。在窗体上添加一个按钮，设置其属性“Text”为“操作WinCC控件2”，在其点击事件中输入代码9-5。

代码9-5 操作控件2

```
public partial class Form1 : Form
 {
    public Form1()
    {
        InitializeComponent();
    }

    CCHMIRUNTIME.HMIRuntime cchmi = new CCHMIRUNTIME.HMIRuntime();

    private void button2_Click(object sender, EventArgs e)
    {
      dynamic a1 = cchmi.Screens["_Main"].ScreenItems["btn"];
      dynamic a2 = cchmi.Screens["_Main"].ScreenItems["Circle"];

       a1.BackColor = Color.Green;
       a2.BackColor = Color.Green;
    }
}
```

代码9-5和代码9-4类似，区别只是我们把a1和a2声明为dynamic，这样我们访问控件的背景色编译器就不会报错而导致无法实现了(感兴趣的读者可以试试声明为var时是否能访问控件的背景色属性BackColor)。

保存并运行程序，当我们点击按钮“操作WinCC控件2”时，就能看到控件背景色成功地被修改为绿色了，如图9-11所示。

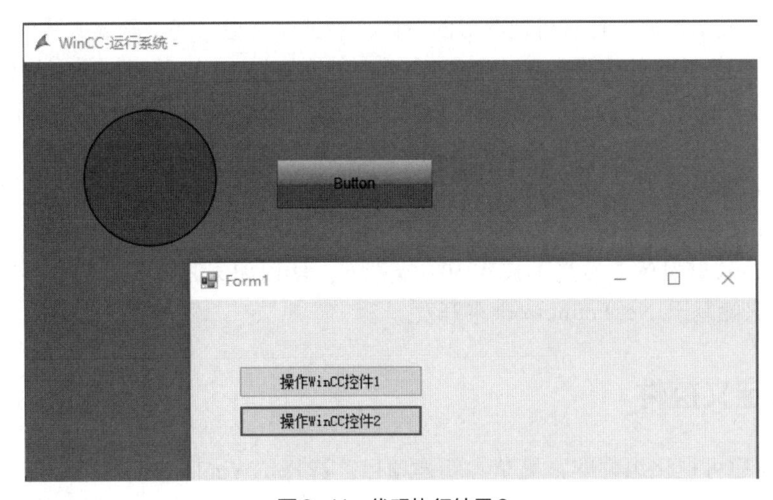

图9-11 代码执行结果2

如果你的项目在启动运行前编译报错，错误信息是CS0656 缺少编译器要求的成员“Microsoft.CSharp.RuntimeBinder.CSharpArgumentInfo.Create”。不用慌张，这是因为我们在代码中使用了动态类型Dynamic导致的，我们只需要在项目中引用类库“MicroSoft.CSharp”即可（图9-12）。

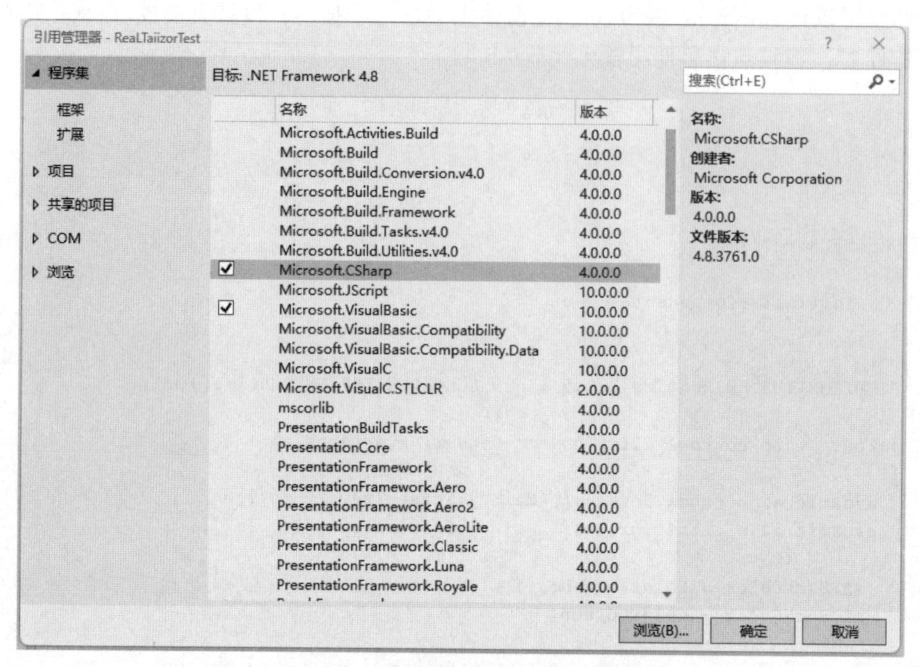

图9-12 引用类库MicroSoft.CSharp

9.2 使用C#开发WinCC控件

VS中支持使用C#/VB.Net等语言创建Windows窗体控件库和类库(因为WinCC目前对WPF控件的支持不太友好，所以WPF相关部分不在讨论范围之内)。Windows窗体控件库支持开发类似按钮、文本框那种具有可视图形的控件，而类库是指只提供函数方法而不具备交互界面的动态链接库文件。由于经典WinCC(V7.0以上版本)及TIA WinCC对.Net控件具有良好的支持，因此我们开发的.Net控件大多也可以直接在它们的画面中使用。当然WinCC也并不是VS，它对.Net控件的支持也有其局限性，有些特性及功能是不被支持的。如果我们开发的控件是需要在经典WinCC(V7.0以上版本)及TIA WinCC中运行的，那么本章会涉及一些需要特别注意的事项。

目前.Net Core开发的控件是不被WinCC支持的。所以如果我们开发的控件需要在WinCC里面运行，就只能基于.Net Framework来开发。

9.2.1 自定义控件

在VS中创建可视化组件非常简单。新建项目，选择“Windows窗体控件库”并输入控件名称即可，参见图9-13。

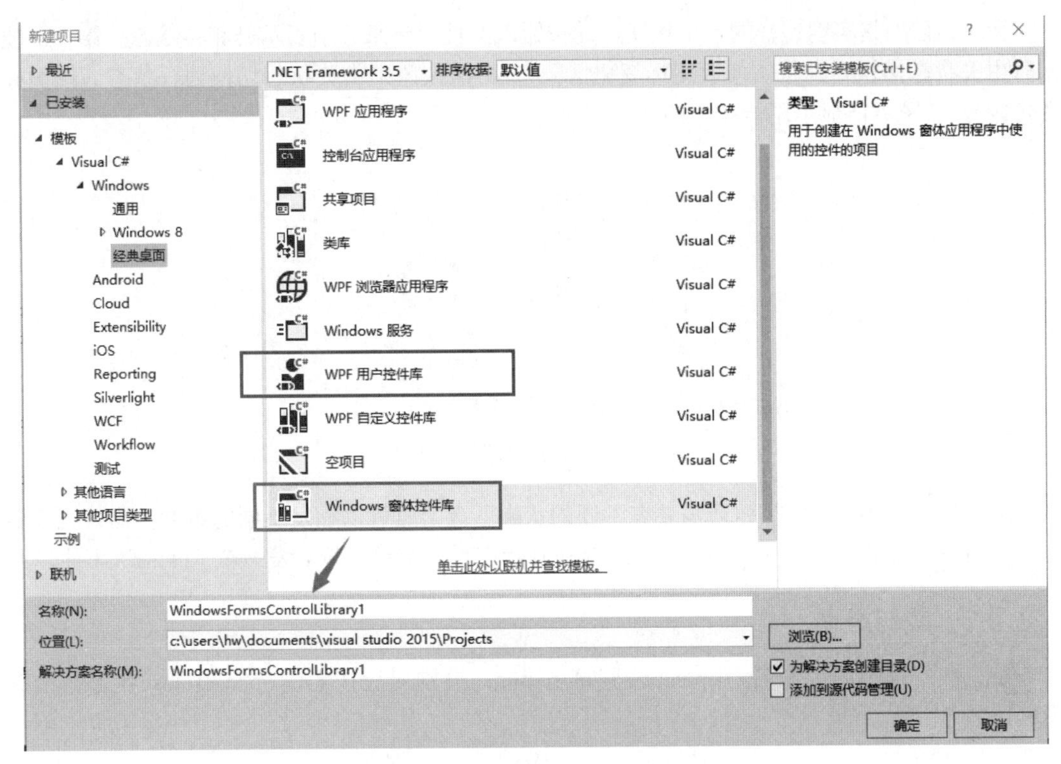

图9-13 创建Windows窗体控件

如图9-14所示，新创建的控件具有一个无边框的窗体，我们可以在上面添加.Net控件并编写相应的业务代码以实现我们的需求。

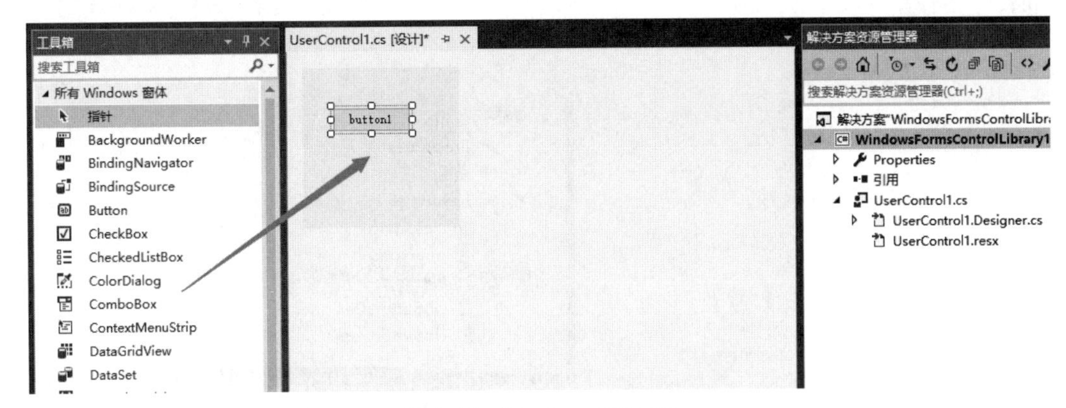

图9-14 Windows窗体控件

9.2.2 自定义按钮控件

按钮控件是工业自动化人机界面中最常用的控件之一。但是.Net Framework或者WinCC自带的按钮控件着实太过于普通，所以这里我们将基于.Net Framework提供的按钮进行扩展，自行封装一个带图形变换的按钮控件，并且此控件也可以在WinCC中使用。此控件其实通过WinCC自带的面板技术也可以实现，但这里我们为了循序渐进地演示，还是选择用C#来实现。

我们的目的是实现这样的一个按钮，此按钮以两种图标来分别表示开和关状态。第一次按压时由关状态切换到开状态（以图标变化区分），再次按压则由关状态切换到开状态（以图标变化区分）。图9-15显示了该按钮的状态切换。

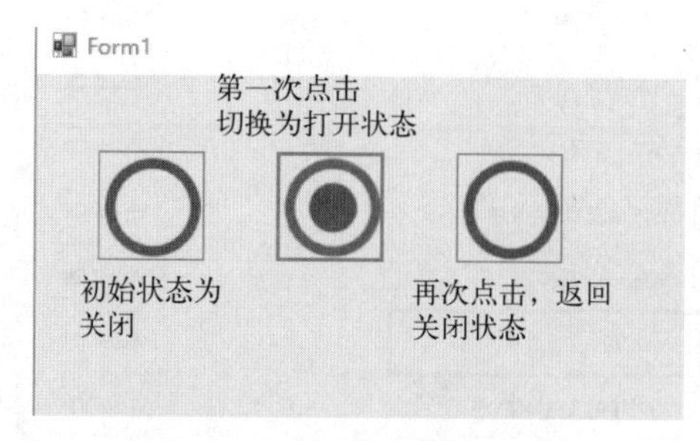

图9-15　按钮状态切换示意图

除了状态切换外，该按钮还需要在不同的状态下点击时可以触发不同的事件。比如在关状态时点击按钮将触发一个“open”事件，而在开状态点击按钮时将触发一个“close”事件。

9.2.2.1　素材准备

首先准备两幅图片命名为open.png和close.png，分别对应按钮的open和close状态，参见图9-16所示。

9.2.2.2　创建控件可视界面

按照前面的方法创建一个“Windows窗体控件库”，命名为myControl。将其中默认的控件名称UserControl1重命名为LibButton（在UserControl1上右击，快捷菜单中选择“重命名”），参见图9-17所示。

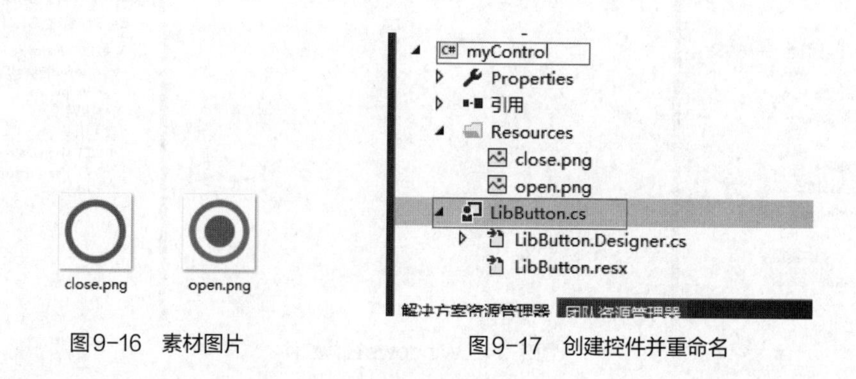

图9-16　素材图片

图9-17　创建控件并重命名

拖一个按钮到窗体上并调整好大小，设置其属性“Text”为空，并设置该按钮的背景画面为close.png，参见图9-18。

注意图9-18中浅色方框里面的图片名称，它的前缀myControl就是控件库的项目名称。刚才我们设置的背景图片是close，因为我们需要做状态切换，所以还要添加一个表示open的图片。VS项目中图片都存放在名为Resources的文件夹下，我们可以在上面右击，在快捷菜单中选择“添加”→“现有项”，在弹出窗口中选择之前准备好的图片素材open.png，如图9-19所示。

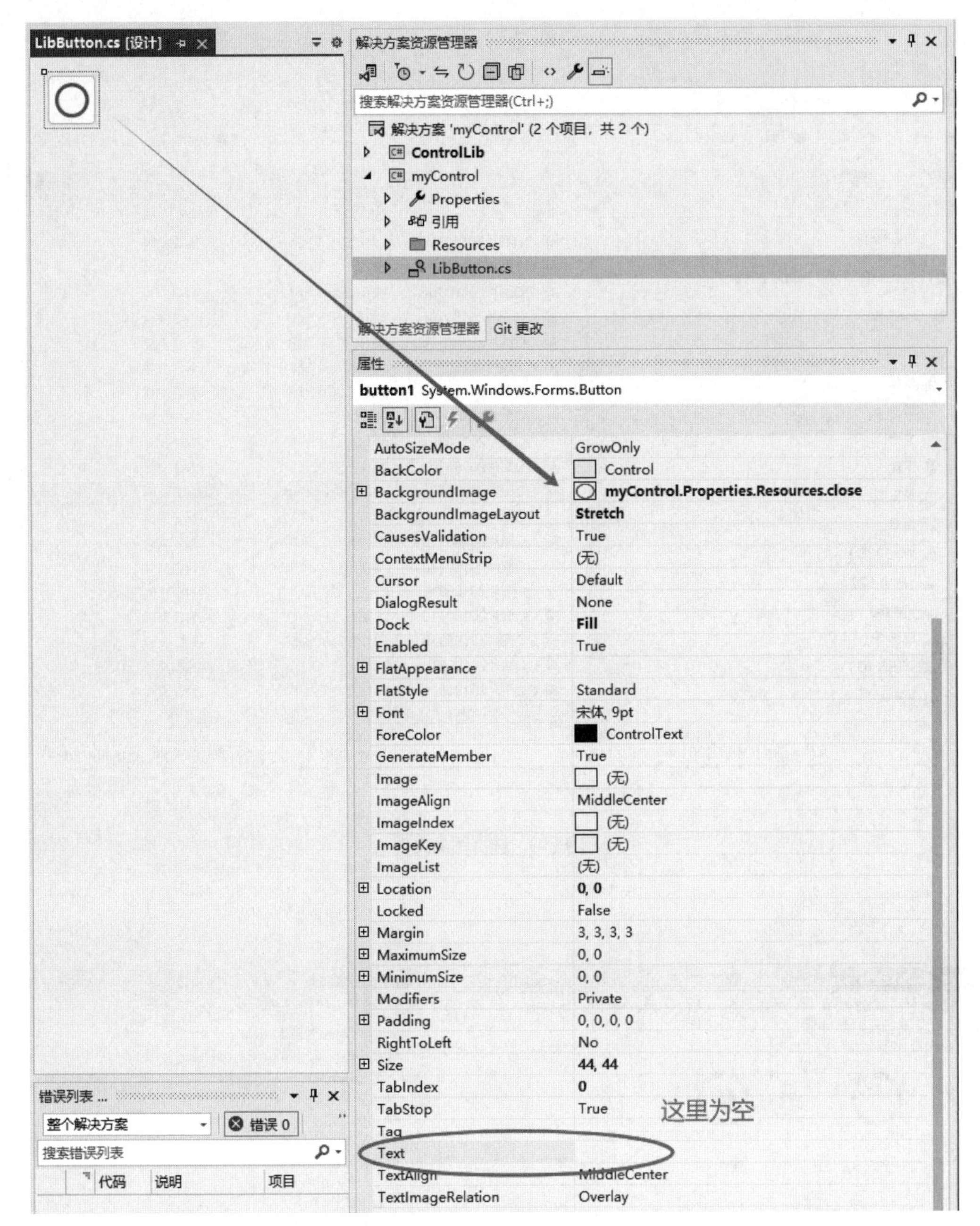

图9-18　设置按钮属性

然后再打开“Properties”→“Resources.resx”文件，将“open.png”拖进去（图9-20）。

9.2.2.3　添加事件

因为窗体控件会自带一个窗体，如果我们不在控件被拖动时对按钮尺寸进行调整那么会导致图9-21所示的状况。也就是尽管控件被调整了大小，但是按钮始终只有那么大。

对于这种情况我们在控件的“Paint”事件中对按钮尺寸进行调整即可。Paint事件会在控件拖放到窗体上以及被调整大小时触发，双击该事件即可自动创建该事件代码，参见图9-22所示。

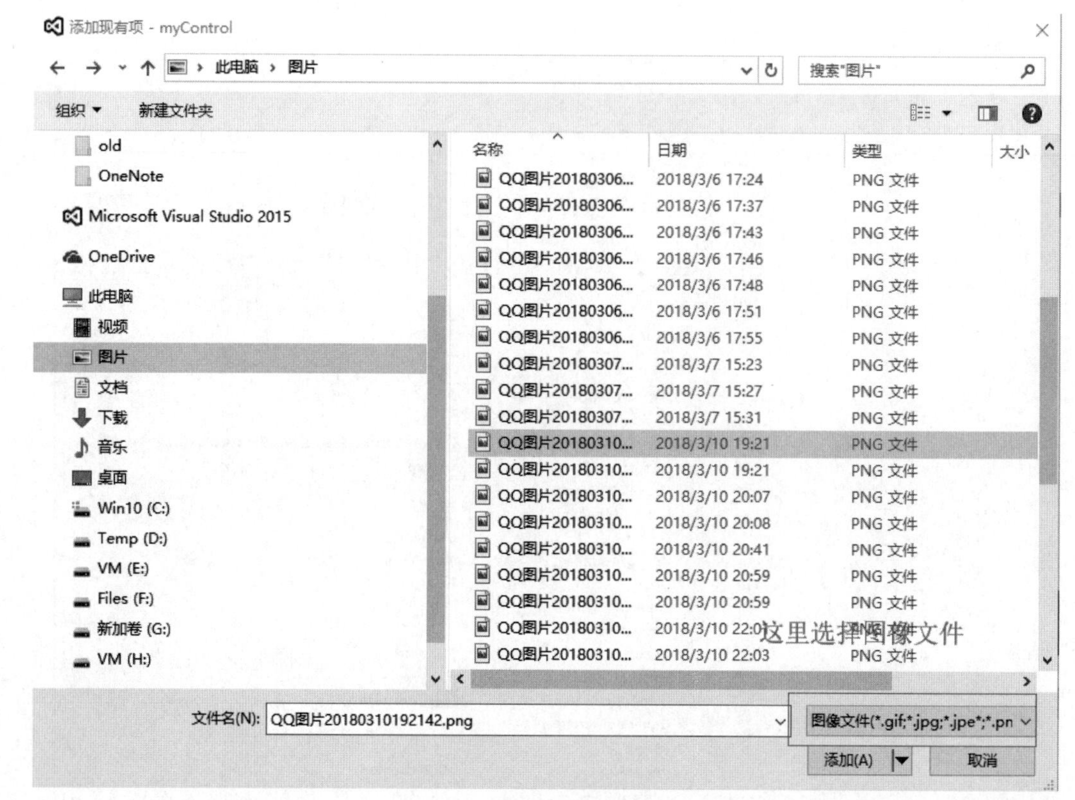

图9-19　选择图像文件

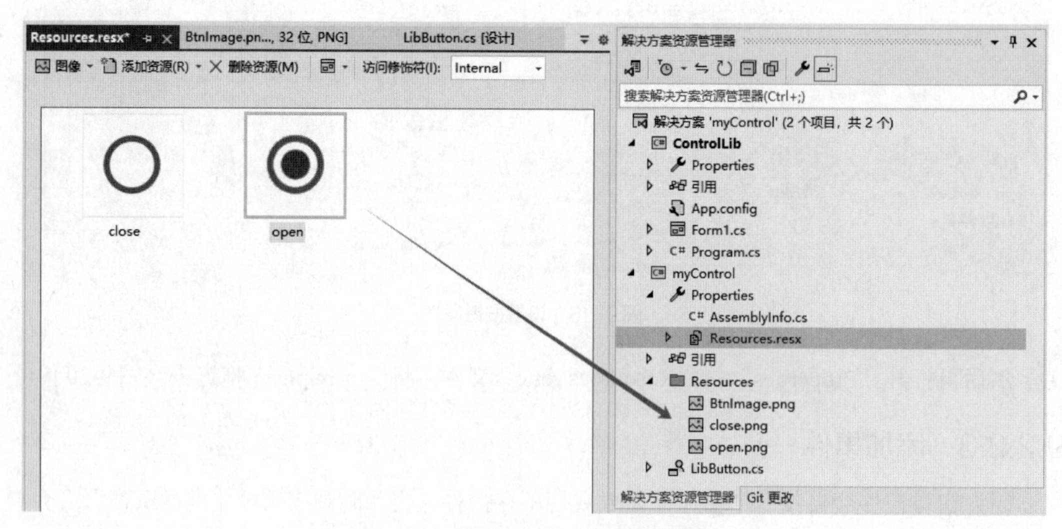

图9-20　将图像文件添加到项目资源中

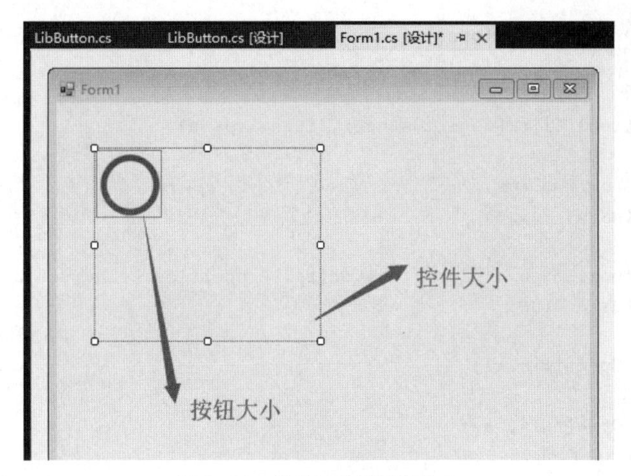

图9-21　控件被拖放到窗体上

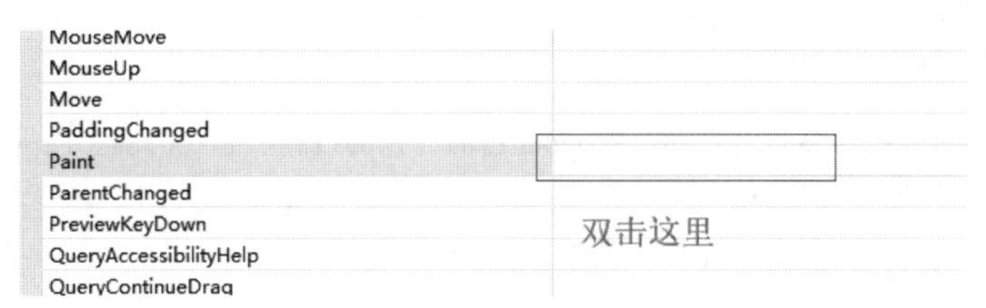

图9-22　Paint事件

由于该控件窗体中只包含一个按钮，所以我们只需要在控件被拖放到画面上或者被调整大小时设置按钮大小和控件窗体大小一致即可。在Paint事件中写入代码9-6。

代码9-6　Paint事件

```
private void LibButton_Paint(object sender, PaintEventArgs e)
 {
     button1.Size = this.Size;
}
```

在代码9-6中，我们设置了按钮的大小和控件窗体大小一样，关键字this即指的此控件。添加此事件后，无论如何拖拉控件，按钮尺寸会随着控件窗体大小变化，始终保持同步。当然也可以将按钮的属性“Dock”设置为“Fill”，因为此控件只用到了一个按钮。

设置好外观尺寸后我们还要为控件添加点击事件。该按钮控件的默认状态是关，显示的图片是close.png，当我们点击时需要它触发一个open事件并且切换显示图片为open。相关代码如代码9-7。

代码9-7　控件事件

```
//定义该变量的目的是保存按钮状态
private static Boolean Status = false;
//定义两个事件，分别对应open事件和close事件
public event EventHandler Open;
```

```
    public event EventHandler Close;

    //点击按钮触发的事件
    private void button1_Click(object sender, EventArgs e)
     {
            //如果按钮状态为close，设置其图片为open，并且触发open事件
            if (Status == false)
            {
                button1.Image = global::myControl.Properties.Resources.open;
                Status = true;

                if (Open != null)
                {
                    Open(this, e);
                }
                return;
            }

            //如果按钮状态为open，设置其图片为close，并且触发close事件
            if (Status == true)
            {
                button1.Image = global::myControl.Properties.Resources.close;
                Status = false;

                if (Close != null)
                {
                    Close(this, e);
                }
                return;
            }
        }
```

在代码9-7中，首先定义一个静态变量用于保存按钮状态。当点击按钮时根据保存的按钮状态切换相应的显示图片并触发相应的事件。至此这个简单的按钮控件就制作完毕了，下面我们来对这个按钮控件进行测试。

9.2.2.4 测试控件

在解决方案名称上右击选择“添加”→“新建项目”，参见图9-23。

在弹出的对话框中选择“Windows窗体应用程序”，修改名称后点击“确定”即可，参见图9-24所示。

作为测试的窗体应用程序插入后，在其名称上右击，选择“设为启动项目”，如图9-25所示。这样做的目的是让我们点击“启动”按钮时，运行的是测试程序而不是类库。

如图9-26，在解决方案名称上右击，选择“生成解决方案”，我们会看到左边的工具箱多了一栏“myControl”，里面包含了一个名为“LibButton”的控件。其中“myControl”是我们创建的窗体控件库名称，“LibButton”是我们命名的按钮控件名称。

将控件拖到我们测试项目的窗体上，我们可以看到在前面定义的open和close事件。这两个事件分别对应于点击close状态时的按钮和open状态时的按钮。分别在两个事件中写入代码9-8。

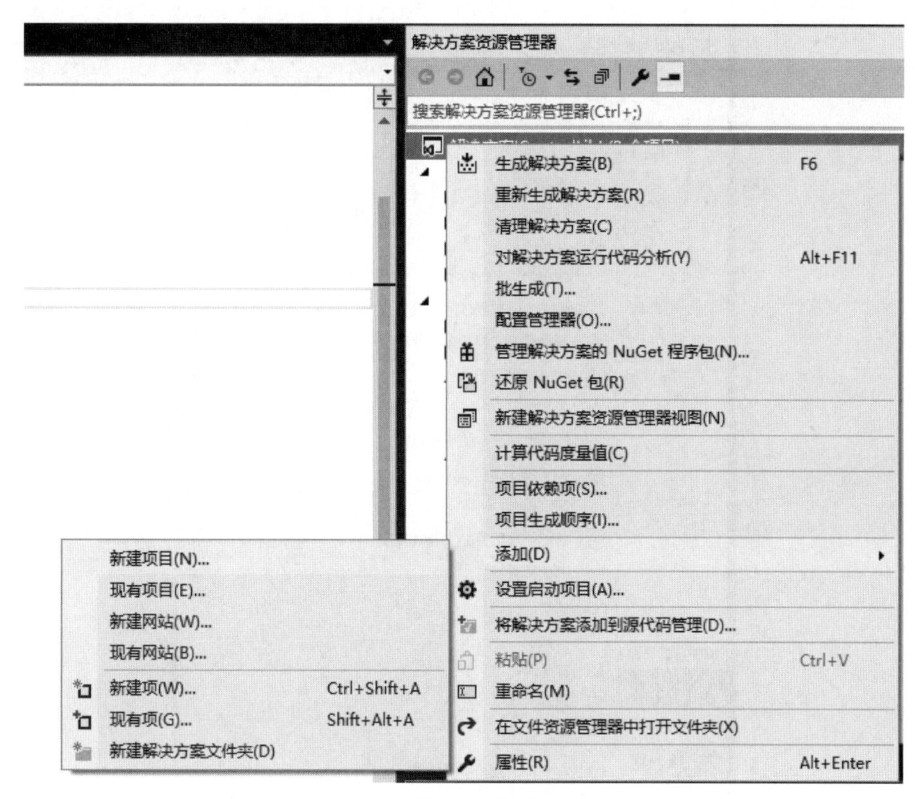

图9-23　插入测试项目

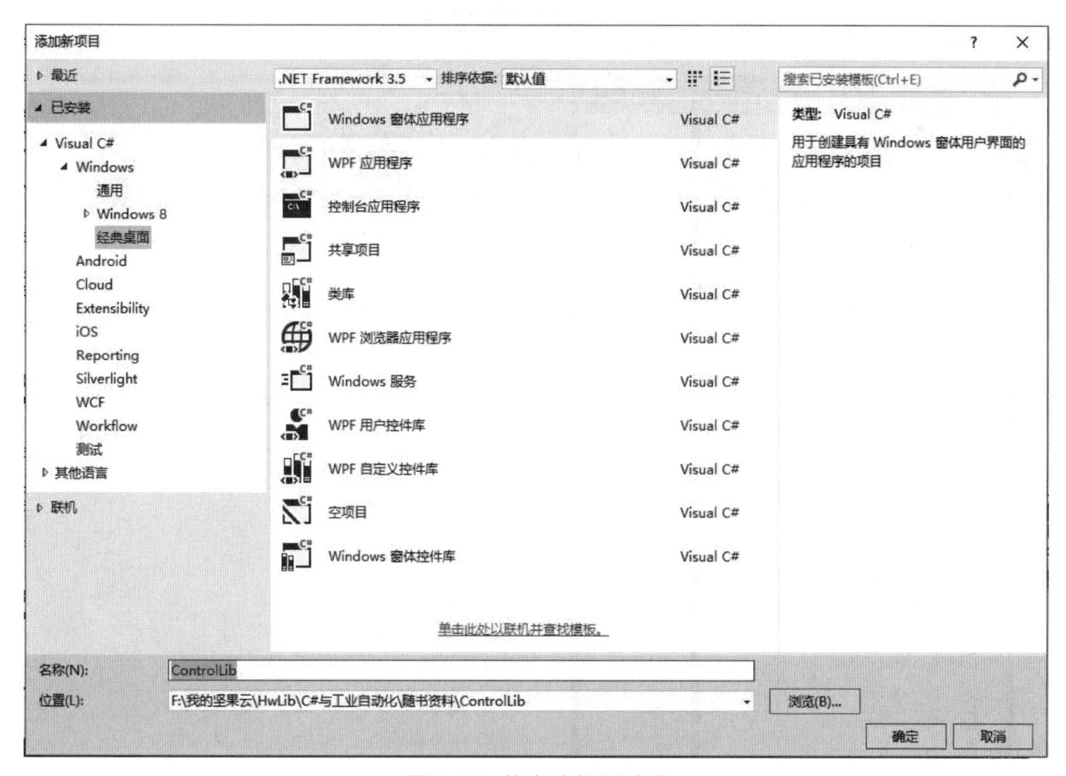

图9-24　修改测试项目名称

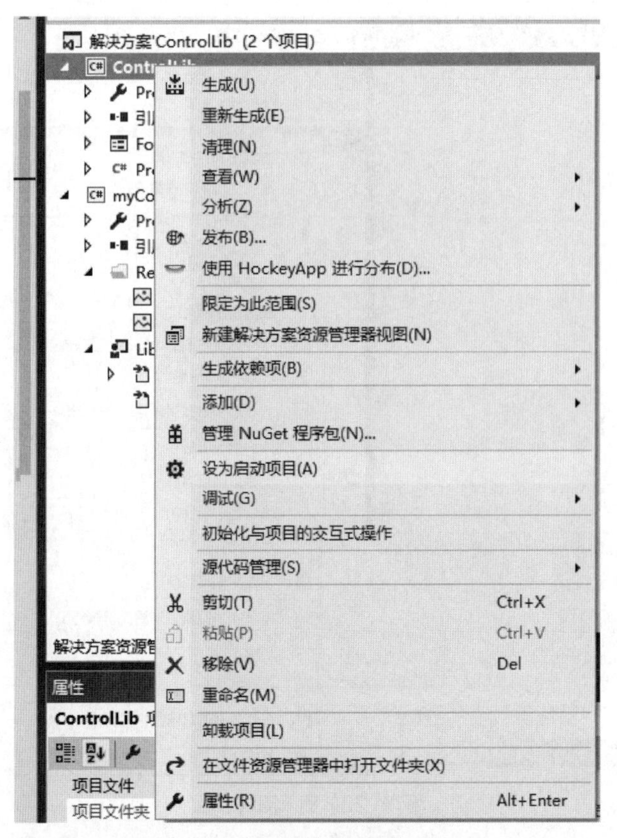

图9-25 设置窗体程序为启动项目

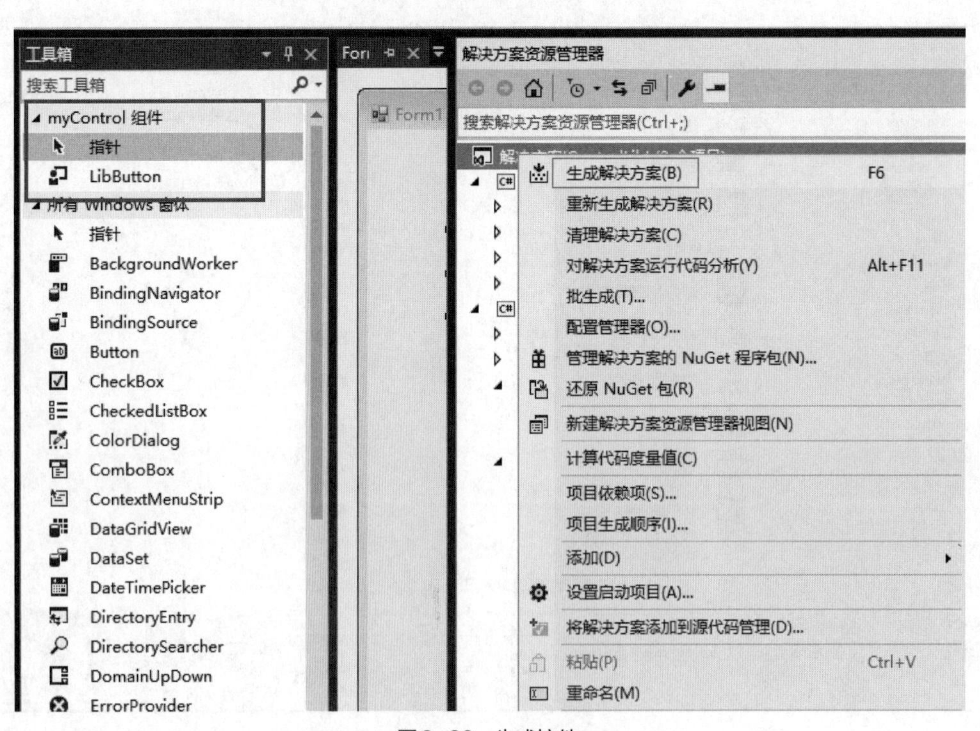

图9-26 生成控件

代码9-8　open和close事件

```
private void userControl11_Open(object sender, EventArgs e)
{
    MessageBox.Show("open the windows!");

}

private void userControl11_Close(object sender, EventArgs e)
{
    MessageBox.Show("close the windows!");
}
```

点击“启动”按钮运行程序，我们就可以看到执行效果。

9.2.2.5　控件图标

自定义控件默认的图标不太好看。我们也可以为控件指定自定义图标。虽然自定义控件的图标对WinCC没有效果，但是这些控件在.Net项目中也是可以使用的。先准备一个大小为16×16的按钮图标，命名为“BtnImage.png”。然后在控件上点击“添加”→“现有项”，将图片添加到项目中，如图9-27。

选中项目里的图片文件，将“生成操作”改为“嵌入的资源”，如图9-28。

最后添加图9-29的代码。

图9-29中①是控件名称，②是图片名称。最后编译生成即可。这样我们在其他项目中引用该控件时就可以看到图9-30的自定义图标了。

9.2.2.6　发布控件

项目文件夹分为控件文件夹和测试项目文件夹，在控件文件夹的“bin”文件夹里包含了“Debug”和“Release”两个文件夹，分别对应不同的程序版本。发布控件时，我们只需要将“Release”文件夹里的LibButton.dll拷贝出去即可（图9-31）。

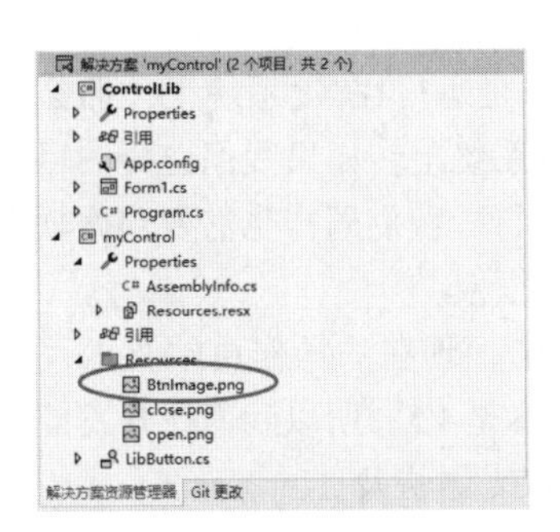

图9-27　添加图片

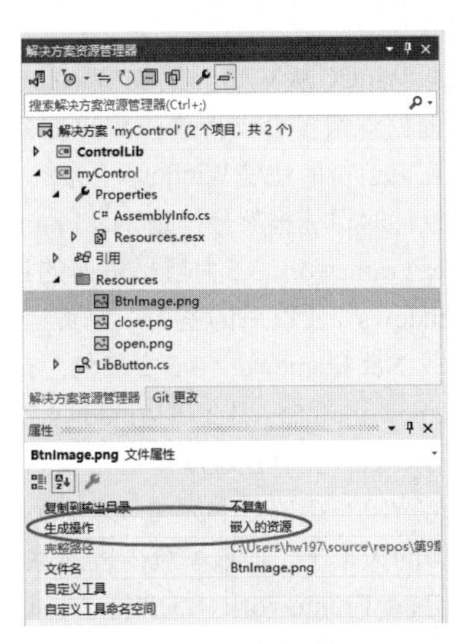

图9-28　修改属性

```
namespace myControl
{
    [ToolboxBitmap(typeof(LibButton),"BtnImage.png")]
    public partial class LibButton: UserControl
    {
        public LibButton()
        {
            InitializeComponent();
        }

        private static Boolean Status = false;
        //定义两个事件，分别对应open事件和close事件
        public event EventHandler Open;
        public event EventHandler Close;
```

图9-29 添加代码

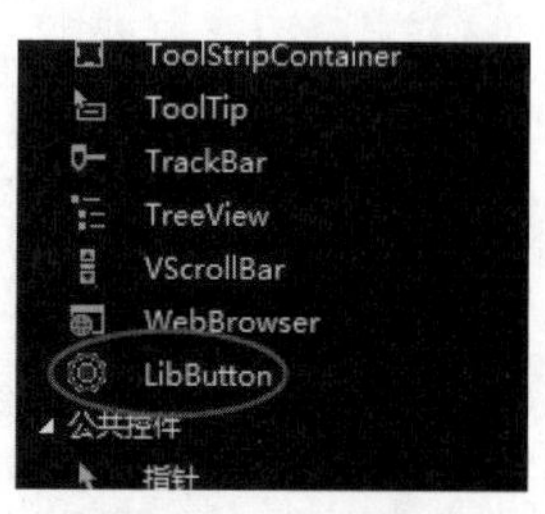

图9-30 效果展示

b › C#与工业自动化 › 随书资料 › ControlLib › LibButton › bin › Release

名称	修改日期	类型	大小
LibButton.dll	2018/4/1 15:59	应用程序扩展	12 KB
LibButton.pdb	2018/4/1 15:59	Program Debug...	18 KB

图9-31 发布控件

9.2.3 开发WinCC支持的控件

由于经典WinCC和TIA WinCC Professional均支持.Net控件，那么理论上是不是C#开发的控件应该都可以在WinCC上使用？实则不然。就实践经验来看会存在不少问题，我们在开发中需要注意规避它们，否则当我们在WinCC中引用这些控件时就会出现奇奇怪怪的问题，比如导入控件失败、组态时正常而运行时不正常等现象。

9.2.3.1 关于目标框架

经典版WinCC从V7.0开始支持.Net控件，TIA WinCC一开始就支持.Net控件，也就是说我们开发的控件最多会支持这些WinCC版本，再往下到V6.2就无法支持了。鉴于现在大多数嵌入式工控机运行的还是Windows 7系统，而该系统内置的.Net Framework版本是3.5。所以我们在开发控件时目标框架最好是.Net Framework 3.5，参见图9-32。

以.Net Framework 3.5为目标框架的最大好处是我们开发的控件可以不用任何其他配置就可以在Windows 7及以后的系统中完美运行。如果WinCC是运行在XP系统上，那么需要到微软官网下载.Net Framework 3.5安装包，并将其安装在XP系统上。如果我们选择的目标框架高于.Net Framework 3.5，那么在Windows 7上将可能无法运行，我们同样也需要到微软官网上下载安装包并安装，安装包版本对应于我们开发控件的目标框架。

随着Win10系统的成熟完善以及八代CPU不支持Win7，现在的操作员站及工程师站基本都是Win10的天下了。而该系统内置的.Net Framework版本是4.5。所以我们在开发控件时目标框架选择.Net Framework 4.5就行了，这样还可以使用C#语法及.Net Frameword的一些新功能。

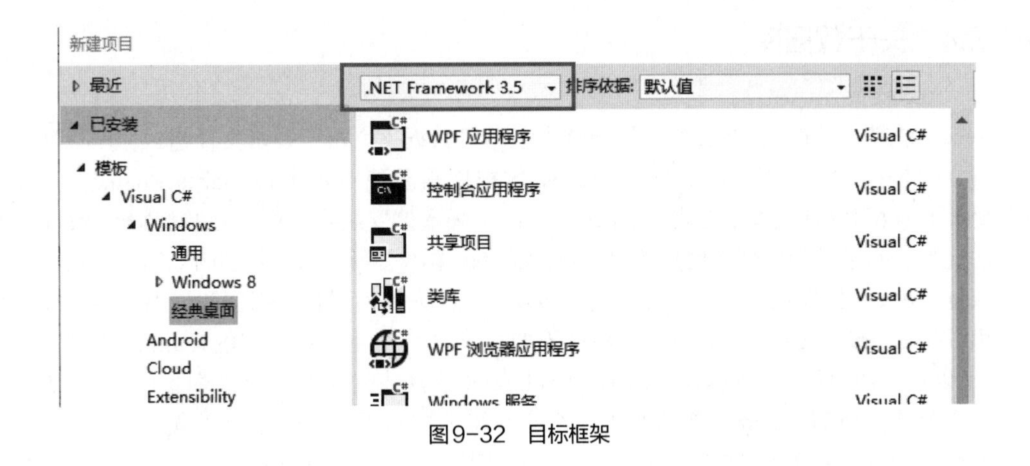

图9-32　目标框架

9.2.3.2　关于目标平台

前面说过我们编译应用程序可以选择三个目标平台，分别是x86、x64和Any CPU。我们在开发用于WinCC中的控件时最好选择Any CPU平台。如果我们用到第三方组件时，可能会有无法编译至Any CPU平台的情况，或者说即使编译成功也无法正常运行，那对于这种情况我们可以选择编译为x86平台。x64平台不再考虑，目前无论是最新版的WinCC V7.4 SP1还是TIA WinCC V15.0都无法支持纯64位的.Net控件(在组态模式下可以支持x64控件，运行模式下目前还不支持)。综上所述，优先选择Any CPU平台，次之为x86平台，x64平台无须考虑。

9.2.3.3　关于文件路径

在C#中操作诸如ini、txt、excel文件时，我们一般为了方便会将文件和应用程序（或者类库）放在同一目录下，然后用方法System.Environment.CurrentDirectory获取当前路径，再和文件名组合实现相对寻址的方式操作文件。如果我们开发的控件用于WinCC的话，那么也要注意了，这种方法对于经典WinCC是可行的，但对于TIA WinCC会出现无法获取当前路径的问题。所以建议将文件统一放到一个固定路径，比如D盘根目录等。但是这样会在控件部署时不太方便，所以最好的方法肯定是将配置文件和控件放在一起，通过相对路径访问。可以通过代码9-9方法实现。

代码9-9　获取dll路径

```
private string AssemblyDirectory()
 {
   string codeBase = Assembly.GetExecutingAssembly().CodeBase;
   UriBuilder uri = new UriBuilder(codeBase);
   string path = Uri.UnescapeDataString(uri.Path);
   return System.IO.Path.GetDirectoryName(path);
 }
```

该方法使用反射来获取dll路径，直接复制到项目中然后调用即可。

9.2.3.4 关于数据库

（1）Access

Access是属于微软Office套件中的一款小型单机数据库。由于是单文件格式，所以使用简单方便，目前应用非常广泛。C#连接Access数据库需要使用AccessDatabaseEngine，该数据库引擎分为x86和x64版本，包含在office2007以上版本的安装程序中，在我们安装office时会被自动安装。如果我们机器上使用的是x86版本的数据库引擎，那么我们的应用程序目标平台也应该是x86。而如果我们机器上使用的是x64版本的数据库引擎，那么我们的应用程序目标平台可以是x64或者AnyCPU。但是问题在于TIA WinCC和经典WinCC的Runtime依然是基于x86，所以对于调用了x64版本AccessDatabaseEngine的控件支持不完善。表现在于经典WinCC无法导入控件，而TIA WinCC则表现为在组态环境下数据正常，而运行环境下数据又不正常了。因为Access的种种兼容情况，我们不建议使用该数据库，简单了解下即可。

（2）SQLite

SQLite无论是易用性还是效率，都比Access强多了。如果我们在开发WinCC控件时需要用到数据库，小型的单机版数据库强烈建议使用SQLite，中大型使用SQL Server或者MySQL均可。

（3）SQL Server

WinCC安装时自带了SQL Server数据库。虽然该数据库是微软为西门子量身定制的产品，但是依然可以为第三方软件使用。

（4）MySQL

MySQL是一款开源免费的数据库，适用于中大型应用。如果我们的数据量比较大，也可以使用该数据库。缺点是需要额外安装，不是很方便。

9.2.4 自定义控件和WinCC交互

自定义控件和WinCC的交互主要有两方面，一是显示WinCC变量的值，二是将数据写到WinCC变量里。为了把这个交互过程说清楚，我们以一个自定义的组合I/O域控件来演示。这个组合式的I/O域控件比WinCC自带的I/O域控件多了一个确认过程。也就是我们输入数值后会弹出一个窗口，必须二次确认后才能写到PLC里。

9.2.4.1 界面设计

界面设计比较简单，用了两个TextBox控件，分别用于显示过程值和设置给定值。参见图9-33所示。

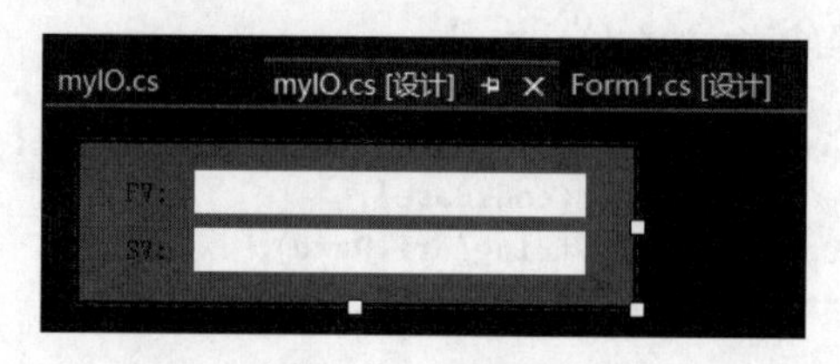

图9-33 界面设计

图9-33中，上面的TextBox控件用于显示过程值，它的属性设置如表9-1。

表9-1　PV属性

序号	属性名称	说明	值
1	Name	控件名称	txtPV
2	ReadOnly	只读	True

下面的TextBox控件用于设置给定值，它的属性设置如表9-2。

表9-2　SV属性

属性名称	说明	值
Name	控件名称	txtSV

9.2.4.2　控件属性

控件只有两个属性，分别用于传递过程值和设定值，代码如代码9-10所示。

代码9-10　控件属性

```
//控件属性
private double _PV = 0.0;
public double PV
{
    get { return _PV; }
    set {
        _PV = value;
    }
}

public string SV { get; set; }
```

从代码9-10中，可以看出我们对PV和SV属性的处理是不同的。PV用于从WinCC中获取当前变量值，而SV用于设置WinCC变量值。如果需要读取WinCC变量值，该变量值是什么类型那么我们的属性也定义同样的类型即可。比如代码9-10中我们定义了double类型。控件在WinCC中被调用时，我们只需要直接连接变量就行，如图9-34所示。

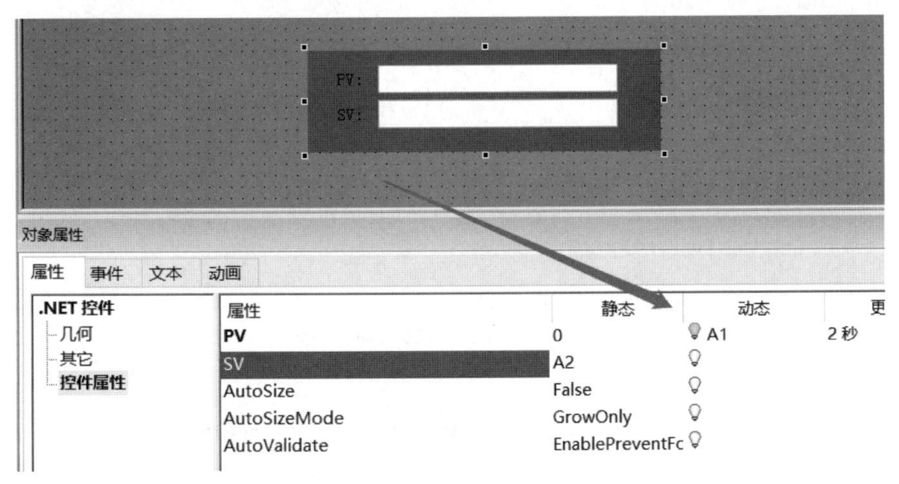

图9-34　为属性连接变量

但是这种方法对于写变量是无效的。为什么呢？把WinCC的变量连接改为VBS代码（图9-35）我们可以发现，这种变量连接是只读的，所以我们从C#控件通过属性改变变量值是行不通的。

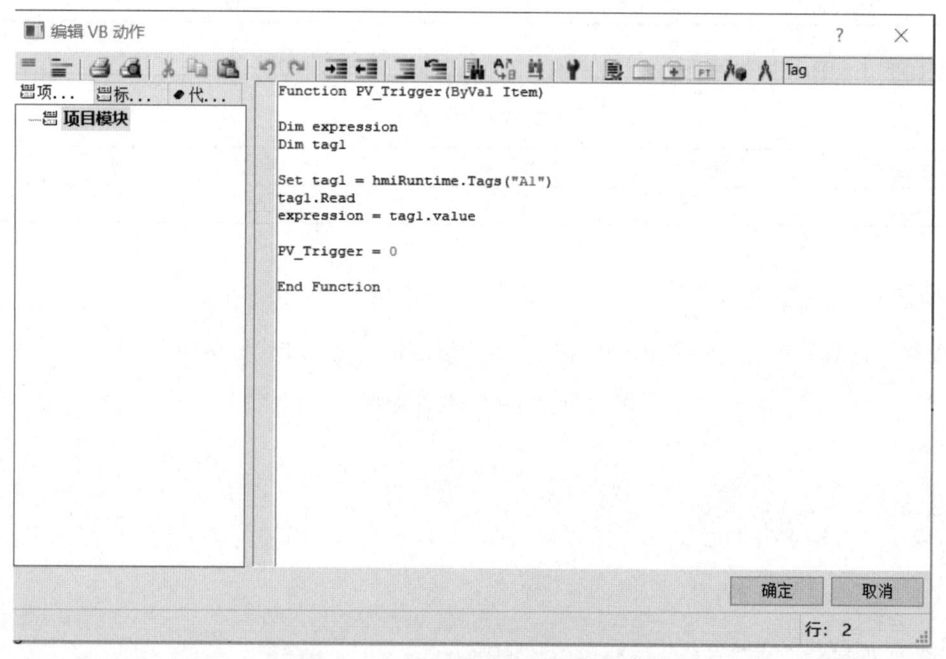

图9-35　WinCC变量连接的VBS脚本

所以在代码9-10中，对于写变量，我们把属性定义为string，这样我们通过属性传递变量名称，然后C#通过变量名执行写操作。因为SV也是要更新变量值的，所以代码9-10又进一步加工成代码9-11。

代码9-11　加工后的控件属性

```
//控件属性
private double _PV = 0.0;
public double PV
{
    get { return _PV; }
    set {
        _PV = value;
        txtPV.Text = value.ToString();
        //只有当控件SV没有被点中时才更新变量值
        if (!txtSV.Focused)
        {
            //设计模式下或者属性值为空时不执行变量读取代码
            if (!DesignMode && !string.IsNullOrEmpty(SV))
            {
                //读变量值
                txtSV.Text = cchmi.Tags[SV].Read().ToString();
            }
        }
```

```
        }
    }

    public string SV { get; set; }

    CCHMIRUNTIME.HMIRuntime cchmi = new CCHMIRUNTIME.HMIRuntime();
```

到这里变量值更新功能已实现。

9.2.4.3　控件事件

接下来我们再来看变量值设置功能。在控件SV的KeyDown事件中输入代码9-12。

代码9-12　设置WinCC变量值

```
private void txtSV_KeyDown(object sender, KeyEventArgs e)
{
    try
    {
        //判断是否按下了回车键
        if (e.KeyCode == Keys.Enter)
        {
            DialogResult dr = MessageBox.Show(
                $"你确定需要将设定值更新为{txtSV.Text}吗？",
                "警告",
                MessageBoxButtons.YesNo,
                MessageBoxIcon.Warning);

            //是否确认
            if (dr == DialogResult.Yes)
            {
                //写变量值
                cchmi.Tags[SV].Write(Convert.ToDouble(txtSV.Text));
            }
        }
    }
    catch (Exception ex)
    {
        MessageBox.Show(ex.Message);
    }
}
```

在代码9-12中，我们使用了$字符。该字符的功能是实现了字符串内插。它可以将大括号{}里面的表达式结果作为字符串替换进去。

控件插入WinCC后，当我们改变控件SV的值并按下回车键时，弹出图9-36所示的确认对话框，警告是否修改此值。

确认后，代码cchmi.Tags[SV].Write被执行，新的值被写入变量SV中。通过该示例，我们大致总结如下：如果我们的C#控件中只需要读取变量，那么控件属性的数据类型和WinCC的变量类型保持一致，在连接变量时直接绑定即可；如果该变量需要写，那么可以将C#控件的

属性设置为string，在WinCC中调用该控件时，将变量名称作为静态值绑定到属性。需要注意的是，C#是区分大小写的。

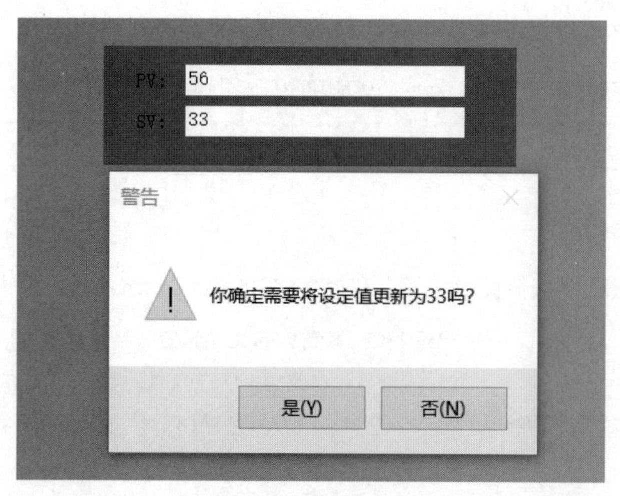

图9-36　修改SV值

第10章 多线程

对于上位机应用程序，不可避免要涉及并行处理。设备数据读写、数据库操作、MES通信这些工作都需要单独的任务来处理，否则肯定会影响用户的使用体验。比如画面数据刷新特别慢、点击一次按钮可能很长时间后设备那边才有反应等，这些都是上位机软件不可接受的问题。本章将重点介绍如何在我们的应用程序中使用并行处理。

10.1 进程和线程

进程是资源管理的最小单位，一般来说一个后缀名为exe的应用程序在启动后就是一个进程。进程在运行后有自己的内存空间。线程是程序执行的最小单位，一个进程可能会包含多个线程，这些线程共享进程的系统资源。进程中包含多线程的意义在于可以多个任务同时执行。当然这个同时执行对于单核CPU是无法实现的，它是通过线程调度使其看上去类似同时执行。

线程和进程的区别：当操作系统分配给进程资源后，同属一个进程的多个线程之间可以相互共享进程中的内存资源，原因是线程没有自己独立的内存资源，它只有自己执行的堆栈和局部变量；而多个进程之间每个进程都拥有自己的一整套变量，即每个进程都有自己独立的内存单元。这就使得多线程之间的通信比多进程之间的通信更加容易和高效。线程和进程的关系如图10-1所示。

多线程对于自动化领域的应用程序意义重大，最典型的应用就是一个线程负责访问硬件设备读写数据，另外的线程负责操作数据库，然后还有单独的线程负责报警等。如果把硬件访问、操作数据库等功能都放到主线程中那么程序运行起来肯定会卡顿严重，严重影响用户体验，另外对用户的操作响应速度也很差。如果应用程序访问的硬件设备不止一台，那么还可能需要为每台设备通信分配一个单独的线程。

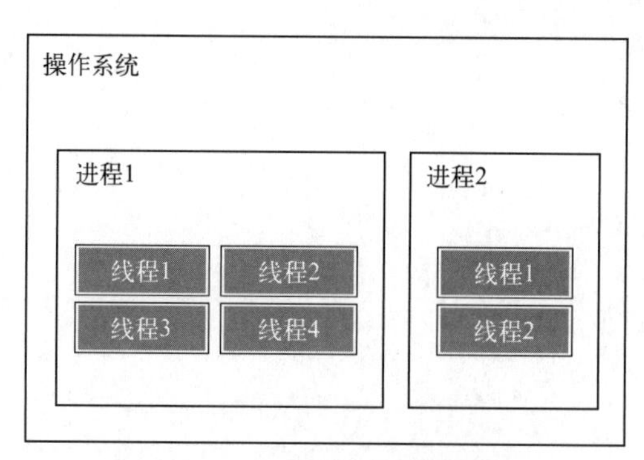

图10-1 线程和进程的关系

10.2 进程中的循环

首先我们来看一个例子。新建一个项目，拖一个按钮到窗体上。双击按钮，在按钮的点击事件中写入代码10-1。

代码10-1 while循环1

```
//按钮点击事件
private void button1_Click(object sender, EventArgs e)
{
      int da=0;
      while (true)
      {
            da++;
            this.Text = da.ToString();
      }
 }
```

这段代码是将不断累加的变量da的值转换为字符串显示在窗体的标题栏上。保存代码并运行程序，我们会发现虽然窗体标题栏上的值在不断变化，但是窗体不响应任何其他操作，比如我们无法拖动窗体到桌面上其他位置。这是因为while循序一直在执行，它一直占用了主线程资源(对于这个窗体程序来说，UI线程是当前的主线程)，主线程无法响应其他操作。这样的程序肯定是不能在工程中应用的，因为体验太差了。我们必须要考虑对代码进行优化，参见代码10-2。

代码10-2 while循环2

```
//按钮点击事件
private void button1_Click(object sender, EventArgs e)
{
      int da=0;
      while (true)
      {
            da++;
            this.Text = da.ToString();
```

```
            Application.DoEvents();
        }
    }
```

在代码 10-2 中我们加了一个 Application.DoEvents() 语句。这个语句的作用是命令当前线程响应队列中的其他请求。保存代码运行程序，我们发现窗体可以响应拖拉操作了，但是过程还是卡顿严重，用户体验很糟。这样的程序肯定也是不行的。那么如果我们还需要提升用户体验就需要用到多线程了。

10.3　多线程例子

首先我们对上一节的代码进行如代码 10-3 的改造。

代码10-3　多线程

```
using System;
using System.Collections.Generic;
using System.ComponentModel;
using System.Data;
using System.Drawing;
using System.Linq;
using System.Text;
using System.Windows.Forms;
//这行默认是没有的，需要手动添加
using System.Threading;

namespace ThreadDemo
{
    public partial class Form1 : Form
    {
        public Form1()
        {
            InitializeComponent();
            //这行需要添加，用于跨线程访问，后面会提到
            Control.CheckForIllegalCrossThreadCalls = false;
        }

        private void button1_Click(object sender, EventArgs e)
        {
            //声明并创建一个线程，在线程中执行方法a
            Thread s = new Thread(a);
            //声明该线程为后台线程
            s.IsBackground = true;
            //启动线程
            s.Start();
        }

        //一个单独的方法，用于执行循环
        void a()
        {
```

```
                int da=0;
                while (true)
                {
                    da++;
                    this.Text = da.ToString();

                }
            }
        }
    }
```

从代码10-3我们可以看出，我们是将循环代码拿出来放到了一个单独的方法“a”里面。然后创建一个新的线程，将方法“a”放到新的线程里面执行。保存代码并运行程序，我们会看到在while循环执行的同时无论我们怎么拖拽窗体都不会有卡顿现象，用户体验得到了明显提升。

10.4 Thread类

Thread类是.Net Framework中用于创建和管理线程的类。它包含在命名空间System.Threading里面。本节内容帮助大家对Thread类进行初步的认识，更完整的Thread类使用方法请参见MSDN。

10.4.1 构造函数

构造函数用于创建新的线程实例，如代码10-4所示。

代码10-4 构造函数

```
//MethodName是方法名，比如我们需要使用单独线程执行的方法是GetData,
//那么就是Thread s = new Thread(GetData);
Thread s = new Thread(MethodName);
```

在构造函数中还允许通过委托传入参数，这个用法后面我们在Socket通信中会涉及。

10.4.2 属性

可以通过类Thread提供的属性获取线程状态及设置线程运行特性，如表10-1所示。

表10-1 线程属性

序号	属性名称	属性描述	使用方法
1	IsBackground	设置是否为后台线程，后台线程会在前台线程结束后自动停止	s.IsBackground = true;
2	IsAlive	获取线程当前状态，false表示已终止或中止	Bool tStatus=s.IsAlive;

续表

序号	属性名称	属性描述	使用方法
3	Priority	设置线程优先级，线程从高到低共有五个级别: ●Highest; ●AboveNormal; lNormal; ●BelowNormal; ●Lowest	s.Priority= ThreadPriority.Highest;
4	ThreadState	当前的线程状态	String tState=s.ThreadState.ToString();
5	Name	设置或者获取线程名称	s.Name=" ThreadDemo";
6	ManagedThreadId	当前线程ID	—

前台线程和后台线程区别:

· 一个进程要想终止，必须它拥有的所有前台线程都终止才可以，也就是说前台线程会阻止进程终止；而后台线程不会阻止进程终止，进程终止后所有的后台线程自动终止。

· 无论前台线程或是后台线程中的异常都会导致进程终止。

· 线程池（ThreadPool）中的线程都是后台线程。

· 通过属性 IsBackground 可以设置线程为前台线程还是后台线程。

10.4.3　方法

可以通过Thread类提供的方法对线程的运行进行控制，表10-2列出了一些常用的线程方法。

表10-2　线程类的方法

序号	属性名称	属性描述	使用方法

1	Sleep	将线程挂起指定的时间	void a()
			{
			int da=0;
			while (true)
			{
			da++;
			this.Text = da.ToString();
			//线程挂起500ms
			Thread.Sleep(500);
			}
			}
			运行程序会发现窗体标题栏上的数值大约0.5s变化一次

2	Abort	终止线程，线程一旦被终止后就无法再启动，相当于该线程被释放了	Thread.Abort();
3	Start	启动线程	Thread.Start();
4	ToString	返回当前对象的字符串信息	Thread.ToSting();

Thread类属于比较老的多线程方法，多用于目标框架为.Net Framework 3.5以下的应用程序中。所以若非特殊情况，一般不建议在项目中使用该方法来创建多线程应用。

10.5 ThreadPool

线程池(ThreadPool)是自.Net Framework 4.0开始新推出的一种多线程类库。它的目的是解决传统多线程解决方案的资源浪费、效率低下问题。当应用程序每次创建一个新的线程都要占用一定的虚拟内存（默认是1MB），大量的创建线程将导致大量的计算机资源被占用。线程池则不一样，它无需你手动创建线程，你只需要告诉线程池你想做什么，把你的方法传递给它，它会自动进行线程的创建、分配、销毁和重用等工作。线程池自动进行线程的调度，从而获得更好的执行效率。

每个进程只能有一个线程池，线程池中的线程全部是后台线程，也就是前面所说的属性IsBackground为真。一般哪些情况下适合使用线程池呢?

- 线程作为后台线程运行；
- 线程执行时间较短(毫秒级或者秒级)，比如一个循环计算等；
- 线程为默认优先级运行，无须设置其优先级；
- 线程状态无须监控，比如数据采集中负责与设备交换数据的线程就不适合使用线程池。

下面我们以一个例子来演示线程池的使用。我们尝试用主线程和后台线程分别输出不同的字符来演示它们的工作过程。首先创建一个控制台程序（图10-2)。

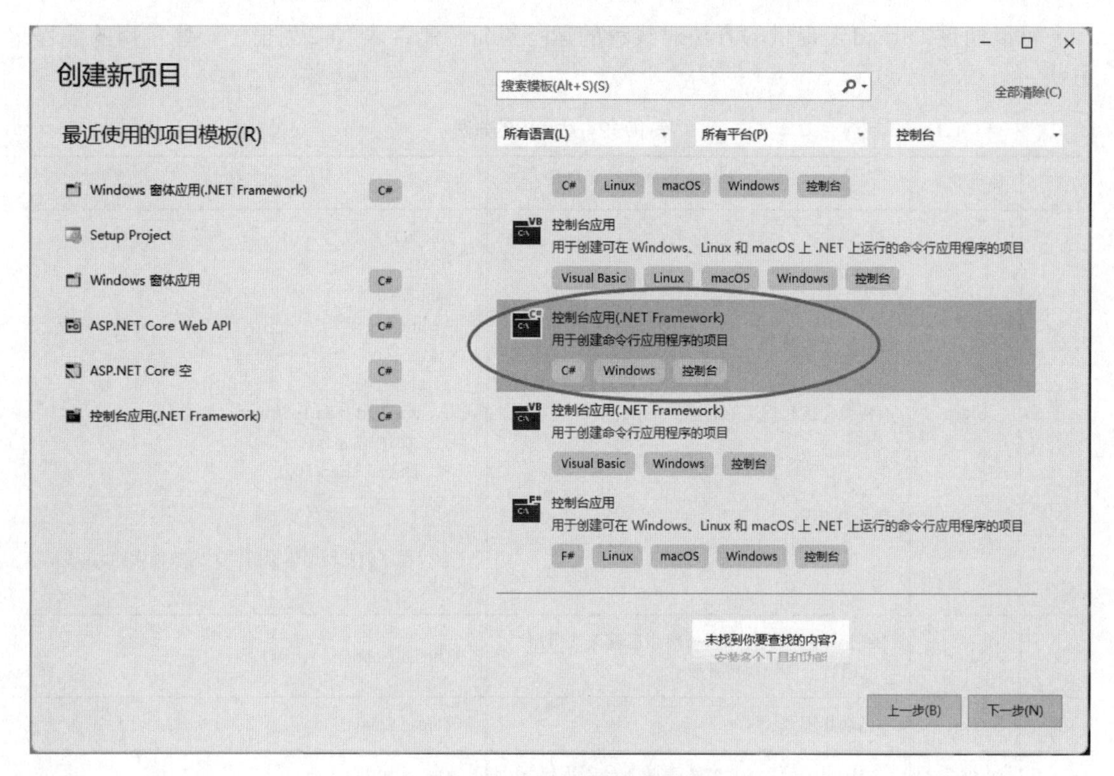

图10-2 创建控制台程序

代码编辑器中输入代码10-5。

代码10-5 ThreadPool

```
using System;
using System.Threading;

namespace ThreadPoolTest
{
    class Program
    {
        public const int Repe = 10000;
        static void Main(string[] args)
        {
            //线程池申请线程，输出字符+
            ThreadPool.QueueUserWorkItem(DoWork, '+');
            //线程池申请线程，输出字符=
            ThreadPool.QueueUserWorkItem(DoWork, '=');


            //主线程，输出字符-
            for (int count = 0; count < Repe; count++)
            {
                Console.Write('-');

            }
            //线程休眠
            Thread.Sleep(10000);
        }

        //方法
        public static void DoWork(object state)
        {
            for (int count=0;count<Repe;count++)
            {
                Console.Write(state);
            }
        }
    }
}
```

保存并运行程序，我们可以看到图10-3的结果。

从图10-3中我们可以看出，程序在执行时并不会执行完一个线程后再执行另一个，而是在三个线程（主线程加上两个后台线程）间不断切换。线程并不是并行运行的，操作系统会自动切换不同线程轮流运行，这个切换时间非常短（Windows分配给每个线程的最小时间片是15ms），这样看起来就像是所有线程在并行执行一样。

前面我们说过，线程池的优点是自动调度线程，无需程序员参与线程的创建、销毁等工作。线程池在被创建时一般会自动创建一定数量的线程，这个线程数量可以根据方法ThreadPool.GetMinThreads获取。最小线程数一般是电脑的CPU内核数量，比如笔者的电脑CPU是I7-11800H（八核十六线程），通过方法ThreadPool.GetMinThreads查询到的最小线程数是16/16。

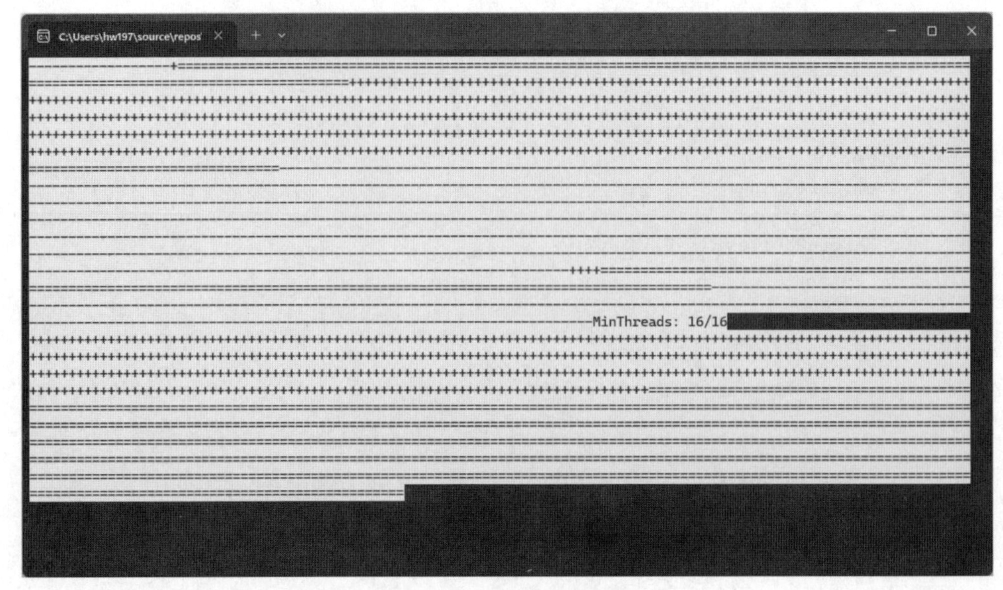

图10-3　多线程执行结果

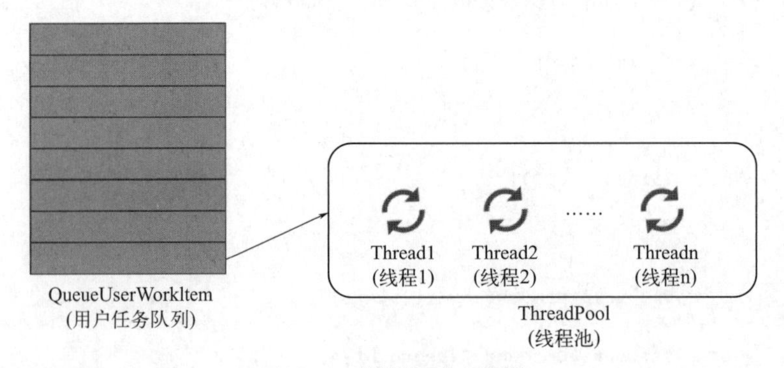

图10-4　线程池工作示意图

如图10-4所示，当我们向线程池请求一个任务（ThreadPool.QueueUserWorkItem）时，就会有一个空线程接手该任务并运行起来。随着请求任务的增多，线程池中的所有线程可能都会被分派任务。如果继续有新的任务进入的话，明显线程池里的线程已经不够用了。这时线程池调度程序会对所有正在执行的任务进行检查看看有没有哪个快要完成了，可以接受新的任务请求。如果没有的话，那么线程池会新建一个线程给这个新的请求任务。这样的好处是避免重复创建新的线程而消耗过多的系统资源。

随着新任务的不断进入，线程池中的线程数量可能会达到上限（同样的可以通过方法ThreadPool.GetMaxThreads获取线程池的线程数量上限）。一旦线程池中的线程数量到达上限后，即使新的请求任务加入，线程池也不会再创建新的线程。多余的线程将被放到等待队列中，只有当线程池中现有的任务结束才会有线程被安排给队列中的任务。

随着任务的不断结束，线程池调度程序会自动释放多余的线程，一旦线程数量达到下限便不再释放，始终保持最小线程数量。

除了获取最大、最小线程数量外，我们也可以通过方法ThreadPool.SetMaxThreads和ThreadPool.SetMinThreads设置线程池的最大和最小线程数量。这种情况一般用于线程池中的线程不够用了，导致其他任务在请求线程时等待时间过长。

10.6 Task

线程池（ThreadPool）虽然在使用上比传统的Thread简便了很多，但还是有一定的局限性，主要体现在下面几点。

- 不支持线程的取消、完成、失败通知等交互操作；
- 不支持线程执行的先后顺序；
- 对长时间执行的线程没有后台优化。

在.Net4.0中.Net Framework又为我们引入了新的异步编程模型“基于任务的异步编程模型(TAP)”和相应的TPL(Task Parallel Library，任务并行库)，该库在.Net4.5中又进行了大量的优化与改进，性能与易用性得到了进一步提升，所以在新项目中我们强烈建议使用TPL进行多线程处理。

我们先来看看一个简单的Task，创建一个控制台应用程序，输入代码10-6。

代码10-6 Task01示例

```
using System;
using System.Threading.Tasks;   //需要引用Tasks

namespace TaskTest01
{
    class Program
    {

        static void Main(string[] args)
        {
            const int r = 10000;

            //用Task运行一个循环，在屏幕上输出“-”
            Task task = Task.Run(() =>
              {
                  for (int count = 0; count < r; count++)
                  {
                      Console.Write('-');
                  }
              });

            //用Task运行方法n，在屏幕上输出“=”
            Task task1= Task.Run(()=>n());

            //主线程中执行一个循环，在屏幕上输出“+”
            for (int count = 0; count < r; count++)
            {
                Console.Write('+');
            }
```

```
                Console.ReadKey();
            }

            private static void n()
            {
                for (int count = 0; count < 10000; count++)
                {
                    Console.Write('=');
                }
            }
        }
    }
```

保存并运行程序，通过屏幕输出可以看出这三个任务是并行（异步）执行的（图10-5）。

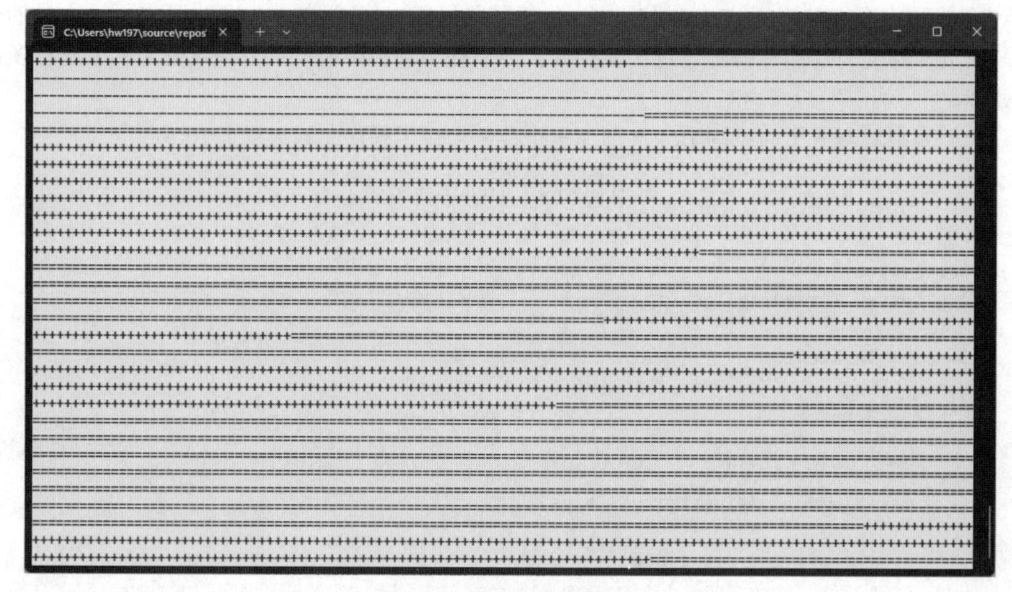

图10-5　Task01执行效果

与Threadpool不同的是，Task是允许进行交互的，我们可以通过其提供的属性查询到它的执行状况。

代码10-7　Task02示例

```
using System;
using System.Threading.Tasks;

namespace TaskTest01
{
    class Program
    {

        static void Main(string[] args)
        {
            Task task1= Task.Run(()=>n());
```

```
            //轮询Task状态
            while (true)
            {
                if (task1.IsCompleted)
                {
                    Console.WriteLine("\ntask is finished");
                    break;
                }
                else
                {
                    Console.Write("...");
                }
            }
            Console.ReadKey();
        }

        private static void n()
        {
            for (int count = 0; count < 10000000; count++)
            {
                //Console.Write('=');
            }
        }
    }
}
```

在代码10-7的例子中，我们在任务执行的同时也在检查Task的状态，如果没有执行完成就在屏幕上输出符号“…”，反之则输出“task is finished”。程序的执行结果如图10-6。

图10-6　Task02执行效果

如果处理的是一个运行时间很长的任务，比如工业自动化行业中常用的后台数据读取。这个任务一般都是从程序启动就开始运行，直到程序关闭才终止。这种任务的特点就是长期地霸占一个专用线程。为了使任务调度能够更好地处理这种任务，我们最好使用可选参数“TaskCreationOption.LongRunning”来指示任务调度器为其分配独占线程（代码10-8）。

代码10-8 Task03示例

```
using System;
using System.Threading.Tasks;

namespace TaskTest01
{
    class Program
    {

        static void Main(string[] args)
        {
            //通过任务调度器，此任务需要专用线程
            //或者这么写:
            //Task.Factory.StartNew(n, TaskCreationOptions.LongRunning)
            Task t1 = new Task(n,TaskCreationOptions.LongRunning);
            t1.Start();

            Console.ReadKey();
        }

        private static void n()
        {
            for (int count = 0; count < 60000; count++)
            {
                Console.Write('=');
            }
        }
    }
}
```

分配专用线程的好处就是该任务不会和其他任务进行切换，节省了上下文时间。需要注意的是Task.Run()方法不支持参数“TaskCreationOption.LongRunning”，所以我们在代码10-8中使用的是Task.Start()方法。

10.7 async/await

async/await是自从C# 5.0时代引入的关键字后才出现的，它的出现使异步编程可以像同步编程一样轻松容易。async/await一般被用于在一个耗时较长的事件中，比如单击按钮、文本框内容改变这样的事件中，如果这些事件里面要执行的代码耗时较长就会导致UI线程阻塞，影响用户体验。虽然我们可以用上一节的Task新建一个任务来解决，但是Task执行结束后线程被线程池回收，它不会再返回到上一个执行点，也就是创建Task的地方。

async/await是对Task的进一步封装，它非常适用于那些创建一个执行耗时较长的代码段然后返回到任务创建点，也就是说可以像编写同步任务一样编写异步任务。如果我们在一个事件里面有一个比较耗时的计算，然后把这个计算结果放到控件textBox中，可以采用代码10-9的写法。

代码10-9　获取Task的执行结果

```
//定义委托
delegate void _UpdateTextBack(string s);
//委托的方法实现
private void _UpdateText(string s)
{
        textBox1.Text = s;
}

//按钮点击事件
//首先创建一个任务进行计算
//更新文本框背景颜色
private void button1_Click(object sender, EventArgs e)
{
       Task<string> task1 = Task.Run(() => Cal());
       //textBox1.Text = task1.Result;
       textBox1.BackColor = Color.Red;
}

public string Cal()
{
    string tid = Thread.CurrentThread.ManagedThreadId.ToString();
    int sum = 0;
    for (int i = 0; i < 999999999; i++)
    {
        sum = sum + i;
    }

    _UpdateTextBack UpdateText = new _UpdateTextBack(_UpdateText);
    textBox1.Invoke(UpdateText, "Thread: " + tid + "//Result: " +
                sum.ToString());
    return "Thread: " + tid + "//Result: " + sum.ToString();
}
```

在代码10-9里，我们的目的是当按下按钮后执行一个计算，当计算完成后将计算结果写到文本框中，同时更新文本框背景色。为了避免在计算时影响UI线程，因此我们特意创建了一个任务来执行技术。但是在实际运行中我们会发现当按钮被点击时，计算结果还没出来文本框的颜色就已经被更新了（图10-7），这显然不符合我们的期望。因为我们设计的流程是计算结果出来以后再改变文本框的背景色。

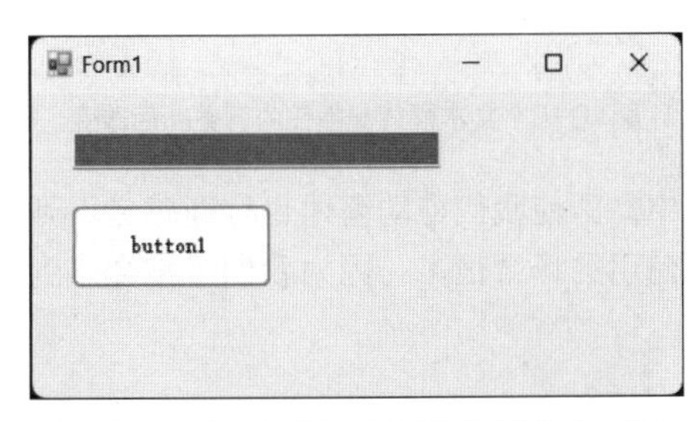

图10-7　文本框背景色改变但是内容未更新

之所以出现这样的情况，是因为新建的Task是一个单独的线程，我们只能以委托的方式来获取它的执行结果。而async/await则不同，它可以使我们以同步编程的方式来实现异步程序。

代码10-10 async/await

```
async private void button1_Click(object sender, EventArgs e)
{
     textBox1.Text= await Cal();
     textBox1.BackColor = Color.Red;
}

public Task<string> Cal()
{
     string tid = Thread.CurrentThread.ManagedThreadId.ToString();
     string s = "";
     return Task.Run(() =>
     {
          for (int i = 0; i < 99999999; i++)
          {
              s = i.ToString();
          }
          return "Thread: " + tid + "//Result: " + s.ToString();
     });
}
}
```

我们把之前的代码改造成代码10-10所示。首先进行改造的是方法Cal(), 这里我们把方法Cal()的返回值定义为Task<string>，如果这个方法没有返回值就写成Task即可。然后将原来方法Cal()里面的计算改成Task方式，最后一行return用于返回计算结果。

然后在按钮的点击事件前面加上关键async，调用方法Cal()的前面加上关键字await，这个关键字的意思是方法Cal()将以异步执行。然后我们再运行程序，就会看到文本框控件textBox中的值更新后背景色才变为红色（图10-8）。需要注意的是关键字async和await总是成对使用，缺一不可。

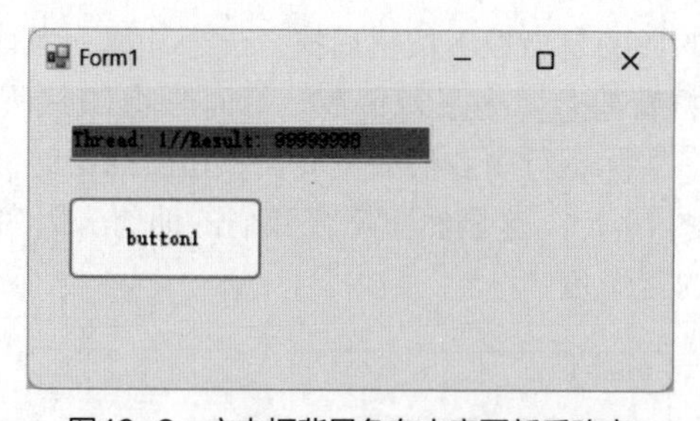

图10-8 文本框背景色在内容更新后改变

在等待计算结果的过程中，即使我们拖动窗体也丝毫感觉不到卡顿，使用体验非常好。这种编程方式在上位机开发中使用的场合很多，因为我们经常会遇到一些操作必须等待设备响应后才能进行下一步动作。

第11章 面向对象与面向组件编程

最开始的软件开发是面向过程的，程序员根据业务需求组织代码，基于控制流的方式进行软件开发，比较典型的就是使用汇编语言开发应用软件。这种软件开发方式对于小规模的开发尚可以应对，而一旦软件规模上去了，其开发难度和维护工作量将非常巨大。表现在冗余代码多，代码之间耦合度高，难以修改和调试。后面发展到了结构化编程（也称为模块化编程），就是将具有相似业务逻辑的代码放在一起，比如放到一个代码文件中。结构化编程在一定程度上缓解了软件开发的难度，但并没有引起开发模式的质变。

面向对象编程的出现颠覆了软件开发模式，因为面向对象编程提供了一个额外的组织层次。对于较大规模的程序，面向对象编程可以更好、更容易地组织代码。面向对象编程基于对软件开发中使用到的硬件、业务逻辑等抽象化，形成一种模型，在软件工程中称之为类。一旦我们拥有大量成熟的类，那么开发一个软件也就是将各种类按照业务需求进行有机组合。一旦我们掌握了面向对象编程的开发模式，我们基本不会再回到面向过程编程。因为这两种方式是开发思想上的巨大区别，而不仅仅是一种方法改进。

11.1 面向对象编程概述

面向对象编程基于对事物的抽象化，它为一个相对独立的事物建立模型，而这个模型反映了该事物的应有特性。比如我们需要在C#中实现一只气动阀，由于气动阀在工业生产中是独立的一个部件，那么我们就可以将气动阀抽象为一个对象，参见图11-1。

面向对象编程的三大特性是封装、继承和多态。封装就是对阀门的抽象化，隐藏了阀门逻辑，使其对外只暴露相关属性、提供方法供其他程序调用、在状态改变时会触发相应的事件。如图11-1所示，对于阀门来说，其属性一般是阀门名称、当前状态。通过阀门对象提供属性我们可以获取或者修改阀门实例的名称、当前阀门状态等。阀门类提供的方法主要就是切换阀门状态、复位阀门故障等，我们可以通过对方法的调用实现对阀门的控制。阀门对象也会提供事件，主要是阀门状态改变事件、故障事件等。通过阀门事件中的代码我们可以在阀门对象触发事件的时候实时执行相应的动作。

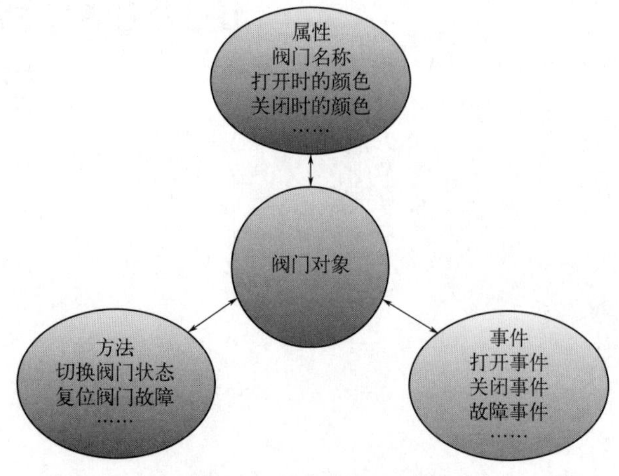

图11-1 阀门对象示意图

继承是一个对象派生自另外一个对象，比如间歇式动作的气动阀可以从之前的气动阀继承，继承后的新对象具有被继承对象的所有特性。通常我们把这种关系称之为“父类-子类”。气动阀对象是父类，间歇式气动阀对象是子类（图11-2）。一个父类可以有很多子类，也就是说对象可以被无限制地继承。但是在C#中，子类只能从一个父类继承，也就是C#中的对象是单继承关系。如果一个子类允许从多个父类继承那么就是多继承关系，比如C++就是这样。

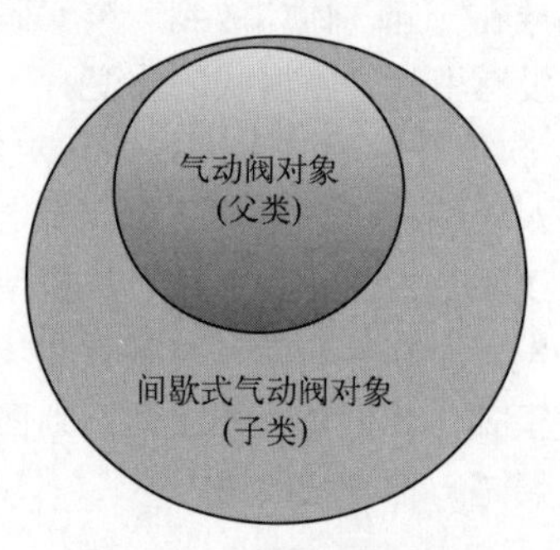

图11-2 对象继承示意图

多态是对父类方法的重写。同样的方法名称，子类和父类的执行是不一样的。比如对于气动阀对象来说，如果我们调用其OPEN方法，那么就是打开命令一直输出。而对于间歇式气动阀来说，如果我们调用其OPEN方法，那么就是打开命令间歇输出。虽然方法的名称相同，但是执行方式完全不一样。

特意说明一下，在工业控制中，上位机一般不包含具体的逻辑，上位机的作用大多是监视与控制。也就是说上位机一般不会直接控制现场设备，大多数只是发送命令和监视状态。这是因为Windows系统不是实时系统，而是抢占式多任务操作系统，难以达到工业生产对控制器的要求。但是各大厂商基本都有软PLC产品，就是运行在PC上的控制器，比如西门子的WinAC。对于在Windows上实现PLC控制器一般都是内置了VxWorks等实时操作系统，即使

Windows 系统崩溃也不会影响控制逻辑的正常运行。但是在一些对控制系统可靠性要求不是特别高的场合也可以采用 C# 上位机 +I/O 模块的方式。这种场景下有可能就会需要在 C# 中编写控制逻辑了。

11.2　阀门对象

首先在项目名称上右击，选择“添加”→“类”（图 11-3）。

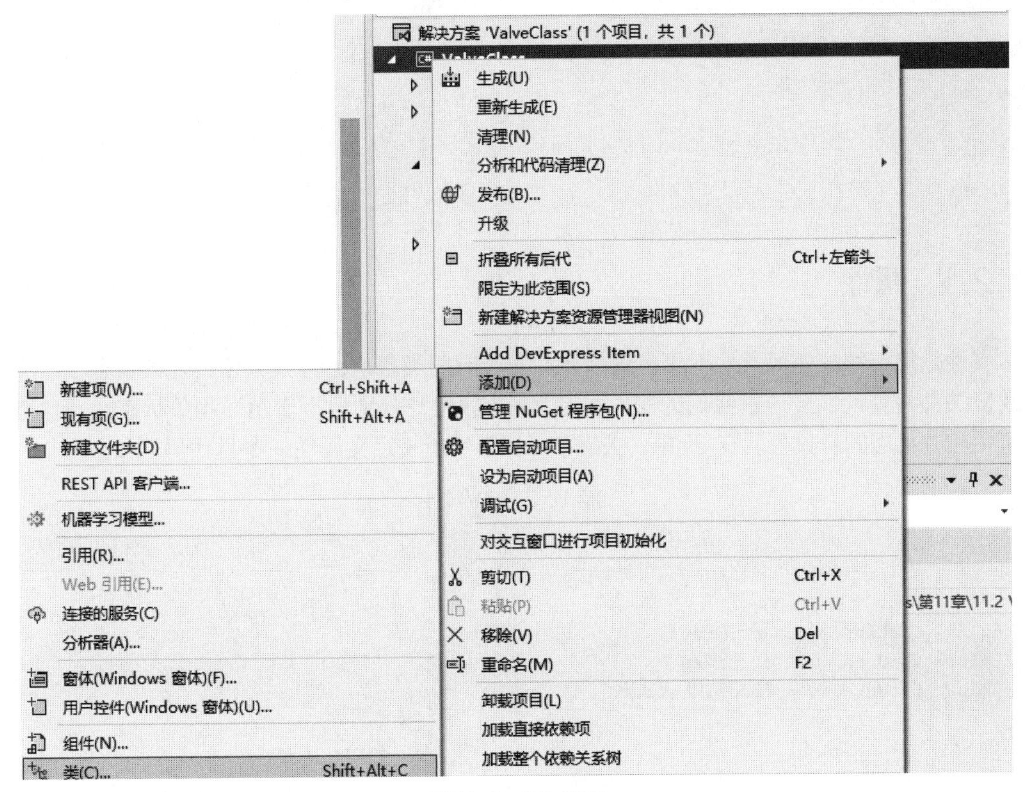

图11-3　添加新类

这里我们将新添加的类命名为“MyValve”（图 11-4）。

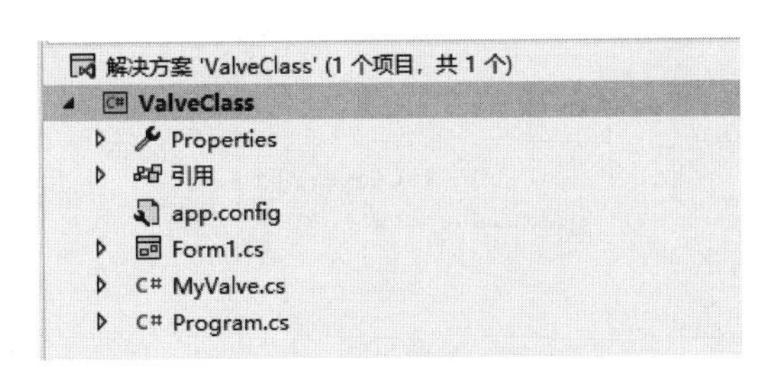

图11-4　添加阀门类

新建的阀门类代码如代码 11-1。为了使项目结构清晰以及便于管理，我们将新建的阀门类命名空间修改为“MyDevices”。

代码11-1　创建阀门类

```
using System;
using System.Collections.Generic;
using System.Linq;
using System.Text;
using System.Threading.Tasks;

//这里我们修改了命名空间
namespace MyDevices
{
    class MyValve
    {

    }
}
```

11.2.1　属性

属性是指事物在任何条件下具有的性质。对于阀门类来说，背景颜色、开关状态、故障开和故障关都是其属性。这里我们为阀门类定义4个属性，分别用于表示开和关状态、开状态的背景色和关状态的背景色。在C#中，关键字get和set用来定义属性，参见代码11-2。

代码11-2　定义属性

```
//声明三个内部变量，前文说过，在类里声明的变量其生命周期只存在于该类
//这三个变量用于属性的默认值
Color _ClrClose = Color.Gray;
Color _ClrOpen = Color.Green;
Color _ClrUnknown = Color.White;

//属性Close和Open使用的是自动属性，也就是说无需手动声明变量_Close和_Open
// public Boolean Close { get; }
//上面语句意为该属性是只读，也就是说外面程序只能读取该属性的值，而不可以写
//入新值，get是指的外部程序获取：
public Boolean Close { get; set; }
public Boolean Open { get; set; }

//属性ClrClose用于定义关状态下的背景色
 public Color ClrClose {
                        get { return _ClrClose; }
                        set { _ClrClose = value; }
                      }

//属性ClrOpen用于定义开状态下的背景色
public Color ClrOpen{
                    get { return _ClrOpen; }
                    set { _ClrOpen = value; }
                    }
```

```
//属性ClrOpen用于定义未知状态下的背景色
public Color ClrUnknown{
                        get { return _ClrUnknown; }
                        set { _ClrUnknown = value; }
                      }
```

属性是类的特性。通过上面的几个属性我们可以对阀门特性进行相应的定义，比如定义阀门分别在关状态下和开状态下的颜色等。自动属性是从C#5.0开始添加的语法特性，虽然使用起来比较方便，但是前提是属性中没有逻辑代码。

11.2.2 方法

方法可以理解为类里面的函数。用于执行查询、运算等操作。方法在形式上和函数非常类似，区别是方法和类相关联，它不能独立存在，方法可以访问类的变量。函数是独立存在的一段代码，和类无关。在阀门类中，对阀门发出命令执行开、关操作，读取阀门当前状态都可以使用方法来实现。

代码11-3　用于获取阀门当前颜色的方法

```
//方法GetBackColor用于获取阀门当前背景色
public Color GetBackColor()
{
      //根据当前状态及定义的颜色属性返回当前背景色
      if (FbkOpen)
        return ClrOpen;


       if (FbkClose)
         return ClrClose;

       //如果阀门没有收到开和关状态信号会根据属性返回相应的背景色
       return ClrUnknown;
}
```

代码11-3的方法GetBackColor用于获取阀门的当前状态。方法里的代码根据当前状态及颜色属性返回当前的背景色。

阀门类还有一个方法必不可少，那就是对阀门的操作命令。通过方法传递的参数对阀门执行开、关操作。

代码11-4　用于操作阀门的方法Cmd

```
//创建一个属性用于输出阀门命令
bool _Q = false;
public Boolean Q {
                      get { return _Q; }
                      //set被注释了表示该属性是只读的，外部程序不可以写操作
                      //set { _Q = value; }
                 }
```

```
//用于阀门操作的方法，将命令写入到属性
public void Cmd(Boolean Command)
{
      _Q = Command;

}
```

代码11-4的方法用于对阀门执行开、关操作，命令通过属性Q输出。Q是一个只读的属性，它只能由阀门类输出，然后通过单独的I/O Server写入到远程模块，外部程序不可以直接操作输出Q，支持通过方法Cmd执行操作。

11.2.3 事件

事件是指程序执行过程中发生的外部输入或者内部触发信息。比如我们点击鼠标，按下键盘上的某个键，被监测的温度达到了报警值等，这些都是事件。事件的意义在于一般它被用于触发某段处理程序。比如温度达到了报警值就弹出提示框等。Windows上运行的程序都是基于事件驱动，这点和PLC不一样，PLC是逐行扫描执行的。

对于阀门类，最典型的事件应该就是故障报警了。在我们对阀门发出命令的同时，程序需要对阀门反馈进行监控，如果不能在规定的时间内得到正确的阀门位置信号就应该触发一个故障事件，由该事件里的代码执行错误提示、信息归档等工作。

这里为了方便演示，我们把故障判断放到前面的阀门操作方法Cmd中，当方法Cmd执行命令的同时对阀门反馈进行监控。根据这样的思路我们对方法Cmd进行改造，为其添加故障监控程序，改造后的代码如代码11-5。

代码11-5 改造后的方法Cmd

```
//定义委托函数及事件变量
public delegate void ErrorHander(Boolean Command);
public event ErrorHander Error;

//用于阀门操作的方法，将命令写入到属性
public Boolean Cmd(Boolean Command)
 {
     _Q = Command;

        //记录当期时间
        long buff = System.DateTime.Now.Ticks / 10000000;

        //等待阀门反馈和命令一致
        while ((!_Q && !FbkClose) || (_Q && !FbkOpen))
        {
              Application.DoEvents();

              //如果5秒后仍然没有收到反馈信号则触发事件
              if ((System.DateTime.Now.Ticks / 10000000-buff)>=5.0)
              {
```

```
                    if (Error != null)
                    {
                        Error(Command);
                    }

                    return false;
                }

            }

            return true;
}
```

代码 11-5 除了增加反馈监控程序外，还为方法增加了返回值。命令执行成功返回 True，反之返回 False。

11.2.4　实例化

类必须实例化后才能使用。在 C# 中，关键字 new 用于对类进行实例化。在 PLC 编程中，调用 FB 并赋予一个背景 DB 其实就是对该 FB 的实例化，虽然表现形式有异，但本质无二。本例中我们在应用程序的窗体装载事件中对类进行实例化，参见代码 11-6。

代码 11-6　类的实例化

```
//先声明一个阀门类并实例化
Valve v1;

//窗体装载事件
private void Form1_Load(object sender, EventArgs e)
{
    v1 = new Valve();
}
```

类被实例化后就可以正常访问它的属性及方法了。代码 11-7 演示了如何通过方法 GetBackColor 获取当前阀门背景色。

代码 11-7　方法 GetBackColor

```
//为属性赋值，调用方法
private void button4_Click(object sender, EventArgs e)
{
    v1.FbkOpen = true;
    MessageBox.Show(v1.GetBackColor().ToString());
}
```

代码 11-7 首先给属性 FbkOpen 赋值，模拟一个开反馈，在实际工程中该信号来自 I/O Server。然后调用方法 GetBackColor 获取阀门背景色，程序执行后的信息提示框如图 11-5。

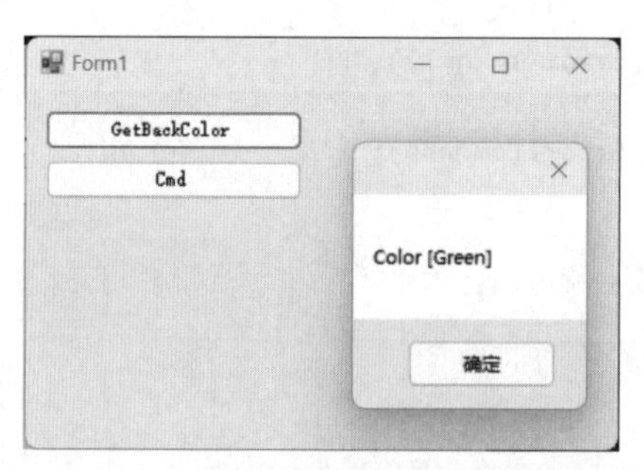

图11-5 方法GetBackColor执行结果

除了获取阀门状态外我们还需要对阀门进行操作控制，并且在阀门故障时将信息写入系统日志或者报警消息数据库。首先我们定义一个方法用于记录故障消息，参见代码11-8。

代码11-8 故障处理方法

```
//故障处理程序，为了简化演示，这里使用一个信息对话框
private void WriteLog(Boolean Command)
{
    MessageBox.Show("操作阀门失败:" + Command.ToString());
}
```

然后我们需要将该故障处理方法绑定到阀门事件如代码11-9所示。这样在打开或者关闭阀门时发生故障就可以触发故障处理方法。

代码11-9 阀门操作1

```
private void button1_Click(object sender, EventArgs e)
{
        //绑定故障处理方法到阀门事件
        v1.Error += WriteLog;
        //模拟阀门反馈
        v1.FbkClose = v1.FbkOpen = false;

        //调用阀门操作方法
        v1.Cmd(true);

}
```

运行程序，点击按钮，等待5s后我们会看到一个弹出信息对话框显示打开阀门失败，参见图11-6。

如果我们把代码11-9修改一下，在打开阀门同时模拟一个阀门开反馈，这样我们就不会触发故障处理方法。修改后的代码如代码11-10。

代码11-10 阀门操作2

```
private void button1_Click(object sender, EventArgs e)
{
        //绑定故障处理方法到阀门事件
```

```
            v1.Error += WriteLog;
            //模拟阀门反馈
            v1.FbkOpen = true;

            //调用阀门操作方法
            v1.Cmd(true);

    }
```

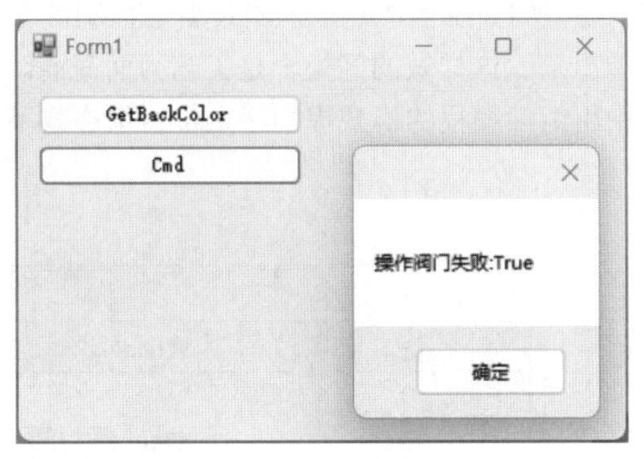

图11-6　方法Cmd执行结果

到这里为止我们就完成了一个工业生产中常用的阀门对象。虽然大多数情况下我们的上位机只是起到一个监视、操作的作用，但在有些行业中也有使用C#编写逻辑的方式。一旦我们熟悉了面向对象的编程模式很难再回到以前的面向过程方式，面向对象方式虽然有时看上去代码量多了，不够简洁，但是对于规模较大的项目可以显著提高编码效率、缩短维护成本，其优势不言而喻。

11.3　面向组件编程概述

面向对象的编程模式虽然优点很多，但是它和项目的耦合度很高，因为它只能存在于项目中。面向组件的编程模式其实是在面向对象的编程模式上提高了分发性，我们可以随意地分发组件，使之用于不同的项目中。

同样地，我们以一个工业生产中常用的阀门为例来介绍如何开发一个组件。前面我们也说过，在自动化行业中上位机和PLC等控制器的分工非常明确，PLC用于执行控制逻辑，上位机用于操作监视。对于一个自动化项目来说，上位机死机、重启和掉线不可以影响PLC中的逻辑程序。因此，工业自动化中的组件也分为控制组件和视图组件，控制组件是运行在PLC中抽象的类(对于S7系列PLC就是FB)，视图组件是运行在上位机中抽象的类(对于WinCC就是使用面板技术创建的Icon或者Faceplate)。接下来我们要介绍的就是开发一个阀门的视图组件。

11.4　阀门组件

在一个上位机系统中，视图组件通常分为两部分，分别是Icon和Faceplate。Icon一般采用国际标准的图标来简明表示该设备的状态、模式等，比如图11-7中表示这些设备的图形就是Icon。

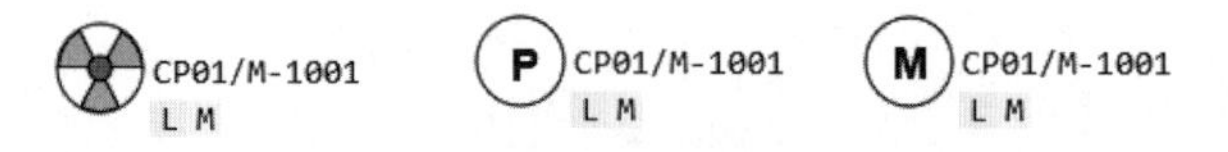

图11-7　视图组件中的Icon

Faceplate一般用于展示设备的详细信息，以及对设备的控制命令等。Faceplate一般不显示，只有在鼠标点击Icon时才弹出来。这样做的好处一是工艺画面简洁明了，不会一大堆乱七八糟的东西挤在画面上，二是采用组件编程的模式提高了上位机组态效率。图11-8展示的就是一个PID视图组件的Faceplate。

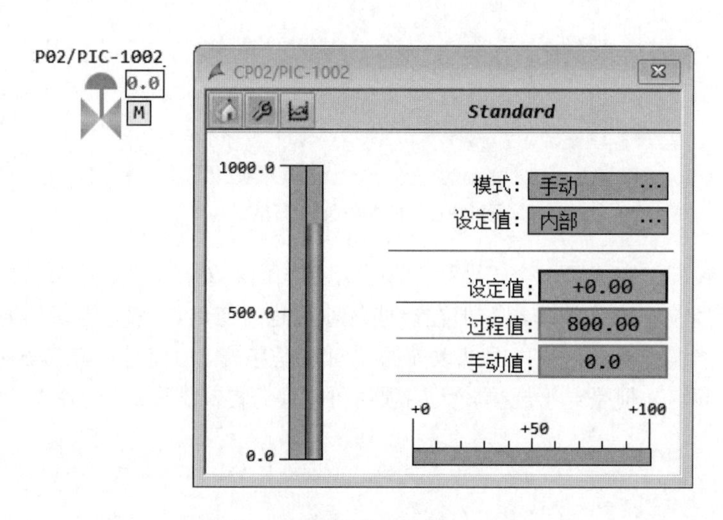

图11-8　视图组件中的Faceplate

11.4.1　在项目中创建组件

新建一个项目，命名为“MyDevices”。解决方案上右击，选择“添加”→“新建项目”，参见图11-9所示。

项目类型选择“Windows窗体控件库”（图11-10）。

新建的窗体控件库命名为“MyControls”，参见图11-11所示。

创建完成后的项目结构如图11-12所示。

该项目包含了一个窗体控件项目“MyControls”，它的作用是创建各种工业自动化中用到的设备组件。另外还包含了一个窗口项目“MyDevices”，它的作用是对控件进行测试。

在图11-12所示的项目结构中，我们将默认的控件名称“UserControl1”重命名为“Valve”，参见图11-13所示。

到这里为止，想必大家也明白了，我们创建的控件库“MyControls”里面将包含各种工业自动化行业中常用的设备组件，比如阀门、电机、变送器、机器人等。如前所述，我们这里的组件针对的是视图组件，和运行在PLC里面的控制组件有着明确的分工。

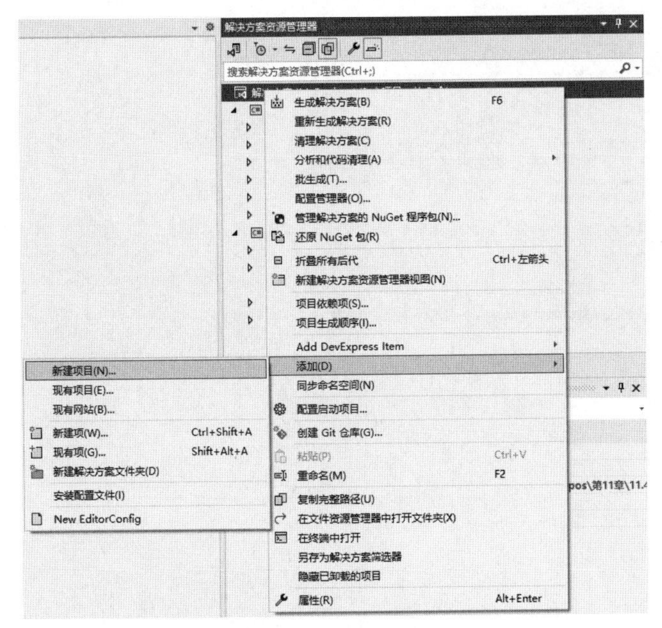

图11-9　添加新建项目

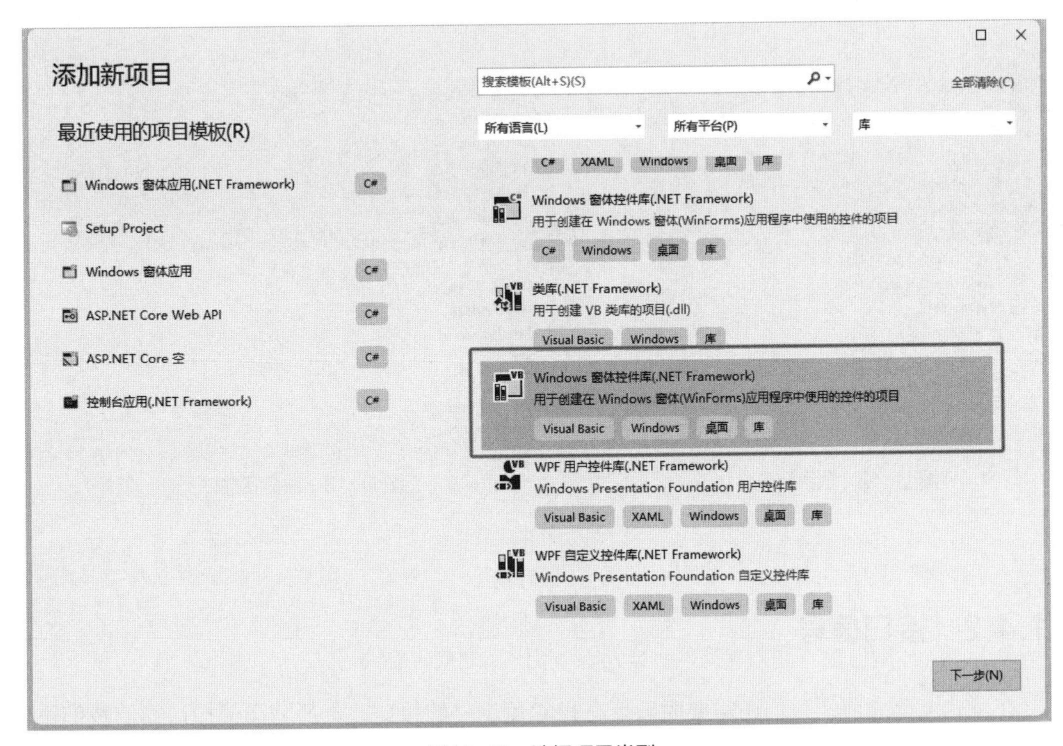

图11-10　选择项目类型

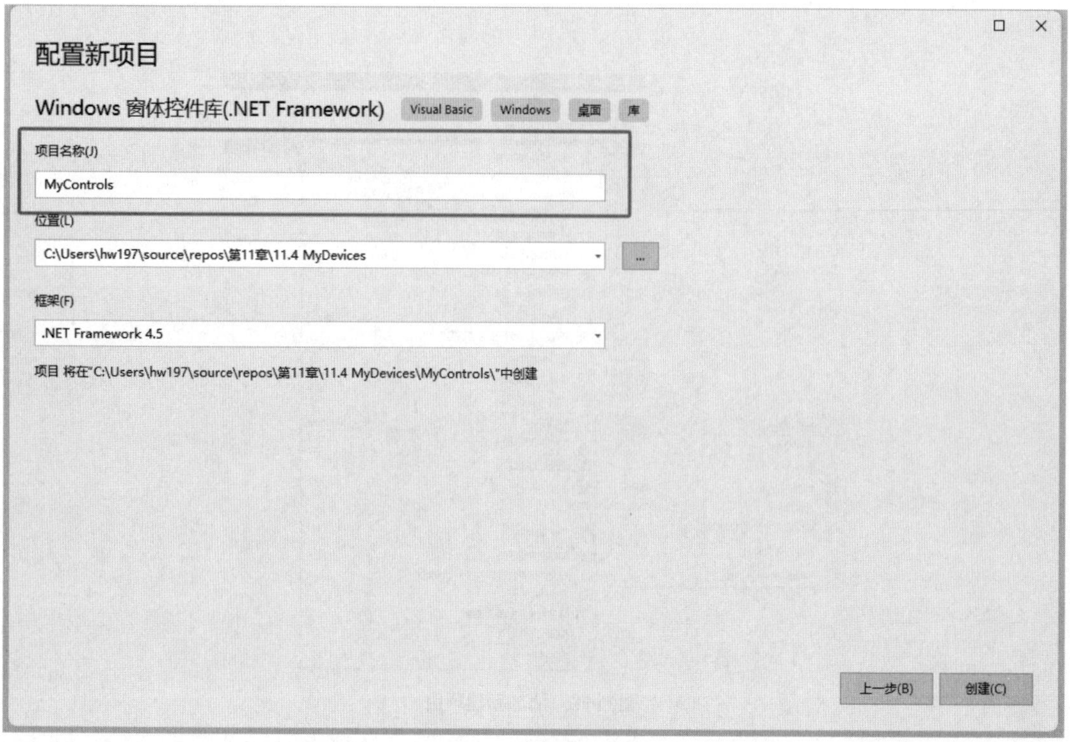

配置新项目
Windows 窗体控件库(.NET Framework)
Visual Basic
Windows
桌面
库
项目名称(J)
MyControls
位置(L)
C:\Users\hw197\source\repos\第11章\11.4 MyDevices
框架(F)
.NET Framework 4.5
项目 将在"C:\Users\hw197\source\repos\第11章\11.4 MyDevices\MyControls\"中创建
上一步(B)
创建(C)

图11-11　配置新项目

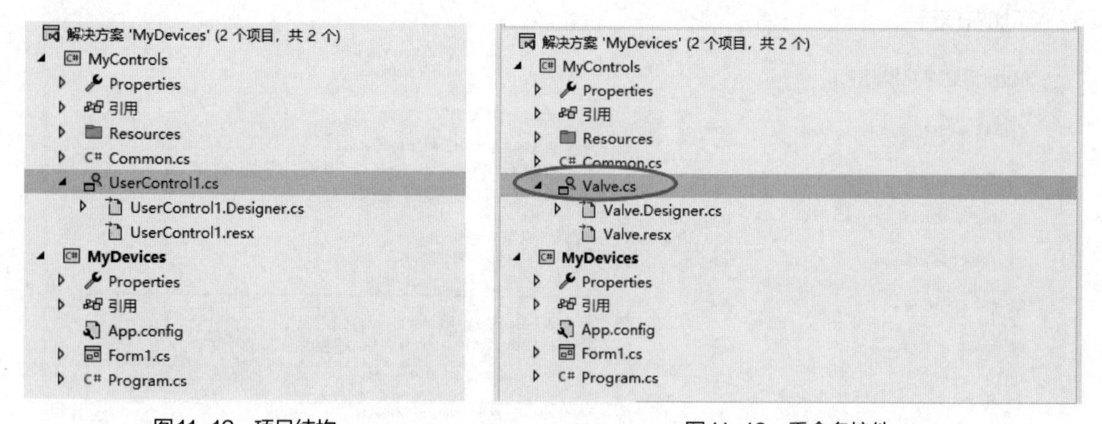

解决方案 'MyDevices' (2 个项目，共 2 个)
MyControls
Properties
引用
Resources
Common.cs
UserControl1.cs
UserControl1.Designer.cs
UserControl1.resx
MyDevices
Properties
引用
App.config
Form1.cs
Program.cs

图11-12　项目结构

解决方案 'MyDevices' (2 个项目，共 2 个)
MyControls
Properties
引用
Resources
Common.cs
Valve.cs
Valve.Designer.cs
Valve.resx
MyDevices
Properties
引用
App.config
Form1.cs
Program.cs

图11-13　重命名控件

11.4.2　接口信号

在正式编码之前，我们还需要明确下与PLC侧组件的接口。一般为了使接口简洁我们可以将接口信号分为用于表示状态的SW（表11-1）和用于表示命令的CW（表11-2），这两个都是类型为Word的变量。

表11-1　状态字SW(Word)

序号	位	功能
1	0	手动
2	1	自动
3	2	已打开
4	3	已关闭
5	4	故障
6	5	备用
7	6	备用
8	7	备用
9	8	备用
10	9	备用
11	10	备用
12	11	备用
13	12	备用
14	13	备用
15	14	备用
16	15	备用

控制字可以稍微简单一点，比如我们写入1表示要求切换到手动，写入2表示要求切换到自动。PLC侧对接收到的控制字进行判断，在上升沿执行相应的动作即可。

表11-2　控制字CW(Word)

序号	值	功能
1	1	切换至手动模式
2	2	切换至自动模式
3	3	打开命令
4	4	关闭命令
5	其他	备用

明确了接口信号后我们就可以正式编码了。

11.4.3　组件属性

组件的属性一般包含状态字和控制字、设备位号等。如表11-1所示，状态字是类型为Int16的变量(对应PLC侧是Word类型)，但是控制字除了一个同样类型为Int16的变量外，还包含了一个写标记位和地址。其中写标记位为真表示组件请求后台驱动将值(CW)写入到PLC中。后台驱动一般是一个单独的线程，它的任务是按照一定的循环周期读取PLC数据并根据写请求将新数据写入到PLC中。

为了使程序结构清晰，我们还需要创建一个公共类来存放这个结构化的类型“WritePLC”。在窗体控件库项目“MyControls”中添加一个类文件“Common”，参见图11-14所示。

图11-14　添加公共类文件Common

双击打开类文件“Common”，添加代码11-11。

代码11-11　Common

```
using System;
using System.Collections.Generic;
using System.ComponentModel;
using System.Linq;
using System.Text;
using System.Threading.Tasks;

namespace MyControls
{
    public class Common
    {
        [TypeConverter(typeof(ExpandableObjectConverter))]
        public struct WritePLC
        {
            //写请求
            private bool _WriteFlag;
             //控制字
            private object _CW;
            //地址
            private string _Address;

            [Description("属性")]
            public bool WriteFlag
            {
                get { return _WriteFlag; }
                set { _WriteFlag = value; }
            }

            [Description("属性")]
            public object CW
            {
                get { return _CW; }
                set { _CW = value; }
            }

            [Description("属性")]
            public string Address
            {
                get { return _Address; }
```

```
                set { _Address = value; }
            }
        }
    }
}
```

在代码11-11中我们定义了一个Struct类型WritePLC，它里面包含了用于请求后台驱动写入PLC的标记信号“_WritePLC”、用于表示写入值的“_CW”和用于表示写入地址的“_Address”。其实我们可以不用在这里定义该Struct，直接在控件接口中定义也可以，不过这里定义后我们在调用该控件时可以看到该Struct的所有元素。大家可以自行比较区别。

声明了类型后，我们在组件Valve中添加下面属性。该阀门组件一共有三个属性，分别是状态字“SW”、控制字“CW”和阀门位号“TagName”，如代码11-12所示。

代码11-12　添加属性

```
private Int16 _SW;    //设备状态字

#region 属性
//设备状态字
public Int16 SW
{
     get { return _SW; }
     set { _SW = value;
          UpdateStatus();
      }
 }

 //设备控制字
 public WritePLC CW { get; set; }

 //设备位号
 public string TagName { get; set; } = "阀门操作面板";
 #endregion
```

在属性“SW”中我们调用了方法“UpdateStatus”(方法具体实现参见下一小节内容)，这样做的好处是一旦外部传入的数据更新就会自动刷新组件状态，不用在组件中添加Timer或者单独的线程来更新状态。

11.4.4　组件方法

组件中主要包含了两个方法，一个是组件被加载时的初始化，另一个是根据属性“SW”值对组件状态的更新方法，也就是“UpdateStatus”。无论是哪个方法，其实都是对组件Icon的重新绘制。

Icon一般是使用符合国际标准的图标来简明显示设备的状态、模式等。在C#中我们可以用两种方式来实现Icon。一是预先制作好各种状态的设备图片，然后根据设备状态字来切换这些图片的显示。还有一种方法是采用GDI+来根据设备状态字进行绘制，这个需要我们用GDI+来进行绘制，两种方法相比较来看，前一种更方便简单点，但后一种方法运行效率要更高一点。本节我们采用的是后一种方法，也就是调用GDI+来绘制。

视图组件在拖到窗体上时显示的是初始状态，包括阀门状态和模式。初始状态我们可以通过控件的Paint事件来实现，如代码11-13所示。

代码11-13 控件Paint事件

```
#region 变量
private Graphics g = null;
private Pen Pen1 = new Pen(Color.Gray, 0);  //用于绘制阀门模式的画笔
private Pen Pen2 = new Pen(Color.Blue, 0);  //用于绘制阀门模式的画笔
private Brush MyBrush = new SolidBrush(Color.Gray);  //用于填充阀门
private SizeF sizeF;                          //用于获取阀门模式字体大小
private Font f = new Font(" 黑体", 9);    //设置字体
private Rectangle r;                          //用于绘制阀门模式的文本边框
private Point[] p;                            //用于绘制阀门的多边形
private Int16 _SW;                            //设备状态字
private bool IsLoaded;                        //阀门初始化完成标记
private bool IsManual,IsAuto,IsClosed, IsOpened, Fault; //阀门状态
private Int16 _LastSW;                        //用于保存上一次的状态字
#endregion

private void Valve_Paint(object sender, PaintEventArgs e)
{
      //创建及设置图形对象
      g = this.CreateGraphics();
      g.SmoothingMode = SmoothingMode.AntiAlias;
      g.SmoothingMode = SmoothingMode.HighQuality;
      g.CompositingQuality = CompositingQuality.HighQuality;
      g.InterpolationMode = InterpolationMode.HighQualityBicubic;

      //绘制阀门图形
      Point p1 = new Point(0, 0);
      Point p2 = new Point(0, this.Height - 11);
      Point p3 = new Point(this.Width - 1, 0);
      Point p4 = new Point(this.Width - 1, this.Height - 11);
      p = new Point[] { p1, p2, p3, p4 };
      g.DrawPolygon(Pen1, p);
      g.FillPolygon(MyBrush, p);

      //绘制手自动模式外面的边框
      r = new Rectangle(this.Width / 2 - 8, this.Height - 17, 16, 16);
      g.DrawRectangle(Pen2, r);

      MyBrush = new SolidBrush(Color.Black);
      sizeF = g.MeasureString("M", f);
      g.DrawString("M", f, MyBrush, (this.Width - sizeF.Width) / 2, (this.Height -
f.Height - (r.Height - f.Height)));

      //根据传入的状态字获取阀门当前状态
      IsManual = Word2Bool(SW, 0);
      IsAuto = Word2Bool(SW, 1);
      IsOpened = Word2Bool(SW, 2);
      IsClosed = Word2Bool(SW, 3);
      Fault = Word2Bool(SW, 4);

      g.Clear(this.BackColor);
      MyBrush = new SolidBrush(Color.Gray);
```

```
            g.FillPolygon(MyBrush, p);

            //根据阀门状态刷新图形
            if (IsOpened)
            {
                MyBrush = new SolidBrush(Color.Green);
                g.FillPolygon(MyBrush, p);
            }

            if (IsClosed)
            {
                MyBrush = new SolidBrush(Color.Gray);
                g.FillPolygon(MyBrush, p);
            }

            if (Fault)
            {
                MyBrush = new SolidBrush(Color.Red);
                g.FillPolygon(MyBrush, p);
            }

            if (IsAuto)
            {
                g.DrawRectangle(Pen2, r);
                sizeF = g.MeasureString("A", f);
                g.DrawString("A", f, MyBrush, (this.Width - sizeF.Width) / 2,
                            (this.Height - f.Height - (r.Height - f.Height)));
            }
            else
            {
                g.DrawRectangle(Pen2, r);
                sizeF = g.MeasureString("M", f);
                g.DrawString("M", f, MyBrush, (this.Width - sizeF.Width) / 2,
                            (this.Height - f.Height - (r.Height - f.Height)));
            }

            //保存状态字至缓存，用于和当前状态字比较
            _LastSW = SW;
            //初始化标记
            IsLoaded = true;
}

//将Word类型转换为Bool量
public static Boolean Word2Bool(Int16 Val, int Number)
{
    try
    {
        //Word类型数据转换为二进制字符串，不足位数以0填充
        string s = Convert.ToString(Val, 2).PadLeft(16, '0');

        //判断传入参数是否合理
        if (Number < 0 || Number > 15)
        {
            MessageBox.Show("Error Parameter....");
            return false;
        }

        if (s.Substring(s.Length - Number - 1, 1) == "1")
```

```
            return true;
        else
            return false;
    }
    catch (Exception)
    {
        MessageBox.Show("Error Parameter....");
        return false;
    }
}
```

代码11-13中包含了两个方法，其中“Word2Bool”属于公共方法，也可以将它放到别的公共类中。另一个“Paint”在控件被加载或者刷新时触发，然后根据状态字进行绘制。因为状态是动态变化的，为了避免在Icon中使用线程或者定时器，我们在状态字传入的时候调用方法“UpdateStatus”进行刷新，如代码11-14所示。

代码11-14　调用方法“UpdateStatus”

```
public void UpdateStatus()
{
    if (!IsLoaded || SW==_LastSW) { return; }

    this.Refresh();
}
```

方法“UpdateStatus”非常简单，就是在当前状态值不等于上次保存的状态值时强制控件刷新，也就是重新触发Paint事件。

11.4.5 Faceplate

前面我们介绍过了，Icon用于显示设备状态及模式，操作一般在Faceplate里面。所以我们还得为这个阀门组件制作一个操作面板。右击控件，选择“添加”→“窗体(Windows窗体)”，参见图11-15所示。

新添加的窗体命名“FptValve”。然后为其添加四个按钮，分别为手动、自动、启动和停止，参见图11-16所示。

操作面板Faceplate一般是在点击Icon时打开，所以我们还得为Icon添加点击事件（代码11-15）。

代码11-15　打开Faceplate

```
private void Valve_Click(object sender, EventArgs e)
{
    //声明一个面板类型FptValve
    FptValve FPT = new FptValve();
    //将当前控件实例传递进面板
    FPT.UC = this;
    //显示面板
    FPT.ShowDialog();
}
```

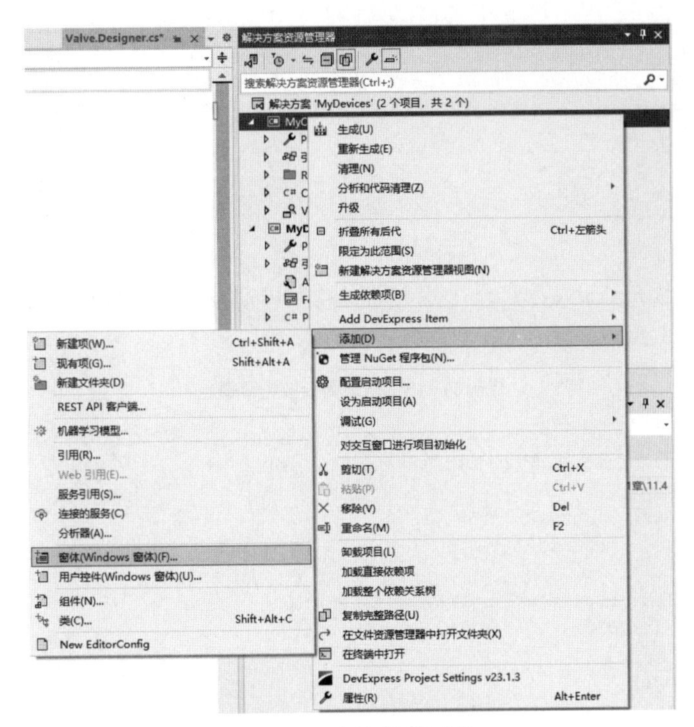

图11-15　为控件添加窗体

图11-16　阀门的Faceplate

在操作面板FptValve中我们首先声明代码11-16几个变量。

代码11-16　打开Faceplate

```
private Common.WritePLC CW;    //控制字
public Valve UC;               //用于接收传入的阀门实例
public Int16 SW;               //状态字
```

一般在操作面板加载时需要在标题栏上显示设备位号。这个代码（代码11-17）我们放在面板的Load事件中。

代码11-17　加载设备位号

```
private void FptValve_Load(object sender, EventArgs e)
{
      //窗体标题设置为设备位号
      this.Text = UC.TagName;
}
```

然后为操作面板FptValve添加一个定时器，触发周期设置为500ms，触发事件中添加代码11-18。

代码11-18　循环更新按钮背景色

```
private void tmrUpdate_Tick(object sender, EventArgs e)
{
      bool IsManual = Word2Bool(SW, 0);
      bool IsAuto = Word2Bool(SW, 1);

      _BtnManual.BackColor = SystemColors.Control;
      _BtnAuto.BackColor = SystemColors.Control;

      if (IsManual)
          _BtnManual.BackColor = Color.Yellow;

      if (IsAuto)
          _BtnAuto.BackColor = Color.Green;
}
```

在代码11-18中我们通过循环读取状态字来更新按钮背景色，主要是手动和自动按钮。如果是手动模式则手动按钮背景色设置为黄色，如果是自动模式则自动按钮背景色设置为绿色。最后我们再为操作面板中的四个按钮添加点击事件，也就是当操作员点击按钮时将相应的控制字写到组件的接口“CW”中，如代码11-19所示。

代码11-19　组件控制字

```
//每个命令或者模式对应的控制字请参见前面的控制字CW(Word)列表
//另外需要注意的是我们需要同时写入CW.WriteFlag，这样可以通知驱动
//后台进行处理

//手动模式
private void _BtnManual_Click(object sender, EventArgs e)
{
      CW.CW = 1;
      CW.WriteFlag = true;
      UC.CW = CW;
}

//自动模式
private void _BtnAuto_Click(object sender, EventArgs e)
{
      CW.CW = 2;
      CW.WriteFlag = true;
      UC.CW = CW;
```

```
    }

    //启动命令
    private void _BtnStart_Click(object sender, EventArgs e)
    {
        CW.CW = 3;
        CW.WriteFlag = true;
        UC.CW = CW;
    }

    //停止命令
    private void _BtnStop_Click(object sender, EventArgs e)
    {
        CW.CW = 4;
        CW.WriteFlag = true;
        UC.CW = CW;
    }
```

到此为止，一个可以复用的阀门组件就开发完成了。我们可以为解决方案添加一个测试项目，将它拖到窗体里就可以看到图11-17的效果。

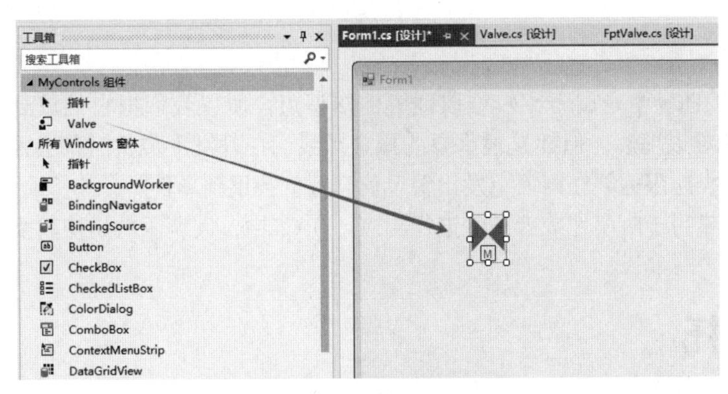

图11-17 使用视图组件

第12章 委托、事件与回调

委托和事件在C#中是属于比较难以理解的知识点，所以我们把它们放到了后面的章节。委托和事件虽然难以理解，但都是很重要的概念。我们在开发上位机时都会用到这些知识点。比如设备某个数据超限需要在画面上发出警示信息等就会用到事件。

回调函数通常用于对事件或者条件进行响应。在C#中，回调函数是使用委托实现的。

12.1 委托

在面向对象编程章节中我们学习了对象的属性、事件和方法。我们可以将任何数据类型作为参数传递给方法，无论是整型、实型或者结构等。那么我们能不能将一个方法作为参数传递给另一个方法呢？在C#中，这种操作是允许的。使用委托，我们就可以把方法作为参数进行传递。委托的意义就在于将方法变成一种数据类型。

在使用委托之前我们首先要定义某种方法的委托（代码12-1），使该方法具备数据类型那样的特性。

代码12-1 定义委托

```
//声明一个委托
//委托的声明和定义一个方法一样，只是前面多了关键字delegate
private delegate int DEL(int x, int y);
```

定义了委托之后我们就可以声明类型为DEL的变量了（代码12-2）。

代码 12-2　声明委托变量

```
//声明委托变量，这时可以把DEL当作类型看待
DEL d1, d2;
```

到这里为止我们只是定义了委托以及声明委托变量，但是我们还缺少具体实现方法。代码 12-3 这个实现方法和我们刚才声明的委托是一样的，区别只是它包含了具体的实现代码。

代码 12-3　方法实现

```
//方法
private int Add1(int x, int y)
{
    return x + y;
}
```

实现代码比较简单，我们可以看到除了委托声明多了一个关键字 delegate 外，其他声明都是一样的。

代码 12-4　调用方法

```
//委托变量d1实例化
d1 = new DEL(Add1);

//实例化委托变量d1后就可以和方法一样使用了
Console.WriteLine(d1(10, 20));

//上面的代码和直接使用方法Add1的效果是一样的
Console.WriteLine(Add1(10, 20));
```

从代码 12-4 的示例我们基本了解了委托的含义。如前所述，委托就是使方法可以像数据类型那样进行传递。那么我们也可以将方法作为参数进行传递（代码 12-5）。

代码 12-5　方法作为参数传递

```
//委托类型作为方法的参数
private int Add2(DEL x, int y)
{
    return x(100,200) + y;
}
```

将方法作为参数传递有很多好处，最主要体现在可以提高编码效率，有利于代码复用性。首先我们来看这样的一个例子，上位机循环读取设备位置，根据其位置执行相应的动作，我们的代码可能会是代码 12-6 这样的。

代码 12-6　根据设备位置执行动作

```
//将位置和执行的动作作为参数
public static void PositionDo(float Position, out int Q)
{
```

```
            //根据位置值执行相应的动作
            if (Position > 98.0 && Position < 102.0)
            {
                //do somethings
                Q = 1;
                return;
            }

            //根据位置值执行相应的动作
            if (Position > 198.0 && Position < 202.0)
            {
                //do somethings
                Q = 2;
                return;
            }

            Q = 0;
        }
    }
```

在代码12-6中我们假设了2种位置区间，代码根据不同的位置执行相应的动作。如果工艺要求的代码区间很多，那么我们可能就要不断地添加代码。很多情况下有些动作是重复的，那我们可能就不得不在不同的位置区间填写这些重复的代码。

设想一下，我们能不能将位置判断和重复性的动作放到一个单独的方法中，然后将这个方法作为参数传递进来呢？这个时候我们就需要用到委托了。在传递方法之前我们需要声明这个方法为一个委托类型。只有声明这个方法为委托，它才可以作为参数传递，否则编译器不知道它是个什么类型，如代码12-7所示。

代码12-7　声明委托

```
//声明委托
public delegate bool Pos(float CurrentPos,float HighLimit,float LowLimit);

//作为委托类型的方法
//这个方法的形参需要和声明的委托类型完全一致
public bool Cal(float CurrentPos, float HighLimit, float LowLimit)
{
    if (CurrentPos < HighLimit && CurrentPos > LowLimit)
        return true;
    else
        return false;
}
```

在代码12-7中，我们首先声明了一个委托数据类型，然后再定义了一个参数与委托类型完全一致的方法。在这个方法里我们会根据设备当前位置及定义的区间数据执行动作。声明了委托类型之后，我们的方法就可以作为一个已知类型参数传递给其他方法了（代码12-8）。

代码12-8　方法作为参数传递

```
//声明委托
public delegate bool Pos(float CurrentPos,float HighLimit,float LowLimit);
```

```
//作为委托类型的方法
//这个方法的形参需要和声明的委托类型完全一致
public bool Cal(float CurrentPos, float HighLimit, float LowLimit)
{
     if (CurrentPos < HighLimit && CurrentPos > LowLimit)
         //do somethings
         return true;
     else
         return false;
    }

    //接受委托方法的传递
    //类型是Pos,也就是我们定义的委托类型
    public static void PositionDo(float Position,Pos Calculation, out int Q)
    {

     //调用参数方法
     if (Calculation(Position,102.0f,98.0f))
     {
         Q = 1;
         return;
     }

     if (Calculation(Position, 202.0f, 198.0f))
     {
         Q = 2;
         return;
     }

     if (Calculation(Position, 302.0f, 298.0f))
     {
         Q = 3;
         return;
     }

     Q = 0;
}

private void btnReadPos_Click(object sender, EventArgs e)
{
    float data = float.Parse(textBox1.Text);
    int Q = 0;

    //将方法Cal作为参数传递
    PositionDo(data,Cal, out Q);
    MessageBox.Show(Q.ToString());
}
```

在代码12-8中我们通过按钮调用方法PositionDo，其中方法Cal和当前位置作为参数传递。这种代码方法在编写较复杂业务逻辑时具有相当大的优势。代码结构清晰，代码量小，编码效率高。

12.2 事件

前面我们介绍了把方法作为参数进行传递，由此我们需要定义委托，根据当时设备位置执行相应的动作。那么我们怎么实时知道当前的设备位置呢？上一节例子中我们是通过按钮事件调用的方法PositionDo。在实际项目中通过按钮触发肯定是行不通的，因为位置可能是瞬息万变的，我们也不可能总是去点击按钮。或许你会想我们把PositionDo放到一个定时器或者线程中循环执行。这样也是可以的，不过不利于程序执行效率。该方法是基于位置进行判断的，那我们最好的方法应该是在位置变化时调用它，反之它没有必要执行。基于这种需求我们需要用到事件这个概念。位置变化可以理解为一个事件，在事件发生时通过该方法对当前位置进行判断，如果在某个区间就执行相应的动作。

在通常的上位机应用中，对PLC的数据读取是通过单独的线程循环执行的。数据经过转换后保存到变量中，如前面的设备位置。位置并不一定会在每次读取时都会变化，只有在变化时才需要执行方法PositionDo。如果PositionDo和数据读取在同一个类中，那么就比较简单，直接把当前变量和上一次变量进行比较，如果不一致就调用PositionDo。但是实际上PositionDo和负责数据读取的方法基本不在同一个类中，那我们就需要通过事件来发布消息，PositionDo作为一个事件订阅者来接收这样的消息。

代码12-9　负责数据读取的类

```
//类GetData负责读取数据
public class GetData
{
    private float _CurrentPosition;
    public float CurrentPosition
    {
        get { return _CurrentPosition; }
        set {
            if (_CurrentPosition!=value)
            {
                //判断数据是否变化，如果变化就调用方法OnChanged
                _CurrentPosition = value;
                OnChanged();
            }
        }
    }

    //声明一个委托类型
    public delegate void Pos();
    //声明一个事件，类型是Pos
    public event Pos PosChanged;

    protected virtual void OnChanged()
    {
        if (PosChanged != null)
            PosChanged();
        else
            MessageBox.Show("No event!");
    }
}
```

如代码12-9所示，如果要使用事件，我们需要声明一个委托类型及该委托类型的事件。属性CurrentPosition用于获取实时位置，位置值一般由数据采集线程写入。属性会判断当前值是否有变化，如果不等于上次值就调用方法OnChanged。在方法OnChanged中首先判断传入的事件是否为空，如果不是就触发事件。

代码12-10　订阅事件

```
//实例化类GetData
GetData ActualData = new GetData();

//按钮点击事件里订阅事件，触发方法Do
private void btnReadPos_Click(object sender, EventArgs e)
{
    ActualData.PosChanged += new GetData.Pos(Do);

     //模拟设置属性CurrentPosition值
    ActualData.CurrentPosition = 56.6f;
    ActualData.CurrentPosition = 56.6f;
    ActualData.CurrentPosition = 100.0f;

}

private void Do()
{
    int Q = 0;
    PositionDo(ActualData.CurrentPosition, Cal, out Q);
    MessageBox.Show(Q.ToString());
}
```

在代码12-10中我们首先对类GetData进行实例化，然后为方法Do订阅事件PosChanged。如果事件一旦触发将会调用方法Do。通过按钮点击事件我们模拟传入了三个值，分别是56.6、56.6和100.0。因为第一次和第二次的值相同，所以事件只会触发一次。保存程序并运行就可以看到实际效果。

12.3　回调

回调就是一个通过函数指针调用的函数(在C#中没有函数指针这一说法，是通过委托实现的)。如果你把一个方法作为参数传递给另一个方法，当这个方法被用来调用其所指向的方法时，我们就说这是回调。回调不是由该方法的实现方直接调用，而是在特定的事件或条件发生时由另外一方调用的，用于对该事件或条件进行响应。回调是任何一个被以方法为其第一个参数的其他方法调用的方法。很多时候，回调是一个当某些事件发生时被调用的方法。

只看文字可能很难理解这段话，下面我们结合一个实例来解释。在我们编写多线程程序时很多情况下不可避免要进行跨线程操作，比如在一个单独的线程里操作窗体上的文本控件。因为跨线程操作是不安全的，C#会默认禁止此类操作。在程序运行时一旦出现此类操作就会异常退出。一个比较简便的方法是在窗体的构造函数中禁止检查跨线程访问（代码12-11）。

代码12-11　禁止跨线程访问检查

```
//窗体构造函数
public Form1()
{
    InitializeComponent();
    //禁止跨线程检查
    Control.CheckForIllegalCrossThreadCalls = false;
}
```

添加了代码12-11语句后我们就可以随心所欲地进行跨线程操作了。但是这种粗暴的方法也可能会导致其他不安全操作被忽视，为程序的健壮性带来不稳定因素。所以一般我们是不建议这么做的。那么要进行安全的跨线程操作就得使用回调了。

因为回调需要传递方法，所以回调技术的实现也是基于委托。代码12-12演示了委托变量作为回调参数的使用。

代码12-12　使用回调

```
//声明一个委托类型
delegate void _WriteTextCallBack(string s);

//委托的方法实现
private void WriteText(string s)
{
    this.Text = s;
}


//该方法用于多线程中
private void cycle()
{
    int i = 0;
    while(true)
    {
          i++;
         //如果像下面代码一样直接更新窗体标题的话会触发异常
         //除非增加语句Control.CheckForIllegalCrossThreadCalls = false;
          //this.Text = i.ToString();

         //声明一个委托变量wtCallBack，类型是_WriteTextCallBack，
         //实现方法是WriteText
          _WriteTextCallBack wtCallBack = new _WriteTextCallBack(WriteText);

          //在窗体的UI线程上执行委托方法wt
         //Invoke的调用方法是方法名称：参数1，参数2，参数3......
          this.Invoke(wtCallBack,i.ToString());
          Thread.Sleep(100);
      }
    }

    private void Form1_Load(object sender, EventArgs e)
    {
        Task task = Task.Run(()=>cycle());
}
```

回调方法一般在后面加上CallBack作为标识，当然这不是强制的，只是为了便于阅读代码。Invoke是Control提供的方法。Control.Invoke指的是在Control所在的线程上执行传递给Invoke的方法，也就是委托变量，所以它是线程安全的。除了方法Invoke外还有一个方法是this.BeginInvoke，它和this.Invoke的区别是前者为异步执行，后者为同步执行。

第13章 设备通信

对于工业自动化行业的C#上位机开发人员来说，不可避免地要与现场设备打交道。无论是SCADA应用开发还是智能制造中的数据采集系统，无一例外需要与设备控制器(PLC、运动控制器、智能仪表等)或者远程I/O模块等进行数据交换。通常组态软件都可以支持很多厂商的PLC、智能仪表。这些软件都开发有专门负责与PLC、智能仪表交换数据的dll、ActiveX控件。这些控件、类库采用动态加载的方法，比如如果选择了西门子PLC那么就会加载S7相关的类库。也有的组态软件采用的是单独的I/O Server模式，比如大名鼎鼎的Wonderware就有自己独立的I/O Server。I/O Server和Runtime使用DDE(微软技术)或者SuiteLink(Wonderware技术)通信。

工业自动化涉及的控制器及智能仪表或者第三方系统比较多，如果该设备有对应的官方驱动库或者开源组件我们只需要在应用程序中调用就可以。如果没有，可能就需要自己分析报文然后开发对应的驱动程序了。目前市场上使用的主流控制器或者模块、智能仪表等基本都有现成的组件或者类库供使用，即使没有厂家通常也会提供通信协议，我们只需要自己做个封装即可。

对于我们C#开发者来说，笔者认为在通信驱动方面大致会有三个开发层次：最开始我们是在项目中调用别人已经封装好的通信类库，比如和西门子系列PLC/LOGO通信我们可能会调用Sharp7或者S7NetPlus这些开源类库；慢慢地我们会根据在项目中的实践经验做一些二次封装，从而进一步提高开发效率；最后随着我们做的项目越来越多，碰到的设备也是各种各样，我们可能需要对各个设备的驱动类库做统一封装，不同的设备、同样的接口，最终形成自己风格的设备驱动库。

接下来的几个部分内容核心是通信，涉及了串口和以太网通信，协议有Modbus、S7、OPC DA和OPC UA等，基本都是目前的主流通信协议。在章节排布上，前面几章是各种通信的基本使用，后面章节会结合多线程进行后台数据采集，最后则将设计模式引入了驱动设计，大家可以根据它的思路设计自己的通信驱动类库。

13.1 串口通信

虽然现在以太网已经占据了主流通信的地位，但是在实际工作中使用的很多智能仪表只提供串行接口，比如电表、流量计、一些经济型PLC等，因此我们还是从串口通信开始讲起。

我们常用的串口从电气特性上划分有RS-232、RS-485和RS-422这几种。RS-232-C是美国电子工业协会EIA（Electronic Industry Association）制定的一种串行物理接口标准。RS是英文“推荐标准”的缩写，232为标识号，C表示修改次数。它的全名是“数据终端设备（DTE）和数据通信设备（DCE）之间串行二进制数据交换接口技术标准”。该标准规定采用一个25引脚的DB-25 连接器，对连接器的每个引脚的信号内容加以规定，还对各种信号的电平加以规定。后来IBM的PC将RS-232简化成了DB-9连接器，从而成为事实标准。而我们工业控制行业的RS-232口一般只使用RXD（2）、TXD（3）、GND（5）三条线。RS-232-C标准规定的数据传输速率为50、75、100、150、300、600、1200、2400、4800、9600、19200等波特每秒。RS-232-C标准规定，驱动器允许有2500pF的电容负载，通信距离将受此电容限制，例如：采用150pF/m的通信电缆时，最大通信距离为15m；若每米电缆的电容量减小，通信距离可以增加。传输距离短的另一原因是RS-232属单端信号传送，存在共地噪声和不能抑制共模干扰等问题，因此一般用于20m以内的通信。

RS-422和RS-485电路原理基本相同，都是以差动方式发送和接收，不需要数字地线。差动工作是同速率条件下传输距离远的根本原因，这正是二者与RS-232的根本区别，因为RS-232是单端输入输出，双工工作时至少需要数字地线、发送线和接收线三条线（异步传输），还可以加其他控制线完成同步等功能。RS-422通过两对双绞线可以全双工工作收发互不影响，而RS-485只能半双工工作，发收不能同时进行，但它只需要一对双绞线。RS-422和RS-485最大通信速率可以达到10Mbps，在19kpbs下能传输1200m。用新型收发器的线路可连接多台设备。

RS-422的电气性能与RS-485完全一样。主要的区别在于：RS-422 有4 根信号线——2根发送（Y、Z）、2根接收（A、B），由于RS-422 的收与发是分开的所以可以同时收和发（全双工）；RS-485只有2根信号线——发送和接收。

表13-1列出了它们之间的一些简单对比。

表13-1 常用串口电气特性对比

串口型号	工作模式	通信距离/m	接线	其他
RS-232		15	RXD, TXD, GND	点对点通信，理论上也可以一对多
RS-422	全双工	1200	A+, A−, B+, B−	需要120Ω的终端电阻，理论上最多255个站点，但是根据串口芯片负载能力一般最大128个站点
RS-485	半双工	1200	A, B	

SerialPort是.Net Framework自带的一个串口操作类。它提供了常规的一些串口操作方法，使我们很容易就能够实现串口通信。下面我们以编写一个简单的串口调试软件为例来介绍如何使用C#开发串口通信程序。

由于现在的笔记本电脑基本没有串口了，所以只能通过外部硬件(USB转串口)来添加串口。为了便于大家调试而不增加额外的硬件成本，这里推荐使用虚拟串口软件(Configure Virtual Serial Port Driver)来调试（图13-1）。这款软件安装后即可使用，无需额外设置。软件安装后默认会虚拟两个串口COM1和COM2，且它们之间是互联的。互联意味着我们通过COM1发送的数据COM2会收到，反之亦然，这种模式非常适合软件调试。

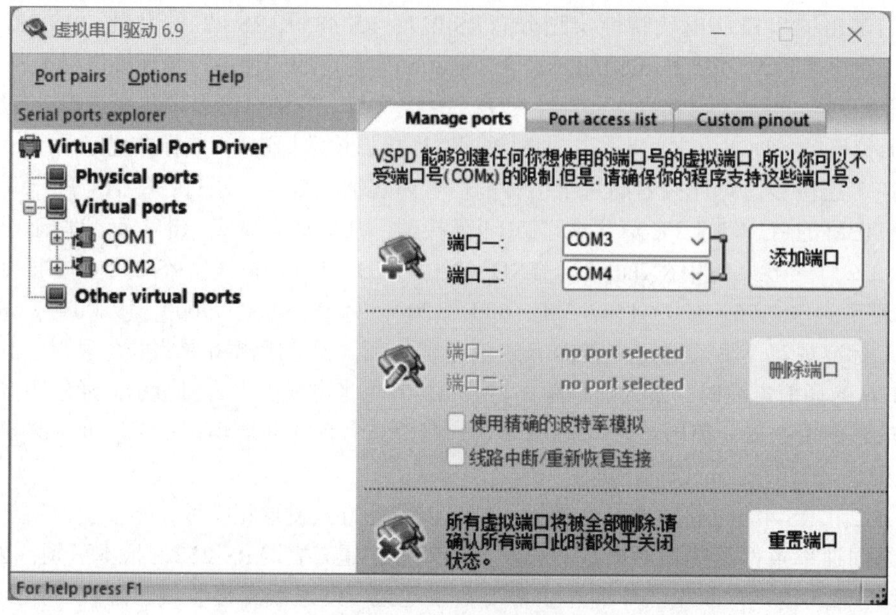

图13-1 虚拟串口软件

新建一个项目，命名为“SerialPortDemo”，拖放若干控件到窗体上并调整大小和位置，具体布局参见图13-2。这里为了界面美观，我们使用了前面介绍过的CSkin组件。

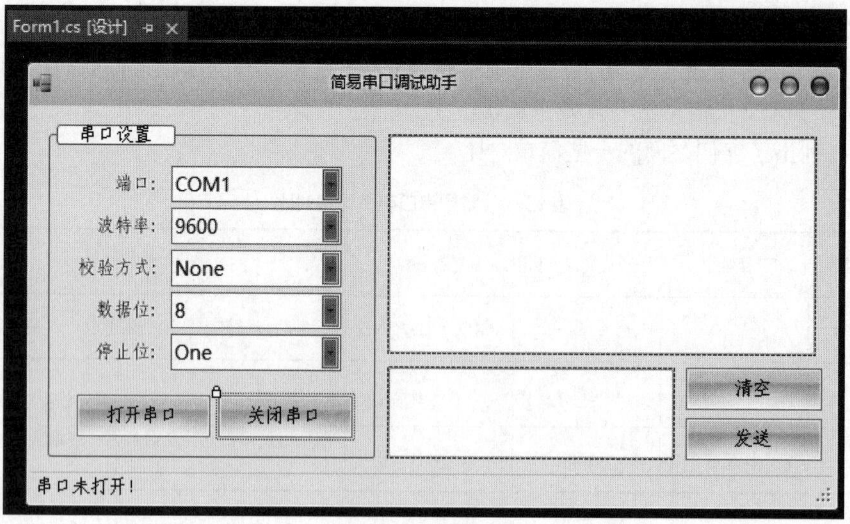

图13-2 窗体布局

各控件的属性设置参见表13-2。

表13-2　控件属性一览表

序号	控件类型	名称(Name)	文本(Text)	功能	其他
1	ComboBox	cmbPort	COM1	选择端口	—
2	ComboBox	cmbBps	9600	选择波特率	输入Item：4800、9600、19200
3	ComboBox	cmbCheck	None	选择校验方式	输入Item：None、Odd、Even
4	ComboBox	cmbDataBit	8	选择数据位	输入Item:7、8
5	ComboBox	cmbStopBit	One	选择停止位	输入Item：One、Two
6	Button	btnOpen	打开串口	打开已选择的串口	—
7	Button	btnClose	关闭串口	关闭已选择的串口	—
8	Button	btnClear	清空	清空已接收信息	—
9	Button	btnSend	发送	发送信息	—
10	TextBox	txtRev	N/A	显示已接受的字符	—
11	TextBox	txtSend	N/A	输入待发送字符	—
12	StatusStrip	—	串口已关闭	显示串口状态	—

完成了界面布局后我们开始编写代码操作串口。首先拖一个控件SerialPort到窗体上，然后编写代码在窗体加载时自动显示当前计算机的可用串口（代码13-1）。

代码13-1　自动显示当前计算机可用串口

```
private void Form1_Load(object sender, EventArgs e)
{
    toolStripStatusLabel1.Text = "串口未打开！";

    //获取计算机上所有可用的串口
    string[] sPorts = System.IO.Ports.SerialPort.GetPortNames();

    //清除控件ComboBox里面信息
    cmbPort.Items.Clear();
    //控件ComboBox里面添加端口信息
    for (int i = 0; i < sPorts.Length; i++)
    {
      cmbPort.Items.Add(sPorts[i]);
    }
}
```

代码13-1的功能是在窗体加载时自动读取可用的串口信息，然后添加到下拉列表框控件ComboBox里面，运行效果如图13-3所示，从图中可以看出当前机器上有两个可用端口(虚拟串口软件默认虚拟的COM1和COM2)。

接下来根据选择的端口号及参数打开串口。将代码13-2写在按钮btnOpen的点击事件里面。

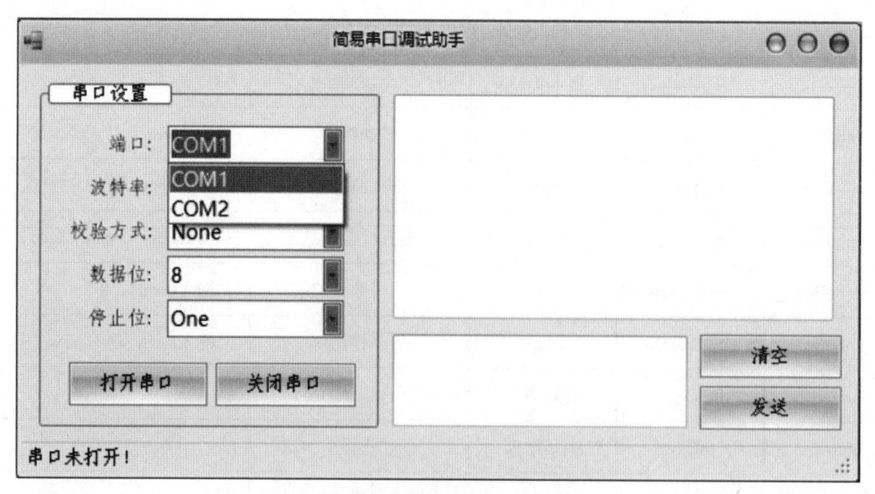

图13-3　显示当前机器上的可用端口

代码13-2　打开串口

```
private void btnOpen_Click(object sender, EventArgs e)
{
    //指定端口号
    serialPort1.PortName = cmbPort.Text;

    //指定波特率
    serialPort1.BaudRate = int.Parse(cmbBps.Text);

    //指定校验方式
    serialPort1.Parity = (Parity)Enum.Parse(typeof(Parity),
                                        cmbCheck.Text);
    //指定数据位
    serialPort1.DataBits = int.Parse(cmbDataBit.Text);

    //指定停止位
    serialPort1.StopBits = (StopBits)Enum.Parse(typeof(StopBits),
                                           cmbStopBit.Text);

    //该段代码先注释掉，因为serialPort1_DataReceived暂时还没建
    //接收数据事件
    //serialPort1.DataReceived += serialPort1_DataReceived;

    //打开串口
    serialPort1.Open();

    //更新状态栏信息
    if (serialPort1.IsOpen)
        toolStripStatusLabel1.Text = cmbPort.Text + "已打开！";
}
```

代码13-2的类型(Parity、StopBits等)转换需要导入命名空间using System.IO.Ports，否则会报错。执行代码13-2后我们会看到状态栏显示串口已打开。在虚拟串口软件里面也可以看到端口状态（图13-4）。

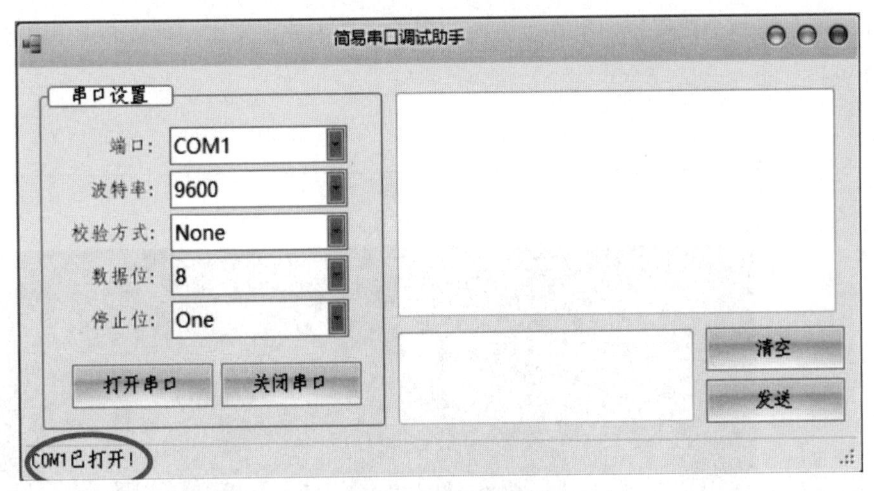

图13-4　串口已打开

如果要关闭串口直接调用方法Close即可（代码13-3）。

代码13-3　关闭串口

```
private void btnClose_Click(object sender, EventArgs e)
{
    if (serialPort1.IsOpen)
        serialPort1.Close();

    if (!serialPort1.IsOpen)
        toolStripStatusLabel1.Text = cmbPort.Text + "已关闭！";
}
```

串口打开后我们就可以发送数据了（代码13-4）。发送数据调用方法Write即可，Write是个重载方法，可以发送字符串，也可以发送字节数组。除了方法Write外还有一个WriteLine专门用于发送字符串，该方法发送的字符串信息后面附带了一个换行标识。

代码13-4　发送数据

```
private void btnSend_Click(object sender, EventArgs e)
{
    if (serialPort1.IsOpen)
        serialPort1.WriteLine(txtSend.Text);
    else
        MessageBox.Show("请先打开串口！");
}
```

为了验证数据是否正确发送，我们可以另外再开一个串口调试助手来监测数据，如图13-5所示。需要注意的是，两个串口调试助手的串口参数要一致(端口号除外，我们自己的软件使用COM1,第三方串口调试助手使用COM2)。

接下来我们再添加一个数据接收处理程序就可以完成这个简易串口调试软件了。接收程序也比较简单，将数据从缓冲区读出来再转换为目标格式就行了。不过有一点需要注意，串口接收线程和UI不是同一个线程，如果直接将接收到的字符串放到文本控件txtRev里是会报错的，参见图13-6。

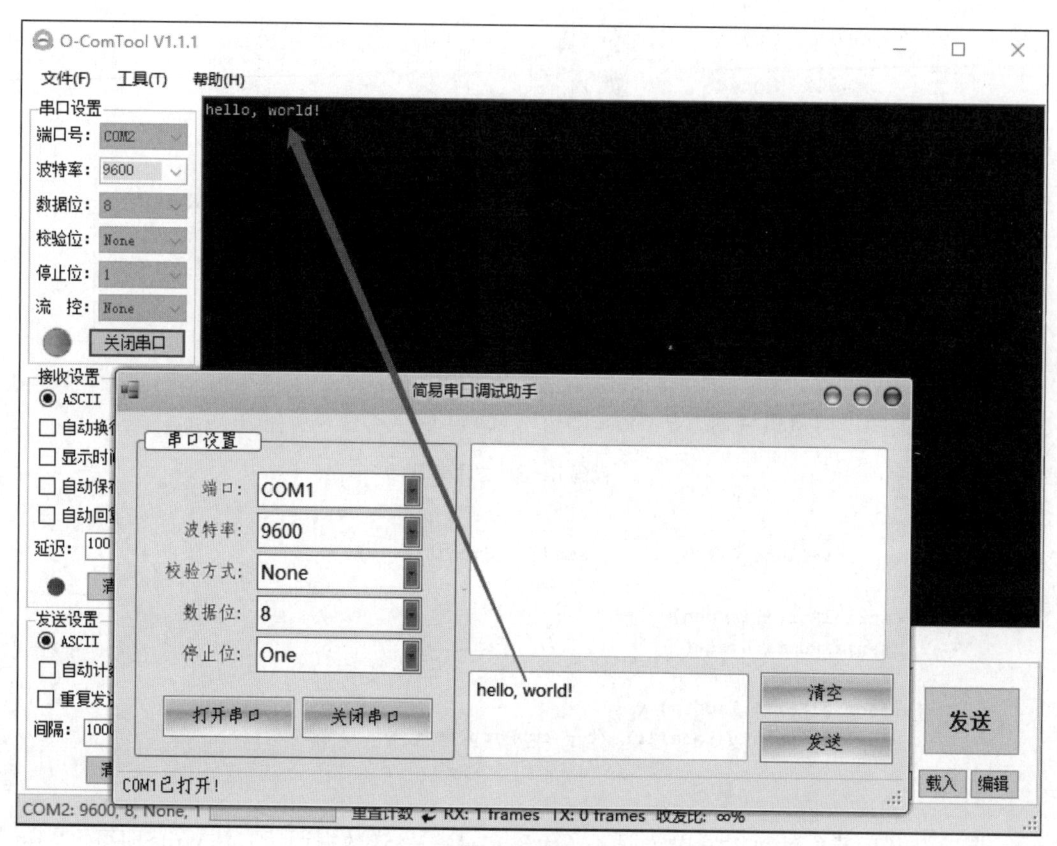

图13-5 发送数据

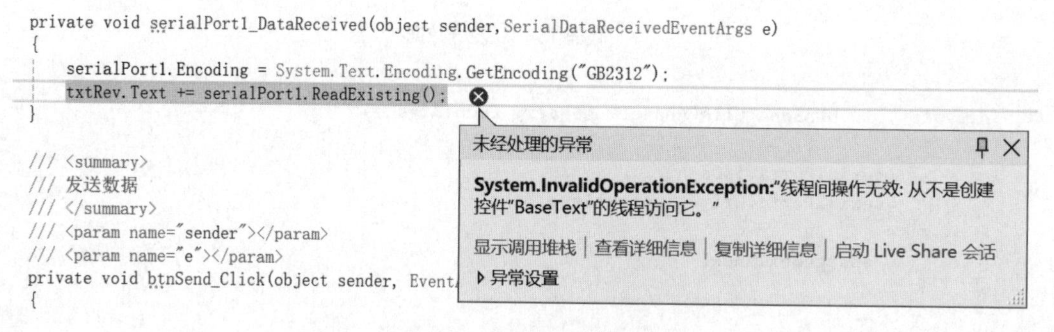

图13-6 禁止跨线程访问

虽然通过添加语句“Control.CheckForIllegalCrossThreadCalls = false;”可以禁止检查跨线程访问。不过这个方法一般不推荐使用，这里我们采用回调的方法来解决。首先声明一个委托类型以及实现方法，参见代码13-5。

代码13-5　声明委托及实现方法

```
/// <summary>
/// 声明一个委托类型
/// </summary>
/// <param name="s"></param>
delegate void _GetDataCallBack(string s);

/// <summary>
/// 委托的实现方法
/// </summary>
/// <param name="s"></param>
private void GetData(string s)
{
    txtRev.AppendText(s);
}
```

在代码13-5的委托方法里我们将传入的字符信息添加到文本控件txtRev里。然后在接收事件里面通过控件的Invoke方法调用委托即可（代码13-6）。

代码13-6　数据接收事件

```
private void serialPort1_DataReceived(object sender,
                                      SerialDataReceivedEventArgs e)
{
    serialPort1.Encoding = System.Text.Encoding.GetEncoding("GB2312");

    //声明一个委托变量wtCallBack，类型是_GetDataCallBack，
    //实现方法是GetData

    _GetDataCallBack wtCallBack = new _GetDataCallBack(GetData);
    string s = serialPort1.ReadExisting();

    //在UI线程上执行回调函数
    txtRev.Invoke(wtCallBack, s);
}
```

用于接收数据的方法添加完毕后记得把我们在代码13-2中注释掉的语句改回来，然后保存并运行程序。当我们再一次通过其他串口调试助手向COM1发送数据时就可以看到我们自己写的串口软件接收的数据了（图13-7）。

13.2　Socket通信

13.2.1　Socket基本知识

套接字（Socket）是以太网通信的基石，是支持TCP/IP协议的网络通信基本操作单元。它是网络通信过程中端点的抽象表示，包含进行网络通信必须的五种信息：连接使用的协议、本

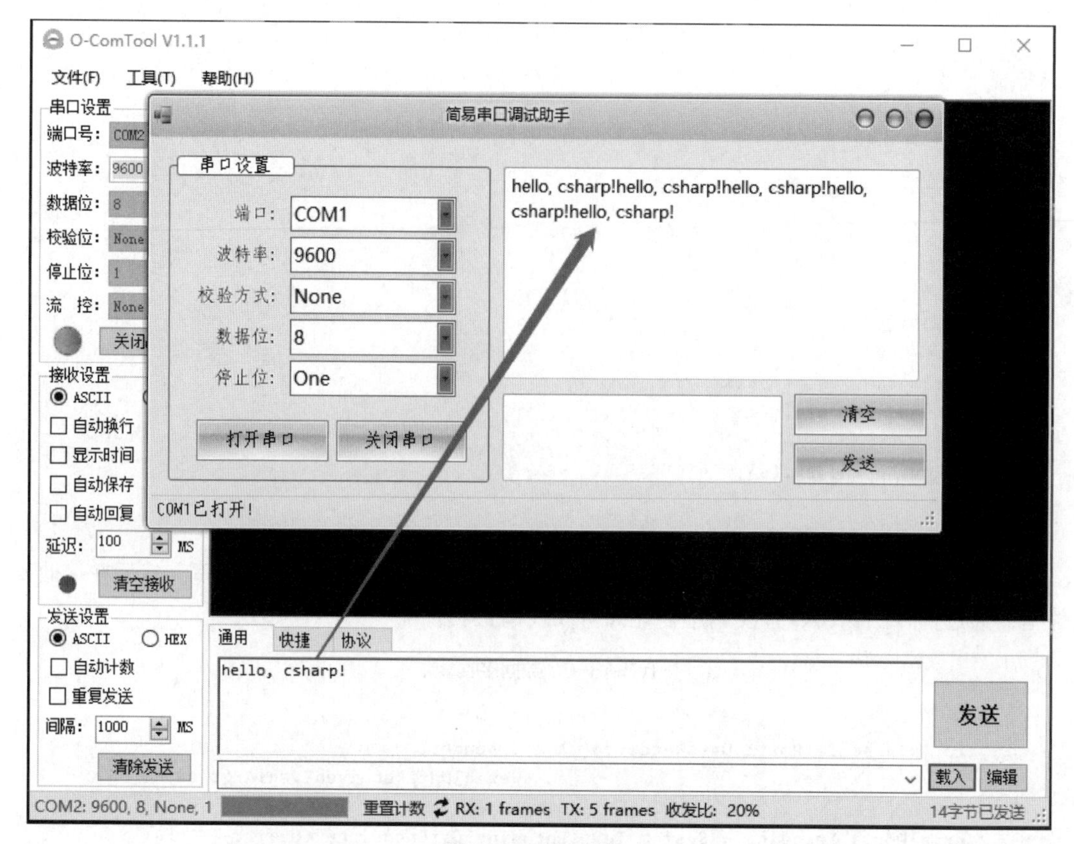

图13-7 接收数据

地主机的IP地址、本地进程的协议端口、远端主机的IP地址、远端进程的协议端口。Socket相当于一个通信句柄。IP地址相当于进入计算机这所大院的大门，而端口相当于大院内各个房间的小门。应用程序或者服务需要绑定大门和一个小门进出房间，实现通信互访。

应用层通过传输层进行数据通信时，TCP会遇到同时为多个应用程序进程提供并发服务的问题。多个TCP连接或多个应用程序进程可能需要通过同一个TCP协议端口传输数据。为了区别不同的应用程序进程和连接，许多计算机操作系统为应用程序与TCP / IP协议交互提供了套接字接口。应用层可以和传输层通过Socket接口，区分来自不同应用程序进程或网络连接的通信，实现数据传输的并发服务。

通俗地说，用IP地址和端口号表示一个网络通信的端点，端点之间的通信分为服务端和客户端，服务端在通信过程中一般处于被动地位，它一直在等待客户端的连接。而客户端处于主动地位，它会主动去连接服务端，当双方确认连接正常就可以相互收发数据了，这就是我们常说的TCP/IP通信。

TCP/UDP是建立在Socket基础上的一种通信协议，TCP是一种面向连接的、可靠的，基于字节流的传输层通信协议。TCP用于为两台主机提供高可靠性的数据通信服务。它可以将源主机的数据无差错地传输到目标主机。当有数据要发送时，对应用程序送来的数据进行分片，以适合在网络层中传输；当接收到网络层传来的分组时，它要对收到的分组进行确认，还要对丢失的分组设置超时重发等。为此TCP需要增加额外的许多开销，以便在数据传输过程中进行一些必要的控制，确保数据的可靠传输。因此，TCP传输的效率相对于UDP来说要低一点。

UDP是一种简单的、面向数据报的、无连接的协议，提供的是不一定可靠的传输服务。所谓“无连接”是指在正式通信前不必与对方先建立连接，不管对方状态如何都直接发送过去。这与发手机短信非常相似，只要知道对方的手机号就可以了，不要考虑对方手机处于什么状态。UDP虽然不能保证数据传输的可靠性，但数据传输的效率较高。鉴于上面描述的TCP和UDP通信的差异，我们的上位机在与硬件设备通信时通常优先选择TCP。

13.2.2　Socket通信适用场景

一般来说，我们用C#开发的系统免不了要和硬件设备进行数据交换，这些硬件设备通常是PLC或者智能仪表。对于智能仪表来说可能Modbus-RTU应用比较广泛，但是对于PLC来说各家通常都有自己的协议，比如西门子的S7协议、AB的Ethernet/IP等。也有很多PLC支持标准的第三方协议，比如Modbus-TCP。

无论哪种协议，C#都是采用轮询的方式来从硬件设备中获取数据。这种轮询机制有个缺点就是返回的设备数据会有延迟。产生这种数据延迟的原因是轮询周期的限制。上位机的轮询周期如果太短就会占用太多的网络资源，甚至会影响其他设备的正常通信，比如编程软件对PLC程序的监控和修改，太短就会导致延迟时间更长。采用Socket通信就不会有这个问题，PLC会在数据变化时及时主动地将报文发送到上位机，上位机收到报文后解析并写到数据库或者展示在画面上。由于PLC是采用事件触发的方式发送报文，上位机无需进行轮询，从而可以大大地提高数据响应速度，另外也会节省很多网络资源。

另外在信息化项目中，很多MES和MES、MES和二级、二级和二级之间的通信也是使用Socket。主要也是因为Socket易于使用，响应速度快。

13.2.3　Socket通信流程

Socket通信中的终端分为客户端和服务端。主动发起连接请求的终端称之为客户端，被动等待请求连接的终端称之为服务端。对于服务端来说，其通信过程大致如下:

· 创建一个用于监听连接的Socket对象；

· 用指定的端口号和服务器的IP地址建立一个EndPoint对象；

· 用Socket对象的Bind()方法绑定EndPoint；

· 用Socket对象的Listen()方法开始监听；

· 接收到客户端的连接，用Socket对象的Accept()方法创建一个新的用于与客户端进行通信的Socket对象；

· 通信结束后关闭Socket。

对于客户端来说，其通信过程大致如下:

· 建立一个Socket对象；

· 用指定的端口号和目标服务器的IP建立一个EndPoint对象；

· 用Socket对象的Connect()方法以上面建立的EndPoint对象作为参数，向服务器发出连接请求；

· 如果连接成功，就用Socket对象的Send()方法向服务器发送信息；

· 用Socket对象的Receive()方法接收服务器发来的信息；
· 通信结束后关闭Socket。

上述过程也可以用图13-8来表示。

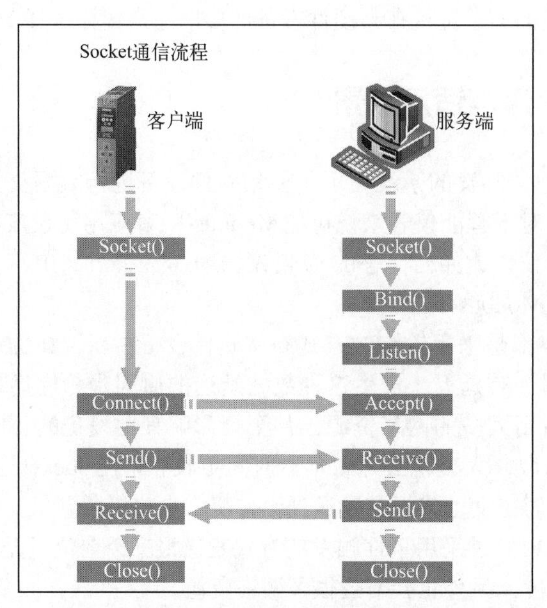

图13-8 Socket通信流程

13.2.4 Socket通信实例

本小节我们将用一个实例来介绍如何在工程项目中使用Socket通信来与硬件设备交换数据。在Socket通信应用中，C#开发的应用程序通常作为服务端，它接受多个客户端(PLC或其他硬件)的连接请求。一旦双方建立了连接就可以根据需要进行数据交换。我们这里以一个上位机和一个S7-1500 PLC为例来介绍，S7-1500 PLC作为TCP Client，C#开发的应用程序作为TCP Server。PLC在每次数据变化时将主动将数据通过报文发送到上位机，上位机将报文解析出来显示到画面上。

表13-3 地址信息表

名称	PLC	C# Application
IP地址	192.168.1.100	192.168.1.101
端口	2000	自动分配
Server/Client	Client	Server

（1）PLC组态与编程

首先根据表13-3中的信息组态PLC。由于PLC部分不属于本书重点，具体组态过程不再赘述。组态完成的信息参见图13-9。

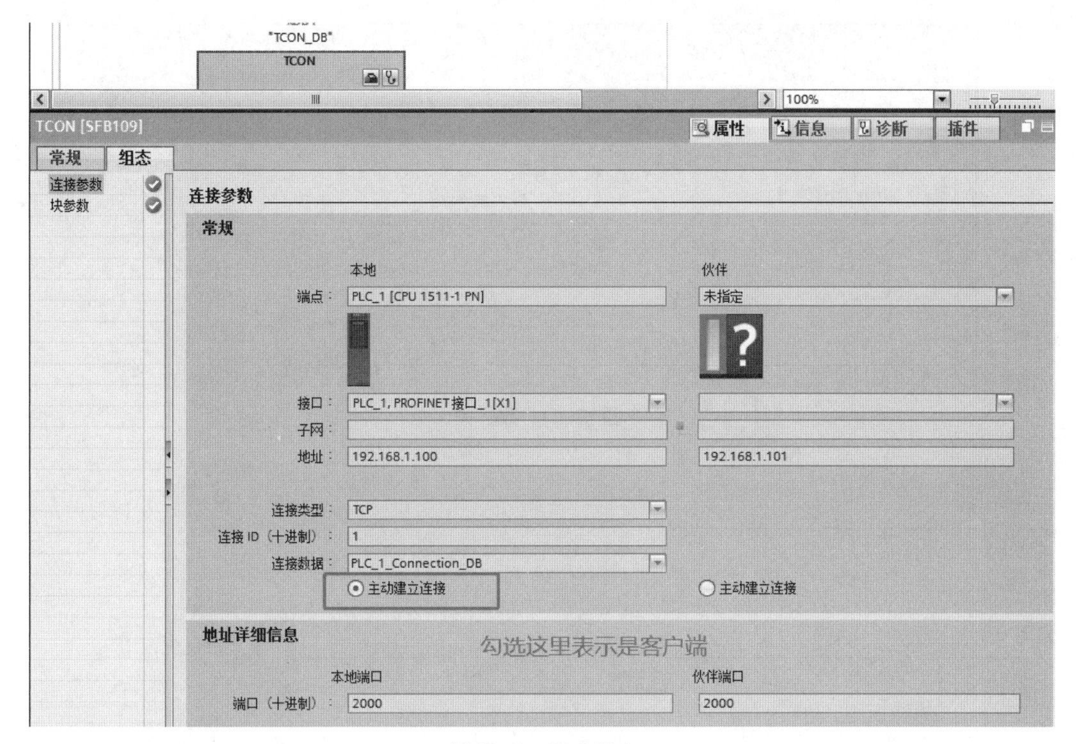

图13-9　PLC组态

组态完成后需要进行编程。为了使例子更贴近实际项目，我们假定在PLC中对某一个重要数据进行监控，一旦发生变化就立即发送到上位机。首先我们要创建一个UDT，参见图13-10所示。

Socket ▸ PLC_1 [CPU 1511-1 PN] ▸ PLC 数据类型 ▸ DT1

DT1

	名称	数据类型	默认值	可从 HMI/...	从 H...	在 HMI ...
1	Flt	Bool	false	☑	☑	☑
2	Running	Bool	false	☑	☑	☑
3	Weight	Real	0.0	☑	☑	☑
4	Count	Int	0	☑	☑	☑

图13-10　UDT

再创建一个名为DB1的数据块，在里面定义图13-11所示变量。

在这个例子里我们需要对DB1.DA1.Weight进行监控，一旦发现其值发生变化立即发送到上位机。这部分程序参见图13-12所示。首先将DB1.DA1.Weight的值和上一次值进行比较，如果不相等就调用发送指令。在程序段的最后将DB1.DA1.Weight的当前值保存为上一次值，用作下一次比较。

PLC侧的Socket通信也需要先建立连接，然后再收发数据。由于连接部分比较简单，这里就不再赘述了。

（2）SocketTool

在开始C#编程之前，建议用一个SocketTool工具测试下PLC程序是否正常。打开SocketTool。

选中图13-13中的“TCP Server”，点击按钮“创建”新建一个TCP Server。

Socket ▸ PLC_1 [CPU 1511-1 PN] ▸ 程序块 ▸ DB1 [DB5]

保持实际值　快照　将快照值复制到起始值中　将起始值加载为实际值

DB1

	名称	数据类型	起始值	监视值	保持	可从 HMI/...
1	▼ Static				☐	☐
2	▼ DA1	"DT1"			☐	☑
3	Flt	Bool	false	FALSE	☐	☑
4	Running	Bool	false	FALSE	☐	☑
5	Weight	Real	0.0	0.0	☐	☑
6	Count	Int	0	0	☐	☑
7	▸ aBuff	Array[0..19] of Byte			☐	☑
8	LastLevel	Real	0.0	0.0	☐	☑

图13-11　数据块

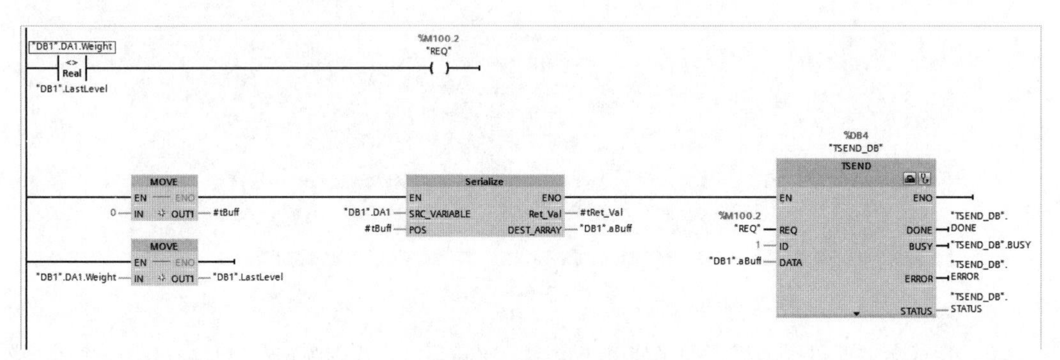

图13-12　发送程序

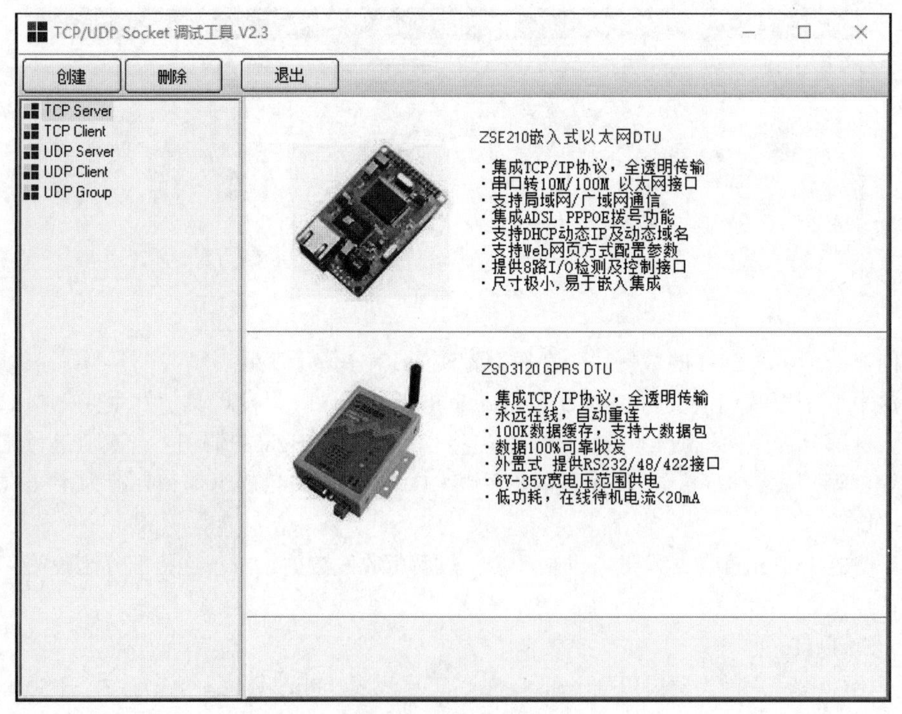

图13-13　SocketTool

注意图13-14中的监听端口要和PLC程序中配置的远程服务端端口一致，这里我们设置的是2000。然后我们将PLC程序中“TCON”指令的REQ置位就看到有客户端接入了，如图13-15所示。

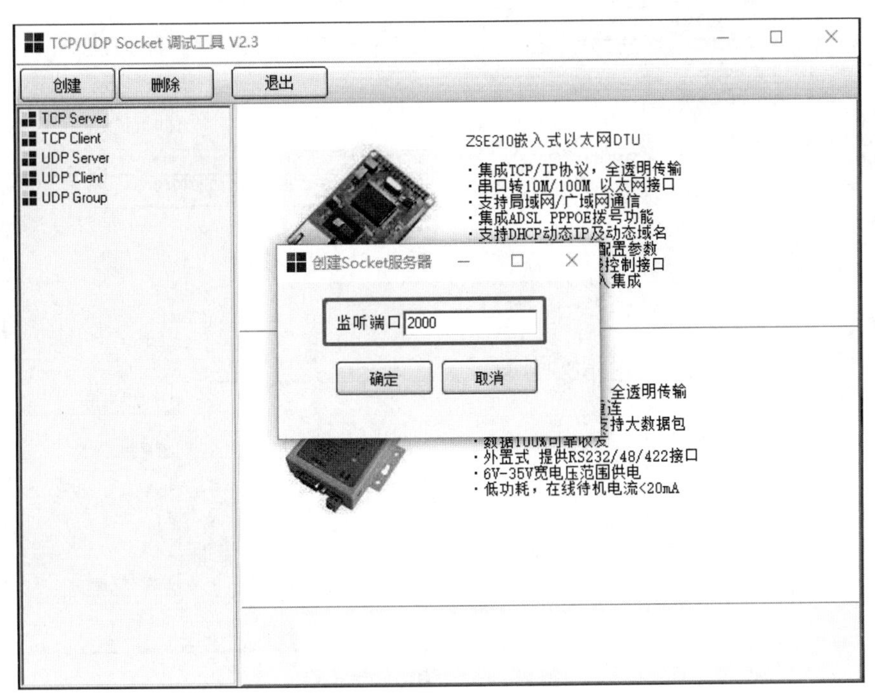

图13-14　新建TCP SERVER

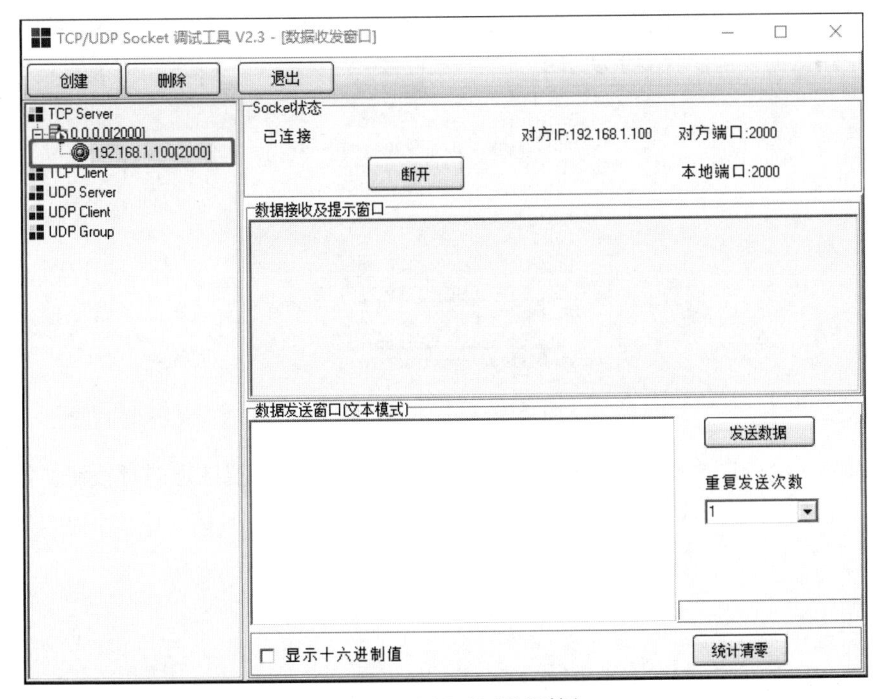

图13-15　TCP CLIENT接入

如图13-16所示，简单测试下收发数据，如果一切正常就可以进入下一步，正式用C#来开发TCP Server端了。

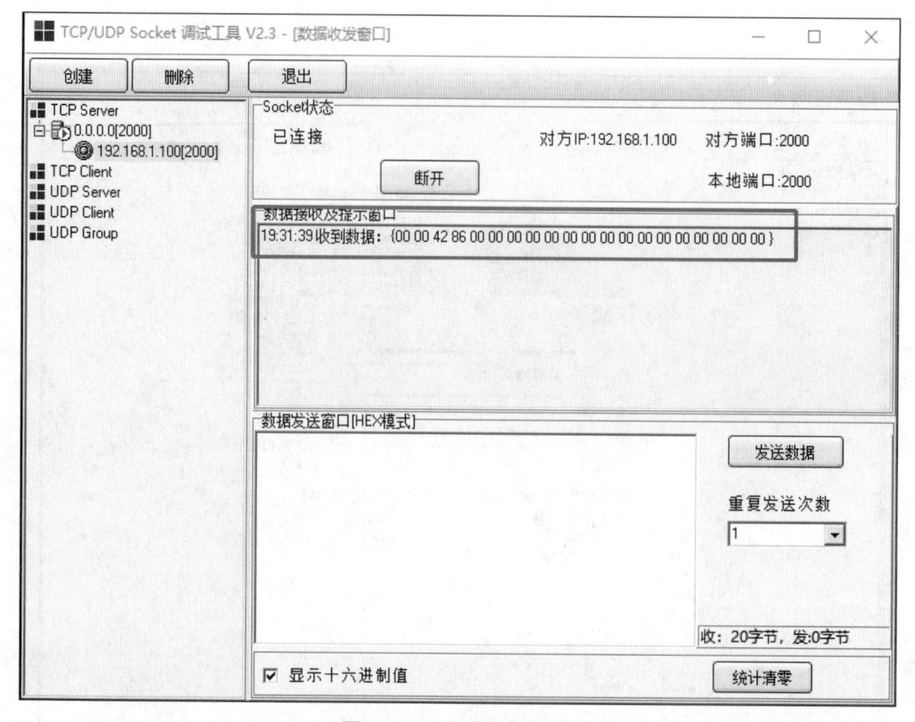

图13-16　收发数据测试

（3）C# Application

在C#中使用Socket首先需要引用相应的命名空间。图13-17中的System.Net和System.Net.Sockets不是默认的，需要我们手动引用。

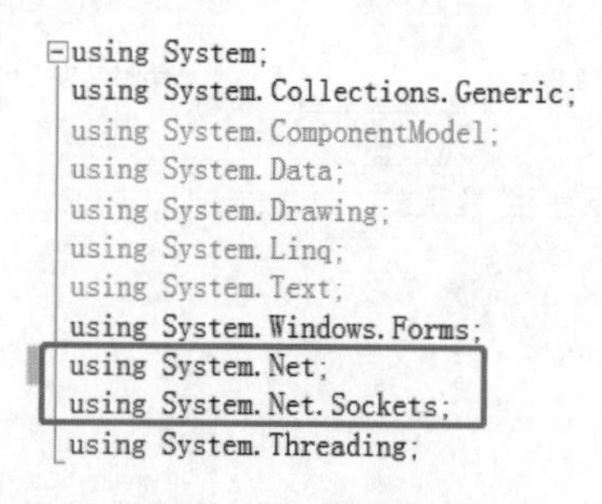

图13-17　引用命名空间

然后我们开始设计界面，完成后的界面如图13-18所示。需要注意的是按钮“停止侦听”和“写入”的属性“Enable”应设置为“false”。

首先我们要定义如代码13-7所示的几个全局变量。

代码13-7　开始侦听

```
//服务端Socket
Socket sWatch = null;
```

```
//用于监听的线程
Thread tWatch = null;

//用于存储客户端Socket对象的数据字典
Dictionary<string, Socket> sDict = new Dictionary<string, Socket>();
//用于存储客户端Socket报文接收线程的数据字典
Dictionary<string, Thread> tDict = new Dictionary<string, Thread>();
```

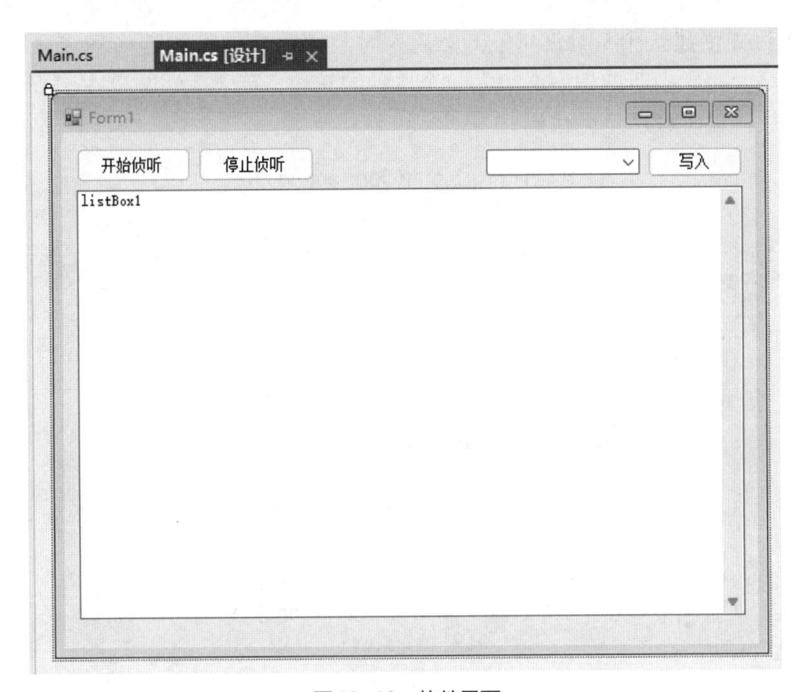

图13-18　软件界面

由于C# Application是服务端，所以可能会有很多PLC接入。尽管在这个例子里我们只创建了一个TCP Client，但我们还是要按照真正的服务端来设计。双击按钮“开始侦听”，在其点击事件里写入代码13-8。

代码13-8　开始侦听

```
private void btnStartListen_Click(object sender, EventArgs e)
{
        //声明一个Socket对象
        sWatch = new Socket(AddressFamily.InterNetwork, SocketType.Stream,
                            ProtocolType.Tcp);

        //声明IP地址和端口号
        IPAddress ip = IPAddress.Parse("192.168.125.185");
        IPEndPoint port = new IPEndPoint(ip, Convert.ToInt32("2000"));

        //为Socket对象绑定IP地址和端口号
        sWatch.Bind(port);
        //限定连接数
        sWatch.Listen(3);
```

```
            //以多线程方式运行侦听程序ListenConnecting
            tWatch = new Thread(ListenConnecting);
            tWatch.IsBackground = true;
            tWatch.Start();

            //使能按钮“停止侦听”
            btnStopListen.Enabled = true;
    }
```

代码13-8首先创建一个Socket对象，然后为对象绑定IP地址和端口号，再以多线程的方式运行侦听程序。用于侦听的程序必须为一个单独的线程，而不可以放到主线程中，否则会影响主线程的执行。侦听程序参见代码13-9。

代码13-9 ListenConnecting方法

```
//侦听方法
void ListenConnecting()
{
        //使用While循环保证线程不退出
        while (true)
        {
                //调用Socket对象的Accept方法
                Socket sConnection = sWatch.Accept();



                //获取接入的Client信息，将其IP地址添加到List控件中
                var s = sConnection.RemoteEndPoint.ToString().Split(':');
                listBox1.Items.Add(DateTime.Now.ToString() + "客户端: "
                                 + s[0] + "已连接! ");

                //使能写入按钮
                btnWrite.Enabled = true;

                //以多线程方式运行报文接收程序
                ParameterizedThreadStart pts =
                              new ParameterizedThreadStart(RcvMsg);
                Thread thr = new Thread(pts);
                thr.IsBackground = true;
                thr.Start(sConnection);


                //将Client信息写入数据字典中，并添加到下拉列表框控件里
                sDict.Add(sConnection.RemoteEndPoint.ToString(), sConnection);
                tDict.Add(sConnection.RemoteEndPoint.ToString(), thr);
                comboBox1.Items.Add(sConnection.RemoteEndPoint.ToString());

        }
 }
```

代码13-9负责对网络进行侦听，一旦发现有客户端请求接入就自动产生连接，并将连接信息添加到List控件里，同时也添加到下拉列表框和数据字典里。添加到下拉列表框的目的是当我们写入数据时需要选择写到那个Client。然后再以多线程方式运行报文接收程序，每个客户端对应一个线程，这个线程负责对进来的报文监控。

代码13-10　RcvMsg方法

```
//接收报文
void RcvMsg(object sClientPara)
{

    //以传入参数创建一个Socket对象
    Socket sClient = sClientPara as Socket;

    //使用While循环保证线程不退出
    while (true)
    {
            byte[] arrMsgRcv = new byte[1024];
            int len = -1;
            try
            {
                //调用Socket的Receive方法
                len = sClient.Receive(arrMsgRcv);
                if (len > 0)
                {
                      //将接收到的报文和IP地址信息显示在List中
                      var s = sClient.RemoteEndPoint.ToString().Split(':');
                      string sBuff = "";
                      for (int i = 0; i < 20; i++)
                      {
                           sBuff = sBuff + arrMsgRcv[i].ToString() + " ";

                      }
                      listBox1.Items.Add(s[0] + " " + sBuff);
                }
                else
                {
                      //发生断开连接的情况就删除数据字典中的信息
                      sDict.Remove(sClient.RemoteEndPoint.ToString());
                      tDict.Remove(sClient.RemoteEndPoint.ToString());
                      var s = sClient.RemoteEndPoint.ToString().Split(':');
                      listBox1.Items.Add(DateTime.Now.ToString() + "客户端: "
                                       + s[0] + "已断开连接! ");
                      break;

                  }
            }
           //错误捕捉
            catch (SocketException se)
            {
                sDict.Remove(sClient.RemoteEndPoint.ToString());
                tDict.Remove(sClient.RemoteEndPoint.ToString());
                var s = sClient.RemoteEndPoint.ToString().Split(':');
                listBox1.Items.Add(DateTime.Now.ToString() + "客户端: " +
                                  s[0] + "已断开连接! ");
                break;
                throw se;
            }

            catch (Exception e)
            {
                sDict.Remove(sClient.RemoteEndPoint.ToString());
                tDict.Remove(sClient.RemoteEndPoint.ToString());
```

```
                    var s = sClient.RemoteEndPoint.ToString().Split(':');
                    listBox1.Items.Add(DateTime.Now.ToString() + "客户端：" +
                                  s[0] + "已断开连接！");
                    break;
                    throw e;
                }
            }
        }
```

完成了代码13-10后我们的这个Socket服务端就基本初具雏形了。那我们先下载PLC程序，然后运行这个Socket服务端程序。首先在C#程序中点击按钮“开始侦听”，这时侦听线程启动，同时按钮“停止侦听”变为可用状态，在PLC程序中使能连接；然后我们就会在C#程序看到List中出现一条客户端接入信息了，如图13-19所示。

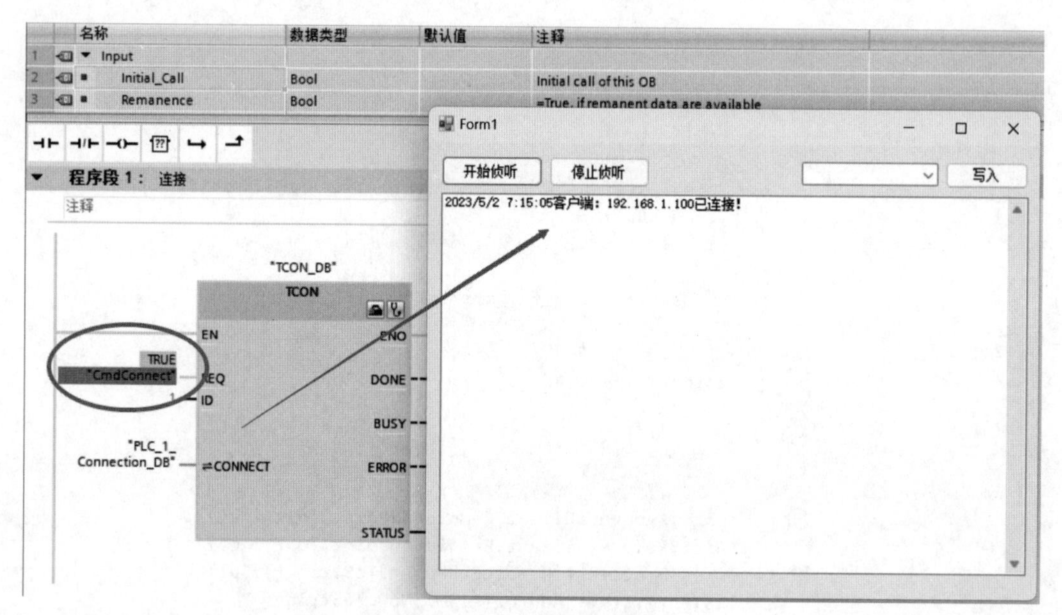

图13-19　客户端接入信息

如果我们尝试修改DB1.DA1.Weight的值就会发现C#程序的List中出现了一条报文数据，如图13-20所示。

C#接收到的是字节数据，如果我们希望以PLC中相同类型来显示则还需要将接收到的数据进行格式转换。对于整型、长整型等类型的转换比较简单，如果是浮点类型数据则稍微麻烦一点。IEEE 754标准是浮点数转换的标准，它规定了浮点数的表示方式、运算规则和舍入方式等。IEEE 754标准将浮点数分为单精度和双精度两种格式。单精度浮点数占用32位，双精度浮点数占用64位。在IEEE 754标准下，浮点数的表示方式为“符号位+指数位+尾数位”，其中符号位表示正负，指数位表示数值的大小，尾数位表示数值的精度。感兴趣的读者可以自行了解，对于我们开发应用程序，只需要调用前面介绍的BitConvert类库就可以实现。

由于可能有很多客户端接入服务端，那么如果需要向客户端写数据就需要知道客户端的地址信息。所以在代码13-10中我们将接入客户端信息写到了下拉列表框控件中。如果先在下拉列表框中选择需要写入信息的客户端，那么调用Send方法即可（代码13-11）。

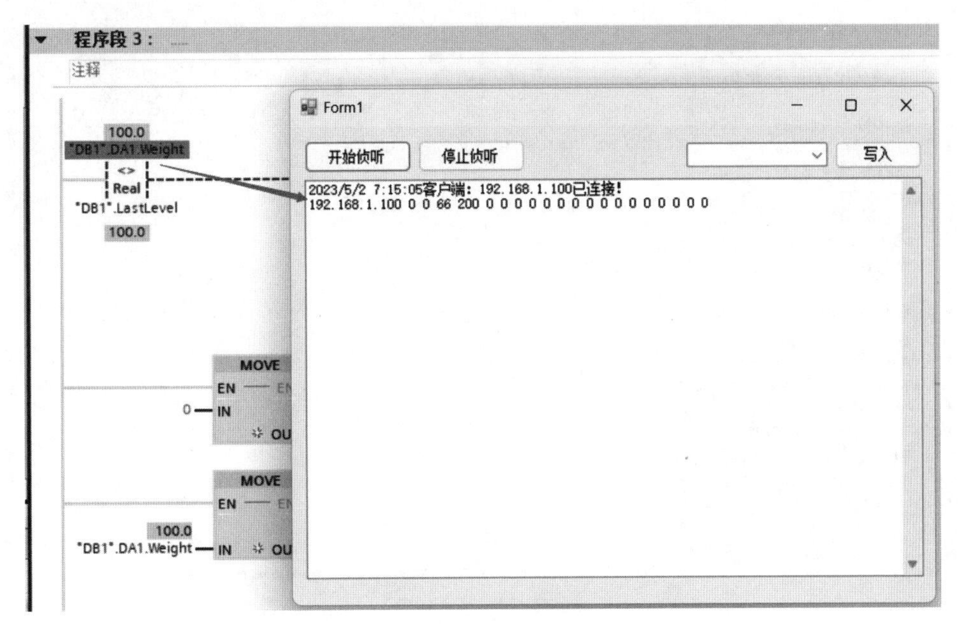

图13-20　报文数据

代码13-11　Send方法

```
//发送报文
private void button3_Click(object sender, EventArgs e)
{
      byte[] sw = new byte[4] { 0, 1, 2, 3 };

    //调用发送报文方法
      SendMsg(sDict[comboBox1.Text], sw);
}

//发送报文方法
void SendMsg(object sClientPara, byte[] Msg)
{
      Socket sClient = sClientPara as Socket;
      sClient.Send(Msg);
}
```

如图13-21所示，运行程序，点击下拉列表框选择目标PLC，点击按钮“写入”。监控PLC程序，可以看到写入的数据。

Socket通信相对于S7通信的优劣势，如下所述。

优势：

- 响应速度快，基于事件驱动主动进行发送；
- 自由度大，适合大批量数据同时发送。

劣势：

- PLC侧需要编程；
- PC侧编程难度大。

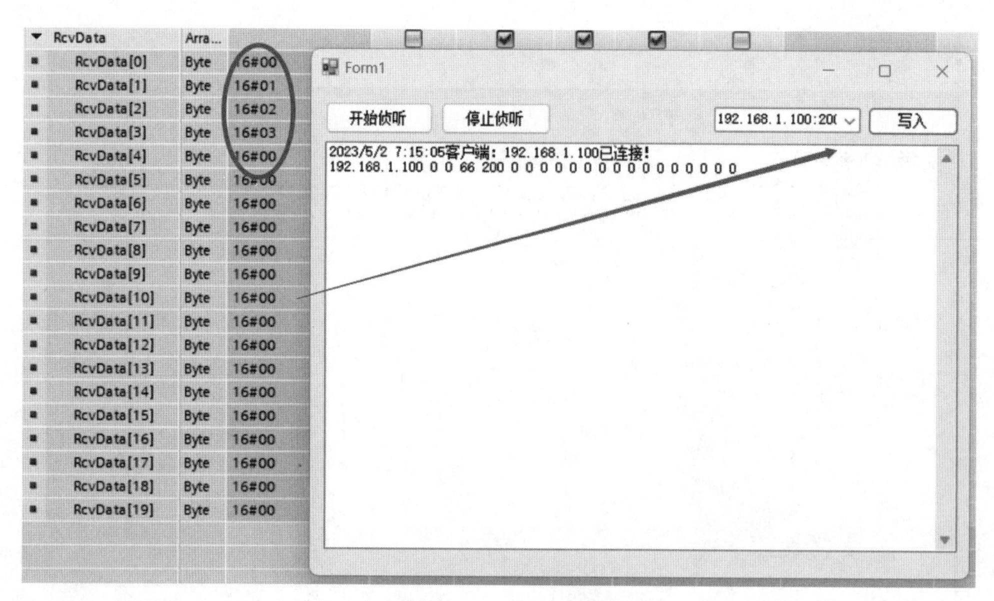

图13-21　写入数据

综合上面的比较可以知道，如果对数据的实时性要求较高且数据量比较大时，建议使用Socket通信。如果对数据的实时性要求没那么高，建议使用S7通信，毕竟编程的工作量少了很多，难度也小。

13.3　S7通信

在组态软件未普及时，通常使用高级编程语言来开发人机界面，那时比较流行的有VB、BCB、Delphi、VC++等。使用高级语言和PLC通信前需要了解它们的通信协议，对于西门子来说，其S7-200的协议是PPI，S7-300/400有MPI和基于以太网的S7协议。高级编程语言使用串口或以太网口，根据其通信协议的格式发送报文，PLC会返回所请求的内容。比如对于PPI来说，发送68 21 21 68 02 00 7C 32 07 00 00 00 24 00 08 00 0C 00 01 12 04 11 45 01 00 FF 09 00 08 16 19 06 0D 01 08 18 1E EE 16的意思就是请求清空PLC。当然也可以使用OPC等，但是OPC也有其自身的缺陷，一是西门子的SIMATIC NET是收费的，二是早期的OPC DA不支持路由。虽然现在的OPC UA已经出现多年，也解决了跨平台和跨网络访问的问题，但是费用问题始终是硬伤。如果能够使用S7协议直接读写PLC数据，那么这肯定是更好的解决方案。

很多人不明白通信协议和接口标准的区别，比如你会听到很多人说485协议、232协议等，其实这些说法都是不准确的。RS-232/485和以太网都属于物理接口，它们遵循最底层的电气标准，而Modbus、PPI等属于通信协议，PPI一般运行在RS-485上，Modbus可分为RTU、ASCII和TCP等，RTU、ASCII可以运行在RS-232或RS-485上，Modbus-TCP则是运行在以太网上的。RS-232/485、以太网可以拿公路交通来比喻，RS-232/485属于国道、以太网则属于高速，但是同样的道路上可能存在不同的交通规则，比如国内和国外的交通规则是不一样的，而通信协议可以比作这些交通规则。

西门子的通信协议不像Modbus，它不是公开的。当然很早以前就有人通过串口捕获的方法破解了PPI的通信协议，后来MPI和S7以太网协议也被破解了(使用抓包软件)，然后网络上陆陆续续地出现了一些第三方封装的通信库。

随着组态软件的普及，尤其是国产组态软件的崛起，使得用组态软件开发人机界面的成本大大低于使用高级语言来开发，且可维护性更好。但这并不表示使用高级语言编写人机界面已经没有市场了，对于很多制造标准产品的厂家来说，如果每套产品都购买一套正版组态软件授权，那么每年的软件成本也是一个不小的数字，因此很多厂家仍然在使用高级语言开发自己的人机界面。另外这种方法更易于保护自己的知识产权，因为门槛相对较高。还有一点就是高级编译语言更灵活，更容易完成一些高级功能，比如配方、报表等。另外一些功能也是使用组态软件无法实现的。

13.3.1 几种常用的通信库介绍

我们可以有若干种方法从S7系列PLC中获取数据，比如OPC、Modbus等。但毫无疑问，使用S7协议是最为方便、成本最低的一种。因为使用OPC时我们需要SIMATIC NET或者第三方如KepServer等OPC软件，使用Modbus需要在PLC中编写通信程序。但是使用S7协议我们的PLC无需添加任何程序，也不需要付费获取西门子官方或者第三方软件。目前支持使用S7协议直接与PLC交换数据的通信库有多种，有收费的，有免费的，有西门子官方的，也有非官方的，表13-4罗列了一些当前比较流行的通信库。

表13-4 常用的S7通信库比较

序号	名称	易用性	授权方式	版权	备注
1	Prodave	中	收费	SIEMENS（西门子）	官方收费软件
2	S7Net	高	免费	Juergen1969	已停止更新
3	S7NetPlus	极高	免费	killnine	S7Net的升级版
4	Libnodave	高	免费	lettoz	已停止更新
5	Sharp7	极高	免费	Davide Nardella	Snap7的C#实现
6	Snap7	高	免费	Davide Nardella	支持多平台

从表13-4中可以看出，除了西门子官方的Prodave是收费的外，其他都是免费，并且免费的在易用性上还要高出官方的Prodave，它们都是经过实际项目检验过的，因此究竟在项目中选择哪款还是根据实际情况而定。如果要考虑跨平台那肯定要选择Snap7，如果使用C#那么Sharp7或者S7NetPlus肯定更加理想。

13.3.2 S7NetPlus的使用

S7NetPlus基于早期的S7Net，完全由C#开发，且依然保持着维护，因此这里以S7NetPlus为例来说明如何使用此通信库和S7交换数据。S7NetPlus不但提供了读写PLC数据的函数，还提供了很多用于数据转换的函数，易用性很高。

（1）PLC设置

由于S7-1200/1500的特殊性，要想S7NetPlus能够正常地与PLC交换数据，需要遵循下面的设置。该设置方法也同样适用于表13-4中的其他通信库。

· PLC必须具有完全访问权限；

· 勾选“允许来自远程对象的PUT/GET通信访问”（图13-22）；

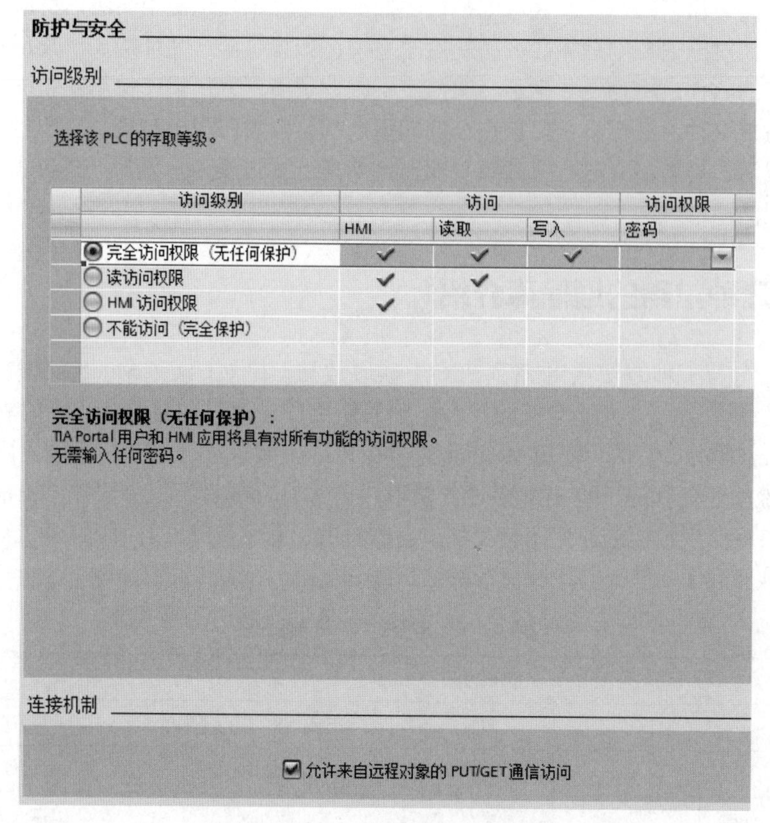

图13-22　CPU访问权限和连接机制

· 存放接收和发送数据的数据块必须设置为“标准访问”。

对于S7-200/200Smart/300/400系列PLC来说，只需要开放访问权限即可，不需要其他设置。

（2）界面设计

新建一个C#项目并添加按钮、文本框等控件到画面上，调整大小和位置并重新命名，详细如下:

· 窗体标题修改为S7NetPlus Test；

· 添加四个按钮，命名为btnConnect、btnDisconnect、btnReadData、btnWrtData，分别用于连接、断开、读数据和写数据；

· 添加三个文本框，命名为txtIPAddress、txtRack和txtSlot，分别用于设置目标PLC的IP地址、机架号和槽号；

· 添加四个文本框，命名为txtDBNum、txtBytes、combDT和txtVal，分别用于设置数据块编号、起始字节、数据类型和待写入PLC的值。

完成上述步骤后的界面如图13-23所示。

（3）代码编写

首先在项目中引用名为S7.Net的动态链接库，在“引用”上右击，选择“添加引用”，参见图13-24所示。

在窗口中浏览S7.Net的路径，添加到“引用管理器”中并勾选，点击“确定”，参见图13-25所示。

引用S7.Net后，在项目中导入命名空间“S7.Net”，参见图13-26所示。

我们也可以通过NuGet引用类库。在图13-27中选择“管理NuGet程序包”。

在“浏览”页面里搜索“S7NETPLUS”。

选择第一项“S7NETPLUS”后，点击按钮“安装”即可（图13-28）。

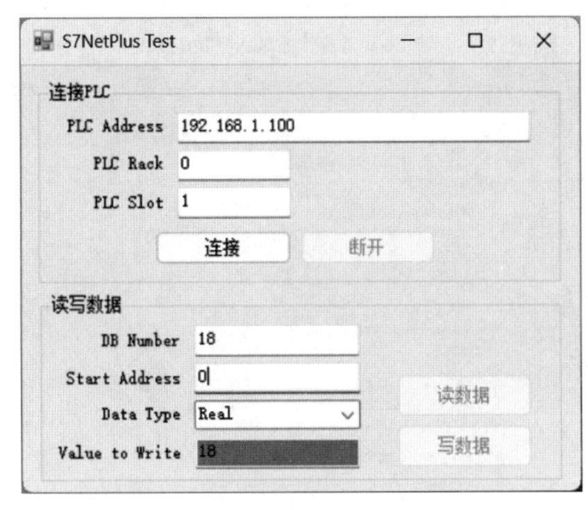

图13-23　S7NetPlus测试软件界面

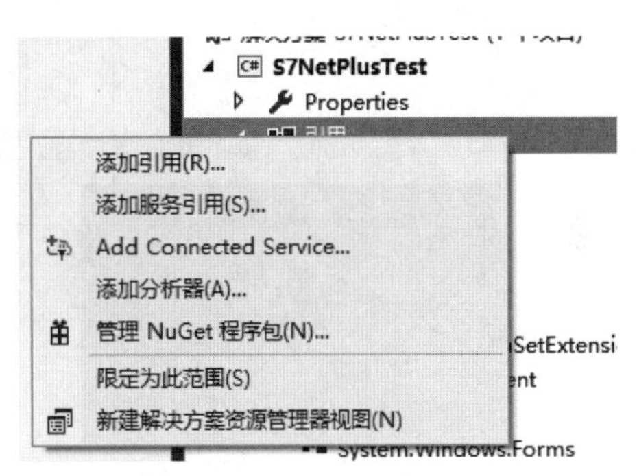

图13-24　添加引用

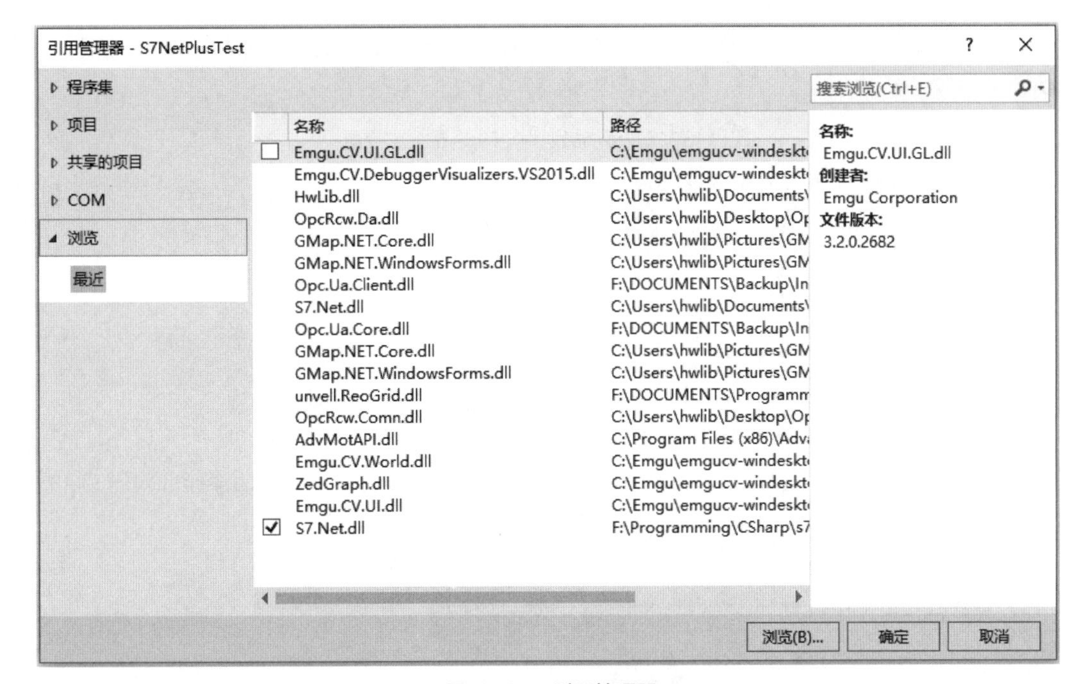

图13-25　引用管理器

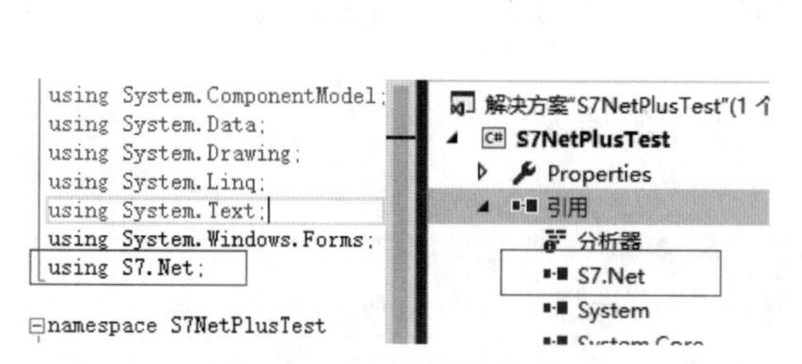

图13-26 导入命名空间

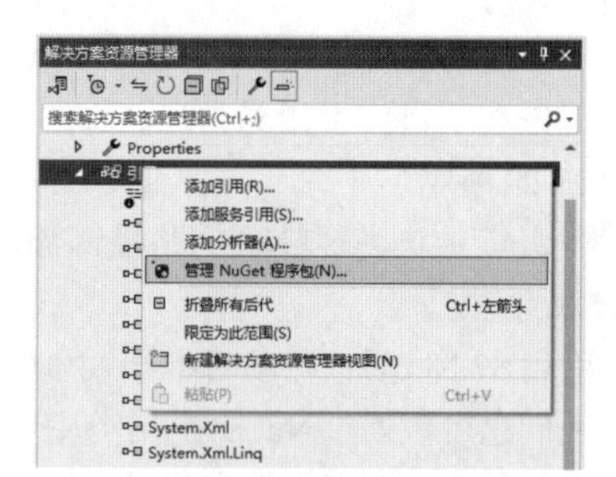

图13-27 管理NuGet程序包

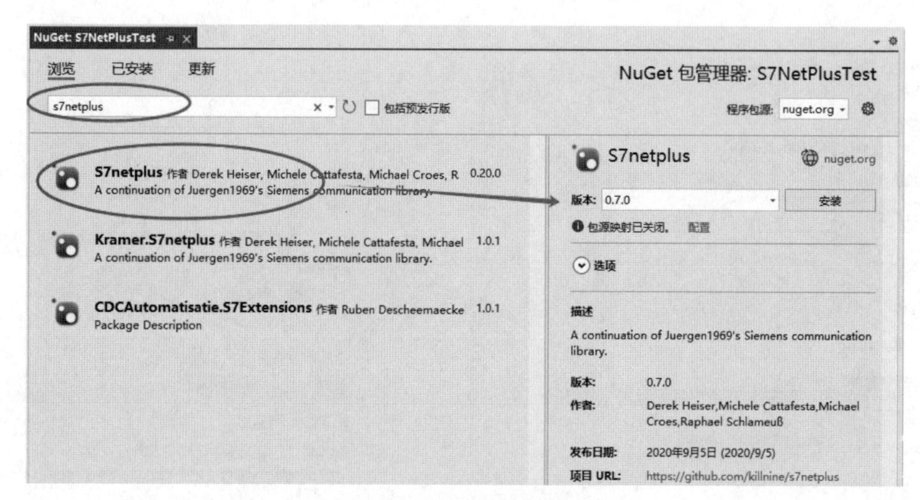

图13-28 搜索S7NETPLUS

完成类库导入后，首先要声明一个类型为“Plc”的内部变量供程序使用，参见代码13-12所示。

代码13-12 添加类型为“Plc”的内部变量

```
//全局PLC变量
Plc S71500;

 public Form1()
 {
     InitializeComponent();

 }
```

在窗体的装载事件中对程序进行初始化，包括对相关按钮进行使能和激活操作（代码13-13）。

代码13-13 程序初始化

```
private void Form1_Load(object sender, EventArgs e)
{
        //为“数据类型”下拉列表框添加选项
        combDT.Items.Add("Int");
```

```
            combDT.Items.Add("DInt");
            combDT.Items.Add("Real");
            combDT.Text = "Real";

            //初始化按钮，使能按钮“连接”
            //禁止按钮“断开”“发送”和“接收”
            btnConnect.Enabled = true;
            btnDisconnect.Enabled = false;
            btnReadData.Enabled = false;
            btnWrtData.Enabled = false;
  }
```

当点击按钮“连接”时，按照“目标PLC地址”“机架号”和“槽号”中的参数（这几个参数可以在PLC的硬件组态中看到）请求连接目标PLC，为按钮“连接”的点击事件输入代码13-14。

代码13-14 请求连接PLC代码

```
private void btnConnect_Click(object sender, EventArgs e)
{
     //创建一个PLC对象
            S71500 = new Plc(CpuType.S71500, txtIPAddress.Text,
                             Convert.ToInt16(txtRack.Text),
                             Convert.ToInt16(txtSlot.Text));

            //调用S7.Net中的Open方法连接PLC
            S71500.Open();

           //如果连接成功则禁止按钮“连接”
           //使能按钮“断开”“发送”和“接收”
            if (S71500.IsConnected)
            {
                btnConnect.Enabled = false;
                btnDisconnect.Enabled = true;
                btnReadData.Enabled = true;
                btnWrtData.Enabled = true;

            }
}
```

当点击按钮“断开”时，关闭和PLC的连接，并对相关按钮进行使能和禁止操作（代码13-15）。

代码13-15 断开连接PLC代码

```
private void btnDisconnect_Click(object sender, EventArgs e)
{
           //调用S7.Net中的Close方法断开PLC
            S71500.Close();

            //如果断开成功则使能按钮“连接”
            //禁止按钮“断开”“发送”和“接收”
            if (!S71500.IsConnected)
            {
```

```
                btnConnect.Enabled = true;
                btnDisconnect.Enabled = false;
                btnReadData.Enabled = false;
                btnWrtData.Enabled = false;

            }
}
```

当点击按钮“读数据”时，程序根据文本框中的数据块和起始地址等设置及选择的数据类型向PLC请求数据（代码13-16）。

代码13-16 读PLC数据

```
private void btnReadData_Click(object sender, EventArgs e)
{

            //读取浮点数
            if (combDT.Text == "Real")
            {
                double result = ((uint)S71500.Read("DB" + txtDBNum.Text + "." + "DBD" +
                                txtBytes.Text)).ConvertToDouble();
                MessageBox.Show(result.ToString());
            }
            //读取整数
            else if (combDT.Text == "Int")
            {
                short result = ((ushort)S71500.Read("DB" + txtDBNum.Text + "." + "DBW"
                                + txtBytes.Text)).ConvertToShort();
                MessageBox.Show(result.ToString());

            }

            //读取双整数
            else if (combDT.Text == "DInt")
            {
                int result = ((uint)S71500.Read("DB" + txtDBNum.Text + "." +
                             "DBD" + txtBytes.Text)).ConvertToInt();
                MessageBox.Show(result.ToString());

            }

  }
```

点击按钮“写数据”时，程序根据文本框中的数据块和起始地址等设置及选择的数据类型将txtVal中的值写入PLC（代码13-17）。

代码13-17 写PLC数据

```
private void btnWrtData_Click(object sender, EventArgs e)
{
           //写浮点数
            if (combDT.Text == "Real")
```

```
            {
                double val = Convert.ToDouble(txtVal.Text);
                S71500.Write("DB" + txtDBNum.Text + "." + "DBD" + txtBytes.Text, val.
                          ConvertToUInt());
            }
            //写整数
            else if (combDT.Text == "Int")
            {
                short val = Convert.ToInt16(txtVal.Text);
                S71500.Write("DB" + txtDBNum.Text + "." + "DBW" + txtBytes.Text, val.
                          ConvertToUshort());

            }
            //写双整数
            else if (combDT.Text == "DInt")
            {
                int val = Convert.ToInt32(txtVal.Text);
                S71500.Write("DB" + txtDBNum.Text + "." + "DBD" + txtBytes.Text, val);

            }
    }
```

（4）功能测试

代码完成后，编译程序并运行。在PLC中创建一个新的数据块，编号是18，分别添加若干类型为浮点数、整数的变量，并设置其访问属性为“标准访问”，参见图13-29所示。

S7NetTestDB

名称	数据类型	偏移量	起始值	监视值	保持
Static					
Real1	Real	0.0	0.0	18.0	
Real2	Real	4.0	0.0	-78.6	
Int1	Int	8.0	0	12	
Int2	Int	10.0	0	56	
DInt1	DInt	12.0	0	234	
DInt2	DInt	16.0	0	1898	

图13-29　创建测试数据块

在测试软件上点击按钮“连接”请求连接目标PLC，连接成功后，按钮“读数据”和“写数据”可用，点击按钮“读数据”可发现读取的数据和PLC中一致（图13-30）。

设置目标数据块和起始地址，输入要写入的值，点击按钮“写数据”。通过对数据块的监控可以发现新数据写入成功（图13-31）。

（5）读写字符串

在S7-1200/1500中，字符串格式有两种，分别是string和wstring，前者用于表示UTF-8编码的字符串，后者用于表示Unicode编码的字符串。

首先我们在S7-1500项目中创建一个DB1，添加两个变量，类型分别为string和wstring，下载到PLC并赋值，参见图13-32。

对于UTF-8编码的字符串，也就是图13-32中的s1，我们可以直接调用函数Read进行读取，每次只能读取一个字符串类型的变量，参见代码13-18。

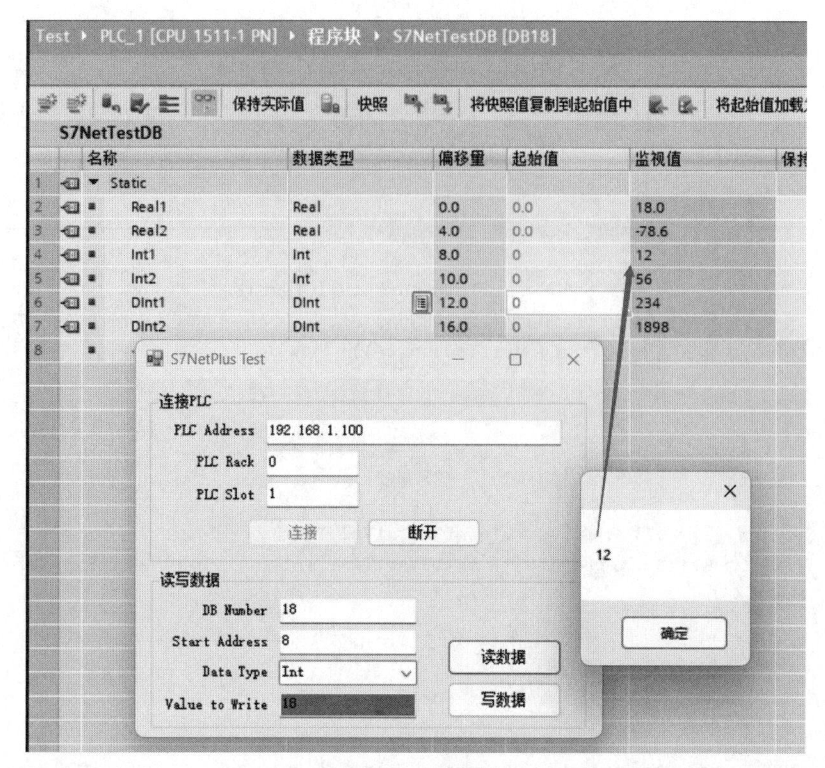

图13-30　读数据

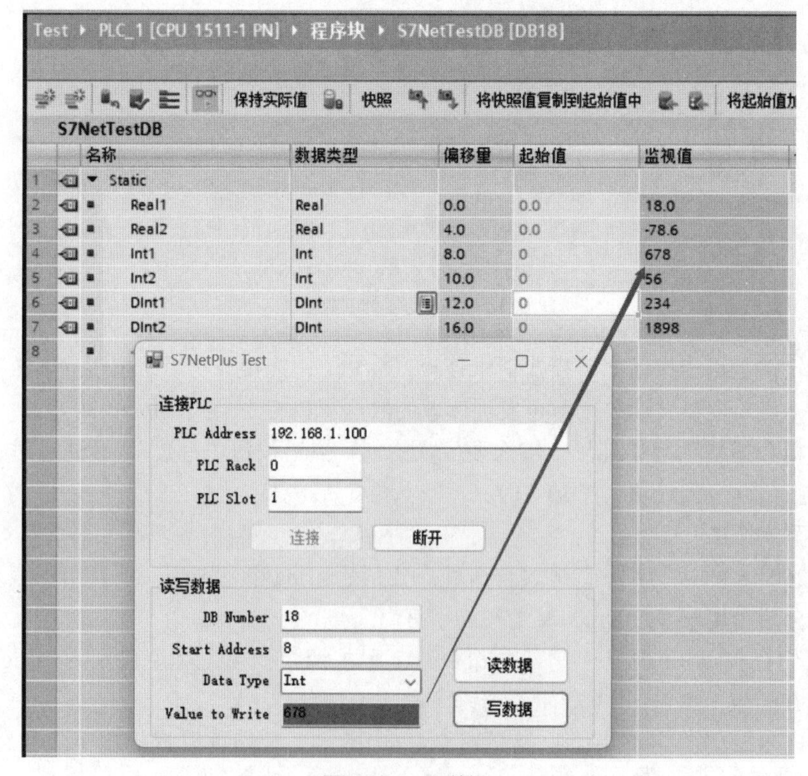

图13-31　写数据

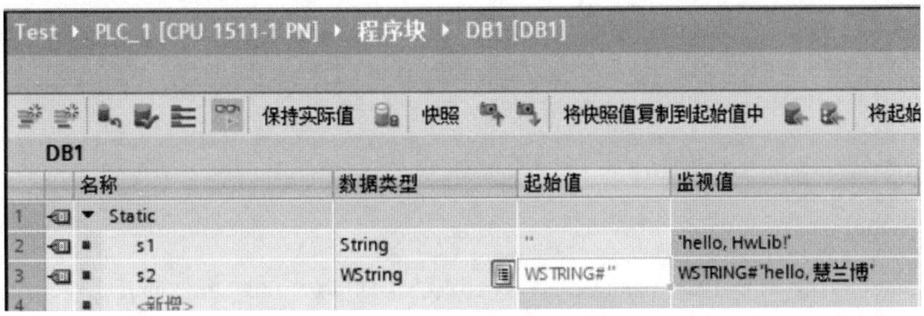

图13-32　创建字符串变量

代码13-18　读取UTF-8字符串

```
private void button1_Click(object sender, EventArgs e)
{
        //这里定义的字符串长度必须大于或者等于PLC中的字符串长度
        string[] rcvData = new string[100];

        //这里的读取长度也必须大于或者等于PLC中的字符串长度
        string bytes = s71500.Read(DataType.DataBlock, 1, 2, VarType.String,
                                   100).ToString();

        MessageBox.Show(bytes);
}
```

代码13-18中的起始地址为2，而不是DB1中显示的0？这是由西门子PLC中string的特殊性决定的。运行程序，可以看到返回图13-33所示结果。

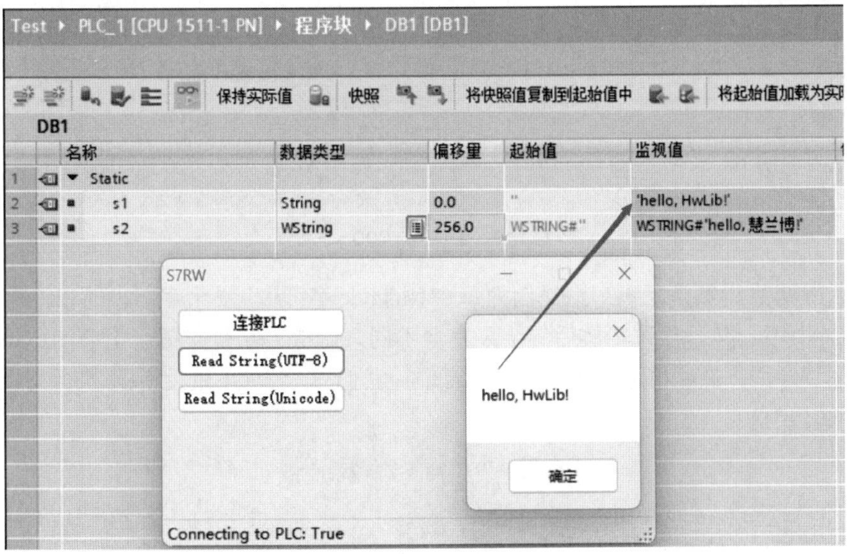

图13-33　读取UTF-8字符串

对于Unicode格式的字符串，上面的用法就不好使了，读出来的都是乱码。我们的想法是先读出byte格式的数据，然后再调用.Net类库进行转换（代码13-19）。

代码13-19 读取Unicode字符串

```
private void button2_Click(object sender, EventArgs e)
{
        //这里定义的字符串长度必须大于或者等于PLC中的字符串长度
        byte[] rcvData = new byte[100];

        //这里的读取长度也必须大于或者等于PLC中的字符串长度
        var bytes = s71500.Read(DataType.DataBlock, 1, 260, VarType.Byte, 100);
        rcvData = (byte[])bytes;

        string ss = System.Text.Encoding.Unicode.GetString(rcvData);
        MessageBox.Show(ss);
 }
```

代码13-19先按照byte类型读取数据，然后调用.Net中的Encoding类进行转换。该类不但可以转换Unicode编码的字符串，也可以转换UTF-7、UTF-8等编码格式。程序运行结果参见图13-34。

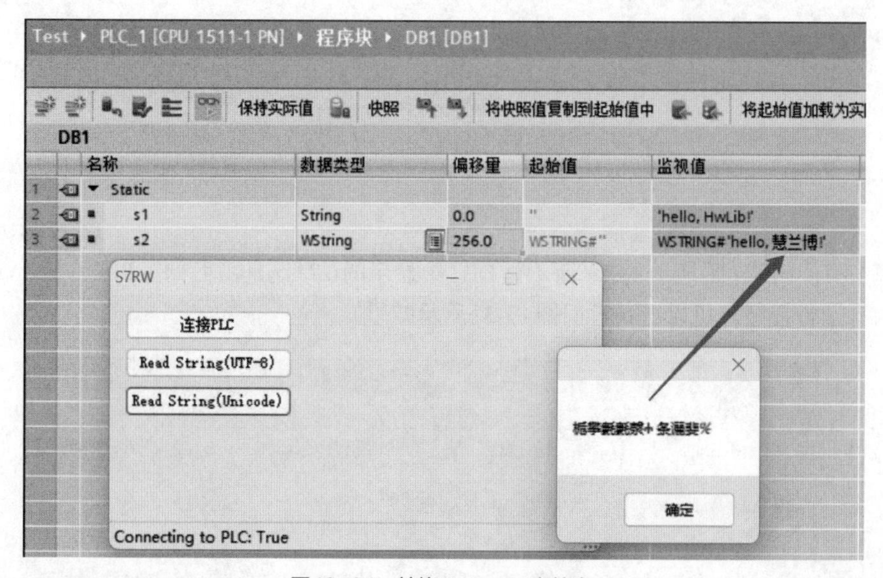

图13-34 转换Unicode字符串

转换后的结果竟然是乱码？这是因为每个Unicode字符占用2个字节，而PLC中的高低字节顺序与C#中不一样，导致转换后的结果完全不同。解决方法是先把读上来的byte类型数据进行高低字节颠倒，然后再进行转换。为了方便，我们写一个专门的函数来执行高低字节颠倒工作，如代码13-20。

代码13-20 高低字节颠倒函数

```
private byte[] GetArray(byte[] inData)
{
     int len = inData.Length;
     byte[] Data = new byte[len];
     for (int i = 0; i < len; i=i+2)
```

```
        {
            for (int j = 0; j < 2; j++)
            {
                Data[i+1-j] = inData[i + j];
            }
        }

        return Data;
    }
```

在代码13-20中，我们首先获取实参的数组长度，然后使用两个for循环来将每个Unicode字符的高低字节颠倒，最后我们用Encoding类转换这种颠倒后的数组就可以了。调用结果如图13-35。

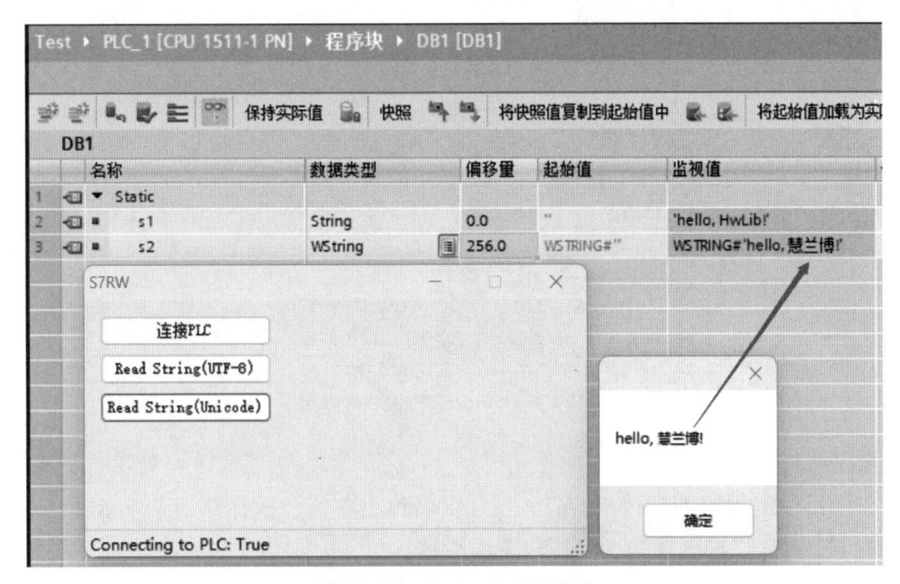

图13-35 Unicode编码转换

根据《TIA PORTAL高级编程》中对wstring类型的剖析，上面的转换函数还可以根据字符串长度来做进一步优化，从而提高程序执行效率。

13.3.3 Sharp7的使用

Sharp7是一个开源项目，是Snap7的C#实现，目前最新版本是V1.0.7。与前面的S7NetPlus相比较而言，Sharp7不需要引用dll文件，直接在项目里添加Sharp7.cs代码文件即可，使用上更加简单。Sharp7的功能非常强大，除了可以读写PLC的数据之外，还可以获取CPU的硬件信息，控制CPU运行、停止等等。

（1）PLC设置

由于S7-1200/1500的特殊性，要想Sharp7能够正常地与PLC交换数据，需要对PLC属性进行一些设置，具体设置方法请参见上一小节。

（2）界面设计

新建一个C#项目并添加按钮、文本框等控件到画面上，调整大小和位置并重新命名，详细如下。

· 窗体标题修改为Sharp7 Test；

· 添加四个按钮，命名为btnConnect、btnDisconnect、btnReadData、btnWrtData，分别用于连接、断开、读数据和写数据；

· 添加三个文本框，命名为txtIPAddress、txtRack和txtSlot，分别用于设置目标PLC的IP地址、机架号和槽号；

· 添加四个文本框，命名为txtDBNum、txtBytes、combDT和txtVal，分别用于设置数据块编号、起始字节、数据类型和待写入PLC的值。

完成上述步骤后的界面如图13-36所示。

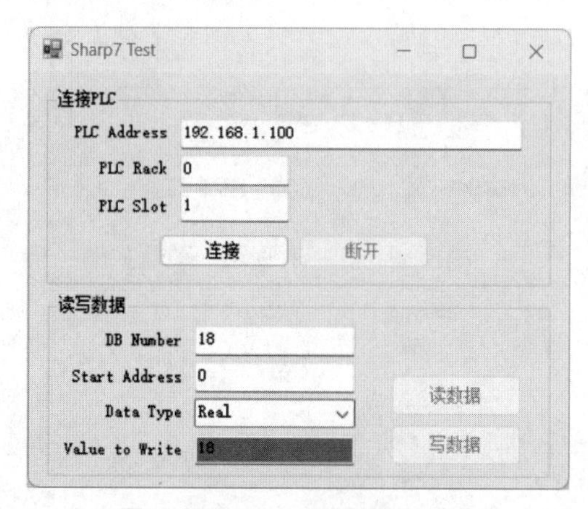

图13-36　Sharp7测试软件界面

（3）代码编写

首先在项目中引用添加文件Sharp7，在项目名称上右击，鼠标移到菜单选择“添加”上。然后在子菜单中选择“现有项”，参见图13-37所示。

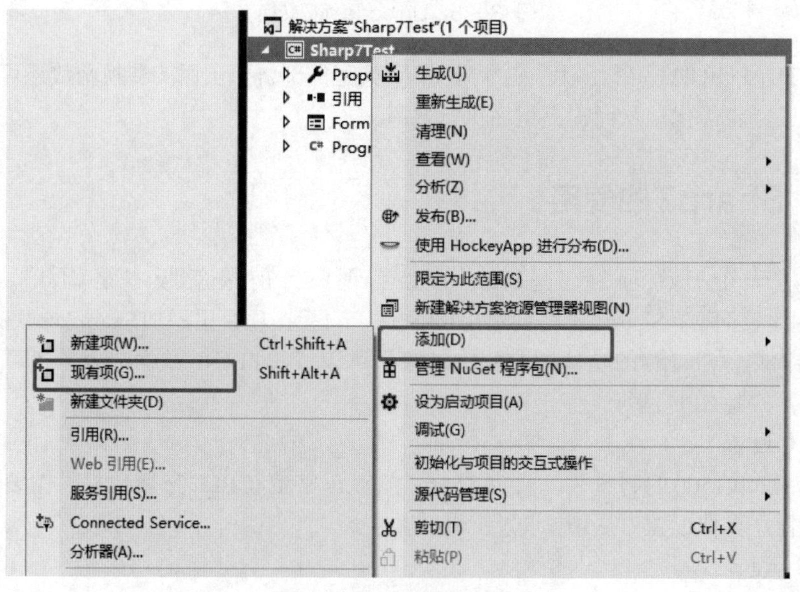

图13-37　添加现有项

在弹出的窗口中打开存放Sharp7的文件夹，选择Sharp7，参见图13-38。

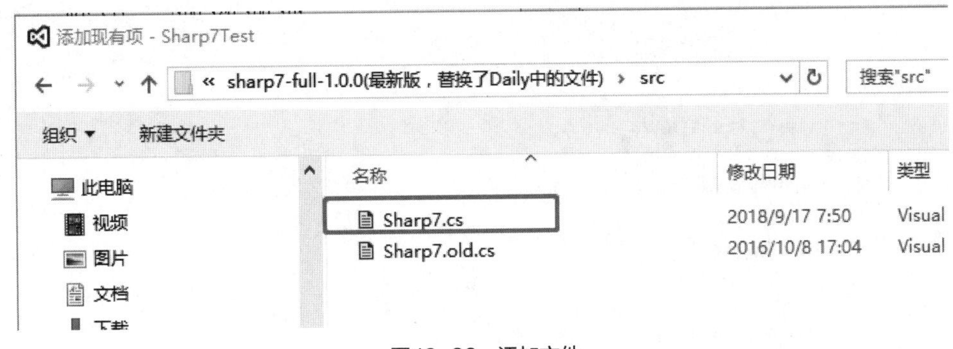

图13-38　添加文件

选中文件Sharp7，点击按钮“添加”即可将文件Sharp7添加到当前项目中，参见图13-39。

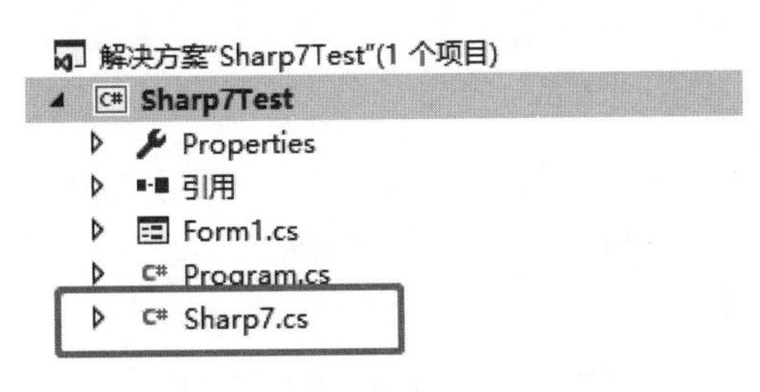

图13-39　添加到项目中的Sharp7

需要注意的是，我们的项目使用的.Net Framework版本不得低于4.0，否则在编译时会提示图13-40的错误。

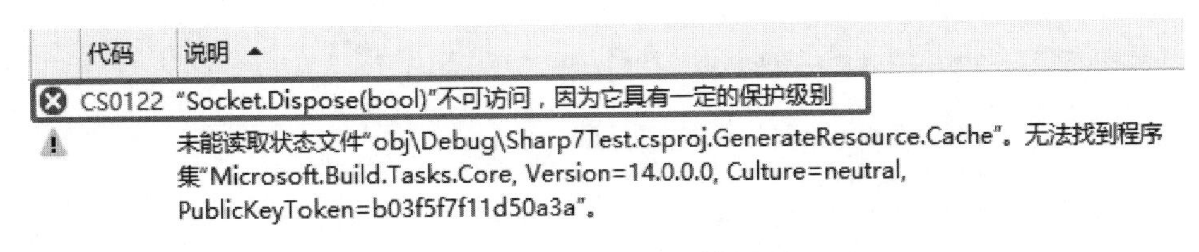

图13-40　Socket错误

在使用Sharp7之前，我们需要先创建一个S7Client对象，参见代码13-21所示。

代码13-21　创建一个S7Client对象

```
ppublic Form1()
{
    InitializeComponent();
}

Sharp7.S7Client s7 = new Sharp7.S7Client();
```

在窗体的装载事件中对程序进行初始化，包括对相关按钮进行使能和激活操作（代码13-22）。

代码13-22 程序初始化

```
private void Form1_Load(object sender, EventArgs e)
{
        //为“数据类型”下拉列表框添加选项
        combDT.Items.Add("Int");
        combDT.Items.Add("DInt");
        combDT.Items.Add("Real");
        combDT.Items.Add("Bool");
        combDT.Text = "Real";

        //初始化按钮，使能按钮“连接”
        //禁止按钮“断开”“发送”和“接收”
        btnConnect.Enabled = true;
        btnDisconnect.Enabled = false;
        btnReadData.Enabled = false;
        btnWrtData.Enabled = false;
 }
```

当点击按钮“连接”时，按照“目标PLC地址”“机架号”和“槽号”中的参数（这几个参数可以在PLC的硬件组态中看到）请求连接目标PLC，为按钮“连接”的点击事件输入代码13-23。

代码13-23 请求连接PLC代码

```
private void btnConnect_Click(object sender, EventArgs e)
{
      //调用方法ConnectTo连接目标PLC，三个参数分别是PLC的IP地址
      //机架号和槽号，在实际测试中发现机架号和槽号错误也可以连接成功
      if (s7.ConnectTo(txtIPAddress.Text, 0, 1)==0)
         {
             btnConnect.Enabled = false;
             btnDisconnect.Enabled = true;
             btnReadData.Enabled = true;
             btnWrtData.Enabled = true;
         }
         else
             MessageBox.Show("Connecting to PLC was wrong!");

 }
```

当点击按钮“断开”时，关闭和PLC的连接，并对相关按钮进行使能和禁止操作（代码13-24）。

代码13-24 断开连接PLC代码

```
private void btnDisconnect_Click(object sender, EventArgs e)
{
        //调用方法Disconnect断开和目标PLC的连接
```

```
            s7.Disconnect();
            btnConnect.Enabled = true;
            btnDisconnect.Enabled = false;
            btnReadData.Enabled = false;
            btnWrtData.Enabled = false;
}
```

连接至PLC成功后就可以对其进行读写操作了。对于读取数据来说，一般是先调用Sharp7提供的读取方法从PLC中获取数据保存到Byte类型的数组中，然后调用Sharp7提供的数据类型转换方法将原始数据转换为目标类型的数据。对于写入数据来说，一般是先将数据转换为Byte类型的数组，然后调用Sharp7提供的写方法将数据写入到目标PLC中。

当点击按钮“读数据”时，程序根据文本框中的数据块和起始地址等设置及选择的数据类型向PLC请求数据（代码13-25）。

代码13-25　读PLC数据

```
private void btnReadData_Click(object sender, EventArgs e)
{
   byte[] Buffer = new byte[65536];

        //读取浮点数
        if (combDT.Text == "Real")
        {
             s7.DBRead(int.Parse(txtDBNum.Text),
                    int.Parse(txtBytes.Text), 4, Buffer);

             MessageBox.Show(System.Convert.ToString(
                         Sharp7.S7.GetRealAt(Buffer, 0)));
          }
          //读取整数
          else if (combDT.Text == "Int")
           {
               s7.DBRead(int.Parse(txtDBNum.Text),
                      int.Parse(txtBytes.Text), 2, Buffer);

             MessageBox.Show(System.Convert.ToString(
                         Sharp7.S7.GetIntAt(Buffer, 0)));

           }

           //读取双整数
           else if (combDT.Text == "DInt")
           {
               s7.DBRead(int.Parse(txtDBNum.Text),
                      int.Parse(txtBytes.Text), 4, Buffer);

             MessageBox.Show(System.Convert.ToString(
                         Sharp7.S7.GetDIntAt(Buffer, 0)));

           }
```

```
            //读取布尔量
            else if (combDT.Text == "Bool")
            {
                s7.ReadArea(0x84, int.Parse(txtDBNum.Text),
                            int.Parse(txtBytes.Text), 1, 0x01, Buffer);

                            MessageBox.Show(System.Convert.ToString(
                            Sharp7.S7.GetBitAt(Buffer,0,0)));

            }
    }
```

点击按钮“写数据”时，程序根据文本框中的数据块和起始地址等设置及选择的数据类型将txtVal中的值写入PLC（代码13-26）。

代码13-26　写PLC数据

```
private void btnWrtData_Click(object sender, EventArgs e)
{
        byte[] Buffer = new byte[65536];

        //写入浮点数
        if (combDT.Text == "Real")
        {
             Sharp7.S7.SetRealAt(Buffer,0, float.Parse(txtVal.Text));
             s7.DBWrite(int.Parse(txtDBNum.Text), int.Parse(txtBytes.Text),
                    4, Buffer);

          }
          //写入整数
          else if (combDT.Text == "Int")
          {
                Sharp7.S7.SetIntAt(Buffer, 0, Int16.Parse(txtVal.Text));
                s7.DBWrite(int.Parse(txtDBNum.Text), int.Parse(txtBytes.Text),
                        2, Buffer);

            }

            //写入双整数
            else if (combDT.Text == "DInt")
            {
                Sharp7.S7.SetIntAt(Buffer, 0, Int32.Parse(txtVal.Text));
                s7.DBWrite(int.Parse(txtDBNum.Text), int.Parse(txtBytes.Text),
                4, Buffer);

            }

            //写入布尔量
            else if (combDT.Text == "Bool")
            {
                Sharp7.S7.SetBitAt(ref Buffer, 0, 0, bool.Parse(txtVal.Text));
                s7.WriteArea(0x84, int.Parse(txtDBNum.Text),
```

```
                int.Parse(txtBytes.Text), 1, 0x01, Buffer);

        }
    }
```

（4）功能测试

代码完成后，编译程序并运行。这里的测试数据块依然采用上一小节的DB18。在测试软件上点击按钮“连接”请求连接目标PLC，连接成功后，按钮“读数据”和“写数据”可用，点击按钮“读数据”可发现读取的数据和PLC中一致（图13-41）。

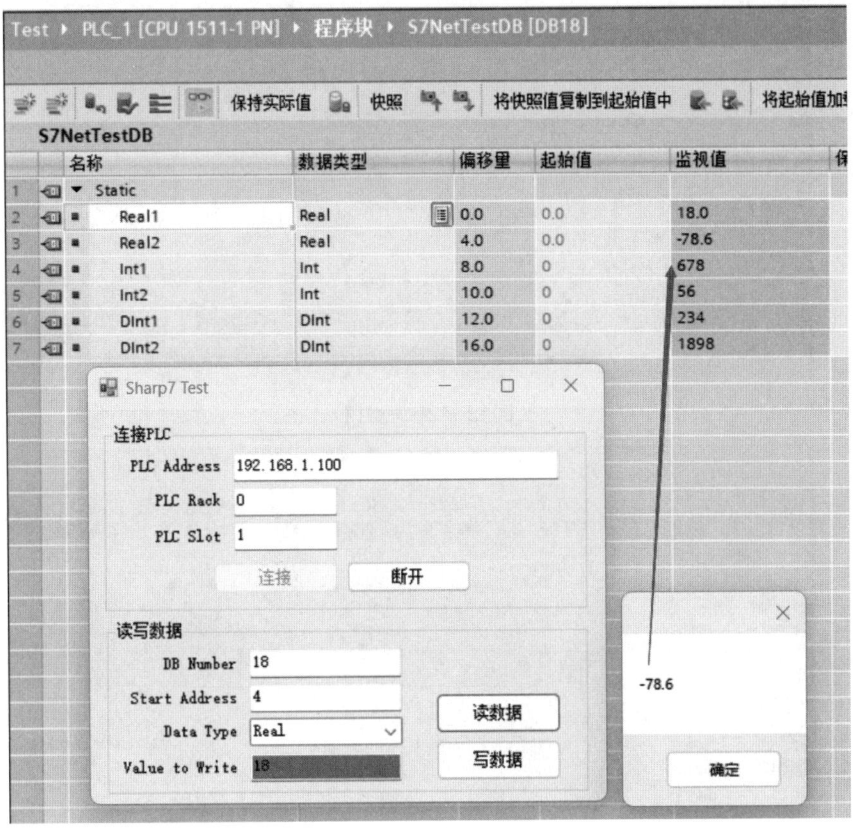

图13-41　读数据

设置目标数据块和起始地址，输入要写入的值，点击按钮“写数据”。通过对数据块的监控可以发现新数据写入成功（图13-42）。

本例中我们再增加对布尔量的读写操作。如果我们数据类型选择为“Bool”，则可以获取Bool类型变量的值（图13-43）。这个测试需要先在DB18中增加几个Bool类型的变量。

同样我们也可以为Bool类型变量写入新值，在上图中的“Value to Write”中输入“true”或者“false”，然后点击按钮“写数据”就可以更新PLC中的变量值（图13-44）。

因为每个Byte有8个bit，所以Bool类型变量的起始地址需要用字节偏移量乘以8。这就是图13-44中的地址设置为160的缘故。另外Sharp7还内置了很多转换方法，读写浮点数及字符串的转换非常方便。这里不再赘述，大家可以自行测试。

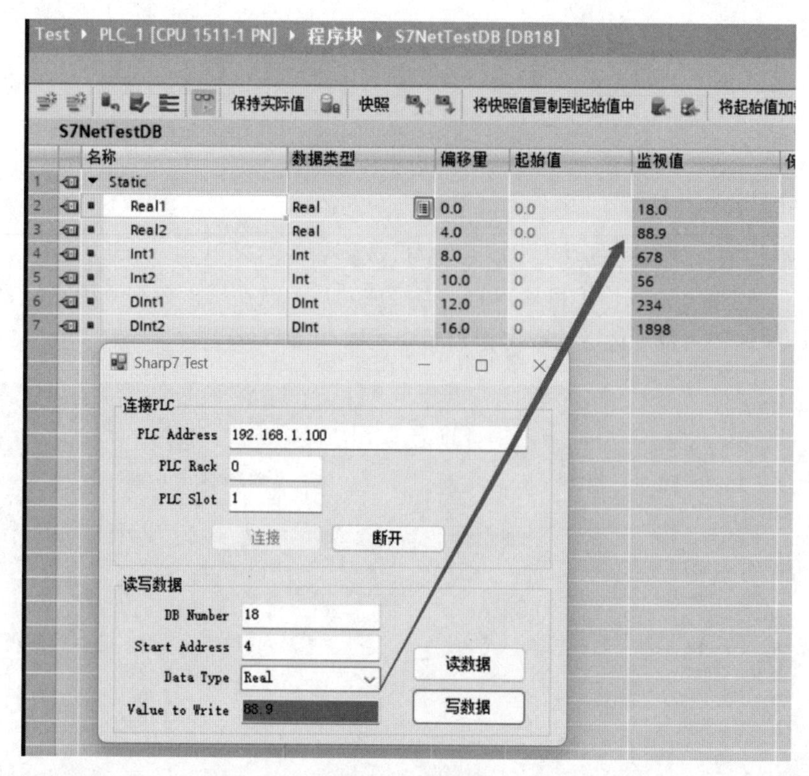

图13-42　写数据

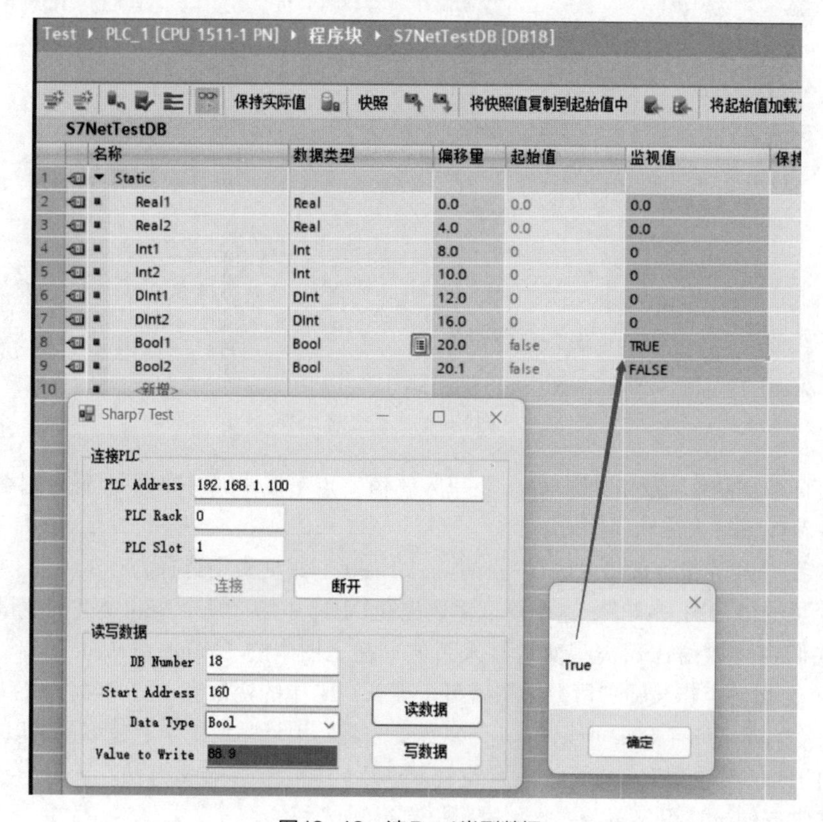

图13-43　读Bool类型数据

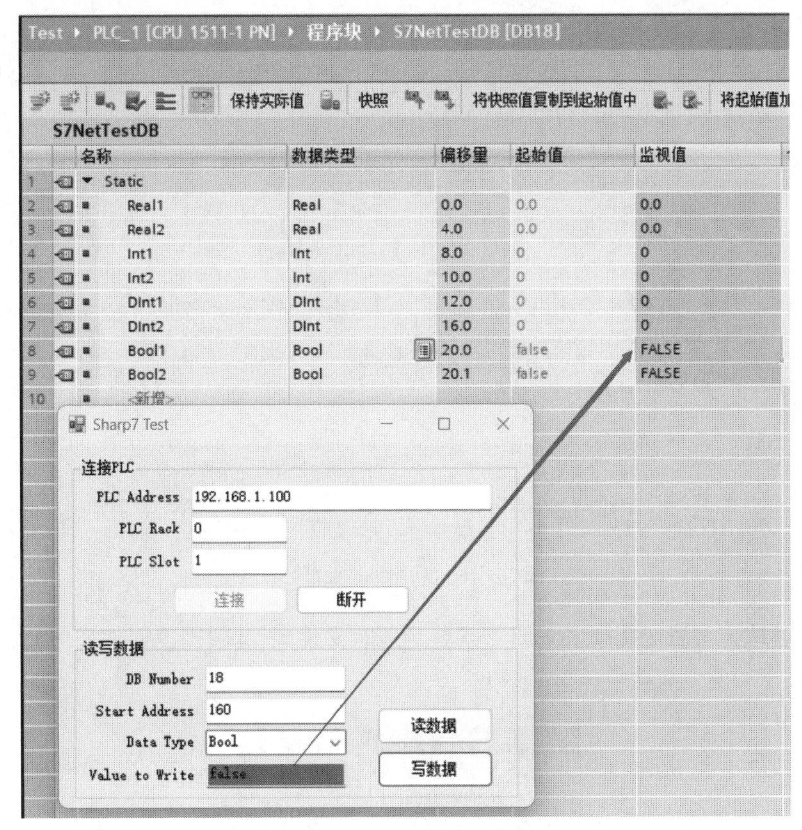

图13-44　写Bool类型数据

13.4　OPC DA

OPC DA是ole for process control data access的缩写。OPC DA是早期的OPC标准，基于Microsoft的COM/DCOM技术。OPC DA经过了多年的发展目前已经非常成熟，最新的OPC DA规范是V3.0，不过用得最多的还是V2.0。由于OPC DA具有难以克服的缺点，因此OPC UA(unified architecture)作为新一代的OPC标准将逐步替代OPC DA，不过目前市场上应用最多的还是OPC DA。

OPC DA的缺点主要体现如下：

- 由于基于Microsoft的COM/DCOM技术，所以不支持跨平台；
- DCOM配置繁琐，局域网内OPC DA访问非常麻烦；
- COM/DCOM技术不支持路由，因此无法实现跨网段的访问。

13.4.1　添加OPC DA Client

OPCAutomationDotNet是Github上的一个对OPC DA()进行二次封装的开源程序库。比我们直接在程序中使用OPC DA要方便很多。OPCAutomationDotNet不但实现了OPC DA Client，也实现了OPC DA Server(OPC Server是基于WtOPCSvr实现的，WtOPCSvr是一款商业软件)，

不过后者不在我们讲解范围之内，这里只介绍OPC DA Client。

首先新建一个项目，命名为OpcDA。将OPCAutomationDotNet里的文件夹OPCClient和Server拷贝到新项目目录下（图13-45）。

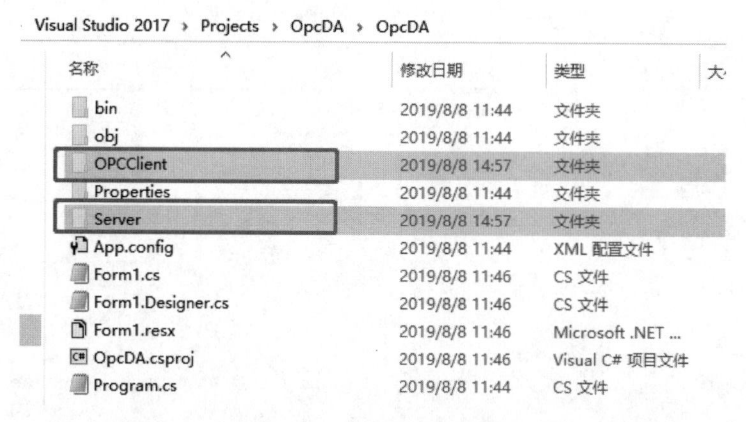

图13-45　为项目添加文件夹

在VS的解决方案资源管理器里点击“显示所有文件夹”(圆圈里面的按钮)就可以看到我们刚才复制过来的两个文件夹（图13-46）。

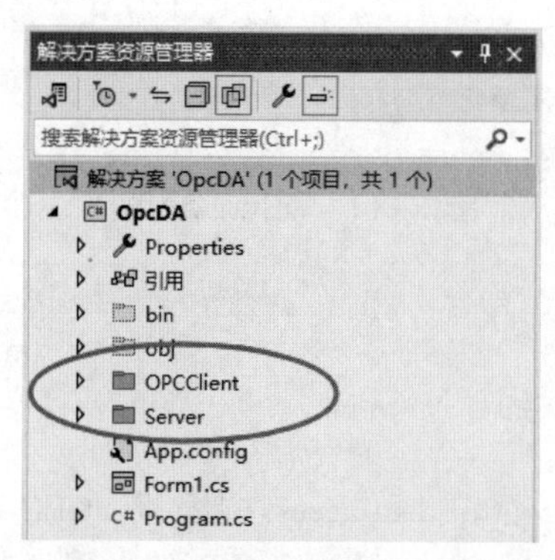

图13-46　新复制的两个文件夹

分别在这两个文件夹上右击，选择“包含在项目中”，参见图13-47所示。

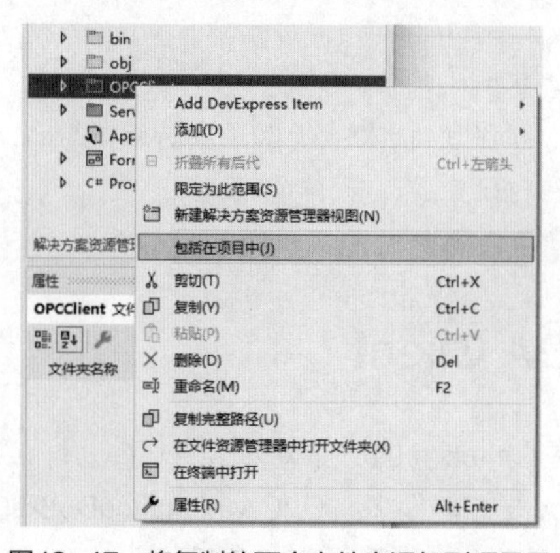

图13-47　将复制的两个文件夹添加到项目里

在“引用”上右击，选择“添加引用”（图13-48）。

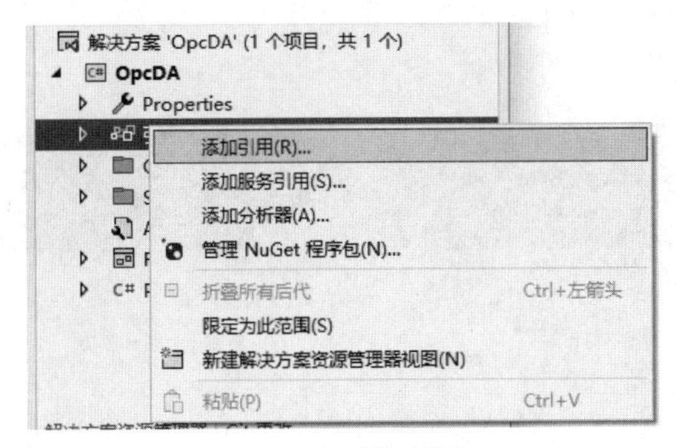

图13-48　添加引用

在弹出的窗口中选择“COM”→“类型库”，并勾选里面的“OPC Automation 2.0”，参见图13-49所示。

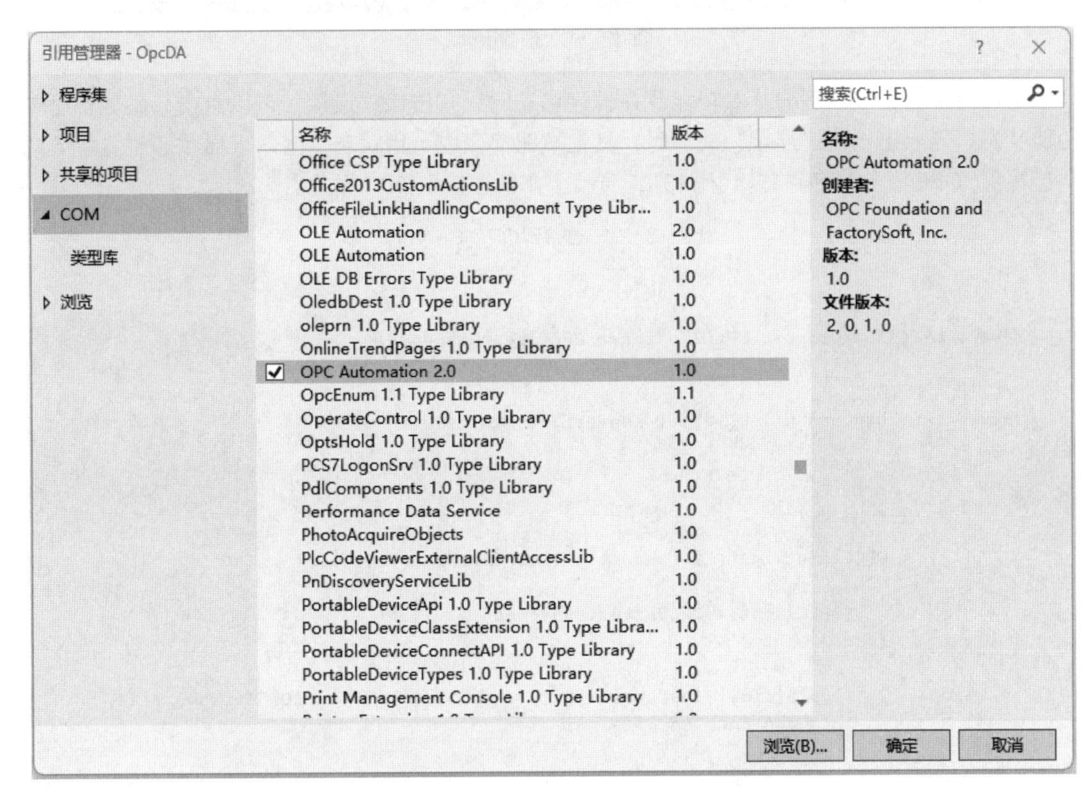

图13-49　勾选“OPC Automation”

使用快捷键F5启动项目，如果没有报错则表示配置工作完成。

13.4.2　使用OPC DA Client

对于直接使用OPC Automation.dll来开发OPC Client，一般的基本步骤是连接OPC服务器、创建组、建立标签、启动读写操作等。但如果使用了OPCAutomationDotNet，其开发工作将大大降低，很多步骤在其内部已经封装好了。接下来我们将以一个简单的例子来演示如何通过OPCAutomationDotNet来访问OPC Server。

首先我们创建图13-50所示的窗体。

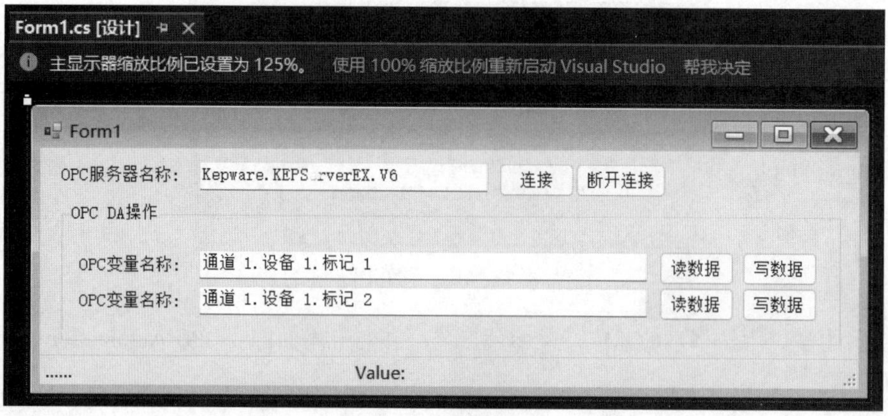

图13-50　新建窗体

下面简单描述该示例的基本功能，在程序启动时只有按钮“连接”可以点击，其他都是未使能状态。当点击按钮“连接”成功时，其他按钮都变成可用状态，同时下面状态栏显示“成功连接到：OPC服务器名称”。代码13-27演示了如何连接到OPC服务器。

代码13-27　连接到OPC Server

```
//声明一个OPC Client
private OPCClientWrapper OPCClient=new OPCClientWrapper();

//点击按钮“连接”
private void btnConn_Click(object sender, EventArgs e)
{
        try
        {
            //根据文本框里面的服务器名称连接到OPC Server
            OPCClient.Init("localhost", txtOPCSvrName.Text);

            if (OPCClient.IsOPCServerConnected())
            {
                //如果连接成功则使能其他按钮及更新状态栏信息
                toolStripStatusLabel1.Text = "成功连接到: " + txtOPCSvrName.Text;
                btnConn.Enabled = false;

                btnDisconn.Enabled = true;
                labItem1.Enabled = true;
                labItem2.Enabled = true;
                txtItem1.Enabled = true;
                txtItem2.Enabled = true;
                btnRead1.Enabled = true;
                btnRead2.Enabled = true;
                btnWrite1.Enabled = true;
                btnWrite2.Enabled = true;
            }
```

```
            }
            catch (Exception ex)
            {
                toolStripStatusLabel1.Text = ex.Message;
            }


}
```

点击按钮“断开连接”，各按钮恢复到初始状态。代码13-28演示了如何断开到OPC Server的连接。

代码13-28　断开到OPC server的连接

```
//断开连接
private void btnDisconn_Click(object sender, EventArgs e)
{
        //断开到OPC Server的连接
        OPCClient.Disconnect();

        //恢复按钮状态及更新状态栏信息
        btnConn.Enabled = true;

        btnDisconn.Enabled = false;
        labItem1.Enabled = false;
        labItem2.Enabled = false;
        txtItem1.Enabled = false;
        txtItem1.Enabled = false;
        btnRead1.Enabled = false;
        btnRead2.Enabled = false;
        btnWrite1.Enabled = false;
        btnWrite2.Enabled = false;

        toolStripStatusLabel1.Text = "等待连接......";
}
```

从前文的描述和代码也能看出，只有连接成功我们才能继续下一步的操作。这里我们以连接KEPServer为例，当点击按钮“连接”成功后程序界面如图13-51。

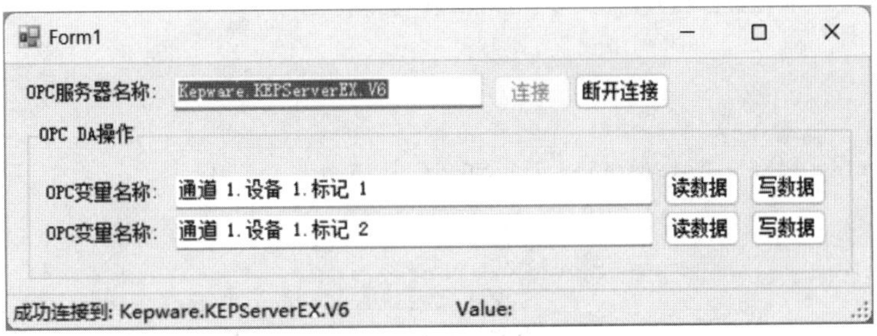

Form1

OPC服务器名称: Kepware.KEPServerEX.V6　连接　断开连接

OPC DA操作

OPC变量名称: 通道 1.设备 1.标记 1　读数据　写数据

OPC变量名称: 通道 1.设备 1.标记 2　读数据　写数据

成功连接到: Kepware.KEPServerEX.V6　Value:

图13-51　连接成功后的界面

连接成功后就可以进行读写变量操作了。双击按钮“读数据”，在其事件里写入代码13-29。

代码13-29　读数据

```
//读变量
private void btnRead1_Click(object sender, EventArgs e)
{
    try
    {
        //在状态栏显示变量值
        toolStripStatusLabel2.Text = txtItem1.Text + " 的值是: " + OPCClient.
                                    ReadNodeLabel(txtItem1.Text);
    }
    catch (Exception ex)
    {
        toolStripStatusLabel1.Text = ex.Message;
    }
}
```

第二个“读数据”按钮也是一样的代码，只不过变量来自文本框“txtItem2.Text”。程序运行后连接OPC Server，点击按钮“读数据”后我们就可以在状态栏上看到变量值了，参见图13-52。

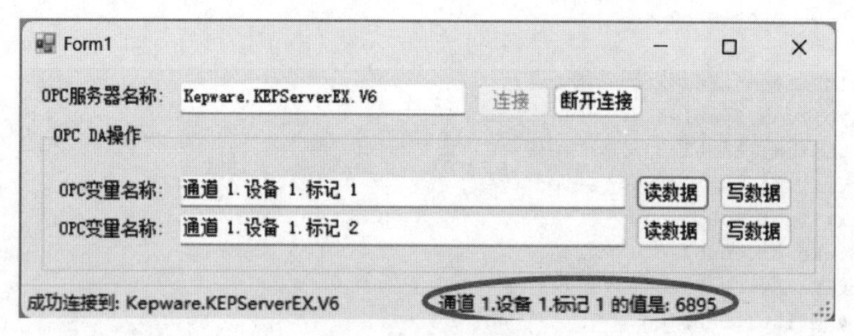

图13-52　读变量值

写变量采取这样的方式：当点击按钮“写数据”时会弹出一个输入对话框，在对话框中输入数值，点击按钮“确定”写入新值（代码13-30）。

代码13-30　写新值

```
//写新值
private void btnWrite1_Click(object sender, EventArgs e)
{
    try
    {
        //调用INPUTBOX
        String Buff = Interaction.InputBox(
                                "请输入新值",
                                "写值",
                                "",
                                Screen.PrimaryScreen.Bounds.Width / 3,
                                Screen.PrimaryScreen.Bounds.Height / 4);

    if (Buff != "")
        //为变量写入新值
        OPCClient.Write(txtItem1.Text, Buff);
```

```
        }
        catch (Exception ex)
        {
            toolStripStatusLabel1.Text = ex.Message;
        }
    }
```

程序运行后点击按钮“写数据”，在弹出的输入框中输入新值，如图13-53所示。

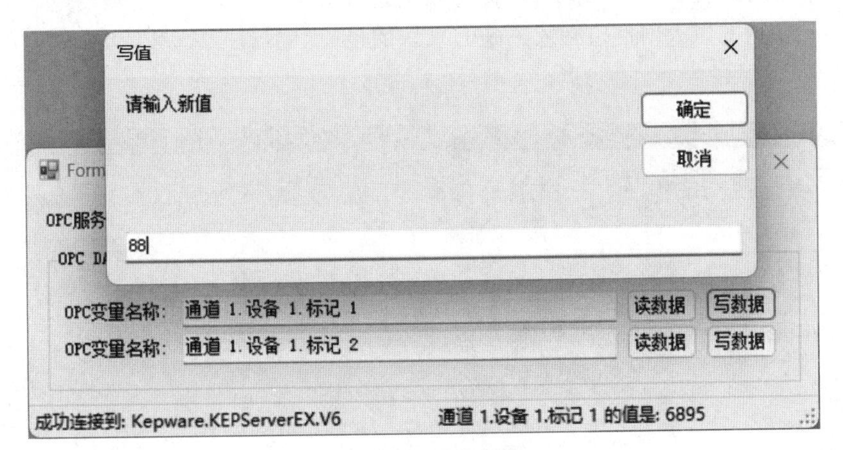

图13-53　写入新值

需要注意的是代码13-30没对输入值进行检查，实际上在工程项目中我们需要判断操作员的输入值是否为数字，如果是，则调入写方法，反之则弹出警告信息。

13.5　OPC UA

OPC UA是为了弥补OPC DA的一系列缺点而重新制定的不同系统间数据互操作的标准协议。C#或者其他开发工具(如Java等)可以开发应用程序作为OPC Client访问PLC中的OPC UA Server进行数据读写。通常我们有两个办法：一是按照OPC UA规范从底层写起，这个方法灵活性大，可控性强，缺点是工作量非常大，程序稳定性也需要一定的时间去检验；另外的方法是使用成熟的OPC UA开发包，这种方法优点是开发周期短，程序质量可靠，缺点是功能实现依赖于开发包，不够灵活。在大部分情况下，如果我们没有什么其他特殊功能需求，使用成熟的开发包是比较理想的选择。本书我们以西门子公司提供的OPC UA Client类库为例来说明如何使用C#开发OPC UA客户端程序访问OPC UA Server。

在本节中，我们以西门子公司的S7-1500系列PLC作为OPC UA Server，C#开发应用程序作为OPC UA Client去访问其数据。

13.5.1　OPC UA Server配置

一方面由于西门子的S7协议是不开放的，第三方设备无法直接通过S7协议与西门子PLC

交换数据（实际上网络上已有关于S7协议的研究，并且已开发了相应的库，参见前面章节）。另一方面由于采用通用的数据访问接口可以减少厂家分别为不同设备开发驱动的成本，提高设备的接入便利性。有鉴于此，西门子自固件版本2.0开始为S7-1500内置了OPC UA Server，供第三方系统作为OPC UA Client和PLC交换数据，S7-1200是自固件版本V4.4开始内置了OPC UA Server。另外S7-1200/1500作为OPC UA Server是需要授权的，但是实际操作中直接勾选授权即可，目前还不需要购买。

PLC的内置OPC UA Sever功能默认是关闭的。在CPU属性栏的OPC UA项下可以选择激活该功能。S7-1500的OPC UA Server端口号默认是4840，通常情况下不需要更改，除非该端口已被占用。使用的以太网接口必须是CPU模块的接口，不支持从CP/CM模块的以太网口去访问OPC UA。

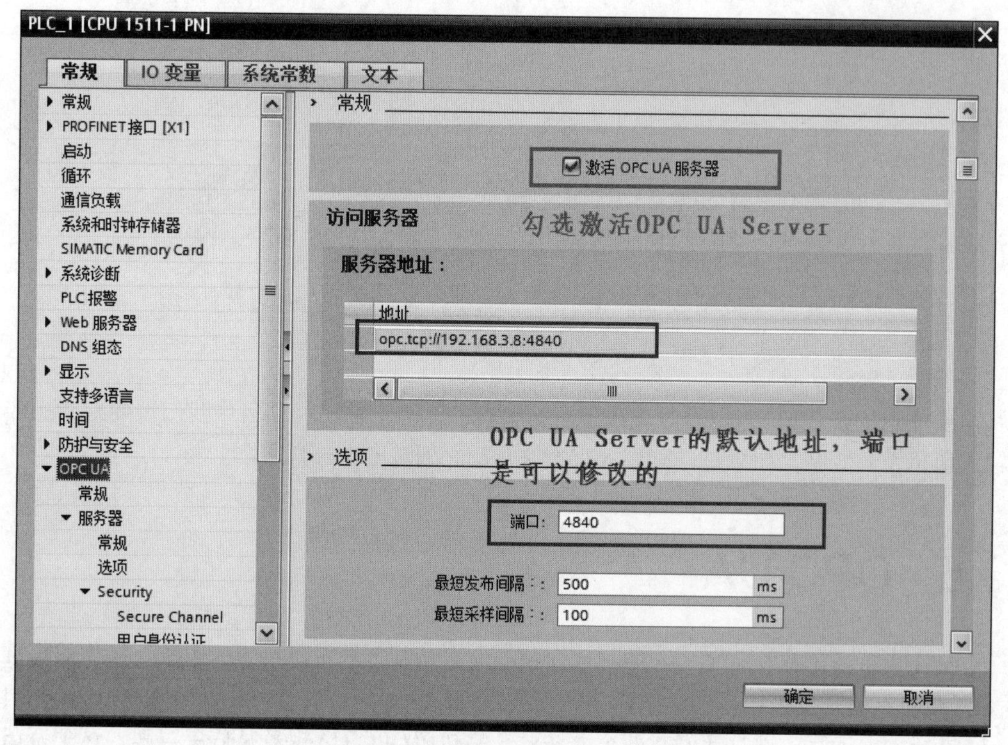

图13-54　S7-1500的地址空间

图13-54中的IP地址自动和硬件组态中的RJ45接口地址一致。这里的最短发布间隔指的是OPC UA Server每间隔500ms（上图中的设定时间）便自动将新数据发布至客户端。最短采样间隔是指OPC UA Server每隔100ms（上图中的设定时间）便自动从CPU寄存器中读取一次最新数值保存到自己的缓冲区中。

前面说过，OPC UA是基于证书产生的互信，因此还需要为PLC的OPC UA创建一个证书。当激活PLC的OPC UA功能时会自动创建一个默认的证书，当然也可以手动修改或添加。

点击“服务器证书”后面的按钮“…”（图13-55）打开图13-56的证书选择窗口，可以选择证书，也可以点击按钮“新增”创建证书。

在证书创建窗口里可以根据需要设置相关参数创建一个新的服务器或客户端证书，也可以设置证书的有效期（图13-57）。

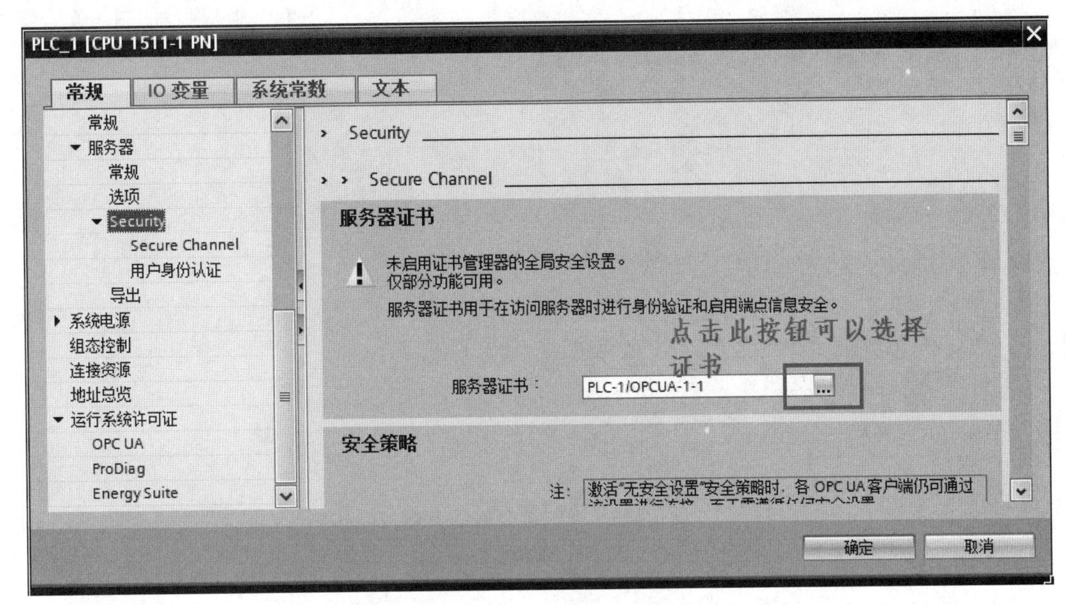

图13-55 PLC的OPC UA证书

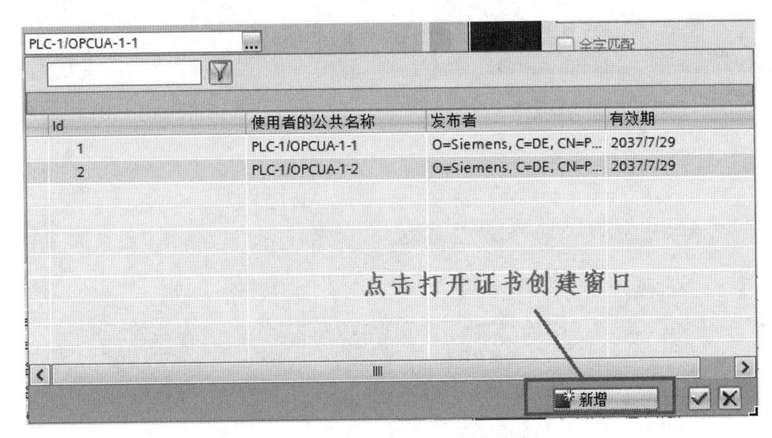

图13-56 OPC UA证书选择窗口

证书设置完毕后需要设置服务器的安全策略。OPC UA需要的安全策略如图13-58所示，如果在一个封闭的网络中，也可以选择“无安全设置”。

图13-59中的窗口中允许添加客户端证书，系统的默认设置是运行过程中自动接受所有客户端证书。配置好OPC UA Server后下载到PLC中即可。

13.5.2 导入类库

在本例中我们采用的是调用西门子官方提供的OPC UA Client类库来实现对数据的访问。首先创建一个新项目，名为OpcUA_Test。然后我们需要导入必需的类库，在“引用”目录上右击选择“添加引用”，在弹出窗口中选择必需的类库，然后点击按钮“确定”。添加完成后的引用如图13-60所示。图13-60中的方框内都是必需的类库，并且不是一个新项目默认自带的，需要我们手动引用。其中类型库Opc.Ua.Client和Opc.Ua.Core是西门子的相关类库。

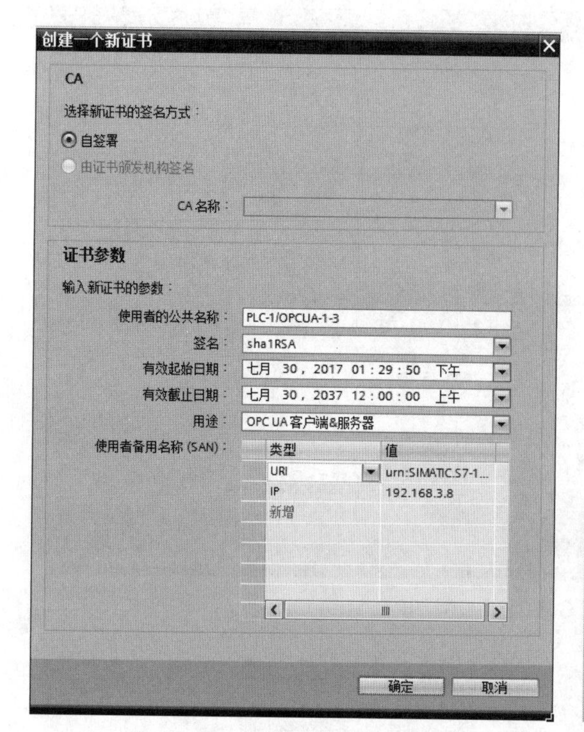

图13-57　创建OPC UA证书

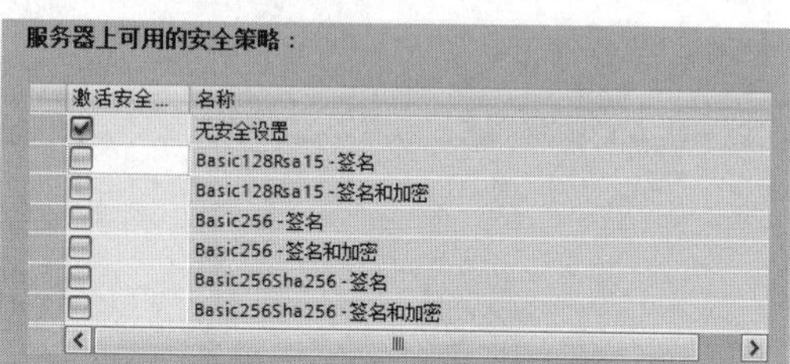

图13-58　设置安全策略

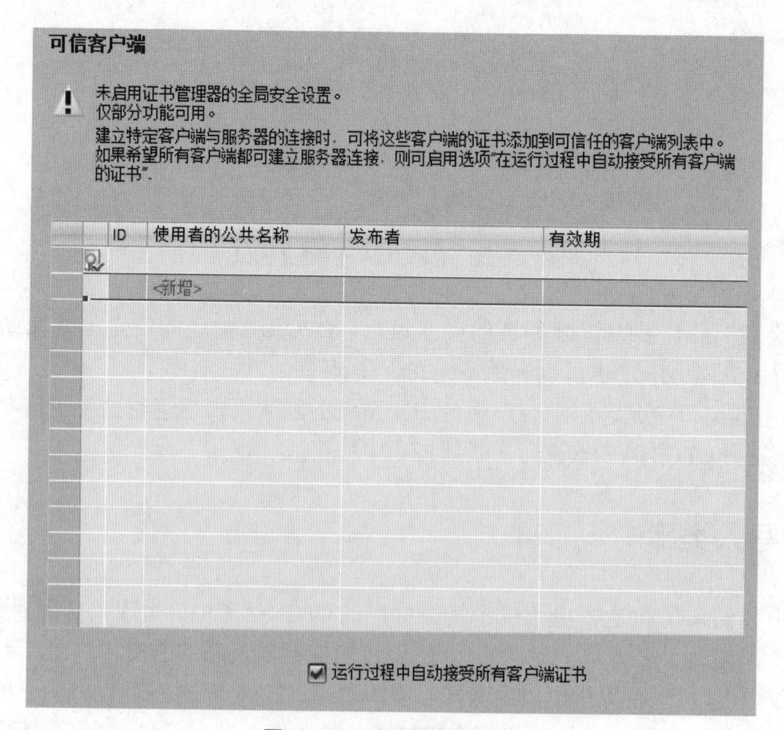

图13-59　客户端权限设置

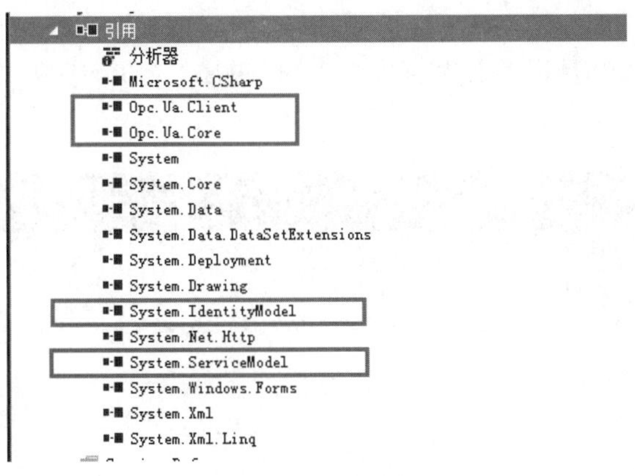

图13-60　添加引用

然后在项目中引用命名空间，参见图13-61。

```
1  using System;
2  using System.Collections.Generic;
3  using System.ComponentModel;
4  using System.Data;
5  using System.Drawing;
6  using System.Linq;
7  using System.Text;
8  using System.Threading.Tasks;
9  using System.Windows.Forms;
10 using Opc.Ua;
11 using Opc.Ua.Client;
12 using Siemens.UAClientHelper;
13 using System.Security.Cryptography.X509Certificates;
14 using System.IdentityModel;
15
```

图13-61　引用命名空间

13.5.3　设计界面和编码

做完前面的准备工作后我们就可以编写代码和设计界面了。首先在窗体上分别添加若干textBox控件、Button控件和ListView控件。然后进行属性设置，按照功能进行规划布局，完成后的界面如图13-62所示。

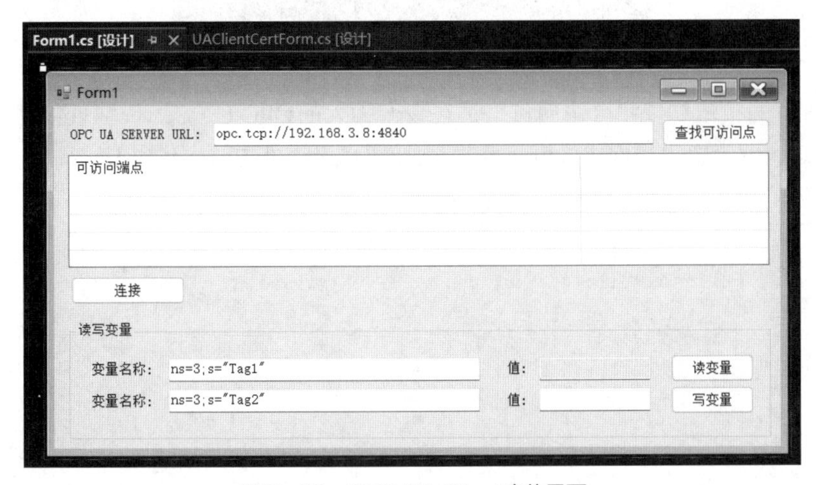

图13-62　OPC UA Client窗体界面

如果希望界面上的控件Listview得到与图13-62一样的显示效果，则需要点击控件右上角的箭头图标新增一列，并且设置其宽度为560，设置属性“Text”为“可访问端点”参见图13-63所示。

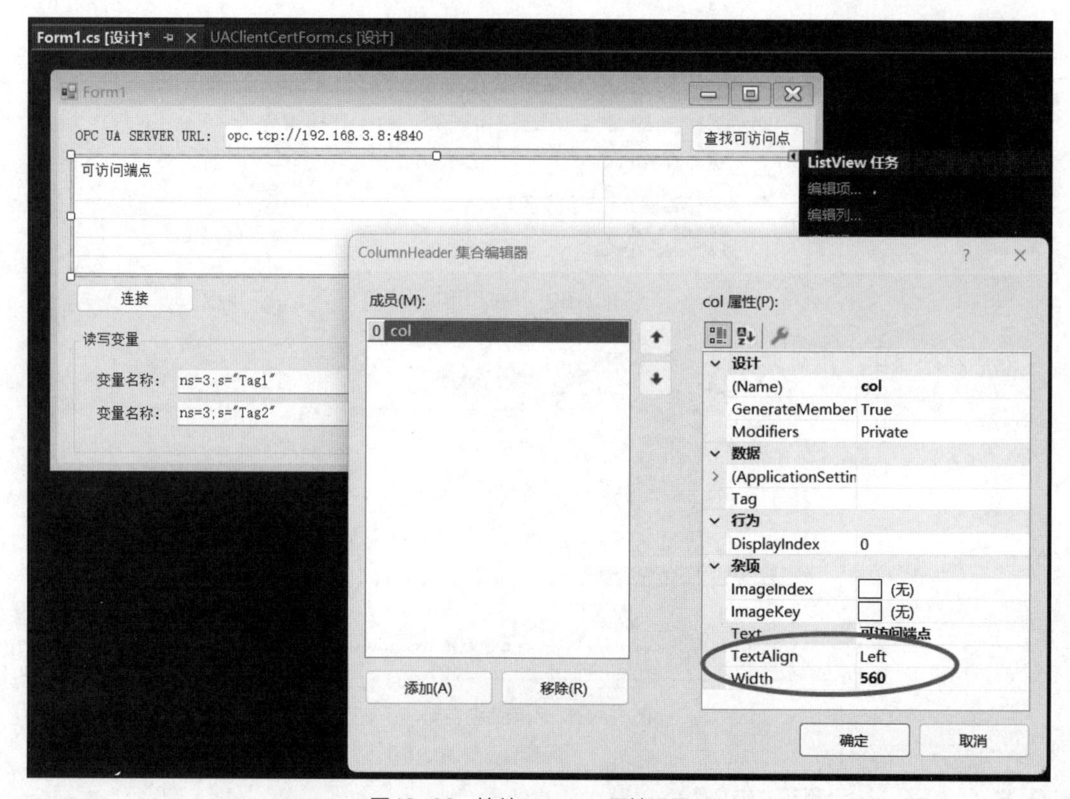

图13-63　控件Listview属性设置1

另外控件Listview的属性“view”设置为“Details”，参见图13-64所示。

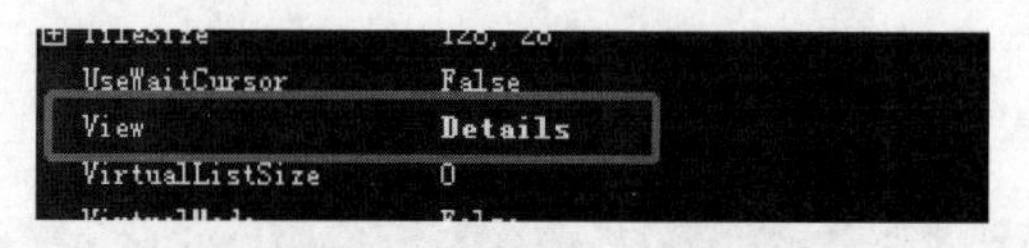

图13-64　控件Listview属性设置2

图13-63中的按钮“查找可访问点”是在我们输入的OPC UA Server地址中浏览是否有可以访问的端点。双击按钮“查找可访问点”，在按钮点击事件里写入代码13-31。

代码13-31　查找可访问点

```
private void btnBrowse_Click(object sender, EventArgs e)
{
    listView1.Items.Clear();
    string discoveryUrl = txtEndpoints.Text;
    try
    {
       ApplicationDescriptionCollection servers=myClientHelperAPI.
FindServers(discoveryUrl);
```

```
            foreach (ApplicationDescription ad in servers)
            {
                foreach (string url in ad.DiscoveryUrls)
                {
                   EndpointDescriptionCollection endpoints
                            = myClientHelperAPI.GetEndpoints(url);
                   foreach (EndpointDescription ep in endpoints)
                   {
                       string securityPolicy = ep.SecurityPolicyUri.Remove(0, 42);
                       listView1.Items.Add("[" + ad.ApplicationName + "] " +
                                       " [" + ep.SecurityMode + "] " +
                                       " [" + securityPolicy + "] " +
                                       " [" + ep.EndpointUrl + "]").Tag = ep;
                   }
                }
            }
        }
        catch (Exception ex)
        {
           MessageBox.Show(ex.Message, "Error");
        }
    }
}
```

代码13-31的作用是在输入的OPC UA Server中查找可以访问的端点。对于S7-1500系列PLC来说，我们可以在CPU属性中看到它的OPC UA Server地址，参见图13-65。

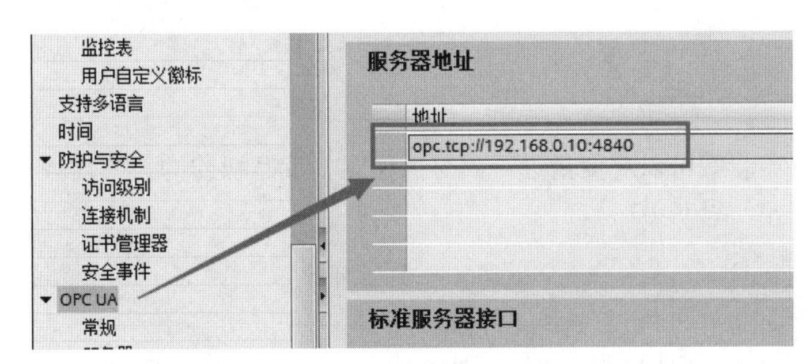

图13-65　CPU属性中的OPC UA Server地址

代码运行后将该服务器所有可访问的端点显示在控件ListView中。在ListView中选择某一个可访问点，点击按钮“连接”即可连接至该端点。按钮“连接”的事件代码如代码13-32。

代码13-32　连接可访问点

```
private void btnConnect_Click(object sender, EventArgs e)
{
    if (mySession != null && !mySession.Disposed)
    {
        try
        {
           mySubscription.Delete(true);
        }
        catch
        {
            ;
```

```
        }

        myClientHelperAPI.Disconnect();
        mySession = myClientHelperAPI.Session;

    }
    else
    {
        try
        {
            myClientHelperAPI.KeepAliveNotification +=
                    new KeepAliveEventHandler(Notification_KeepAlive);
            myClientHelperAPI.CertificateValidationNotification +=
                   new CertificateValidationEventHandler(Notification_
                   ServerCertificate);

            myClientHelperAPI.Connect(mySelectedEndpoint, false, "user", "password");
            mySession = myClientHelperAPI.Session;

            btnConn.Text = "断开连接";

         }
         catch (Exception ex)
         {
            MessageBox.Show(ex.Message, "Error");
         }
    }
}
```

连接成功服务器后就可以对变量进行读写操作了。读写操作的代码比较简单，这里只列出读变量操作，代码如代码13-33。

代码13-33　读变量

```
private void button2_Click_1(object sender, EventArgs e)
{
     List<String> nodeIdStrings = new List<String>();
     List<String> values = new List<String>();
     nodeIdStrings.Add(boxTagName.Text);
     try
     {
          values = myClientHelperAPI.ReadValues(nodeIdStrings);
          boxValue.Text = values.ElementAt<String>(0);
      }
      catch (Exception ex)
      {
           MessageBox.Show(ex.Message, "Error");
      }
 }
```

运行程序，当我们连接成功后在变量名称栏里输入需要读取的变量名，点击按钮“读变量”就可以看到显示变量值的文本框里的数字和PLC中的值一致，参见图13-66所示。

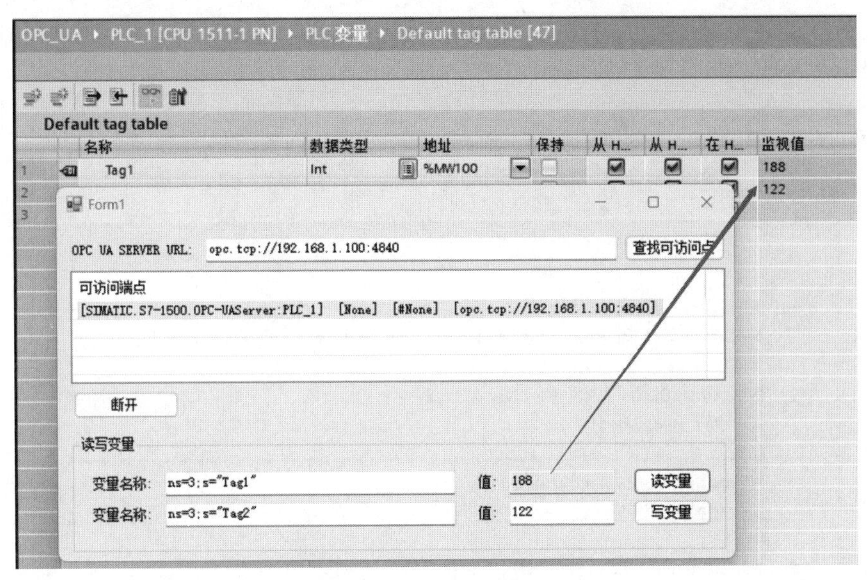

图13-66　读写变量

13.6　Modbus

13.6.1　NModbus4简介

NModbus4是托管在NuGet上的一个开源代码类库，它支持Modbus RTU和Modbus TCP两种协议，功能比较强大，使用也很方便。因为它托管在NuGet上，所以可以直接在Visual Studio中安装。

首先创建一个项目，命名为Modbus。选择菜单“NuGet包管理器”→“管理解决方案的NuGet程序包”。打开后的窗口如图13-67所示。

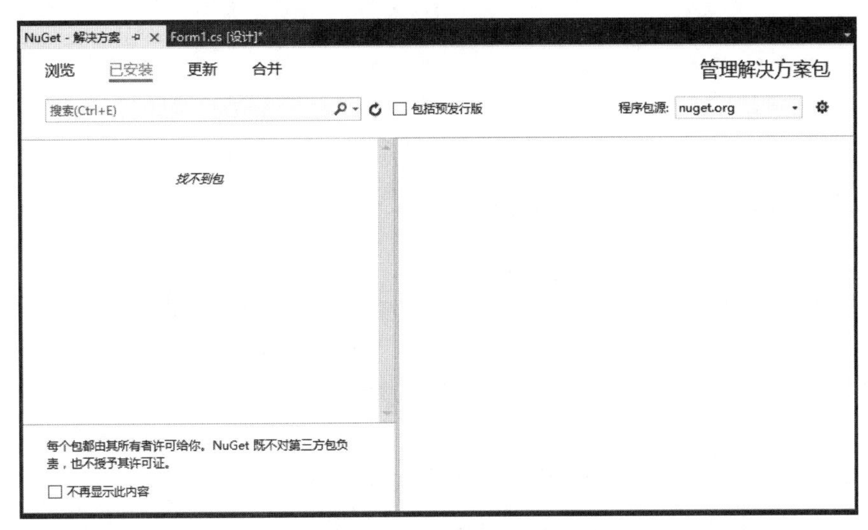

图13-67　解决方案中的NuGet程序包

切换到“浏览”，在搜索栏中输入“nmodbus”后回车，然后就可以看到返回的各种版本的NModbus程序包，参见图13-68所示。

图13-68　返回的NModbus4程序包

选中图13-68中方框内的NModbus4程序包，目前最新版本是V2.1.0，然后勾选窗口右边的项目名称，点击按钮“安装”（图13-69）。

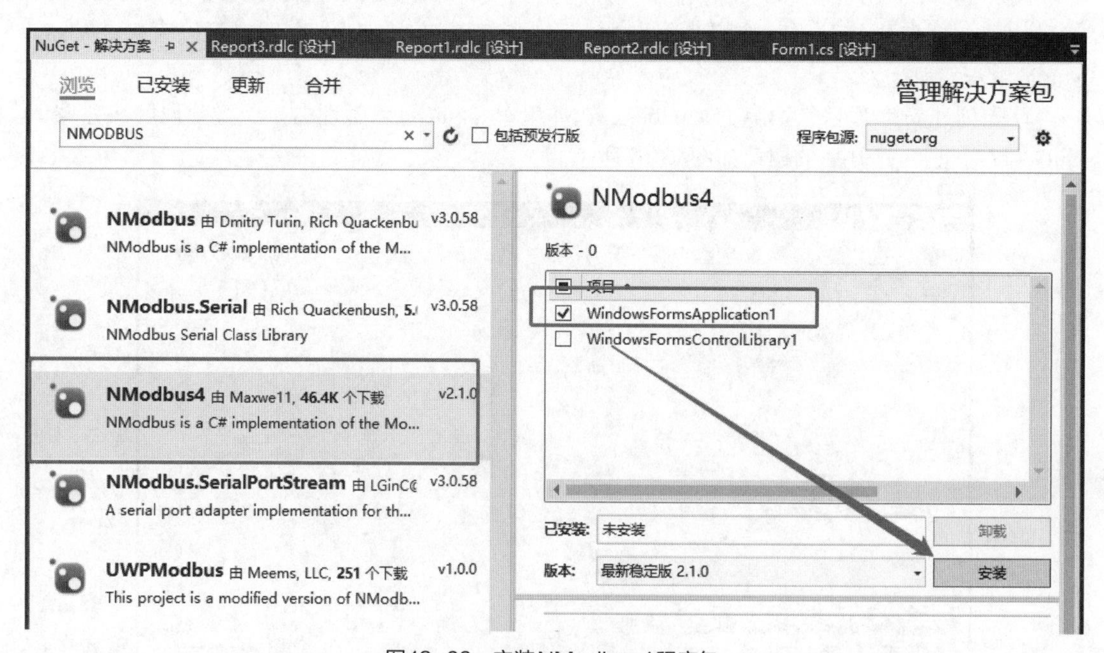

图13-69　安装NModbus4程序包

安装成功后我们就可以在项目的引用中看到该类库了（图13-70）。

图13-70　安装后的NModbus类库

需要注意的是项目的.Net Framework版本最好选择V4.5或者更高，否则可能会导致安装失败。

13.6.2　NModbus的使用(TCP Client)

Modbus是目前使用最广泛的通信协议，原因在于：一是它简单易用，实现成本非常低，无需专业通信芯片；二是它的协议是开放且免费的，任何厂商都可以使用且没有任何授权费用。目前工业生产现场使用比较多的有Modbus RTU和Modbus TCP。由于RTU是基于RS-232/485接口标准的一种协议，目前市场正趋于萎缩，所以本小节内容主要是针对Modbus TCP的实现。

Modbus RTU通信有主站和从站之分，发起数据请求的称为主站，被动响应的称为从站，一般从站不可以发起数据请求。一个Modbus RTU网络中一般只允许有一个主站存在，从站数量理论上最多是254。只不过从站数量太多了会导致通信稳定性降低，另外主站轮询一次将耗费大量的时间，导致数据刷新率偏低。一般从站数量建议不要超过15，如果对数据刷新率没什么要求的话，二三十个从站也是可以的。

Modbus TCP通信基于Socket，理论上不再有严格的主站和从站之分，通常主动发起数据请求的称之为客户端(client)，被动响应的称之为服务端(server)。客户端和服务端都可以主动请求数据。Modbus TCP Server的默认端口是502，一个IP只能运行一个Modbus TCP Server，除非改变端口才可以同时运行多个Modbus TCP Server。发起连接请求的Modbus TCP Client没有固定端口，是在发起连接时随机分配的，所以一个IP可以运行多个Modbus TCP Client。在同一台PLC或者PC上，Modbus TCP Client和Modbus TCP Server并存也可以。

（1）PLC设置

本小节的例子是使用C#实现一个Modbus TCP Client，所以需要准备一个Modbus TCP Server。我们这里以S7-1500为例来说明，先从官网下载一个Modbus TCP Server范例。如果有真实PLC最好，没有也可以使用PLCSIM ADV。打开项目，下载其中的PLC_1。正常情况下OB1/Network3中的Modbus Server状态应该是16#7002，参见图13-71所示。

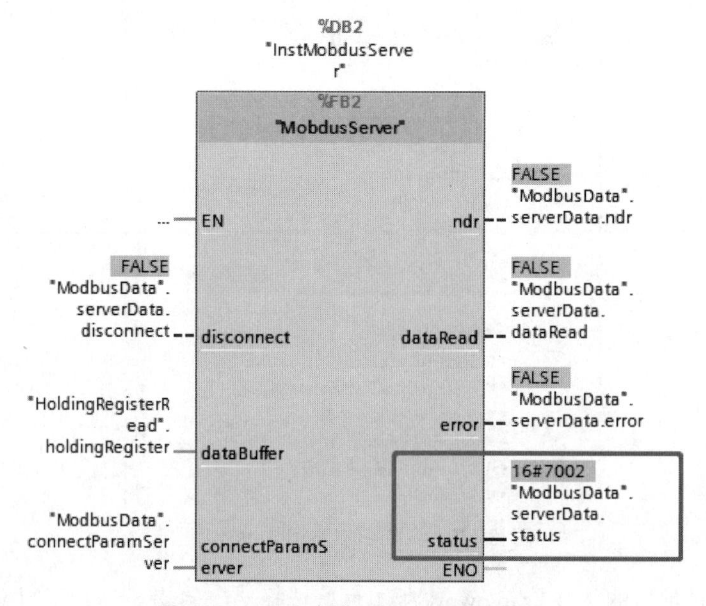

图13-71 PLC中的Modbus TCP Server

状态16#7002表示Modbus TCP Server正在等待Cliet的连接。我们可以先用Modbus调试软件进行测试，推荐使用Modbus Poll或者Modbusscan，都是很不错的Modbus调试软件。在Modbusscan中设置连接时需要注意Modbus TCP Server的端口号(一般默认是502，这里设置为503)，参见图13-72。

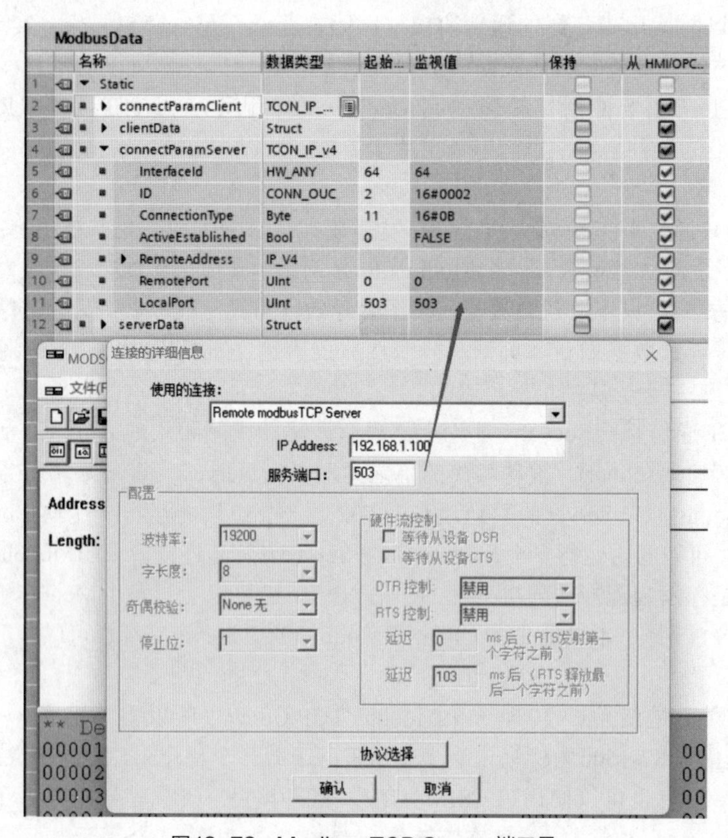

图13-72 Modbus TCP Server端口号

除了端口号之外，我们的计算机网卡地址也要和PLC里的Modbus TCP Server中组态的RemoteAddress一致。连接成功后PLC中Modbus TCP Server的状态变为16#7006，这样我们就可以通过Client进行数据访问了。

（2）界面设计

新建一个C#项目并添加按钮、文本框等控件到画面上，调整大小和位置并重新命名，详细如下。

· 窗体标题修改为ModbusTest；

· 添加四个按钮，命名为btnConnect、btnDisconnect、btnReadData、btnWrtData，分别用于连接、断开和读数据和写数据；

· 添加两个文本框，命名为txtIPAddress、txtPort，分别用于设置目标PLC的IP地址和端口号；

· 添加三个文本框，命名为txtBytes、combDT和txtVal，分别用于设置起始地址、数据类型和待写入PLC的值。

完成上述步骤后的界面如图13-73所示。

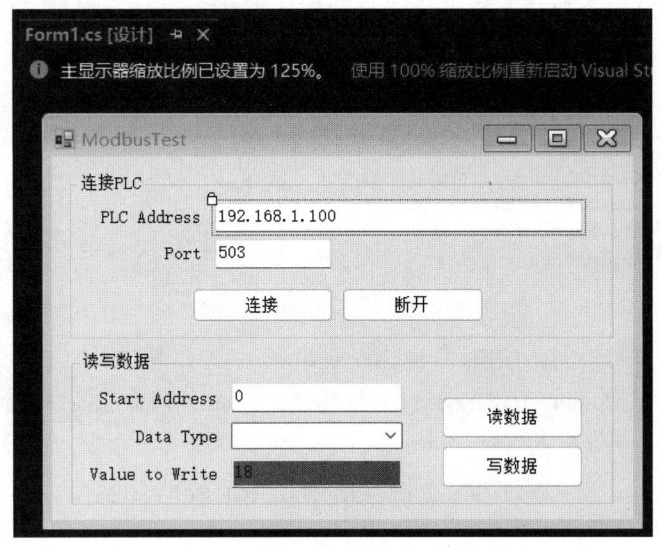

图13-73　ModbusTest测试软件界面

（3）代码编写

在使用NModbus4之前，我们首先需要引用相关的命名空间，参见图13-74所示。

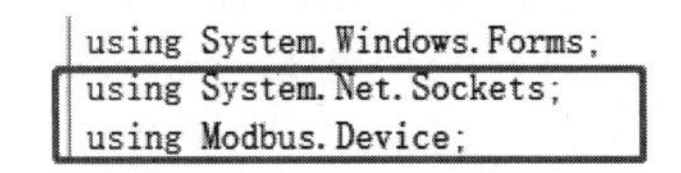
```
using System.Windows.Forms;
using System.Net.Sockets;
using Modbus.Device;
```

图13-74　需要引用的命名空间

图13-74中Modbus.Device是NModbus4中设备操作类所在的命名空间。引用System.Net.Sockets是因为NModbus4的TCP Client和Server基于Socket。完成对命名空间的引用后还需要创建两个全局对象（代码13-34）。

代码13-34　创建全局对象

```
public Form1()
{
   InitializeComponent();
}

TcpClient client;
ModbusIpMaster master;
```

在窗体的装载事件中对程序进行初始化，包括对相关按钮进行使能和激活操作（代码13-35）。

代码13-35　程序初始化

```
private void Form1_Load(object sender, EventArgs e)
{
        //为“数据类型”下拉列表框添加选项
        combDT.Items.Add("Int");
        combDT.Items.Add("DInt");
        combDT.Items.Add("Real");
        combDT.Items.Add("Bool");
        combDT.Text = "Real";

        //初始化按钮，使能按钮"连接"
        //禁止按钮“断开”“发送”和“接收”
        btnConnect.Enabled = true;
        btnDisconnect.Enabled = false;
        btnReadData.Enabled = false;
        btnWrtData.Enabled = false;
 }
```

当点击按钮“连接”时，按照“目标Server地址”“端口号”中的参数（这几个参数可以在PLC的硬件组态和Modbus TCP Server的连接参数中看到）请求连接Modbus TCP Server。为按钮“连接”的点击事件输入代码13-36。

代码13-36　请求连接Modbus TCP Server代码

```
private void btnConnect_Click(object sender, EventArgs e)
{
        //根据文本框中IP地址和端口号连接目标Modbus TCP Server
        try
        {
                client = new TcpClient(txtIPAddress.Text, int.Parse(txtPort.Text));
                master = ModbusIpMaster.CreateIp(client);

                //如果连接成功则使能相关按钮
                btnConnect.Enabled = false;
                btnDisconnect.Enabled = true;
                btnReadData.Enabled = true;
                btnWrtData.Enabled = true;
        }
        catch
        {
```

```
            btnConnect.Enabled = true;
        }
}
```

当点击按钮“断开”时，关闭与PLC的连接，并对相关按钮进行使能和禁止操作（代码13-37）。

代码13-37　断开连接Modbus TCP Server代码

```
private void btnDisconnect_Click(object sender, EventArgs e)
{
        master.Dispose();    //调用方法Dispose断开与目标Server的连接
        btnConnect.Enabled = true;
        btnDisconnect.Enabled = false;
        btnReadData.Enabled = false;
        btnWrtData.Enabled = false;
}
```

连接至Modbus TCP Server成功后就可以对其进行读写操作了。NModbus4中的TCP Client为我们提供了对输入寄存器、保持寄存器等的操作方法，参见表13-5。

表13-5　NModbus4的TCP Client支持的功能

序号	方法名称	功能码
1	ReadCoils	FC1
2	ReadHoldingRegisters	FC3
3	ReadInputRegisters	FC4
4	ReadInputs	FC2
5	ReadWriteMultipleCoils	FC23
6	WriteMultipleCoils	FC15
7	WriteMultipleRegiseters	FC16
8	WriteSingleCoil	FC5
9	WriteSingleRegister	FC6

S7-1200/1500中的Modbus TCP Server支持的地址空间可以参见图13-75中的表格，本例的代码主要演示对保持寄存器的读写操作。

Modbus功能					
功能代码	功能	数据区	地址空间		
01	读取：位	Output	0	至	65.535
02	读取：位	Input	0	至	65.535
04	读取：WORD	Input	0	至	65.535
05	写入：位	Output	0	至	65.535
15	写入：位	Output	0	至	65.535

通过功能代码3、6、16和23将到达的Modbus请求写入Modbus保持性寄存器或从寄存器中读取（可通过MB_HOLD_REG参数指定保持性寄存器）。

图13-75　Modbus功能

对于读取数据来说，根据寄存器区域(输入、输出和保持)调用相应的方法即可。如果读取保持寄存器，由于根据Modbus协议返回的数据是以WORD为单位，我们还需要将它们转换为目标类型，比如DINT、REAL等。

当点击按钮“读数据”时，程序根据文本框中的起始地址及选择的数据类型向Modbus TCP Server请求数据（代码13-38）。

代码13-38 读PLC数据

```
private void btnReadData_Click(object sender, EventArgs e)
{
    ushort startAddress = 0;
    ushort numInputs = 0;
    ushort[] inputs;

    //读取浮点数
    if (combDT.Text == "Real")
    {
        //保持寄存器起始地址
        startAddress = Convert.ToUInt16(txtBytes.Text);
        numInputs = 2;  //实数占用4个字节，所以是2个字
        inputs = master.ReadHoldingRegisters(startAddress, numInputs);
        //调用Modbus.Utility.ModbusUtility中的方法GetSingle将数据
        //转换为浮点数
        MessageBox.Show(Modbus.Utility.ModbusUtility.GetSingle(inputs[0], inputs[1]).
        ToString());
        }

        //读取整数
        else if (combDT.Text == "Int")
        {
            startAddress = Convert.ToUInt16(txtBytes.Text);
            numInputs = 1;    //整数占用2个字节，所以是1个字
            inputs = master.ReadHoldingRegisters(startAddress, numInputs);
            MessageBox.Show(Convert.ToInt16(inputs[0]).ToString());

         }

        //读取双整数
        else if (combDT.Text == "DInt")
        {
            startAddress = Convert.ToUInt16(txtBytes.Text);
            numInputs = 2;  //双整数占用4个字节，所以是2个字
            inputs = master.ReadHoldingRegisters(startAddress, numInputs);
             //调用Modbus.Utility.ModbusUtility中的方法GetUInt32将数据
             //转换为双整数(无符号)
             MessageBox.Show(Modbus.Utility.ModbusUtility.GetUInt32(inputs[0], inputs[1]).
             ToString());

        }
    }
```

点击按钮“写数据”时，程序根据文本框中的起始地址及选择的数据类型将txtVal中的值写入PLC（代码13-39）。

代码13-39　写数据

```
private void btnWrtData_Click(object sender, EventArgs e)
{
     HwLib.DataConvert Convert1 = new HwLib.DataConvert();
    ushort startAddress = 0;
    ushort numInputs = 0;
    ushort[] outputs;
    List<ushort> list = new List<ushort>();

    startAddress = Convert.ToUInt16(txtBytes.Text);

        //写入浮点数
       if (combDT.Text == "Real")
       {
           //NModbus报文数据是以字为单位，所以需要把Float转换为Word
           master.WriteMultipleRegisters(startAddress, Convert1.Float2UInt16(float.
                  Parse(txtVal.Text)));

        }

        //写入整数
        else if (combDT.Text == "Int")
        {
              list.Add(ushort.Parse(txtVal.Text));
              outputs = list.ToArray();
              master.WriteMultipleRegisters(startAddress, outputs);

         }

          //写入双整数
        else if (combDT.Text == "DInt")
        {
              //NModbus报文数据是以字为单位，所以需要把DInt转换为Word
              master.WriteMultipleRegisters(startAddress, Convert1.Int2UInt16(Int32.
                     Parse(txtVal.Text)));
          }
  }
```

（4）功能测试

代码完成后，编译程序并运行。打开PLC项目中“变量监控与强制表”中的“varModbusServer”。为了便于测试浮点数和双整型数据，对该表进行了一点小改动，参见图13-76。

Name	Address	Display format	Monitor value	Modify value
"HoldingRegisterRead".holdingRegister[4]	%DB4.DBW8	DEC+/-	56	56
"HoldingRegisterRead".holdingRegister[5]	%DB4.DBW10	DEC+/-	77	77
"HoldingRegisterRead".holdingRegister[6]	%DB4.DBW12	DEC+/-	12	12
"HoldingRegisterRead".holdingRegister[7]	%DB4.DBW14	DEC+/-	5	5
"HoldingRegisterRead".holdingRegister[8]	%DB4.DBW16	DEC+/-	7	7
"HoldingRegisterRead".holdingRegister[9]	%DB4.DBW18	DEC+/-	8	8
	%DB4.DBD0	Floating-poin...	-146.87	-146.87
	%DB4.DBD4	DEC+/-	-184567	1
"HoldingRegisterRead".holdingRegister[0]	%DB4.DBW0	DEC+/-	-15598	
"HoldingRegisterRead".holdingRegister[1]	%DB4.DBW2	DEC+/-	-8520	
"HoldingRegisterRead".holdingRegister[2]	%DB4.DBW4	DEC+/-	-3	34
"HoldingRegisterRead".holdingRegister[3]	%DB4.DBW6	DEC+/-	12041	67

图13-76　创建测试表

在测试软件上点击按钮“连接”请求连接目标PLC，连接成功后，按钮“读数据”和“写数据”可用，点击按钮“读数据”可发现读取的数据和PLC中一致（图13-77）。

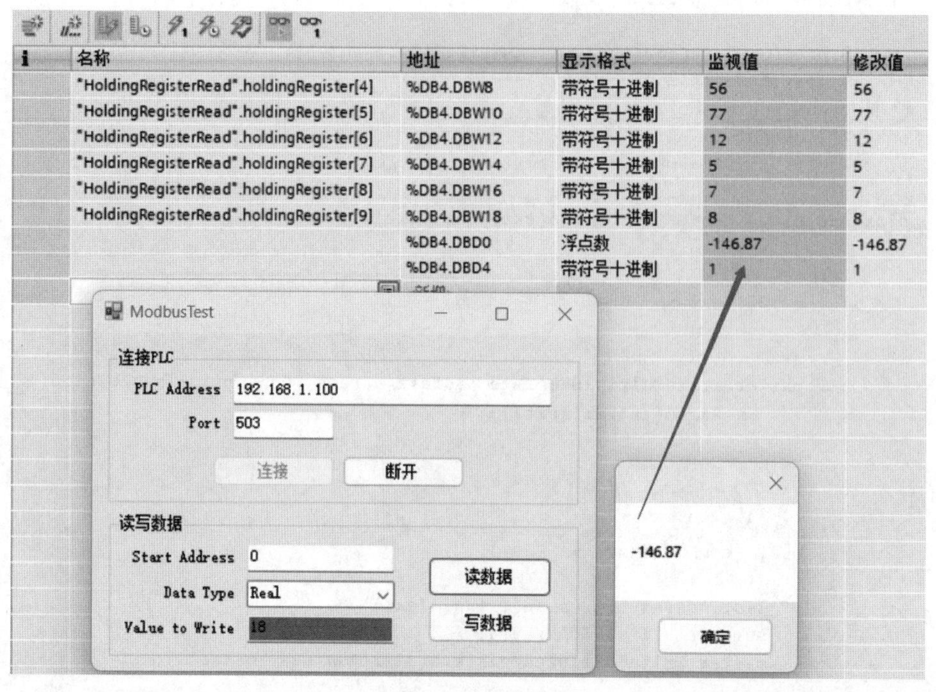

图13-77　读数据

设置目标数据块和起始地址，输入要写入的值，点击按钮“写数据”。通过对数据块的监控可以发现新数据写入成功（图13-78）。

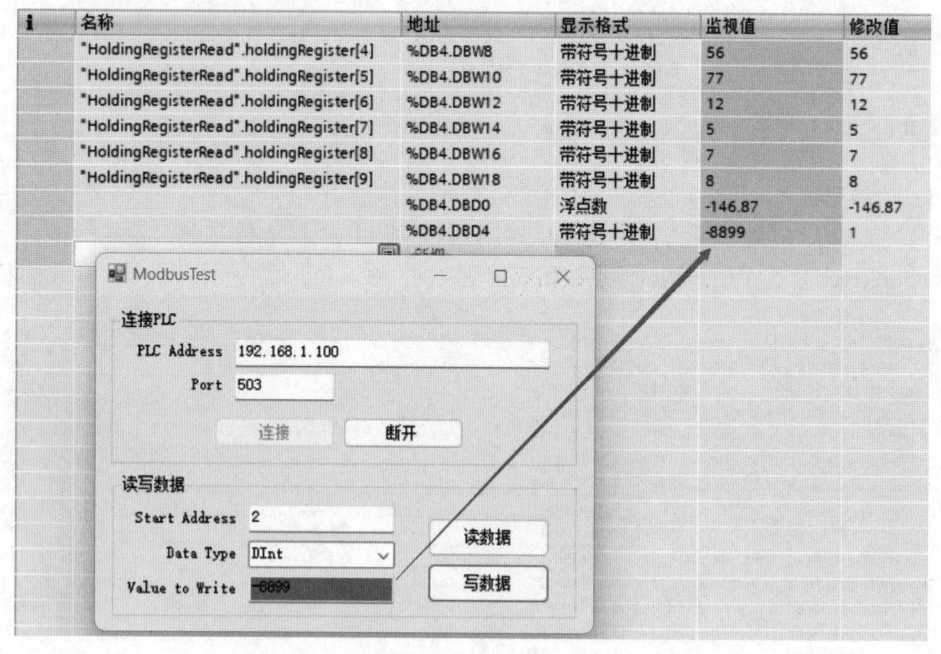

图13-78　写数据

13.6.3　EasyModbus的使用（TCP Server）

在大多数情况下我们在应用程序中使用Modbus只是作为Client去读取服务端的数据。但是有时我们也是需要实现Modbus Server功能来为Client提供数据。比如有时候现场的一些设备是电力规约或者其他一些MES、通用组态软件不支持的协议，这样可能就需要我们编写一个应用程序来作为软件网关为MES、通用组态软件提供数据。

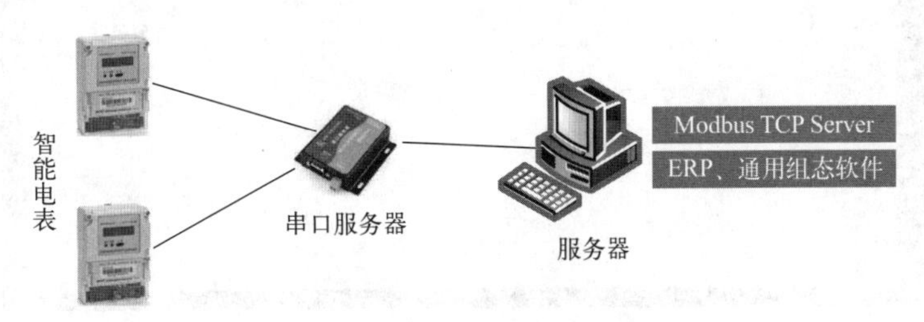

图13-79　Modbus TCP Server应用场景

在图13-79中，智能电表提供的是DLT645通信规约，这种规约大多数软件是不支持的，所以我们可能需要开发一款软件将数据读上来再通过Modbus TCP Server的形式提供给MES或者通用组态软件。

在前面的Modbus TCP Client中我们使用的是开源库NModbus4，它虽然是一个比较优秀的Modbus通信类库，但是为了丰富编程方式，使我们有更多的选择，这里我们使用另一个优秀的开源Modbus通信组件库EasyModbus来实现Modbus TCP Server。EasyModbus的代码非常精炼、简洁，一两行代码就可创建一个Modbus TCP Server。

创建一个新项目，命名为MdbTcpServer。在引用上右击，选择“添加引用”，在窗口中选择“EasyModbus”，如图13-80所示。

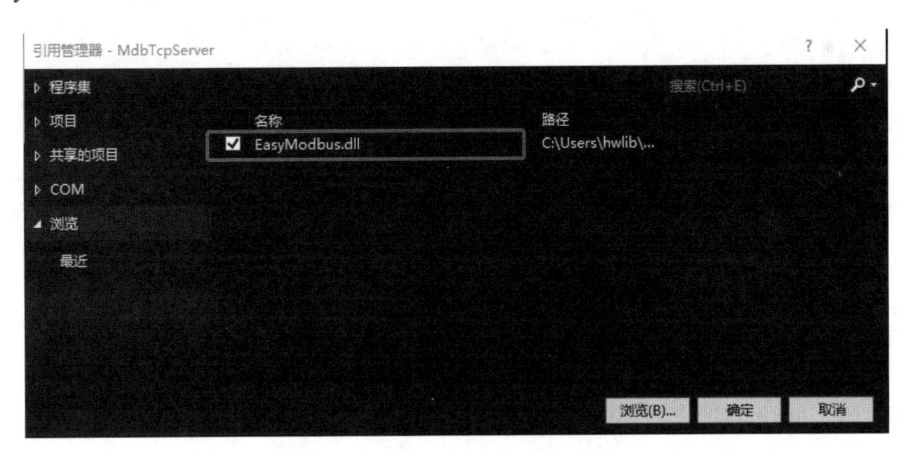

图13-80　在项目中引用EasyModbus

完成引用后我们开始创建界面。首先拖两个按钮到窗体上，分别命名为btnStartSvr和btnStopSvr，设置它们的文本属性为“启动MODBUS TCP服务器”和“停止MODBUS TCP服务器”。这两个按钮的作用是用于控制Modbus TCP Server的启动和停止。

再拖几个label和textBox控件到窗体上，这几个textBox控件分别命名为HR40001、HR40002、HR40003、HR40004。它们的作用是接受外部对保持寄存器40001 ～ 40004的数值修改。完成后程序界面如图13-81。

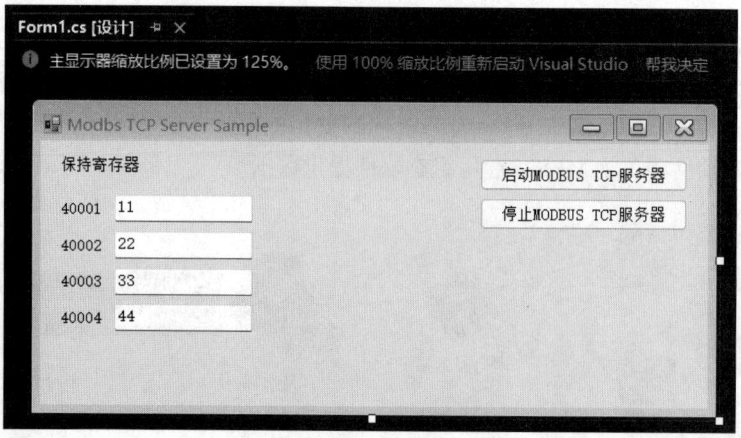

图13-81 程序界面

另外我们还需要添加一个定时器，该定时器用于定时将HR40001、HR40002、HR40003、HR40004中的数据写入到保存寄存器40001～40004。设置定时器的Enable属性为false，时间间隔为500ms。

完成界面后切换到代码编辑器，首先添加对命名空间EasyModbus的引用（图13-82）。

再声明一个变量easyModbusTCPServer，并且在程序初始化时就对它进行实例化（图13-83）。

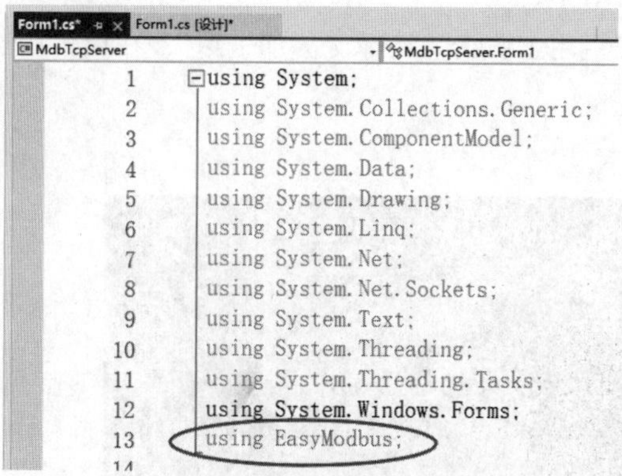

```
using System;
using System.Collections.Generic;
using System.ComponentModel;
using System.Data;
using System.Drawing;
using System.Linq;
using System.Net;
using System.Net.Sockets;
using System.Text;
using System.Threading;
using System.Threading.Tasks;
using System.Windows.Forms;
using EasyModbus;
```

图13-82 引用命名空间EasyModbus

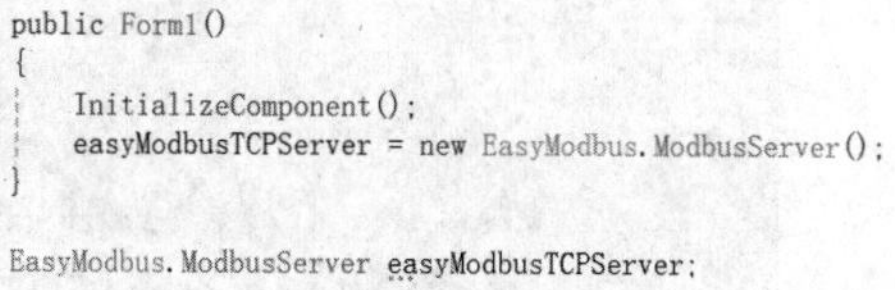

```
public Form1()
{
    InitializeComponent();
    easyModbusTCPServer = new EasyModbus.ModbusServer();
}

EasyModbus.ModbusServer easyModbusTCPServer;
```

图13-83 实例化EasyModbus

双击按钮“btnStartSvr”，在其点击事件中写入代码13-40。

代码13-40 启动Modbus TCP Server

```
private void btnStartSvr_Click(object sender, EventArgs e)
{
    easyModbusTCPServer.Listen();
    timer1.Enabled = true;
}
```

代码13-40通过调用方法Listen()实现对客户端请求接入的监听，同时使能定时器，定时将文本框控件HR40001～HR40004中的数据写入到保持寄存器里。定时器Tick事件中的代码参见代码13-41。

代码13-41　定时更新保存寄存器数据

```
private void timer1_Tick(object sender, EventArgs e)
{
    easyModbusTCPServer.holdingRegisters[1] = short.Parse(HR40001.Text);
    easyModbusTCPServer.holdingRegisters[2] = short.Parse(HR40002.Text);
    easyModbusTCPServer.holdingRegisters[3] = short.Parse(HR40003.Text);
    easyModbusTCPServer.holdingRegisters[4] = short.Parse(HR40004.Text);
}
```

双击按钮“btnStopSvr”，在其点击事件中写入代码13-42。

代码13-42　停止Modbus TCP Server

```
private void btnStopSvr_Click(object sender, EventArgs e)
{
    easyModbusTCPServer.StopListening();
    timer1.Enabled = false;
}
```

代码13-42用于停止Modbus TCP Server，并且同时关闭定时器，停止对保持寄存器的数据更新。

到这里为止我们已经完成了一个简单的Modbus TCP Server，下面我们可以来测试一下它的功能。这里我们使用一个比较流行的Modbus测试软件ModScan32.exe作为Modbus TCP Client。首先启动Modbus TCP Server，点击按钮“启动MODBUS TCP服务器”（图13-84）。

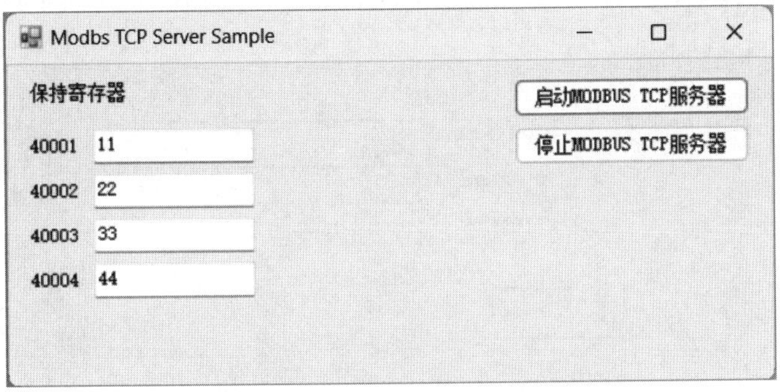

Modbs TCP Server Sample

保持寄存器

40001	11
40002	22
40003	33
40004	44

启动MODBUS TCP服务器

停止MODBUS TCP服务器

图13-84　启动Modbus TCP Server

然后再启动ModScan32.exe，选择菜单“Connection”→“Connect”，参见图13-85。

在图13-86的连接设置中选择使用的连接为“Remote modbus TCP Server”，设置Modbus TCP Server的IP地址和端口号，点击按钮“Protocol Selections”。

如果连接成功，我们可以看到ModScan32.exe的窗口中会显示有效的数据包。正常情况下图13-87中右侧方框内的发送和响应数据包是相等的。

由于我们在前面的Modbus TCP Server中数据是放到保持寄存器的，所以我们还得在

ModScan32.exe的窗体上选择寄存器类型为“03: HOLDING REGISTER”，然后我们就可以看到读出的寄存器数据和Modbus TCP Server窗体中控件textBox的数据是一致的（图13-88）。

如果我们尝试修改Modbus TCP Server窗体中控件textBox的数据会发现ModScan32.exe读出的数据同步改变。

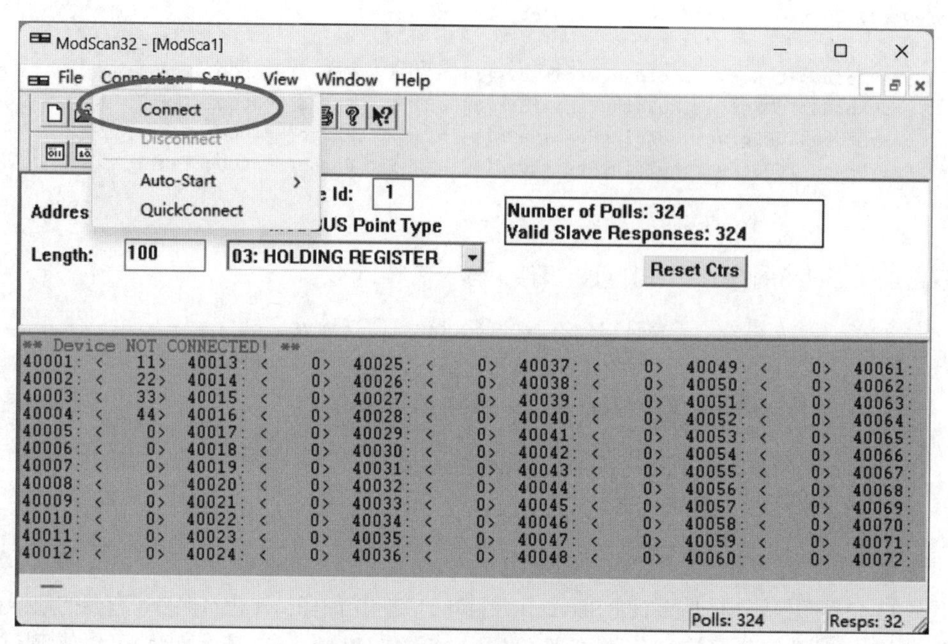

图13-85　ModScan32.exe

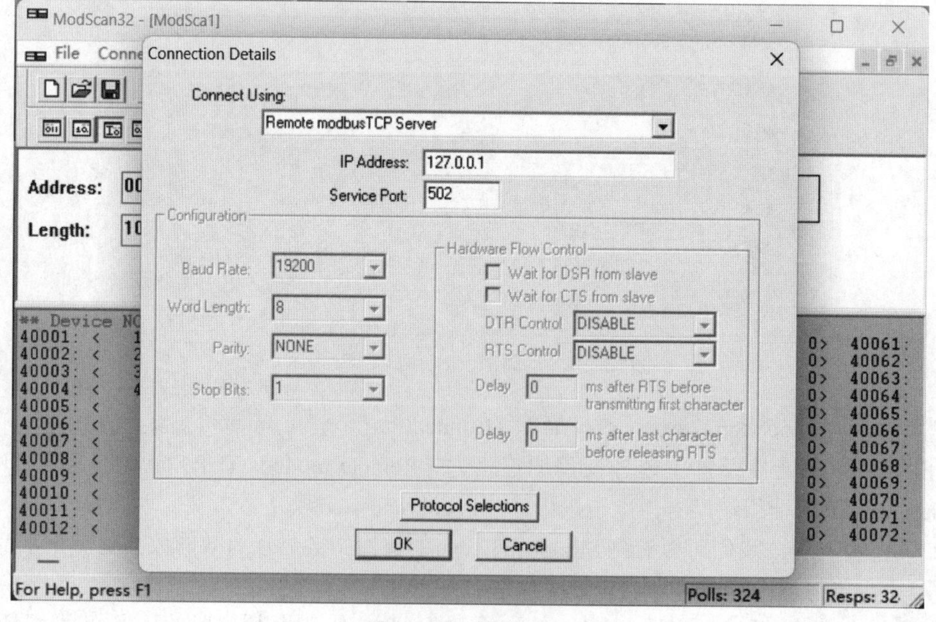

图13-86　连接设置

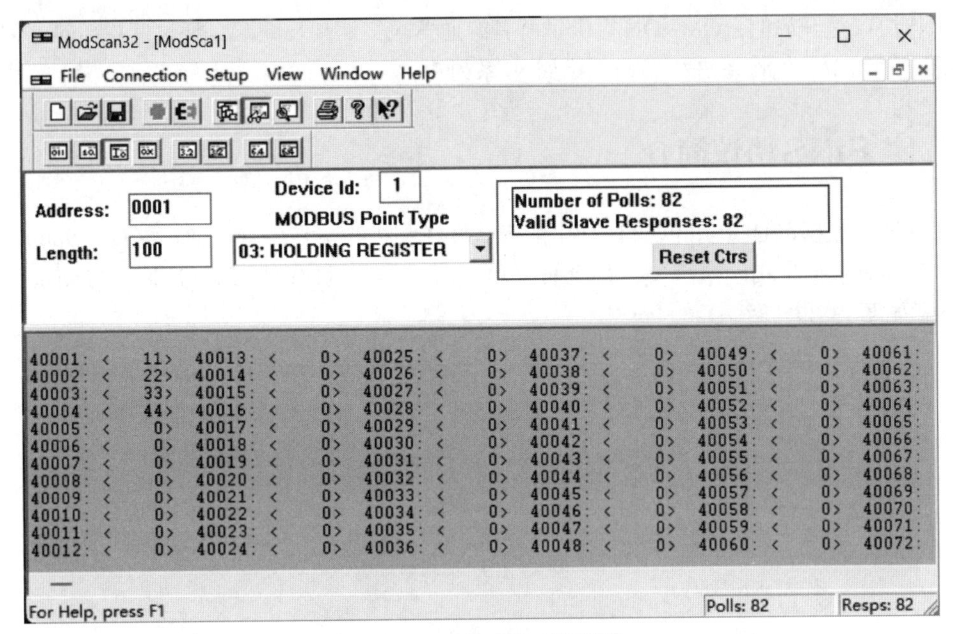

图13-87　连接成功后的数据包

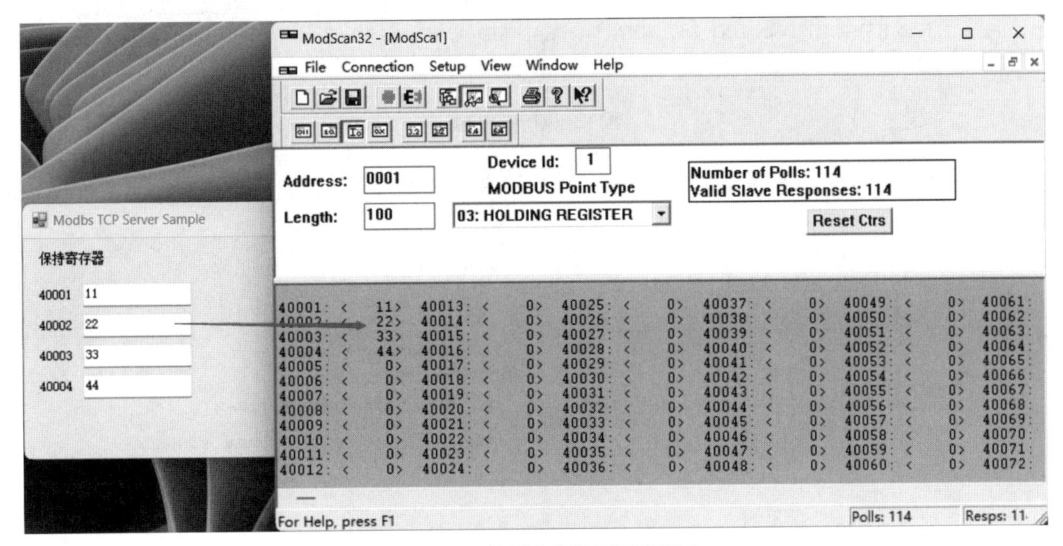

图13-88　读到的保持寄存器数据

13.7　FINS通信

FINS（factory interface network service）协议是由日本OMRON公司开发的一种工业自动化控制网络指令控制系统，用于在PLC和计算机之间进行通信的一种网络协议，通过使用FINS指令可以实现在以太网、控制网络的Controller Link和RS-232-C ／ RS-485串行通信三种网络之间的无缝通信。

FINS协议是开放的，OMRON提供了所有的通信报文结构及细节。通过使用Socket编程即可实现和支持FINS的设备进行通信，比如NJ系列PLC。

13.7.1 FINS协议简介

FINS通信数据以UDP/IP包或TCP/IP的形式发送和接收报文，默认通信端口为9600。通信过程中包含请求报文和响应报文，每个报文由FINS报文头和FINS请求帧/响应帧组成，报文具体格式如图13-89、图13-90。

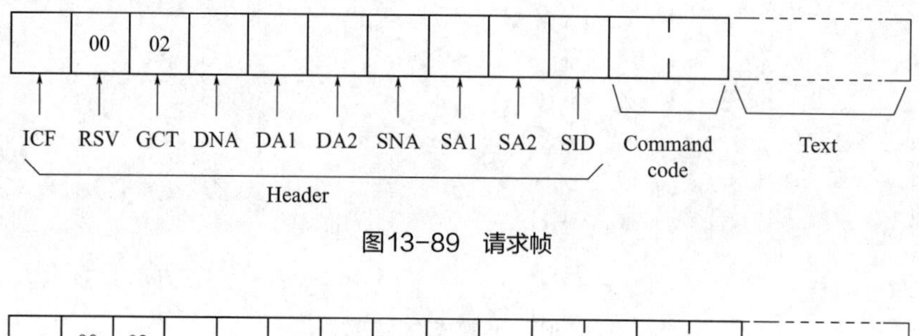

图13-89 请求帧

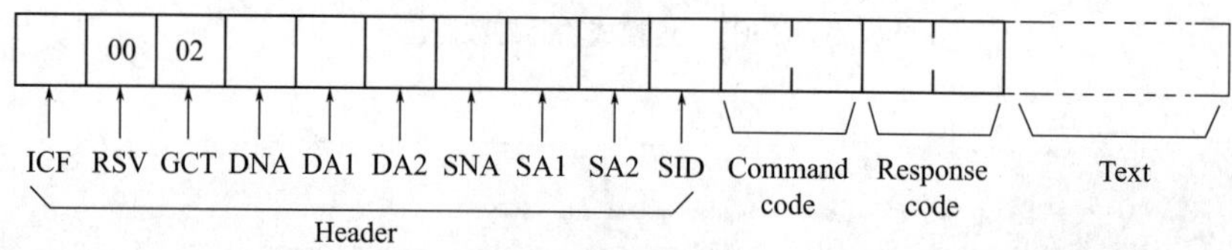

图13-90 响应帧

ICF: 占用1个字节，信息控制域，固定的报文头，每个报文的第一个字节必须是ICF（图13-91）。

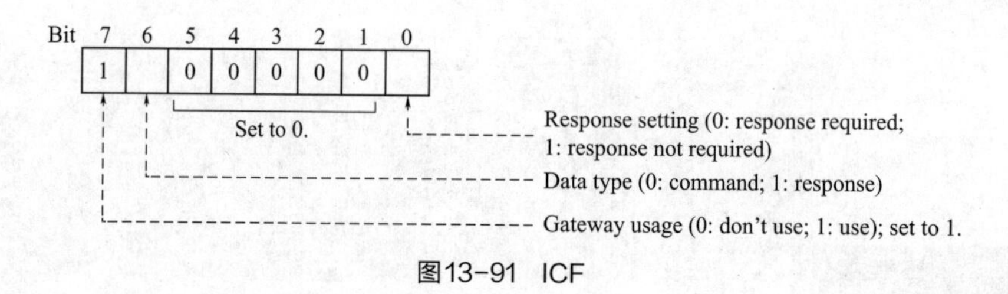

图13-91 ICF

RSV: 占用1个字节，预留字节，总是00。

GCT: 占用1个字节，网关计数，总是02。

DNA: 占用1个字节，目标网络地址，用来指定目标节点网络号，00代表本地网络，01 ~ 7F代表远程网络地址(1 ~ 127)。

DA1: 占用1个字节，目标节点地址，用来发送命令节点号，00为本地，01 ~ 7E是目标节点号，当安装多个网络单元时，FF为广播号。

DA2: 占用1个字节，目标单位地址，用来指定目标节点的单元编号，00为本地，10 ~ 1F是CPU总线单元，E1内板，FF已联网。

SNA: 占用1个字节，源网络地址，指定源节点所在网络号，00为本地，01 ~ 7F是网络号。

SA1: 占用1个字节，源节点地址，指定源节点所在网络号，00为本地，01 ~ 7F是网络号。

SA2: 占用1个字节，源单元地址，指定源节点所在网络号，00为本地，01 ～ 7F是网络号。

SID: 占用1个字节，服务编号，标识生成传输过程，设置00 ～ FF所需数字，响应中返回相同数字来匹配命令和响应。

再后面就是具体的命令代码及相应报文了，大家感兴趣可以参考网络上的FINS协议文件。

13.7.2 FINS的使用

FinsTcp是我们在开源代码上修改优化后的FINS协议的C#实现。单文件类库，便于维护升级。

（1）PLC设置

本例中的PLC使用的是NJ501-1300系列PLC。IP地址是192.168.6.36，端口号是默认的9600，没有其他特殊设置。

（2）界面设计

新建一个C#项目并添加按钮、文本框等控件到画面上，调整大小和位置并重新命名，详细如下。

· 窗体标题修改为FinsTcp Test；

· 添加四个按钮，命名为btnConnect、btnDisconnect、btnReadData、btnWriteData，分别用于连接、断开、读数据和写数据；

· 添加三个文本框，命名为txtIPAddress和txtPort，分别用于设置目标PLC的IP地址和端口号；

· 添加四个文本框，命名为cmbArea、txtStartAddress、cmbDT和txtVal，分别用于设置内存区域、起始字节、数据类型和待写入PLC的值；

完成上述步骤后的界面如图13-92所示。

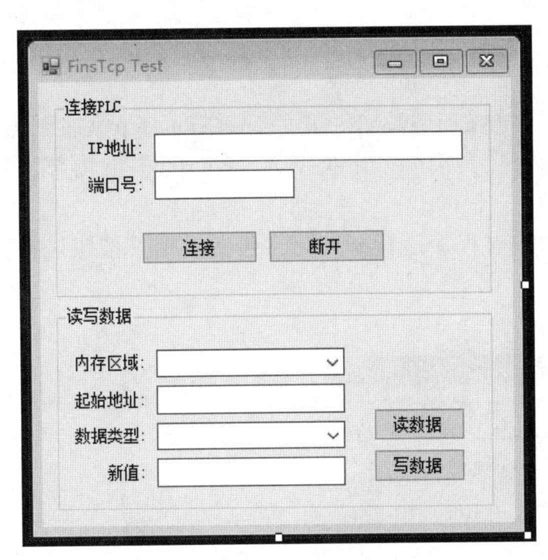

图13-92　FinsTcp测试软件界面

（3）代码编写

首先在项目中引用添加文件FinsTcp，在项目名称上右击，鼠标移到菜单选择“添加”，然后在子菜单中选择“现有项”，参见图13-93所示。

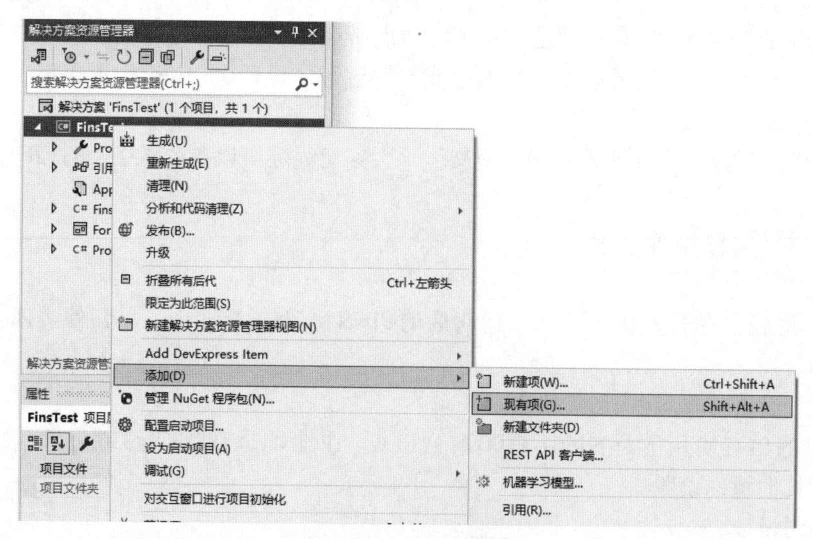

图13-93　添加现有项

在弹出的窗口中打开存放FinsTcp的文件夹，选择FinsTcp，参见图13-94。

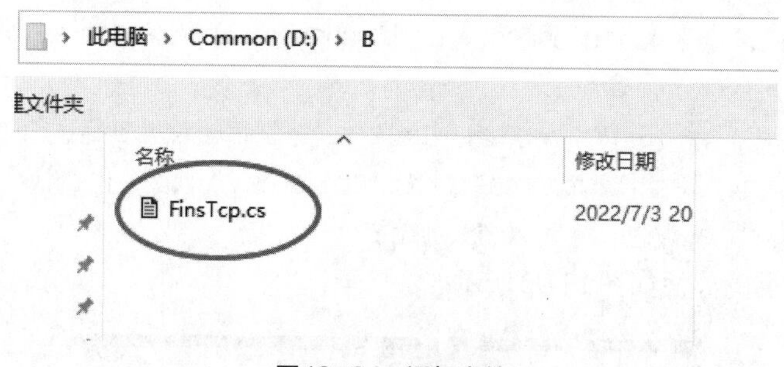

图13-94　添加文件

选中文件FinsTcp，点击按钮“添加”即可将文件FinsTcp添加到当前项目中（图13-95）。

添加类库文件后，首先要声明一个类型为“FinsTcp”的内部变量供程序使用，参见图13-96所示。

在窗体的装载事件中对程序进行初始化，包括对相关按钮进行使能和激活操作（代码13-43）。

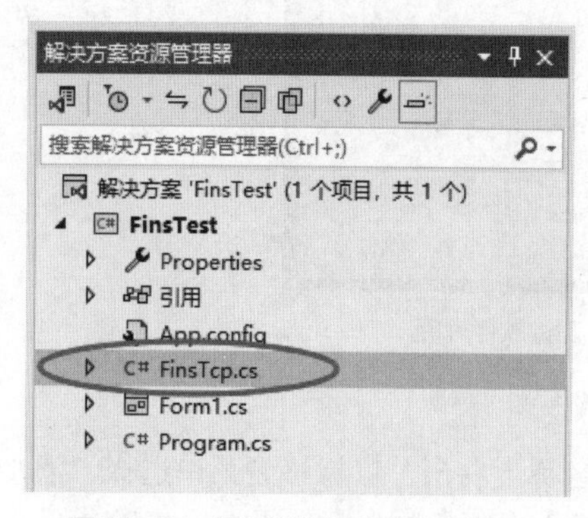

图13-95　添加到项目中的FinsTcp

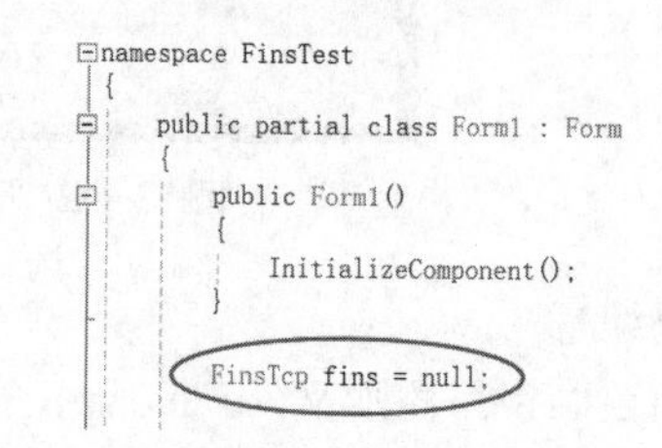

图13-96　添加类型为“FinsTcp”的内部变量

代码13-43　程序初始化

```
private void Form1_Load(object sender, EventArgs e)
{
    //为"内存区域"下拉列表框添加选项
    cmbArea.Items.Add("HR");
    cmbArea.Items.Add("DM");
    cmbArea.Text = "DM";

    //为“数据类型”下拉列表框添加选项
    combDT.Items.Add("Int");
    combDT.Items.Add("DInt");
    combDT.Items.Add("Real");
    combDT.Text = "Real";

    //初始化按钮，使能按钮"连接"
    //禁止按钮“断开”“发送”和“接收”
    btnConnect.Enabled = true;
    btnDisconnect.Enabled = false;
    btnReadData.Enabled = false;
    btnWrtData.Enabled = false;
}
```

当点击按钮“连接”时，按照“目标PLC地址”“端口号”中的参数（这几个参数可以在PLC的硬件组态中看到）请求连接目标PLC，为按钮“连接”的点击事件输入代码13-44。

代码13-44　请求连接PLC代码

```
private void btnConnect_Click(object sender, EventArgs e)
{
    //实例化fins
    fins = new FinsTcp("192.168.6.36");
    //连接至目标PLC
    fins.conn();
    if (fins.connected)
    {
        btnConnect.Enabled = false;
        btnDisconnect.Enabled = true;
        btnReadData.Enabled = true;
        btnWriteData.Enabled = true;
    }
}
```

当点击按钮“断开”时，关闭和PLC的连接，并对相关按钮进行使能和禁止操作（代码13-45）。

代码13-45　断开连接PLC代码

```
private void btnDisconnect_Click(object sender, EventArgs e)
{
        //调用FinsTcp中的disconn方法断开PLC
```

```
            fins.disconn();

            //如果断开成功则使能按钮"连接"
            //禁止按钮“断开”“发送”和“接收”
            if (!fins.connected)
            {
                btnConnect.Enabled = true;
                btnDisconnect.Enabled = false;
                btnReadData.Enabled = false;
                btnWriteData.Enabled = false;
            }
    }
```

当点击按钮“读数据”时，程序根据文本框中的数据块和起始地址等设置及选择的数据类型向PLC请求数据（代码13-46）。

代码13-46 读PLC数据

```
private void btnReadData_Click(object sender, EventArgs e)
{
        byte[] buff = new byte[128];
        if (cmbDT.Text == "Real")
        {
            fins.readWord($"{cmbArea.Text}.{txtStartAddress.Text}.2",
                        ref buff);
            double result = FinsTcp.Byte2Real(buff,0);
            MessageBox.Show(result.ToString());
        }
        else if (cmbDT.Text == "DInt")
        {
            fins.readWord($"{cmbArea.Text}.{txtStartAddress.Text}.2",
                        ref buff);
            double result = FinsTcp.Byte2DInt(buff, 0);
            MessageBox.Show(result.ToString());
        }
        else if (cmbDT.Text == "Int")
        {
            fins.readWord($"{cmbArea.Text}.{txtStartAddress.Text}.1",
                        ref buff);
            double result = FinsTcp.Byte2Int(buff, 0);
            MessageBox.Show(result.ToString());
        }
}
```

点击按钮“写数据”时，程序根据文本框中的数据块和起始地址等设置及选择的数据类型将txtVal中的值写入PLC（代码13-47）。

代码13-47　写PLC数据

```
private void btnWriteData_Click(object sender, EventArgs e)
{
        if (cmbDT.Text == "Real")
        {
            byte[] buff = new byte[4];
            float val = Convert.ToSingle(txtVal.Text);
            FinsTcp.Real2Byte(val, ref buff);
            if (fins.writeWord($"{cmbArea.Text}.{txtStartAddress.Text}.2",
               buff)==0)
            {
                MessageBox.Show("写入成功！");
            }
        }
        else if (cmbDT.Text == "DInt")
        {
            byte[] buff = new byte[4];
            Int32 val = Convert.ToInt32(txtVal.Text);
            FinsTcp.DInt2Byte(val, ref buff);
            if (fins.writeWord($"{cmbArea.Text}.{txtStartAddress.Text}.2",
               buff) == 0)
            {
                MessageBox.Show("写入成功！");
            }
        }
        else if (cmbDT.Text == "Int")
        {
            byte[] buff = new byte[2];
            Int16 val = Convert.ToInt16(txtVal.Text);
            FinsTcp.Int2Byte(val, ref buff);
            if (fins.writeWord($"{cmbArea.Text}.{txtStartAddress.Text}.1",
               buff) == 0)
            {
                MessageBox.Show("写入成功！");
            }
        }
}
```

（4）功能测试

代码完成后，编译程序并运行。在PLC中添加若干变量，参见图13-97所示。

全局变量 ×　Section0 - Program0

组筛选器　(没有组)

名称	数据类型	初始值	分配到	保持	常量	网络公开	注释
TAG1	ST1					公开	
TAG2	REAL	88.9	%D140	✓		公开	
TAG3	REAL	66	%H100	✓		公开	
TAG4	DINT	77	%D100	✓		不公开	
TAG5	DINT	200	%D104	✓		不公开	
TAG6	BOOL		%D106.00	✓		不公开	
TAG7	BOOL		%D106.01	✓		不公开	
TAG8	INT		%D120	✓		不公开	

图13-97　创建测试数据块

在测试软件上点击按钮“连接”请求连接目标PLC，连接成功后，按钮“读数据”和“写数据”可用，点击按钮“读数据”可发现读取的数据和PLC中一致（图13-98）。

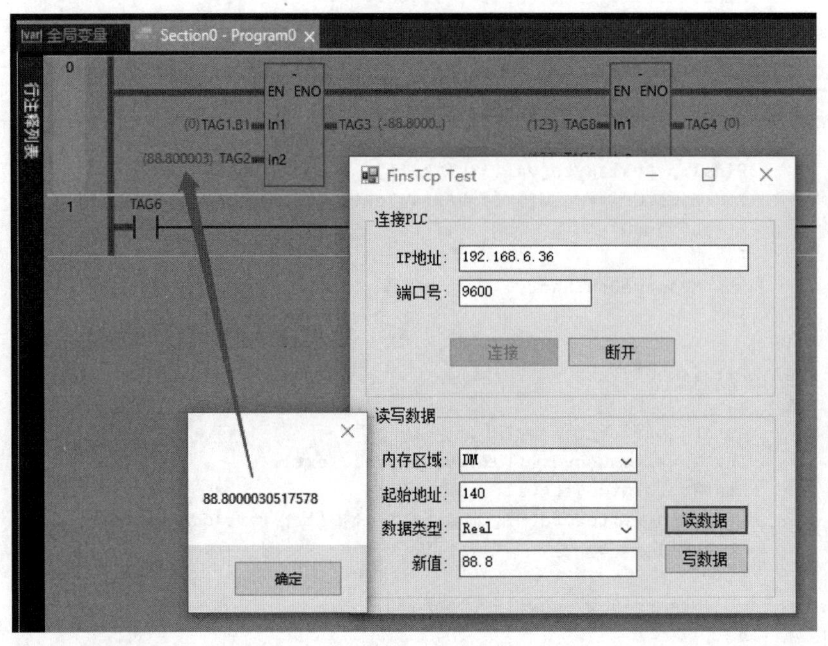

图13-98　读数据

设置目标数据块和起始地址，输入要写入的值，点击按钮“写数据”。通过对数据块的监控可以发现新数据写入成功（图13-99）。

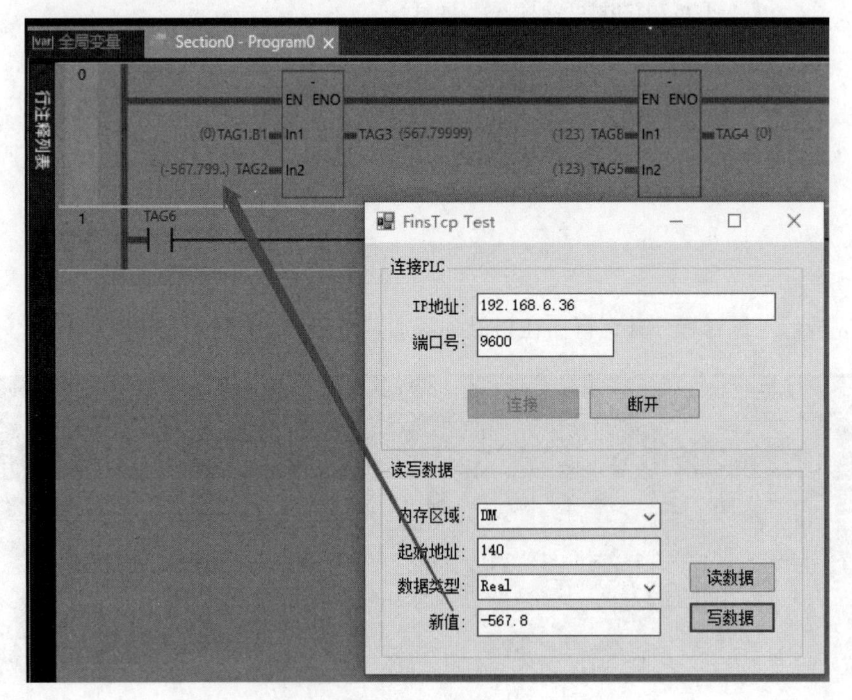

图13-99　写数据

13.8 多任务通信

众所周知，SCADA通常需要不间断轮询控制器里面的数据，从而保证画面数据和控制器数据同步更新。那如果我们自己开发此类应用程序，必然也要涉及数据轮询技术。在C#中，最简单的轮询毫无疑问是使用定时器组件(Timer)。不过这里有个问题是Timer是在UI主线程中执行的，大量的数据轮询肯定会导致UI阻塞，从而影响用户体验，这种方案肯定是行不通的。合理的方案是将数据轮询放到一个单独的任务中，读取的数据经过解析后放到预先定义的变量里，其他画面或者报警、归档直接使用这些变量即可。

13.8.1 主界面

为了使大家能够尽快地将学习到的技术应用到项目中。我们这里用一个比较接近真实场景的案例来演示该过程。首先我们创建一个窗体应用，标题文本改为“设备数据采集程序”。然后添加一个工具栏。工具栏属性设置如表13-6所示（表中未涉及的属性均为默认值）。

表13-6 工具栏属性设置一览表

序号	属性名称	说明	值
1	AutoSize	自动大小，默认是true	false
2	Size.Height	控件高度	36
3	BackColor	背景颜色	Silver

在工具栏上添加两个按钮，分别用于打开设置窗口和激活PLC连接。按钮设置如表13-7所示（表中未涉及的属性均为默认值）。

表13-7 工具栏按钮属性设置一览表

序号	属性名称	说明	值
1	AutoSize	自动大小，默认是true	false
2	Size.Height	控件高度	36
3	Size.Width	控件宽度	76
4	DisplayStyle	显示样式	ImageAndText
5	Image	按钮图片	根据个人喜好添加
6	ImageAlign	图片排列	MiddleLeft
7	Text	按钮文本	按钮1：连接PLC 按钮2：参数设置
8	TextAlign	文本排列	MiddleRight

再为界面添加一个状态栏控件、为状态栏上添加两个Label控件，属性设置如表13-8所示。

表13-8 状态栏Label控件属性设置一览表

序号	属性名称	说明	值
1	AutoSize	自动大小，默认是true	false
2	Size.Width	控件高度	200
3	Name	控件名称	Label1: tsLabel1 Label2: tsLabel2
4	Text	标签文本	空

添加了工具栏、状态栏后的程序界面如图13-100所示。

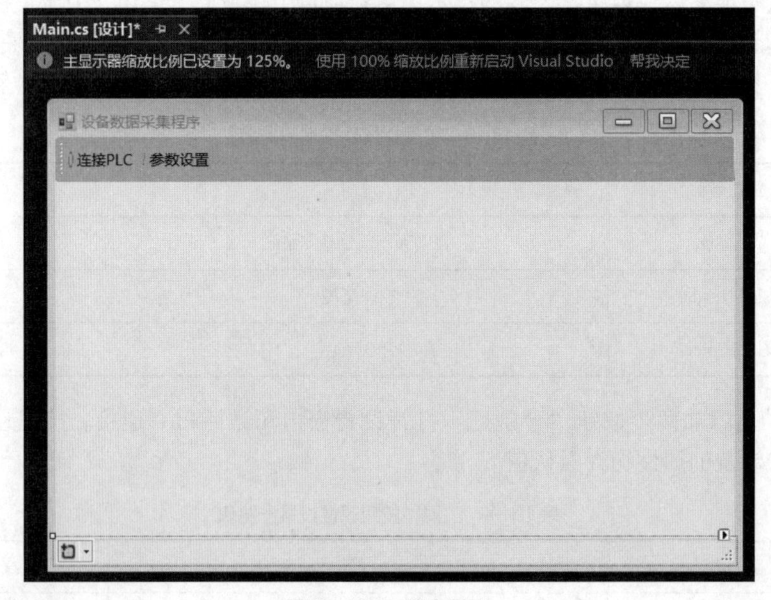

图13-100 程序界面

13.8.2 设置界面

完成了程序的主界面后我们再为项目添加一个窗体，命名为“Setting”，该窗体用于设置PLC地址信息。调整窗体大小，设置窗体的属性“FormBorderStyle”值为FixedDialog，属性“StartPositon”值为CenterScreen。

为窗体添加3个标签控件、3个文本框控件和一个按钮控件，相关属性设置如表13-9。

表13-9 Setting窗体控件属性

序号	控件	属性	值
1	Label	Name	labIPAddress
		Text	PLC IP地址

续表

序号	控件	属性	值
2	Labe2	Name	labRack
		Text	机架号
3	Labe3	Name	labSlot
		Text	槽号
4	TextBox1	Name	txtIPAddress
		Text	192.168.0.10
5	TextBox2	Name	txtRack
		Text	0
6	TextBox3	Name	txtSlot
		Text	2
7	Button	Name	btnSave
		Text	保存

完成后的设置窗体如图 13-101 所示。

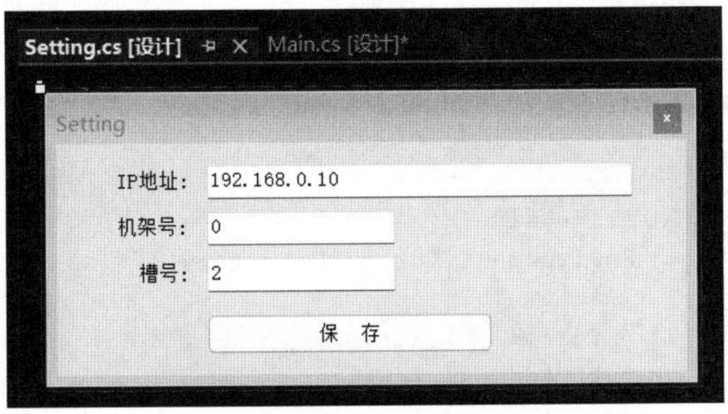

图13-101　参数设置窗体

设置窗体完成后，我们需要在主窗体中调用它。双击主窗体工具栏上的按钮“参数设置”，在点击事件中写入代码 13-48。

代码13-48　调用参数设置窗体

```
//调用窗体"参数设置"
private void toolStripButton2_Click(object sender, EventArgs e)
{
    Form f = new Setting();
    //以对话框形式打开窗体“参数设置”
    //这样打开的窗体称之为模态窗体，也就是必须响应该窗体才能继续操作
    f.ShowDialog();
}
```

保存并运行程序，当我们点击工具栏上按钮“参数设置”后可以看到如图 13-102 所示的界面。

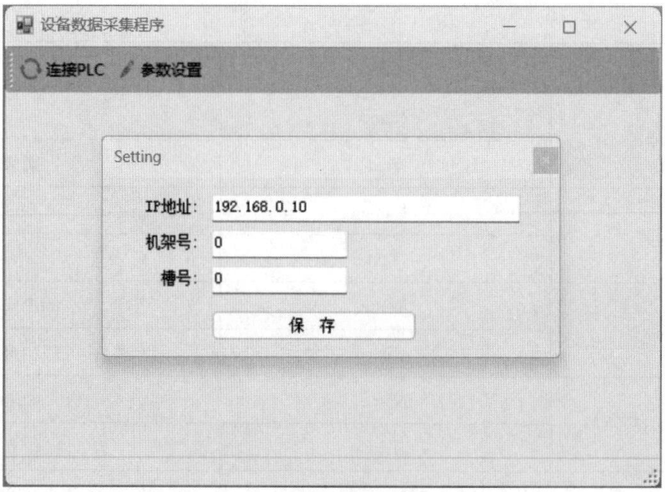

图13-102　参数设置窗体运行效果

现在我们需要做两件事，一是在点击按钮“保存”时将用户设置的PLC信息保存到一个ini文件中，二是在打开窗体时读取保存在ini文件中的PLC地址信息。

双击按钮“保存”，在其点击事件中写入代码13-49。

代码13-49　保存配置信息

```
 //保存PLC信息到文件config中
private void btnSave_Click(object sender, EventArgs e)
{
    //写入IP地址
    INIOperationClass.INIWriteValue(
                         Environment.CurrentDirectory+ "\\config.ini",
                         "PlcInfo",
                         "Address",
                         txtIPAddress.Text);

    //写入机架号
    NIOperationClass.INIWriteValue(
                        Environment.CurrentDirectory + "\\config.ini",
                        "PlcInfo",
                        "Rack",
                        txtRack.Text);

    //写入槽号
    INIOperationClass.INIWriteValue(
                         Environment.CurrentDirectory + "\\config.ini",
                         "PlcInfo",
                         "Slot",
                         txtSlot.Text);

    MessageBox.Show("OK!");
}
```

代码13-49是将用户设置的PLC信息保存到程序目录下面的文件config里。运行后的效果如图13-103所示。

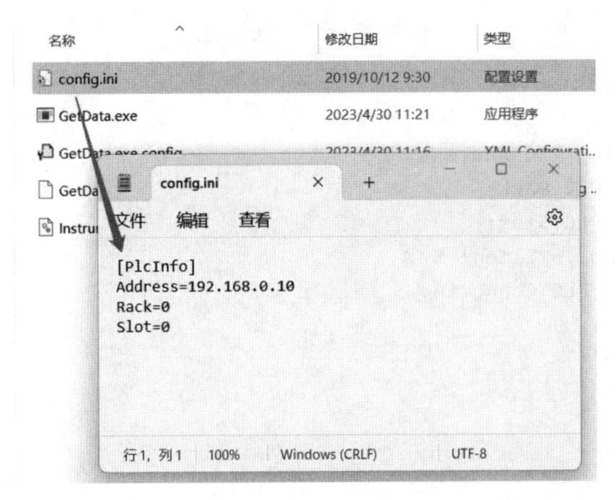

图13-103　config文件

上面保存的信息没有做加密处理，对于重要信息建议先加密处理再保存到ini文件中，这样即使被人打开看到也不明白其中的意义。

信息被保存后我们还需要在打开窗体时显示上一次保存的信息，否则用户的设置就没有意义了。在窗体的装载事件中写入代码13-50。

代码13-50　读取配置信息

```
//读取config中的PLC信息
private void Setting_Load(object sender, EventArgs e)
{
    //读取IP地址
    txtIPAddress.Text = INIOperationClass.INIGetStringValue(
                        Environment.CurrentDirectory + "\\config.ini",
                        "PlcInfo",
                        "Address", "");

    //读取机架号
    txtRack.Text = INIOperationClass.INIGetStringValue(
                   Environment.CurrentDirectory + "\\config.ini",
                   "PlcInfo",
                   "Rack", "");

    //读取槽号
    txtSlot.Text = INIOperationClass.INIGetStringValue(
                   Environment.CurrentDirectory + "\\config.ini",
                   "PlcInfo",
                   "Slot", "");
}
```

这样我们在每次打开参数设置窗体时，其界面的文本框里显示的就是上一次保存的配置。

13.8.3　连接PLC

做好了界面准备工作后，我们开始做与PLC交互部分。这里我们读写PLC数据用的是Sharp7。首先把Sharp7加入项目中，然后添加一个方法Initial用于连接PLC，代码如代码13-51。

代码13-51 方法Initial

```
//声明全局变量
private static string PLC_Address;
private static int PLC_Rack;
private static int PLC_Slot;
private static Sharp7.S7Client S7;
private static bool PLC_Connected = false;

private void Initial()
{
   try
   {
    //读取保存在配置文件里的PLC参数
    PLC_Address = INIOperationClass.INIGetStringValue(
                         Environment.CurrentDirectory + "\\config.ini",
                         "PlcInfo",
                         "Address", "");

   PLC_Rack = int.Parse(INIOperationClass.INIGetStringValue(
                         Environment.CurrentDirectory + "\\config.ini",
                         "PlcInfo",
                         "Rack", ""));

   PLC_Slot = int.Parse(INIOperationClass.INIGetStringValue(
                         Environment.CurrentDirectory + "\\config.ini",
                         "PlcInfo",
                         "Slot", ""));

    //连接PLC，如果成功则置标记PLC_Connected为真
    S7 = new Sharp7.S7Client();
    S7.Disconnect();

    if (S7.ConnectTo(PLC_Address, PLC_Rack, PLC_Slot) == 0)
    {
          PLC_Connected = true;
          return;
    }
    else
    {
          PLC_Connected = false;
    }
   }
   catch(Exception ex)
   {
          MessageBox.Show(ex.Message);
          PLC_Connected = false;
   }
}
```

连接PLC的方法Initial由主界面上的按钮“连接PLC”调用。双击工具栏上的按钮“连接PLC”，在其点击事件中调用该方法（代码13-52）。

代码13-52　调用方法Initial

```
//通过工具栏按钮"连接PLC"调用方法Initial
private void toolStripButton1_Click(object sender, EventArgs e)
{
        Initial();
}
```

为了显示连接状态，我们在拖一个定时器组件到窗体上，设置其属性“Enable”为真，在其点击事件中写入代码13-53。

代码13-53　定时器事件

```
//定时器事件
private void timer1_Tick(object sender, EventArgs e)
{
        //显示连接状态
        if (PLC_Connected)
            tsLabel1.Text = "连接到PLC成功！";
        else
            tsLabel1.Text = "未连接到PLC！";

        //显示日期时间
        tsLabel2.Text = DateTime.Now.ToString();
}
```

完成上面的工作后，我们准备好PLC，启动程序。先通过参数设置窗口配置好PLC地址信息，然后点击按钮“连接PLC”，正常情况下我们应该看到图13-104这样的画面。

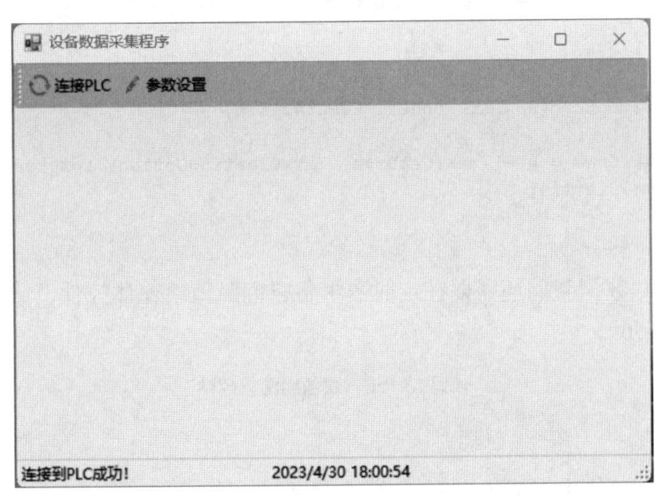

图13-104　主画面

13.8.4　轮询程序

成功连接到PLC后我们就可以循环读取PLC数据了。新建一个方法命名为GetData，并写入代码13-54。

代码13-54 方法GetData

```
//保存PLC数据的全局变量
private float TestTag1;

//定时器事件
private void GetData()
{
        //循环任务
        while (true)
        {
            //线程暂停，否则CPU占用过高
            Thread.Sleep(200);

            if (PLC_Connected)
            {
                byte[] buff = new byte[65535];

                //读数据，读取MB0的值，需要在PLC中勾选时钟存储器
                S7.ReadArea(0x83, 0, 0, 1, 0x2, buff);
                Sharp7.S7.GetByteAt(buff, 0);
                TestTag1 = float.Parse(
                        Sharp7.S7.GetByteAt(buff, 0).ToString()) / 2.55f;
            }
        }
}
```

代码13-54的功能是循环读取PLC里寄存器MB0的值。为了实现数据的循环刷新，我们只需要将方法GetData放到一个并行任务中就可以了，参见代码13-55。

代码13-55 调用方法GetData的并行任务

```
//在窗体装载事件中创建并行任务，执行方法GetData
private void Form1_Load(object sender, EventArgs e)
{
        Task Comm = new Task(GetData, TaskCreationOptions.LongRunning);
        Comm.Start();
}
```

对于获取的PLC数据我们还需要在定时器中将它们赋值给窗体控件，比如文本框或者一个仪表盘等（代码13-56）。

代码13-56 赋值给窗体控件

```
//定时器事件
private void timer1_Tick(object sender, EventArgs e)
{
        //显示连接状态
        if (PLC_Connected)
            tsLabel1.Text = "连接到PLC成功！";
        else
            tsLabel1.Text = "未连接到PLC！";

          //显示日期时间
```

```
        tsLabel2.Text = DateTime.Now.ToString();

        //更新窗体控件
        instrumentPanel.CurrentValue = TestTag1;
        instrumentPanel.Invalidate();
}
```

如果对于比较简单的应用程序，我们也可以直接在轮询方法中更新窗体上的控件。

图 13-105 是程序运行效果。

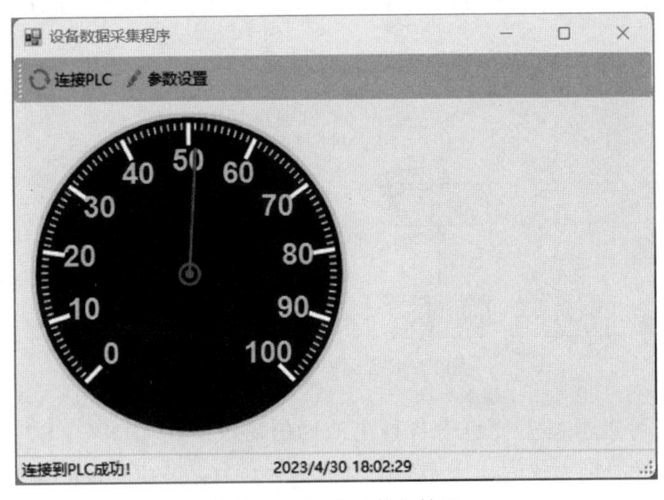

图13-105　程序执行效果

到这里为止我们完成了一个通过多线程进行后台数据采集的应用程序。它的优点在于后台采集程序不会影响UI线程，提高了用户体验，在数据量比较大的情况下尤其明显。

13.9　通信驱动的设计模式

前面我们介绍了几种主流的通信方式，也介绍了简单地通过多线程进行后台数据交互的方法。但是在实际项目中我们一般不会直接使用这些组件或者类库。原因主要是通常我们的项目中不止一台PLC，甚至有不同厂家的PLC。如果直接调用这些dll或者类库，则代码量较多，开发效率太低。另外不同通信协议类库的接口往往是不同，不利于快速开发。所以正式的项目中我们通常会对这些类库进行二次封装。封装的目的一是将不同的通信类库封装成同样的接口供调用，二是进一步简化调用方法。这样无论是Modbus TCP还是S7，我们在使用时无须关注原始的接口细节，只需要使用同样的接口进行读写即可，比如ReadData(TagName, Address)这样，也就是说我们只需要关注变量名和地址即可。

13.9.1　适配器模式

在设计模式中有一种适配器模式。它可以将一个类中已经设计好的接口转换成另外一个需要的接口。一般可以通过两种方法来实现，就是继承或者对象组合。对于第一种方法，我们可以从一个不一致的类中派生出一个新类，然后再添加需要的方法，使新的派生类能够匹配所需要的接口。对于后一种方式是把原始类包含在新类里面，然后在新类里面创建方法去转换调用。这两种方法分别叫作类适配器和对象适配器。

对于通信协议来说，Modbus TCP、S7、OPC等都属于不同厂商或者品牌的协议。它们的组件或者类库来源也各不相同，比如OPC来自OPC基金会。在实际项目中，为了提高开发效率，优化编程规范，通常我们会对各种通信协议的组件库进行适配(也就是二次封装)，为它们统一接口（图13-106）。

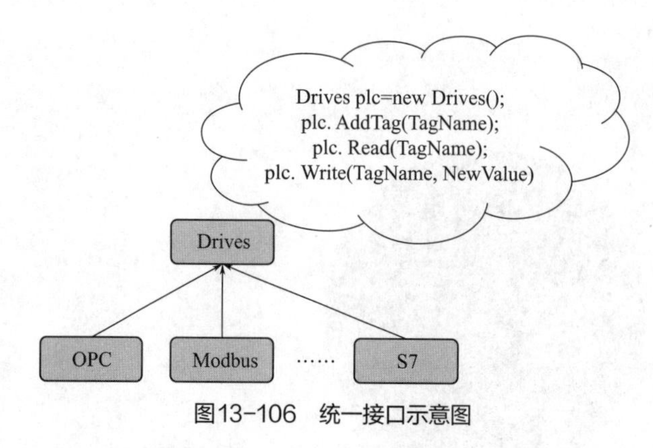

图13-106　统一接口示意图

规划后的新类可以根据需要包含各种主流通信协议，比如OPC、S7、Modbus、Fins等。所有的通信协议接口都是一致的，比如对于写数据都是方法WriteData(TagName, Value)。这种设计对于其他开发者将非常友好，无需再关注各种通信协议类库的接口细节。无论代码规范度还是开发效率都会大幅提升。

13.9.2　公共通信驱动

本小节我们要开发的公共通信类库不仅仅只是一个简单的接口转换与统一，更是集成了变量维护管理、多任务自动读取等功能。新的通信类库将更加易于使用。本小节我们以S7协议类库S7NetPlus为基础类库进行封装升级，只要我们愿意，同样的方法也可以集成Modbus TCP、OPC等通信协议。

以上一节中的实例为蓝本，重命名项目为“CommDrive”。然后除了保留主窗体“Main”和PLC参数设置窗体“Setting”外其他都删除。最后再添加一个文件夹“Drives”用于存放公共通信驱动类库（图13-107）。

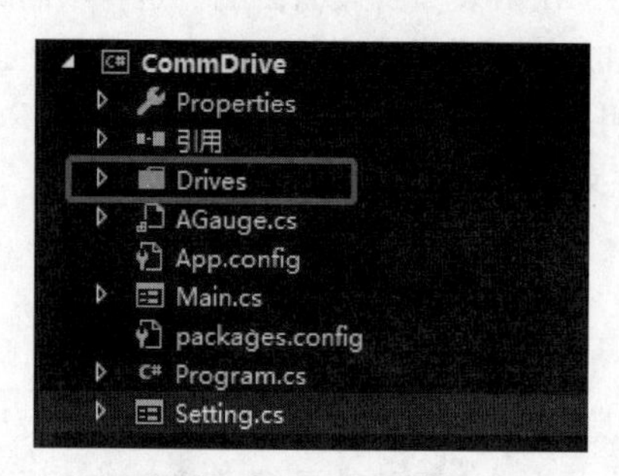

图13-107　项目结构

如果要将各家通信类库进行统一，首先我们要设计公用数据类型。在文件夹“Drives”下面插入一个类，命名为“cType”（代码 13-57）。

代码13-57　类cType

```
class cType
{
    //读PLC数据的变量结构
    public struct ReadData
    {
        public string Address;
        public int Type;      //0:int/1:float/2:bool
        public object Value;
    }


    //写PLC数据的变量结构
    public struct WriteTag
    {
        public bool WriteFlag;
        public string TagName;
        public int Type;      //0:int/1:float/2:bool
        public object NewValue;
    }
}
```

在类型 cType 中，我们定义了两个公用类型，分别用于读和写 PLC 变量。以后我们集成的其他任何通信协议也都要使用这两个公用类型。

然后我们再添加一个设置文件，命名为“PlcInfo.settings”（图 13-108）。这里面用于保存一些设备信息，比如 PLC 的 IP 地址、机架号和槽号等。

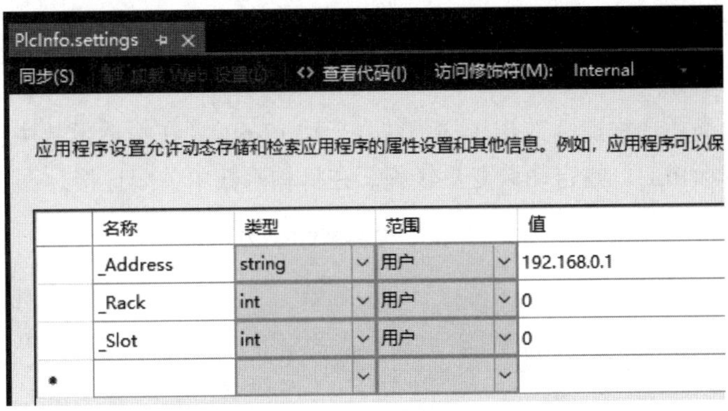

PlcInfo.settings
同步(S)　加载 Web 设置(L)　<> 查看代码(I)　访问修饰符(M): Internal
应用程序设置允许动态存储和检索应用程序的属性设置和其他信息。例如，应用程序可以保

名称	类型	范围	值
_Address	string	用户	192.168.0.1
_Rack	int	用户	0
_Slot	int	用户	0

图13-108　用于保存设备信息的设置文件

接下来我们在文件夹“Drives”中添加一个新类，命名为“S7_1500”。虽然名字是“S7_1500”，实际上支持 S7 协议的设备都可以通信，比如 S7-200/200Smart/300/400/1200 等。新类将完全按照适配器模式进行设计。

通过 NuGet 引用 S7 通信组件“S7Net”。在类“S7_1500”中添加代码 13-58 的私有变量及属性。

代码13-58　私有变量及属性

```
//属性：连接状态
public bool Isconnected { get; set; } = false;

//数据池字典：存放变量信息，key表示变量名，value表示变量地址和值，
//类型是公共类型ReadData
public Dictionary<string, cType.ReadData> DataPool;
//S7.Net中的PLC类
private Plc S71500;

//多任务
private Task Comm;
//写PLC数据，类型是公用类型WriteTag
private cType.WriteTag _WriteTag = new cType.WriteTag();
//取消多任务
private static CancellationTokenSource tokenSource =
                        new CancellationTokenSource();
private CancellationToken token = tokenSource.Token;
```

声明了必需的变量后，首先我们来实现方法“AddTag”，该方法用于往通信类库中添加需要操作的变量信息，它们保存在数据池变量“DataPool”中（代码13-59）。

代码13-59　方法AddTag

```
public void AddTag(string TagName,string Address,int type=0)
{
    cType.ReadData _rd = new cType.ReadData();
    //获取变量地址、数据类型等信息
    _rd.Address = Address;
    _rd.Type = type;
    _rd.Value = 0;
    //变量信息添加到数据池DataPool中
    DataPool.Add(TagName, _rd);
}
```

接下来我们为类添加构造函数和析构函数（代码13-60）。在构造函数中我们根据设置文件保存的信息连接目标PLC，并启动读变量线程。在析构函数中关闭连接。

代码13-60　构造函数和析构函数

```
//类的构造函数
public S7_1500(string ipAddress,int Rack,int Slot)
{
        try
        {
            //创建数据池
            DataPool = new Dictionary<string, cType.ReadData>();
            //连接目标PLC
            S71500 = new Plc(CpuType.S71500, ipAddress, (short)Rack,
                             (short)Slot);
            S71500.Open();

            Isconnected = S71500.IsConnected;
```

```
            //如果连接成功则激活读取数据线程
            if (Isconnected)
            {
                  Comm = new Task(mReadData, TaskCreationOptions.LongRunning);
                  Comm.Start();
              }
         }
         catch
         {
             Isconnected = false;
         }
    }

//类的析构函数
public void Dispose()
{
   S71500.Close();
   S71500 = null;
}
```

在析构函数中，如果连接成功将启动一个单独的线程进行变量读取。该线程中调用了函数mReadData。代码 13-61 是函数 mReadData 的代码。

代码13-61　mReadData

```
 //多线程读取变量
 private void mReadData()
{
    cType.ReadData _Buff;
    List<string> test;

    while (true)
    {
           Thread.Sleep(100);
           //根据条件退出任务
           if (token.IsCancellationRequested) {return;}

           //判断是否有写请求
           if (_WriteTag.WriteFlag)
           {
               _WriteTag.WriteFlag = false;
               //如果有写请求则根据变量名称在数据池中找到对应的变量地址
               //然后将新值写到PLC地址
               string _Address = DataPool[_WriteTag.TagName].Address;

               switch (_WriteTag.Type)
               {
                   //根据数据类型进行转换并写入
                   case 1:
                       S71500.Write(_Address,
                                    Convert.ToSingle(_WriteTag.NewValue));
                       break;
                   default:
                       S71500.Write(_Address,
                                    Convert.ToInt16(_WriteTag.NewValue));
```

```
                    break;
            }
        }

    //对数据池进行轮询，根据变量地址进行循环读取并转换
    test = new List<string>(DataPool.Keys);
    for (int i = 0; i < DataPool.Count; i++)
    {
            _Buff = DataPool[test[i]];

            switch (_Buff.Type)
            {
                case 1:
                    _Buff.Value = ((uint)S71500.Read(_Buff.Address)).
                                    ConvertToFloat();
                    break;
                default:
                    _Buff.Value = S71500.Read(_Buff.Address);
                    break;
            }

            //更新数据池
            DataPool[test[i]] = _Buff;
        }
    }
}
```

代码13-61的读写函数是通信驱动的重点，它被设定为每100ms执行一次。该函数首先判断是否有写请求，如果有则执行写操作。然后根据数据池里面的变量信息循环读取变量并转换后再保存在数据池中。数据池中的数据供程序中的其他模块使用。

最后还有一个写方法，程序中的其他模块调用该方法，传递需要进行写操作的变量信息（代码13-62）。

代码13-62 另一个写方法

```
//多线程读取变量
private void WriteData(string TagName, object NewValue, int type = 0)
{
        //置位写标记
        _WriteTag.WriteFlag = true;
        _WriteTag.TagName = TagName;
        _WriteTag.Type = type;
        _WriteTag.NewValue = NewValue;
}
```

至此为止，这个通信驱动基本开发完毕。同样的套路我们也可以将Modbus、OPC等协议类库进行封装。如前所述，无论哪种协议，我们必须要保证接口一致、调用方法一致。

13.9.3 使用通信驱动

公共通信驱动的使用是非常简单的。将窗体“Main”中原先的相关代码删除。然后添加代码13-63。

代码13-63　调用公共通信驱动

```
public Main()
    {
        InitializeComponent();
        //初始化程序，往公共通信类库中添加变量信息
        Initial();
    }

//实例化公共通信驱动库
S7_1500 PLC = new S7_1500(Drives.PlcInfo.Default._Address,
                          Drives.PlcInfo.Default._Rack,
                          Drives.PlcInfo.Default._Slot);

//在公共通信类库中添加变量信息
private void Initial()
    {
        PLC.AddTag("Tag1", "DB1.DBW0");
        PLC.AddTag("Tag2", "DB1.DBD2",1);
    }
```

从代码 13-63 中可以看出，首先我们在公共通信类库中注册变量信息，然后实例化类库。实例化之后我们只需要根据变量名称操作就行，读变量操作如代码 13-64 所示。

代码13-64　读变量

```
private void timer1_Tick(object sender, EventArgs e)
    {
        try
        {
            // 显示连接状态
            if (PLC.Isconnected)
                stsLabel1.Text = "连接到PLC成功！";
            else
                stsLabel1.Text = "未连接到PLC！";
            //显示日期时间
            stsLabel2.Text = DateTime.Now.ToString();
            //更新窗体控件
            instrumentPanelControl1.CurrentValue = PLC.DataPool["Tag2"].Value;
            instrumentPanelControl1.Invalidate();
        }
        catch { }
    }
```

我们只需要使用类库的数据池变量值即可，无需再自行解析报文。对于写操作也很简单，只需要调用类库中的方法“WriteData”即可（代码 13-65）。

代码13-65　写变量

```
private void _BtnWD1_Click (object sender, EventArgs e)
    {
        //调用写方法，只需要传递变量名和新值即可
        PLC.WriteData("Tag1", 12);
    }
```

通过不断地优化和新驱动的加入，公共通信类库的完善将极大提升项目开发效率。

第14章 工厂数据中心

工厂数据中心是近两年兴起的新的工业需求，随着工业4.0时代的来临，越来越多的企业开始重视对生产数据的统计和分析，从而挖掘出利于提升生产效率、提高产品品质的有效方式。数据渐渐成为越来越重要的企业资产。数据挖掘建立在大数据之上，没有庞大的生产数据存储又何来数据挖掘？因此这几年企业对建设整个工厂数据中心的愿望越来越强烈。

随着现代工业生产对从业人员的要求越来越高以及自动化行业的门槛越来越低，自动化工程师仅熟悉几个品牌的PLC、几家组态软件已经无法形成竞争力，唯有具备从整体上把握庞大系统的能力才能在激烈的竞争中立于不败之地。

14.1 数据库与数据库管理系统

数据库(database)是按照数据结构来组织、存储和管理数据的仓库，具有用户共享、较小冗余度、数据间联系紧密而又具有较高的数据独立性的特点。数据库从诞生到现在已有几十年历史。数据库按照规模可以分为大型、中小型数据库。目前市场上的主流大型数据库主要有甲骨文公司的Oracle与MySQL、微软公司的SQL Server、IBM公司的DB2等。中小型数据库有包含在微软Office套件中的Access、开源的SQLite和LiteDB等。工控行业接触比较多的数据库主要是SQL Server、Access及SQLite。在MES和ERP系统中用得比较多的是Oracle及MySQL等。

现在主流的数据库都属于关系型数据库，比如刚才说到的SQL Server、Oracle等。关系型数据库是指建立在关系数据库模型基础上的数据库，借助于集合代数等概念和方法来处理数据库中的数据，同时也是一个被组织成一组拥有正式描述性的表格。这些表格中的数据能以许多不同的方式被存取或重新召集而不需要重新组织数据库表格。关系数据库的定义造成元数据的一张表格或造成表格、列、范围和约束的正式描述。每个表格（有时被称为一个关系）包含用列表示的一个或更多的数据种类。每行包含一个唯一的数据实体，这些数据是被列定义的种类。当创造一个关系数据库的时候，能定义数据列的可能值的范围和可能应用于那个数据值的进一步约束。

数据库管理系统(database management system，简称DBMS)是指一种操纵和管理数据库的软件，用于建立、使用和维护数据库。微软的SQL Server和Access都带有数据库管理软件。

14.1.1 实时数据库

实时数据库属于数据库系统的一个分支，是数据库在实时任务中的应用实践。实时数据库一般也是时序数据库，它指的是基于时间的一系列数据，一般用于存储大量的实时数据，比较知名的有InFluxDB、RRDtool、OpenTSDB等。实时数据库的特点是可以实现高速的、大容量的数据吞吐，比如毫秒级的数据存储和读取，这种快速的数据存储对于关系型数据库是不可能实现的。之前说到SQL Server就是属于关系型数据库，但我们常用的西门子和Wonderwaer的组态软件自带的数据库也是SQL Server，那么它们是如何实现高速存储的呢？通常这些软件会有一个中间缓存软件，该软件负责将来自I/O Server的实时数据保留在内存中，一旦达到一个阈值就会批量地写入到数据库中，比如设定为2s执行一次写入。这个中间缓存软件也可以理解为内存数据库，包括现在的市场上的主流实时数据库PI、eDNA也是这种架构。实时数据库结构如图14-1。

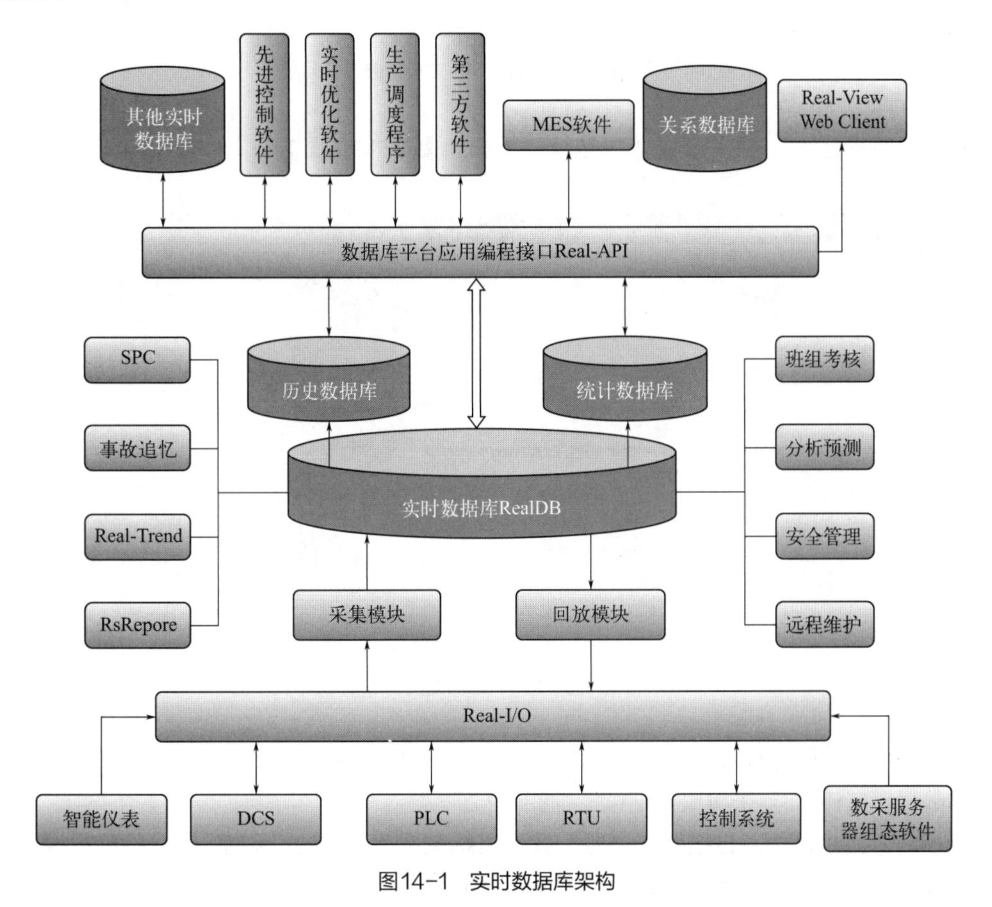

图14-1 实时数据库架构

另外不要因为工控行业对实时性要求高，就想当然地认为工控行业的数据库也一定必须是实时数据库，实际上对于大多数工控上位机系统，一般的关系型数据库足够了。只有那些每秒百万级的数据才会使用到实时数据库。

14.1.2 在Visual Studio里管理数据库

Visual Studio同样具有简单的数据库管理功能。下面我们以Access数据库为例来演示如何在Visual Studio中对Access数据库进行操作。新建一个Visual Studio项目名为AccessTest，在左侧的“服务器资源管理器”中可以看到有一个“数据连接”，参见图14-2。如果找不到“服务器资源管理器”，可以点击菜单“视图”→“服务器资源管理器”打开。

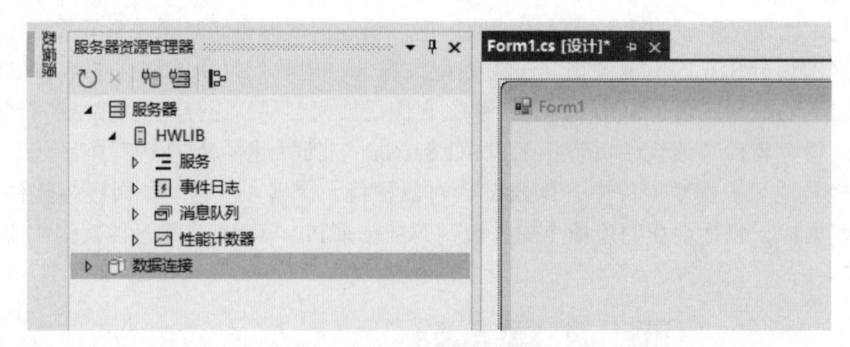

图14-2 服务器资源管理器

右击“数据连接”，在快捷菜单中选择“添加连接”，参见图14-3。

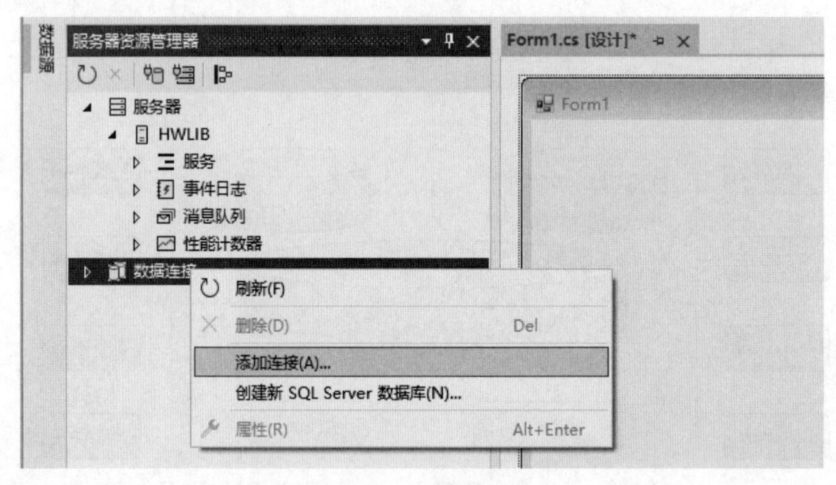

图14-3 添加连接

在弹出窗口中我们可以看到，在VS中可以直接创建和数据库的连接。选择“Microsoft Access数据库文件”，点击按钮“继续”（图14-4）。

继续在弹出窗口中点击按钮“浏览”找到目标数据库，点击“确定”。我们这里以存放在D盘根目录下的一个名为dbTest.accdb的Access数据文件为例。

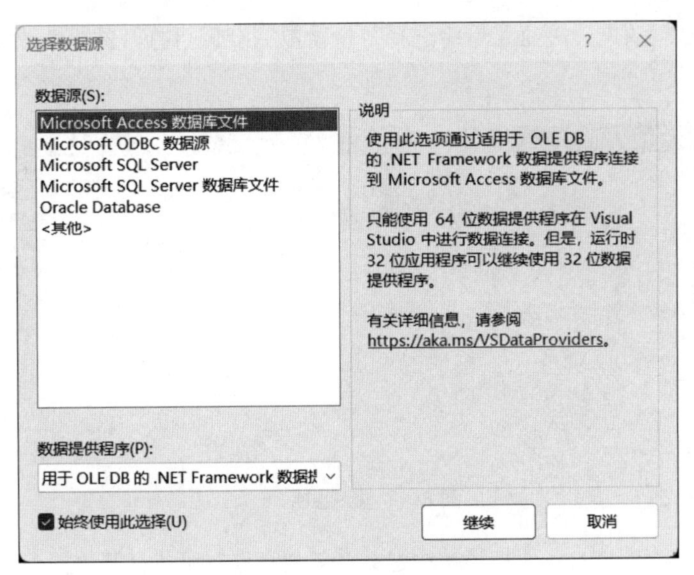

图14-4　选择数据库类型

点击图14-5的“测试连接”按钮可以测试连接是否正常，如果正常会弹出一个“测试连接成功”的对话框。如果弹出一个提示缺少驱动的窗口，那说明系统里面目前的Access驱动引擎和操作系统版本不一致。因为目前的操作系统基本都是64位，而安装的Office未必是64位。这种情况下只需要下载64位驱动引擎安装即可。

然后点击“确定”即可完成对数据库的连接。连接建立成功后我们可以在左侧的服务器资源管理器里看到该数据库（图14-6）。

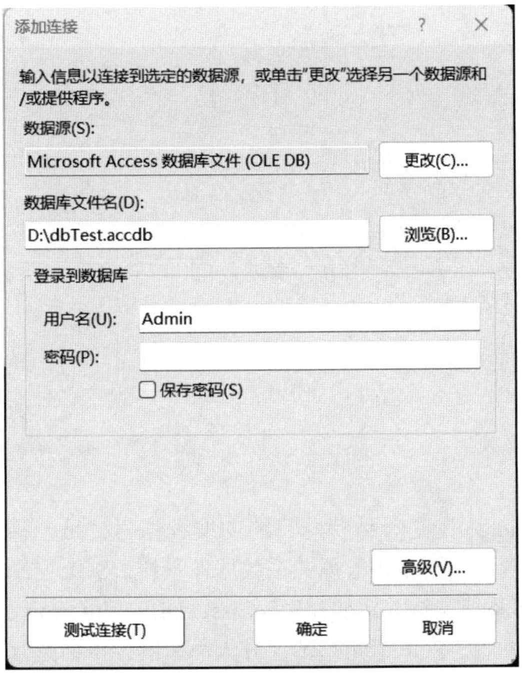

添加连接
输入信息以连接到选定的数据源，或单击"更改"选择另一个数据源和/或提供程序。
数据源(S):
Microsoft Access 数据库文件 (OLE DB)　更改(C)...
数据库文件名(D):
D:\dbTest.accdb　浏览(B)...
登录到数据库
用户名(U): Admin
密码(P):
保存密码(S)
高级(V)...
测试连接(T)　确定　取消

图14-5　添加数据库文件

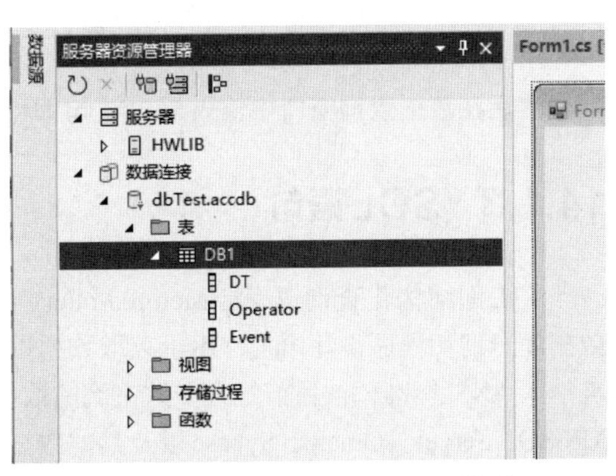

图14-6　服务器资源管理器里的数据库

在图14-6的DB1上右击,快捷菜单中选择“检索数据”即可打开数据表看到所有的数据,参见图14-7。

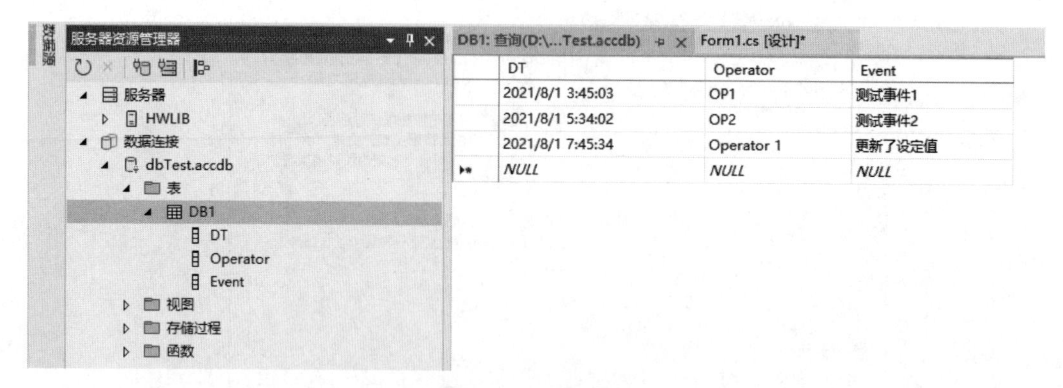

图14-7 检索数据

同样，右击图14-7的DB1，快捷菜单中选择“新建查询”可以打开数据查询窗口。在打开数据查询窗口之前会弹出一个窗口选择数据表（图14-8）。

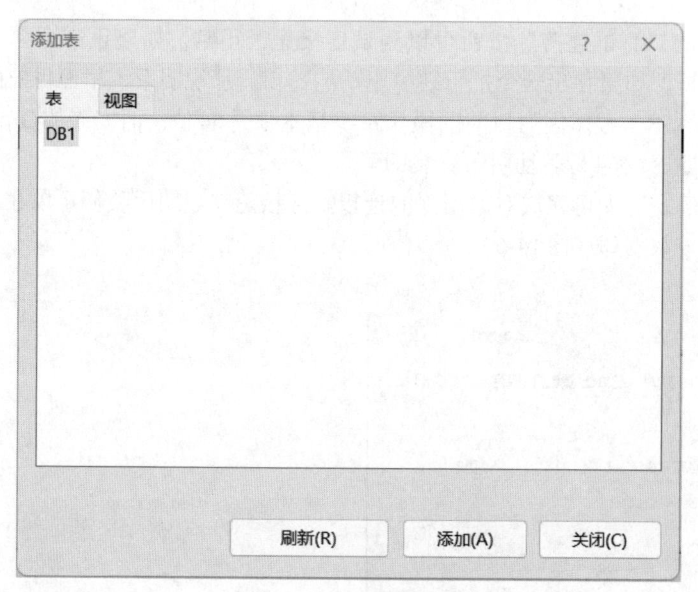

图14-8 选择数据表

然后在数据查询窗口中输入SQL语句即可进行查询（图14-9）。

14.1.3 SQL语句

SQL即结构化查询语言(structured query language)，是一种特殊目的的编程语言，是一种数据库查询和程序设计语言，用于存取数据以及查询、更新和管理关系数据库系统。SQL已经被纳入ANSI标准，被目前绝大多数主流的数据库系统支持，比如MS Access、DB2、Informix、MS SQL Server、Oracle、Sybase以及其他数据库系统。SQL语句是不区分大小写的，下面是几种常用的SQL语句。

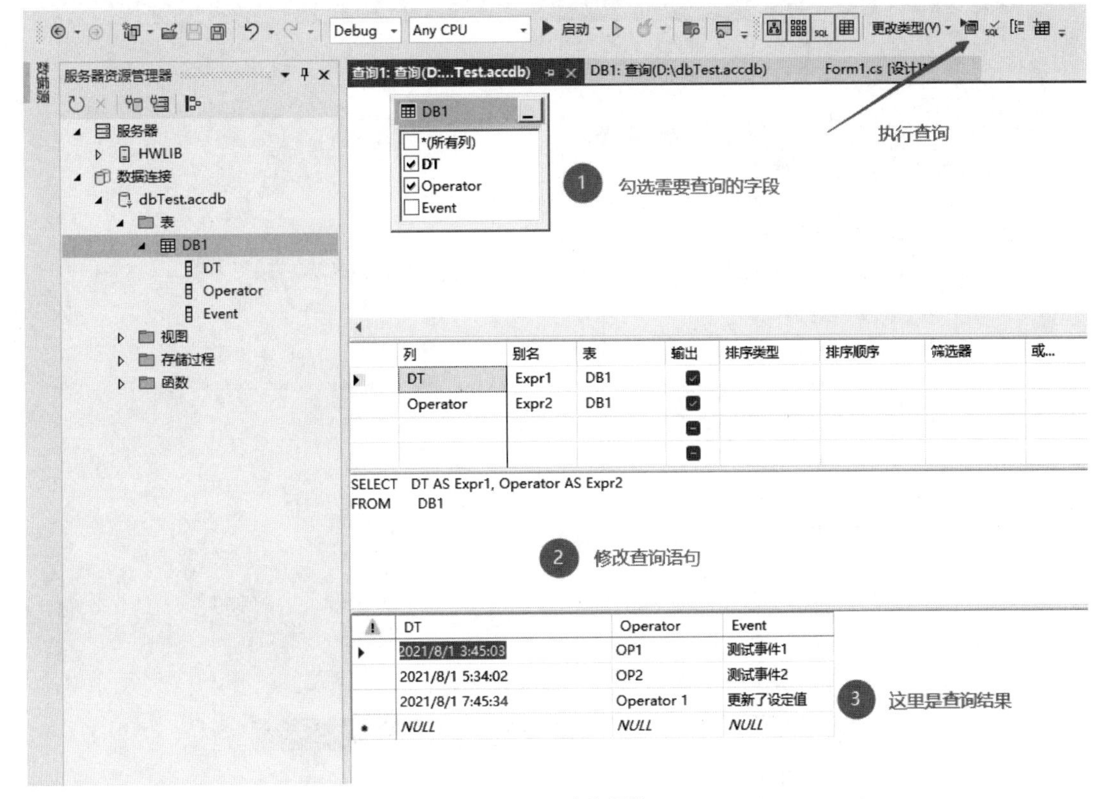

图14-9 查询操作

（1）Select

Select语句用于从数据库中查询数据。

语句原型：SELECT FIELD NAME FROM TABLE NAME

SELECT * FROM TABLE NAME

FIELD NAME: 字段名称

TABLE NAME: 表名称

*: 所有字段

在VS中输入查询语句，点击工具栏上的“执行SQL语句”按钮，在VS中会返回数据库中的数据，如图14-10所示。

（2）Delete

Delete语句用于从数据库中删除数据（图14-11）。

语句原型：DELETE FROM TABLE NAME WHERE FIELD NAME=VALUE

（3）Insert into

Insert into语句用于向数据库中插入数据（图14-12）。

语句原型：INSERT INTO TABLE NAME (FIELD1, FIELD2) VALUES(VALUE1, VALUE2)

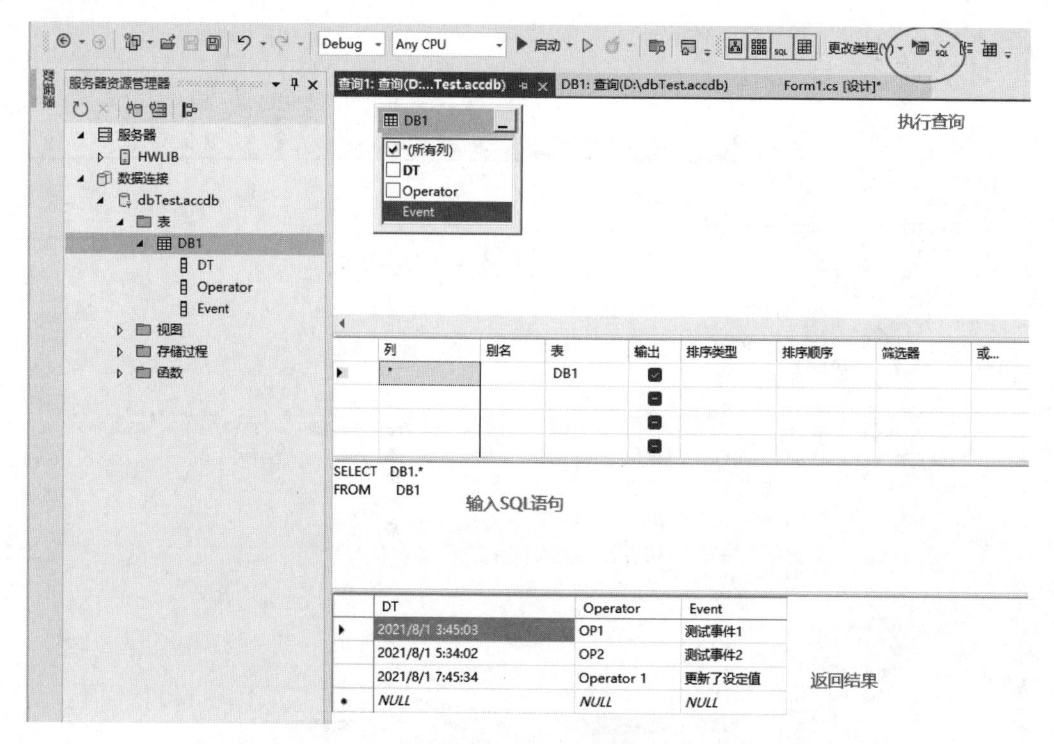

图14-10 VS数据库管理器

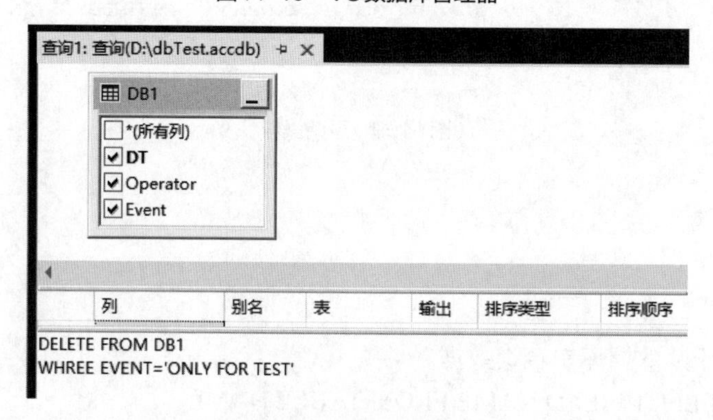

图14-11 Delete语句

INSERT INTO DB1
(DT, Operator, Event)
VALUES (#4/20/2018#, 'op2', 'Test1')

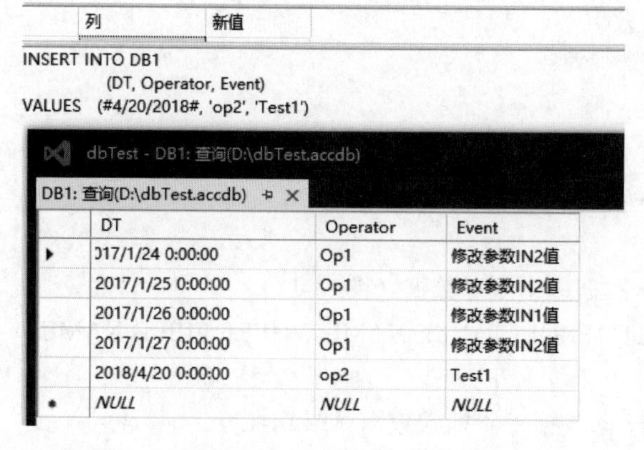

图14-12 Insert into语句

（4）Update

Update语句用于修改表中的数据（图14-13）。

语句原型：UPDATE TABLE NAME SET FIELD NAME=NEW VALUE WHERE FIELD=OLD VALUE

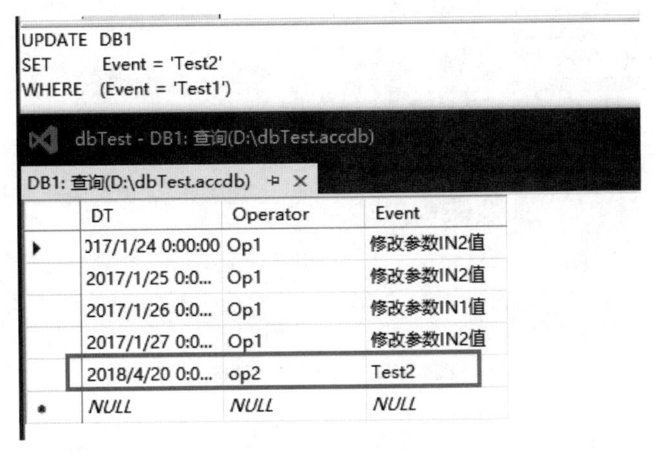

图14-13　Update语句

（5）Distinct

Distince语句用于过滤字段中的重复值（图14-14）。

语句原型：SELECT DISTINCT FIELD NAME FROM TABLE NAME

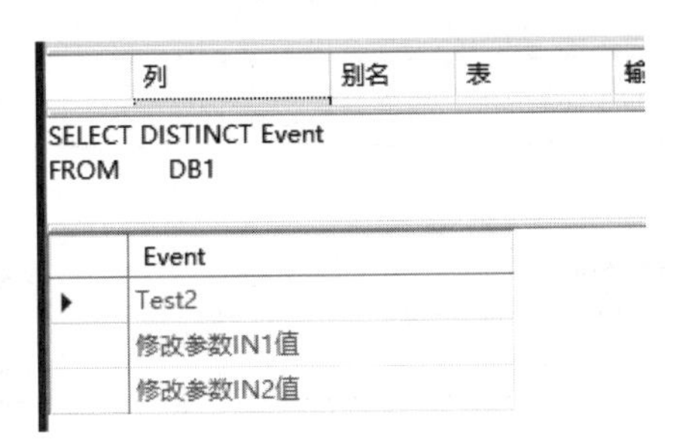

图14-14　Distinct语句

14.1.4　ADO.Net

在VB6.0和VC6.0时代，Windows平台上普遍使用ADO(activex data object)技术来操作数据库。随着.Net Framework的发布，新一代的数据库访问技术命名为ADO.Net，虽然也包含了ADO字样，但是与ADO在技术上并没有什么关系，它们是两种截然不同的技术。ADO.Net是.Net Framework提供的一组专门用于实现数据访问的类库，它们位于命名空间System.Data下。ADO.Net架构如图14-15所示。

初学者暂时不用理解太多，只需要知道ADO.Net是.Net Framework中提供的一套用于数据库访问的组件即可。它封装了很多底层细节，我们通过调用它提供的连接、命令等方法即可实现对数据库的操作。

ADO.Net包含数据提供程序及数据集两大模块。其中数据提供程序用于连接到数据库、执

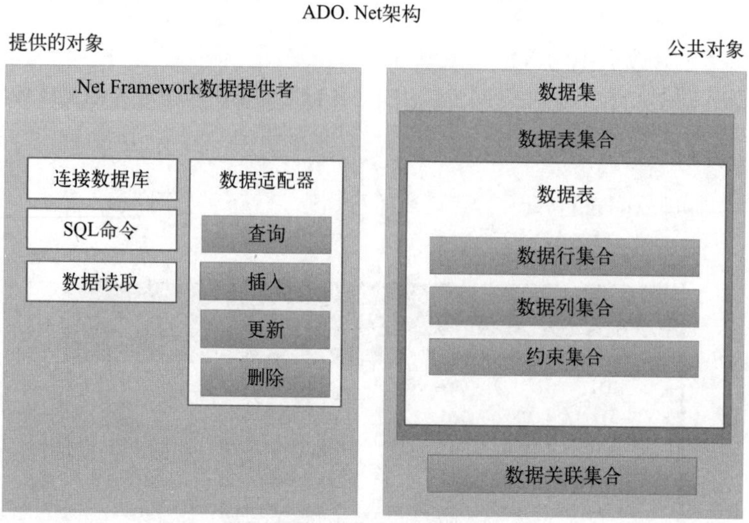

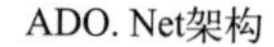

图14-15　ADO.Net架构

行命令和检索结果，数据集支持ADO.Net在连接断开的情况下进行数据操作，是数据的内存驻留表示形式，可提供一致的关系编程模型，而不需要考虑数据源。

ADO.Net的数据提供程序包含了四个核心对象，如表14-1所示。

表14-1　数据提供程序核心对象

序号	对象名称	对象说明
1	Connection	建立与数据源的连接
2	Command	执行SQL语句
3	DataReader	从数据源中读取数据流
4	DataAdapter	用于和数据集进行交互

14.1.5　Access

为了便于理解学习，我们先以访问一个Access数据库为例来逐步深入探讨ADO.Net的原理和使用。首先我们创建一个名为“dbTest.accdb”的Access数据文件，再设计一个如图14-16所示的数据表。

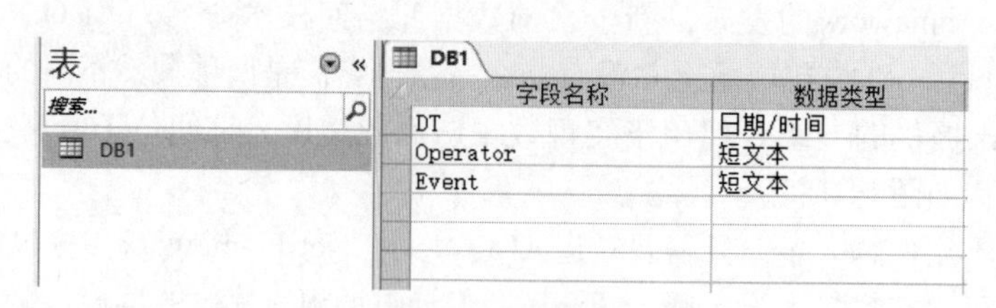

图14-16　数据表

打开Visual Studio，设计一个如图14-17所示的窗体。

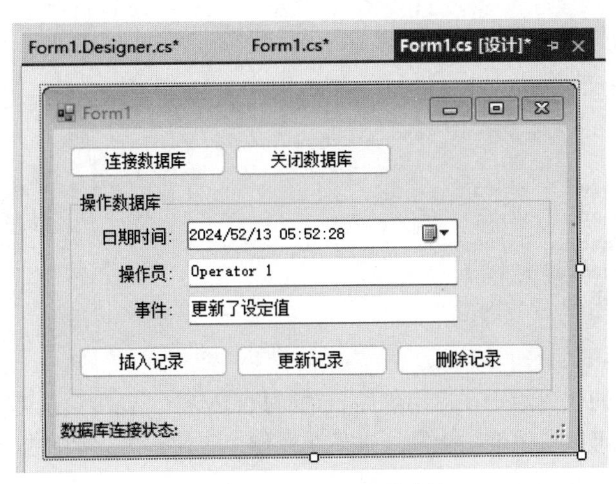

图14-17　Access操作窗体

该窗体中用到的控件及其属性设置参见表14-2。

表14-2　窗体控件属性一览表

<table>
<tr><th>序号</th><th>控件</th><th>属性</th><th>值</th><th>用途</th></tr>
<tr><td rowspan="2">1</td><td rowspan="2">Button</td><td>Name</td><td>btnConn</td><td rowspan="4">连接数据库</td></tr>
<tr><td>Text</td><td>连接数据库</td></tr>
<tr><td rowspan="2">2</td><td rowspan="2">Button</td><td>Name</td><td>btnClose</td></tr>
<tr><td>Text</td><td>关闭数据库</td></tr>
<tr><td rowspan="2">3</td><td rowspan="2">Button</td><td>Name</td><td>btnCmd</td><td rowspan="2">插入一条记录</td></tr>
<tr><td>Text</td><td>插入记录</td></tr>
<tr><td rowspan="2">4</td><td rowspan="2">Button</td><td>Name</td><td>btnUpdate</td><td rowspan="2">更新记录</td></tr>
<tr><td>Text</td><td>更新记录</td></tr>
<tr><td rowspan="2">5</td><td rowspan="2">Button</td><td>Name</td><td>btnDelete</td><td rowspan="2">删除记录</td></tr>
<tr><td>Text</td><td>删除记录</td></tr>
<tr><td rowspan="2">6</td><td rowspan="2">StatusStrip</td><td>Name</td><td>toolConnState</td><td rowspan="2">显示连接状态</td></tr>
<tr><td>Text</td><td>数据库连接状态</td></tr>
<tr><td rowspan="3">7</td><td rowspan="3">dateTimePicker</td><td>Name</td><td>dateTimePicker1</td><td rowspan="3">选择日期时间</td></tr>
<tr><td>Format</td><td>Custom</td></tr>
<tr><td>CustomFormat</td><td>yyyy/MM/dd hh:mm:ss</td></tr>
</table>

表14-2并未包含所有的窗体控件，比如Text和Lable之类很简单的就不再列出了。双击窗体，在窗体的装载事件中写入代码14-1。

代码14-1　窗体装载事件

```
//窗体装载事件
private void Form1_Load(object sender, EventArgs e)
{
     btnConn.Enabled = true;
     btnCmd.Enabled = false;
     btnUpdate.Enabled = false;
     btnDelete.Enabled = false;
     btnClose.Enabled = false;
}
```

窗体装载事件里的代码用于在应用程序启动时只有一个“连接数据库”按钮可用，其他按钮均禁止点击。这样可以有效地防止操作人员误操作。应用程序启动后的效果如图14-18所示。

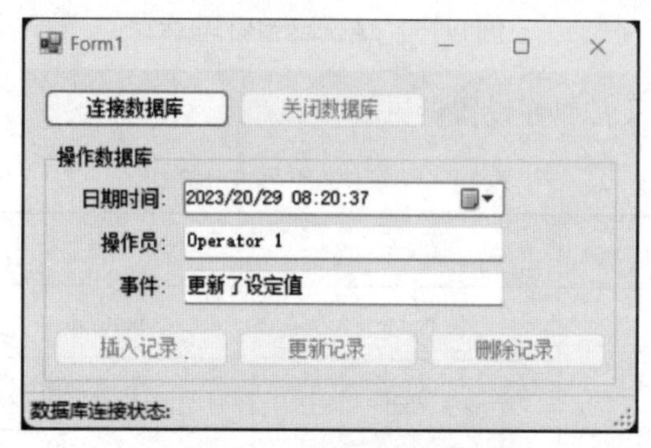

图14-18　应用程序运行效果

（1）连接数据库

首先必须连接到数据库才可以执行后面的读写访问。在应用程序中添加代码“using System.Data.OleDb;”。这是因为访问Access数据库需要用到OleDb命名空间里面的类库。然后声明两个类型分别是OleDbConnection和OleDbCommand的全局变量，参见图14-2。OLEDB是.Net Framework中用于访问Access数据库的数据提供程序。用于访问SQL Server的数据提供程序是SqlClient。

代码14-2　声明变量

```
public Form1()
{
    InitializeComponent();
}

OleDbConnection dbConn;
OleDbCommand dbCmd;
```

双击按钮“连接数据库”，在其点击事件中写入代码14-3。

代码14-3　连接数据库

```
//连接数据库
private void btnConn_Click(object sender, EventArgs e)
```

```
{
        dbConn = new OleDbConnection();
        //后缀名为mdb或者accdb的数据库都支持
        dbConn.ConnectionString = "Provider=Microsoft.ACE.OLEDB.12.0;
                                        Data Source=D:\\dbTest.accdb";

        //使用connection对象连接到数据库
        dbConn.Open();

        toolConnState.Text = "数据库连接状态：  " + dbConn.State;
        btnConn.Enabled = false;
        btnDelete.Enabled = true;
        btnCmd.Enabled = true;
        btnUpdate.Enabled = true;
        btnClose.Enabled = true;
}
```

代码14-3首先将类OleDbConnection实例化，然后为其属性ConnectionString赋值，调用其方法Open连接至数据库。通过其属性State可以获取连接是否成功，并将连接状态写到窗口下面的状态栏中。最后再禁用按钮“连接数据库”，使能按钮“关闭数据库”及其他命令按钮。

由于Access数据库需要有微软的驱动，而每个人安装的Office版本可能也不一样，如果我们在遇到图14-19所示错误时可以将目标平台改为x86。

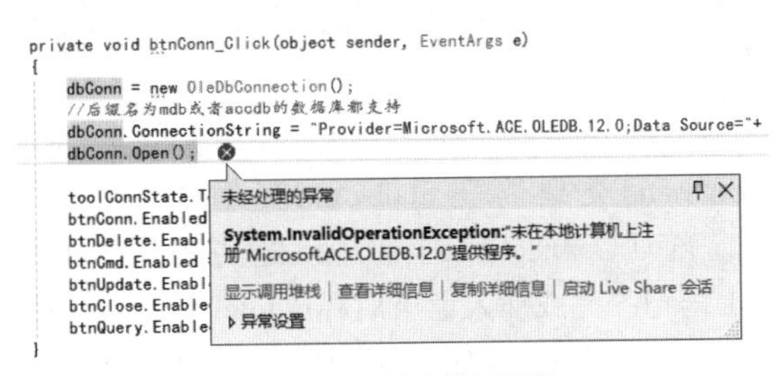

图14-19　缺少数据引擎

（2）关闭数据库

关闭数据库用于执行关闭连接至目标数据库的通道，不再执行所有的访问操作。双击按钮“关闭数据库”，在其点击事件中写入代码14-4。

代码14-4　关闭数据库

```
//关闭数据库
private void btnClose_Click(object sender, EventArgs e)
{
    dbConn.Close();
    dbConn.Dispose();

    btnCmd.Enabled = false;
    btnDelete.Enabled = false;
    btnUpdate.Enabled = false;
    btnConn.Enabled = true;
    btnClose.Enabled = false;
}
```

代码14-4首先调用类OleDbConnection中的Close方法断开和数据库的连接，然后释放实例化类占用的系统资源。最后使能按钮“连接数据库”，将其他按钮禁用。

命名空间System.Data.OleDb里面的类OleDbConnection用于实现对数据库的连接控制。它的应用比较简单，先实例化，然后修改ConnectionString，再调用方法Open即可。通过它的属性State可以获取连接状态。

（3）插入记录

插入记录用于将一条新的数据记录写入数据库。双击按钮“插入记录”，在其点击事件中写入代码14-5。

代码14-5　插入记录

```
//插入记录
private void btnCmd_Click(object sender, EventArgs e)
{
      dbCmd = new OleDbCommand();
      dbCmd.Connection = dbConn;
      dbCmd.CommandText = "Insert into DB1(DT,Operator,Event)
                           values(#" + dateTimePicker1.Value + "#,'" +
                           txtOperator.Text + "','" + txtEvent.Text + "')";
      //使用command对象执行SQL语句
      dbCmd.ExecuteNonQuery();

      dbCmd.Dispose();
}
```

代码14-5将OleDbCommand类型的变量dbCmd实例化，然后在其属性CommandText中写入Insert into语句，设置其Connection对象是已经实例化的dbConn。最后调用其方法ExecuteNonQuery执行SQL语句。完成插入记录后释放OleDbCommand对象。

需要注意的是SQL语句中的变量写法，如果我们插入一个字符串常量，那么使用单引号+字符串即可，比如‘急停按钮被压下’。如果我们插入一个日期时间常量，则是#+日期时间，比如#2018-4-5 12:23:9#。大多数情况下我们在SQL语句中使用的可能是变量，那么写法就与代码14-5中一样。

（4）更新记录

更新记录用于对数据库中原有的记录进行更新。双击按钮“更新记录”，在其点击事件中写入代码14-6。

代码14-6　插入记录

```
//更新记录
private void btnUpdate_Click(object sender, EventArgs e)
{
      dbCmd = new OleDbCommand();
      dbCmd.Connection = dbConn;
      dbCmd.CommandText = "UPDATE DB1 SET Operator='Operator 2'
                           WHERE Operator='Operator 1'";
      dbCmd.ExecuteNonQuery();

      dbCmd.Dispose();
}
```

代码14-6和插入记录类似，区别在于SQL语句不一样，这里使用的是Update语句。

（5）删除记录

删除记录用于对数据库中原有的记录进行删除。双击按钮“删除记录”，在其点击事件中写入代码14-7。

代码14-7　删除记录

```
//删除记录
private void btnDelete_Click(object sender, EventArgs e)
{
    dbCmd = new OleDbCommand();
    dbCmd.Connection = dbConn;
    dbCmd.CommandText = "Delete from DB1 where Operator='Operator 1'";
    dbCmd.ExecuteNonQuery();
    dbCmd.Dispose();
}
```

代码14-7与插入记录类似，区别在于SQL语句不一样，这里使用的是Delete语句。

（6）查询记录

查询记录用于将符合条件的数据记录检索出来并以一定的样式展示。在C#中常用的数据展示控件是DataGridView，该控件之前有过介绍。这里我们将演示根据给定条件进行数据查询，并将结果显示到控件DataGridView中。首先我们对窗体重新设计，拖一个DataGridView控件和按钮控件，设置按钮控件的Text属性为“查询数据”，完成后的窗体如图14-20所示。

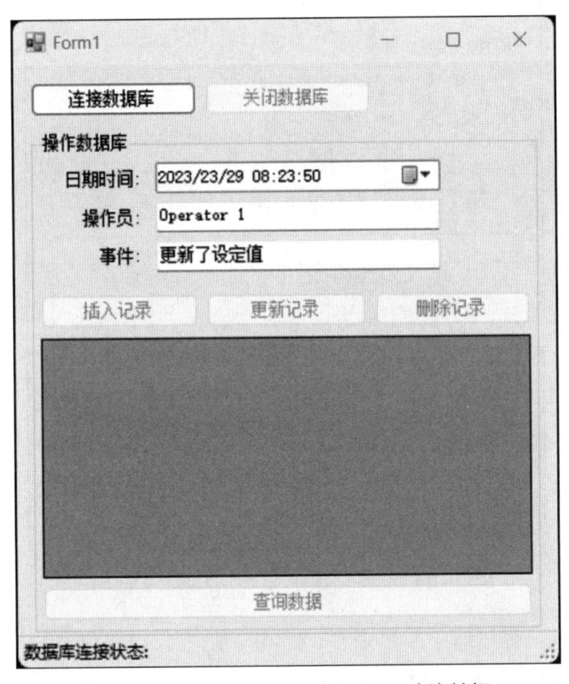

图14-20　添加DataGridView和查询按钮

双击按钮“查询数据”，在弹出事件中输入代码14-8。

代码14-8 查询数据

```
//查询数据
private void button1_Click(object sender, EventArgs e)
{
     string sql= "SELECT * FROM DB1";
     OleDbDataAdapter da = new OleDbDataAdapter(sql,dbConn);

     DataTable dt = new DataTable();

     da.Fill(dt);
     if (dt.Rows.Count >= 1)
     {
         dataGridView1.DataSource = dt;
     }

     da.Dispose();
     dt.Dispose();
 }
```

代码14-8首先创建了一个OleDbDataAdapter和DataTable对象，然后将DataTable实例绑定到控件DataGridView的DataSource。保存程序并运行，先点击按钮“连接数据库”，再点击按钮“查询数据”，就可以看到控件DataGridView中被填充了数据记录（图14-21）。

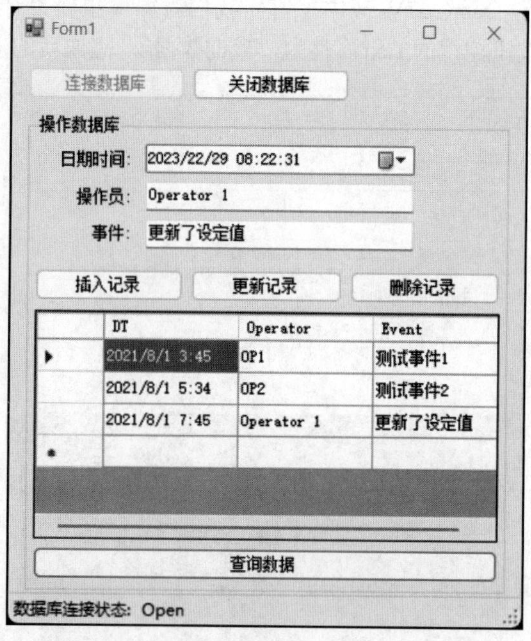

图14-21 查询数据并填充DataGridView

（7）其他

刚才的例子里面，我们访问的是D盘的数据文件。在实际项目中，为了部署方便，我们通常会将数据文件和可执行程序放在一起。这样，我们就可以通过相对路径来进行访问，只需要修改连接字符串即可。

代码14-9　连接数据库

```
//连接数据库
private void btnConn_Click(object sender, EventArgs e)
{
        dbConn = new OleDbConnection();
        //后缀名为mdb或者accdb的数据库都支持
        dbConn.ConnectionString = "Provider=Microsoft.ACE.OLEDB.12.0;
                                    Data Source="+ System.Environment.CurrentDirectory+"
                                    /dbTest.accdb";

        //使用connection对象连接到数据库
        dbConn.Open();

        toolConnState.Text = "数据库连接状态:  " + dbConn.State;
        btnConn.Enabled = false;
        btnDelete.Enabled = true;
        btnCmd.Enabled = true;
        btnUpdate.Enabled = true;
        btnClose.Enabled = true;
}
```

代码14-9中，System.Environment.CurrentDirectory获取的是当前可执行程序所在的路径。

14.1.6　SQL Server

SQL Server是由Microsoft开发和推广的一种关系型数据库(DBMS)，目前最新的版本是SQL Server 2019。SQL Server应用非常广泛，我们熟悉的组态软件WinCC和InTouch都是使用它作为后台数据库。最新版本的SQL Server除了可以在Windows系统上面运行外，也支持Linux及Docker部署。

（1）配置数据库

安装SQL Server后会提供一个数据库管理系统，在这里我们通过配置可以创建数据库、数据表等。当然市场上也有第三方的SQL Server管理工具，该书以Microsoft提供的管理工具为例来介绍，通过开始菜单找到SQL Server Management Studio并打开，如图14-22。

图14-22　SQL Server Management Studio1

首先需要通过选择安装在本机上的实例进入相应的SQL数据库，在图14-23的对话框中可以看到本机已经安装的SQL实例。

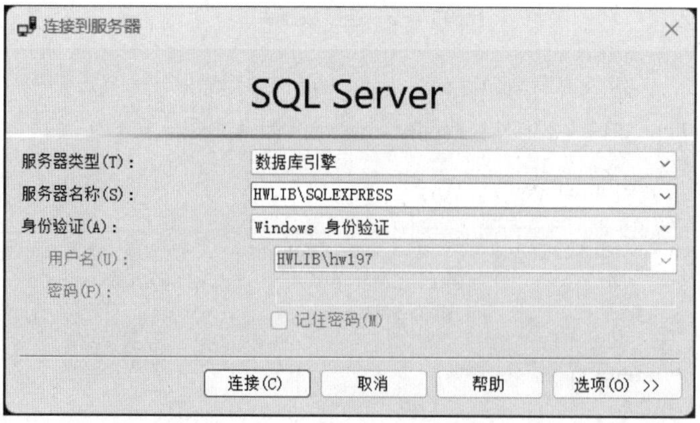

图14-23　SQL Server Management Studio2

点击按钮“连接”进入数据库服务器实例。在“数据库”目录下可以看到自带的四个系统数据库，参见图14-24深色框内。浅色框内是用户创建的两个用户数据库。

如果要自建数据库也很容易，在图14-24中“数据库”上右击选择“新建数据库”，参见图14-25。

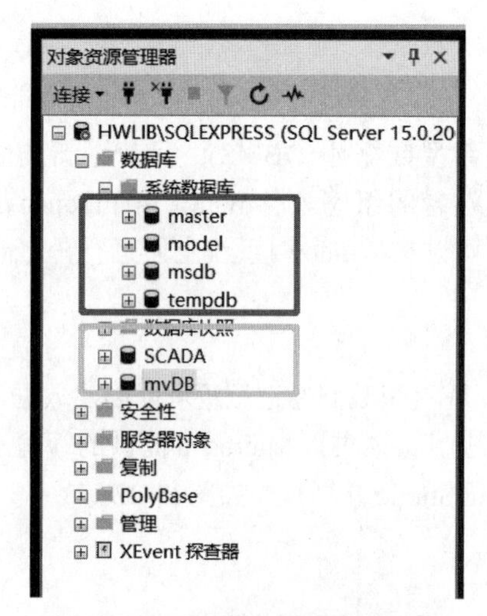

图14-24　系统数据库和用户数据库

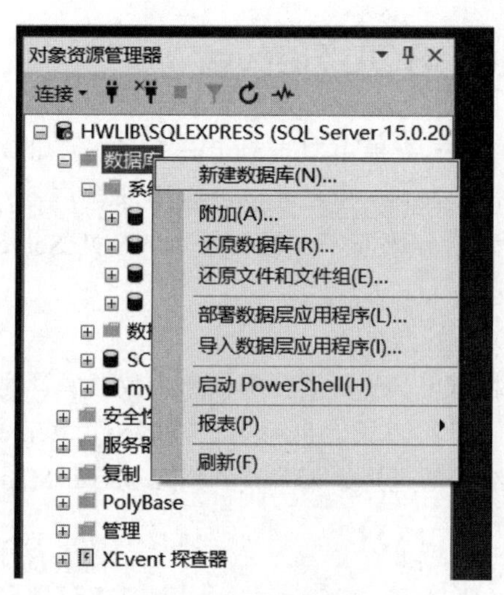

图14-25　新建数据库

在弹出窗口中设置数据库名称，并选择数据库存储路径，然后点击按钮“确定”即可（图14-26）。

新创建的数据库只有一些系统数据，我们还需要创建数据表。这些数据表用于存储数据，供C#或者其他开发工具访问。在目录“表”上右击，选择“新建表”，参见图14-27。

在数据表的设计窗口中建立字段，参见图14-28。

点击“保存”按钮，在弹出窗口中输入数据表名称（图14-29）。

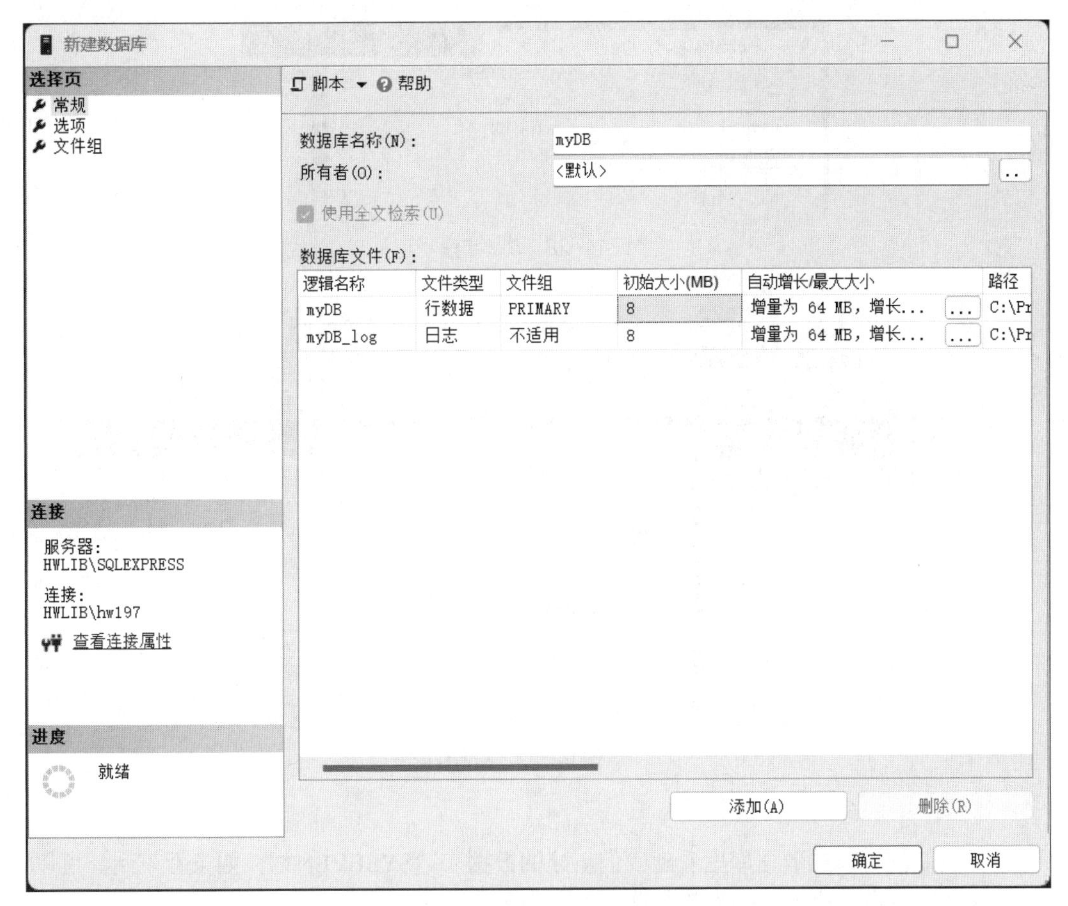

图14-26　设置数据库

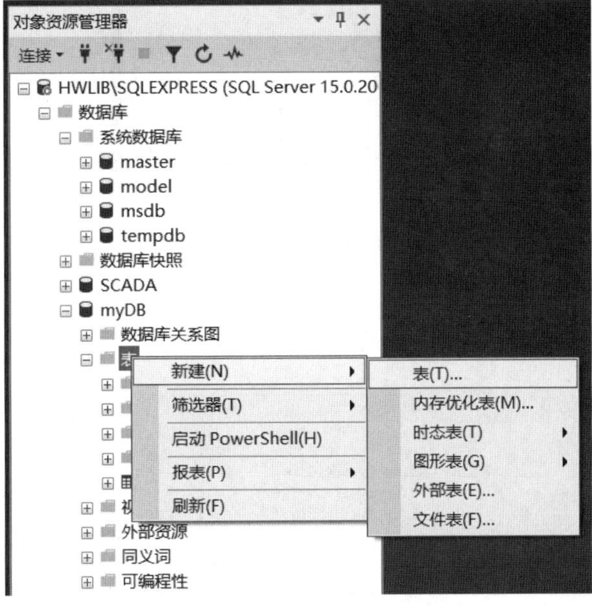

图14-27　新建表

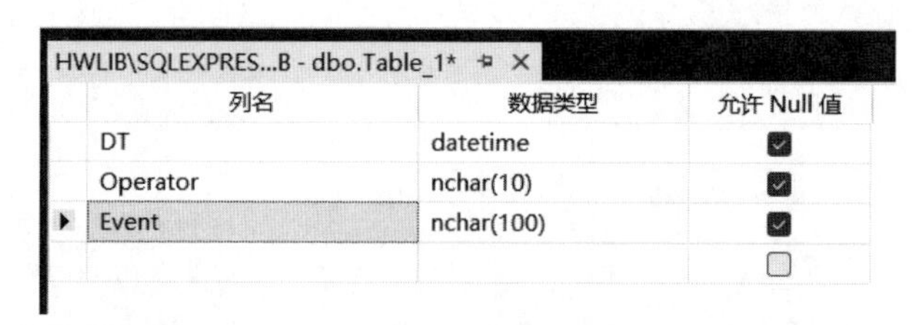

图14-28　创建字段

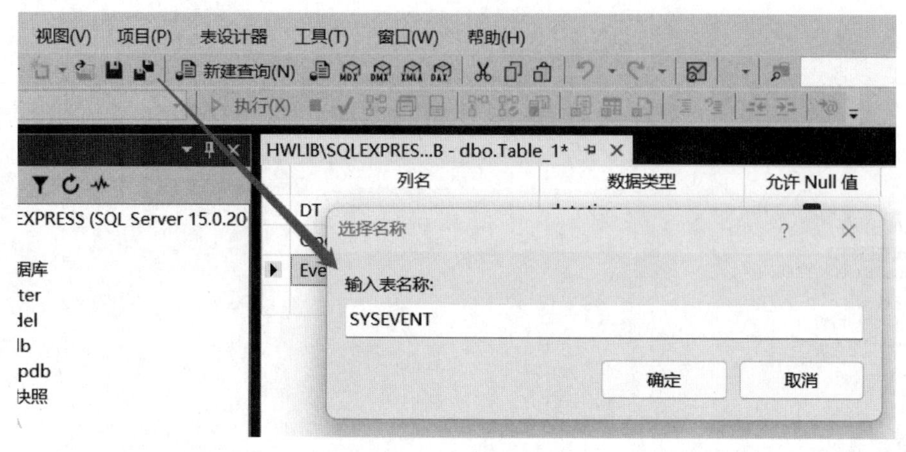

图14-29　命名数据表

这样我们就可以在数据库里看到我们新建的数据表“SYSEVENT”，如果看不到，可以在目录“表”上右击，选择快捷菜单中的“刷新”（图14-30）。

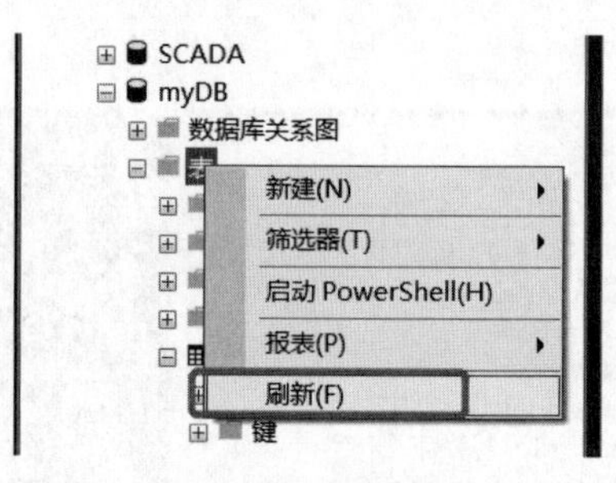

图14-30　刷新目录

（2）连接数据库

使用C#访问SQL Server首先需要添加相关的命名空间，参见图14-31。

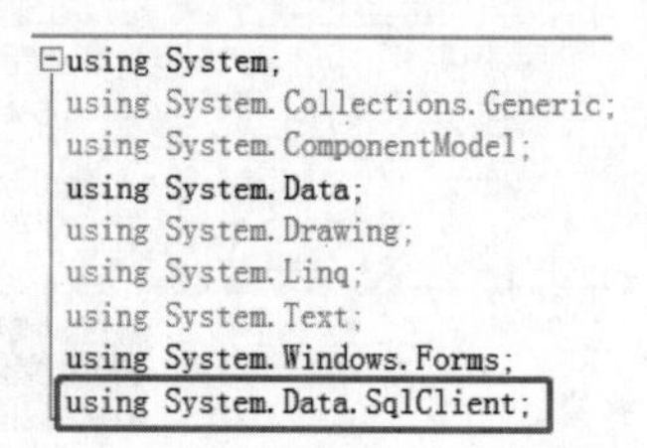

```
using System;
using System.Collections.Generic;
using System.ComponentModel;
using System.Data;
using System.Drawing;
using System.Linq;
using System.Text;
using System.Windows.Forms;
using System.Data.SqlClient;
```

图14-31　引用SQL相关命名空间

窗体设计与之前访问Access相同，参见图14-32。

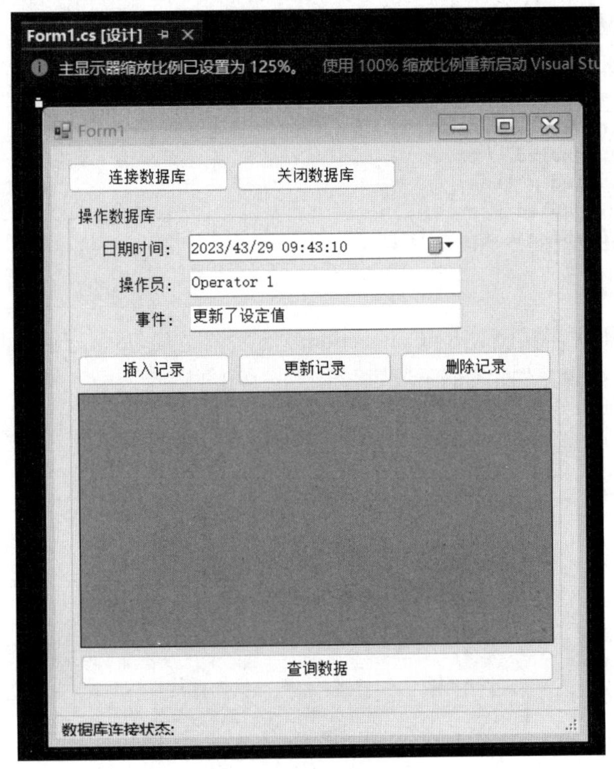

图14-32　窗体设计

双击按钮“连接数据库”，在其点击事件中输入代码14-10。

代码14-10　连接SQL数据库

```
//连接数据库
public Form1()
{
     InitializeComponent();
}

//声明两个全局变量
SqlConnection dbConn;
SqlCommand dbCmd;

private void btnConn_Click(object sender, EventArgs e)
{
        //实例化SqlConnection
        dbConn = new SqlConnection();

        //连接字符串
        //在ES,1433\MSSQLSERVER中，ES是计算机名称，后面的1433是端口号
        //计算机名称和端口号之间使用“,”隔开
        //反斜杠后面的MSSQLSERVER是SQL数据库实例名称
        //如果访问本机默认实例的话使用“.\”即可。
        dbConn.ConnectionString = @"Data Source = ES,1433\MSSQLSERVER;
                  Integrated Security = true ; Initial Catalog = myDB";
```

```
        //打开连接
        dbConn.Open();

        //设置状态栏信息和按钮状态
        toolConnState.Text = "数据库连接状态：  " + dbConn.State;
        btnConn.Enabled = false;
        btnDelete.Enabled = true;
        btnCmd.Enabled = true;
        btnUpdate.Enabled = true;
        btnClose.Enabled = true;
    }
```

代码14-10首先声明名实例化SqlConnection，然后调用其Open方法连接至数据库。在连接成功后使能“关闭数据库”“插入记录”“更新记录”和“删除记录”按钮。参见图14-33。

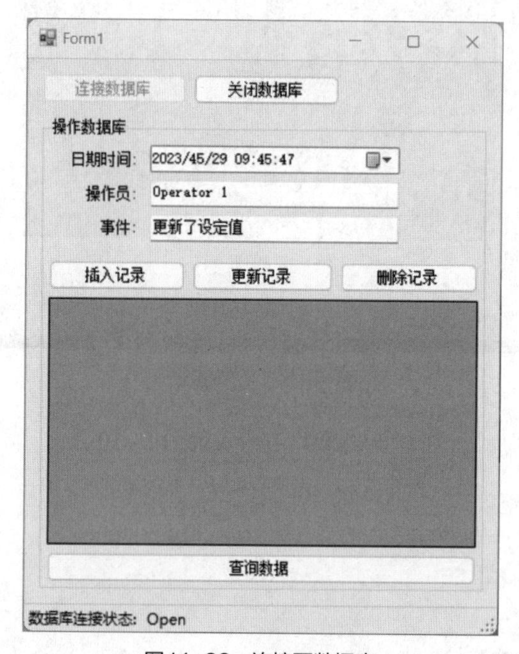

图14-33　连接至数据库

（3）关闭数据库

关闭数据库用于执行关闭连接至目标数据库的通道，不再执行所有的访问操作。双击按钮“关闭数据库”，在其点击事件中写入代码14-11。

代码14-11　关闭数据库

```
//关闭数据库
private void btnClose_Click(object sender, EventArgs e)
{
        dbConn.Close();
        dbConn.Dispose();

        btnCmd.Enabled = false;
        btnDelete.Enabled = false;
```

```
        btnUpdate.Enabled = false;
        btnConn.Enabled = true;
        btnClose.Enabled = false;
}
```

代码 14-11 首先调用类SqlConnection中的Close方法断开和数据库的连接，然后释放实例化类占用的系统资源。最后使能按钮“连接数据库”，对其他按钮禁用。

命名空间System.Data.SqlClient里面的类SqlConnection用于实现对数据库的连接控制。它的应用比较简单，先实例化，然后修改ConnectionString再调用方法Open即可。通过其属性State可以获取连接状态。

（4）插入记录

插入记录用于将一条新的数据记录写入数据库。双击按钮“插入记录”，在其点击事件中写入代码 14-12。

代码14-12　插入记录

```
//插入记录
private void btnCmd_Click(object sender, EventArgs e)
{
        dbCmd = new SqlCommand();
        dbCmd.Connection = dbConn;
        dbCmd.CommandText = "Insert into SYSEVENT(DT,Operator,Event)
                            values('" + dateTimePicker1.Value + "','" +
                            txtOperator.Text + "','" + txtEvent.Text + "')";
        dbCmd.ExecuteNonQuery();

        dbCmd.Dispose();
}
```

代码 14-12将SqlCommand类型的变量dbCmd实例化，然后在其属性CommandText中写入Insert into语句，设置其Connection对象是已经实例化的dbConn。最后调用其方法ExecuteNonQuery执行SQL语句。完成插入记录后释放SqlCommand对象。

需要注意的是SQL语句中的变量写法，如果我们插入一个字符串或者日期时间常量那么使用单引号 + 字符串即可，比如’急停按钮被压下’。大多数情况下我们在SQL语句中使用的可能是变量，那么写法就和代码清单中一样。需要注意的是对于SQL Server，日期时间变量和字符串变量的处理方法是一样的，都是分别加上双引号和单引号。

（5）更新记录

更新记录用于对数据库中原有的记录进行更新。双击按钮“更新记录”，在其点击事件中写入代码 14-13。

代码14-13　插入记录

```
//更新记录
private void btnUpdate_Click(object sender, EventArgs e)
{
        dbCmd = new SqlCommand();
        dbCmd.Connection = dbConn;
        dbCmd.CommandText = "UPDATE SYSEVENT SET Operator='Operator 2'
```

```
                               WHERE Operator='Operator 1'";
        dbCmd.ExecuteNonQuery();

        dbCmd.Dispose();
    }
```

更新记录的代码和插入记录类似，区别在于SQL语句不一样，这里使用的是Update语句。

（6）删除记录

删除记录用于对数据库中原有的记录进行删除。双击按钮“删除记录”，在其点击事件中写入代码14-14。

代码14-14 插入记录

```
//删除记录
private void btnDelete_Click(object sender, EventArgs e)
{
    dbCmd = new SqlCommand();
    dbCmd.Connection = dbConn;
    dbCmd.CommandText = "Delete from SYSEVENT where Operator='Operator 1'";
    dbCmd.ExecuteNonQuery();
    dbCmd.Dispose();
}
```

插入记录的代码和插入记录类似，区别在于SQL语句不一样，这里使用的是Delete语句。

（7）查询数据

查询数据用于将符合条件的数据记录检索出来并以一定的样式展示。在C#中常用的数据展示控件是DataGridView，该控件之前有过介绍。这里我们将演示根据给定条件进行数据查询，并将结果显示到控件DataGridView中。双击按钮“查询数据”，在弹出事件中输入代码14-15。

代码14-15 查询数据

```
//查询数据
private void button1_Click(object sender, EventArgs e)
{
    string sql= "SELECT * FROM SYSEVENT";
    SqlDataAdapter da = new SqlDataAdapter(sql,dbConn);

    DataTable dt = new DataTable();

    da.Fill(dt);
    if (dt.Rows.Count >= 1)
    {
        dataGridView1.DataSource = dt;
    }

    da.Dispose();
    dt.Dispose();
}
```

查询数据的代码首先创建了一个SqlDataAdapter和DataTable对象，然后将DataTable实例绑定到控件DataGridView的DataSource。保存程序并运行，先点击按钮“连接数据库”再点击按钮“查询数据”就可以看到控件DataGridView中被填充了数据记录（图14-34）。

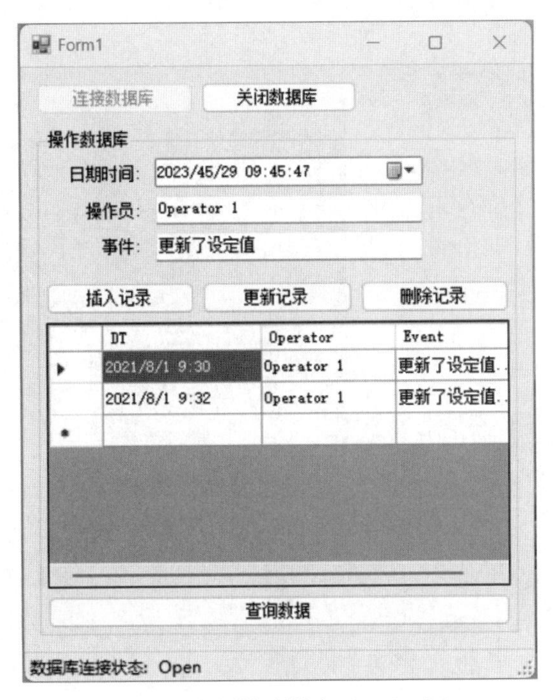

图14-34　查询数据并填充DataGridView

14.1.7　SQLite

SQLite是一款免费的轻量型数据库引擎。它采用C语言编写，支持Windows/Linux/Unix等主流的操作系统。SQLite是单文件数据库，无需部署。它既没有服务器实例，也不需要任何配置的事务型数据库。目前各大编程语言均提供了对SQLite的支持。SQLite最开始的设计目标平台是嵌入式，所以在并发性上比较差。这一点决定了它不适合大型系统，但是对小型单机版的SCADA应用还是比较适合的。

SQLite3.0以上版本大幅增强了其性能，目前数据库最大数据库容量可达1.4e+14字节（140千万兆字节或128太字节或140000百万兆字节或128000吉字节），每张表的最大数据行数为2^{64}(18446744073709551616或者大约1.8e+19)。所以对于一个小型单机应用来说没有丝毫问题。

14.1.7.1　可视化设计器

SQLite官方没有可视化设计器，一般借助第三方工具设计数据表，常用的有SQLiteStudio、SQLiteExpertPro等，下面我们以SQLiteStudio为例来简单介绍它的使用方法。双击打开SQLiteStudio，选择菜单“Database”→“Add a Database”添加数据库，如图14-35所示。

在这里我们既可以连接一个已经存在的数据库也可以创建一个新数据库。点击图14-36中深色方框内的文件夹图标按钮可以关联一个已存在的数据库进行管理。点击浅色方框内的图标按钮可以添加一个新的数据库。

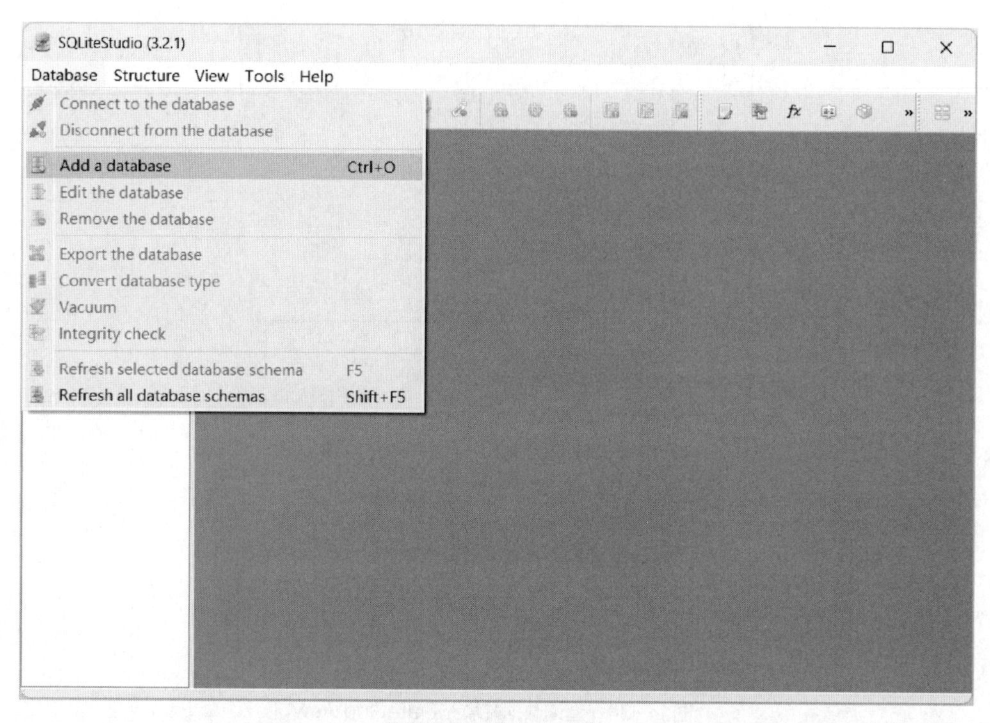

图14-35 添加数据库

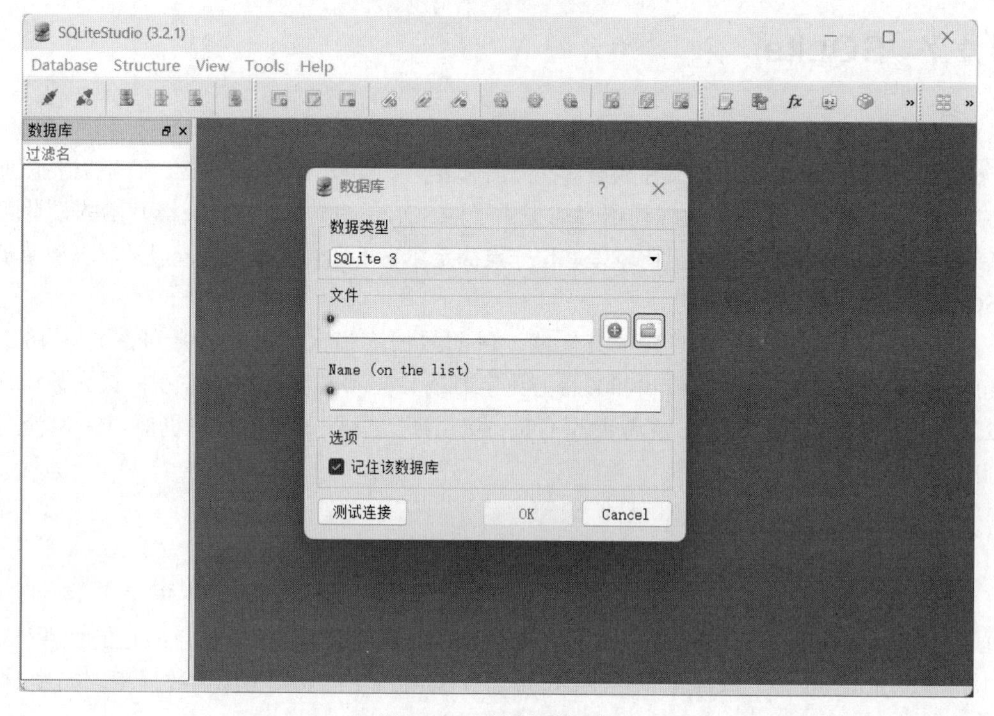

图14-36 创建新数据库

我们以创建一个新数据库为例。点击图14-36中浅色方框内的按钮，选择目标文件夹并输入数据库名称（图14-37）。

点击按钮“保存”即创建了一个新数据库。点击图14-38中的“测试连接”按钮可以查看新建的数据库是否连接正确，正常情况下按钮后面会显示一个绿色的对号图标。

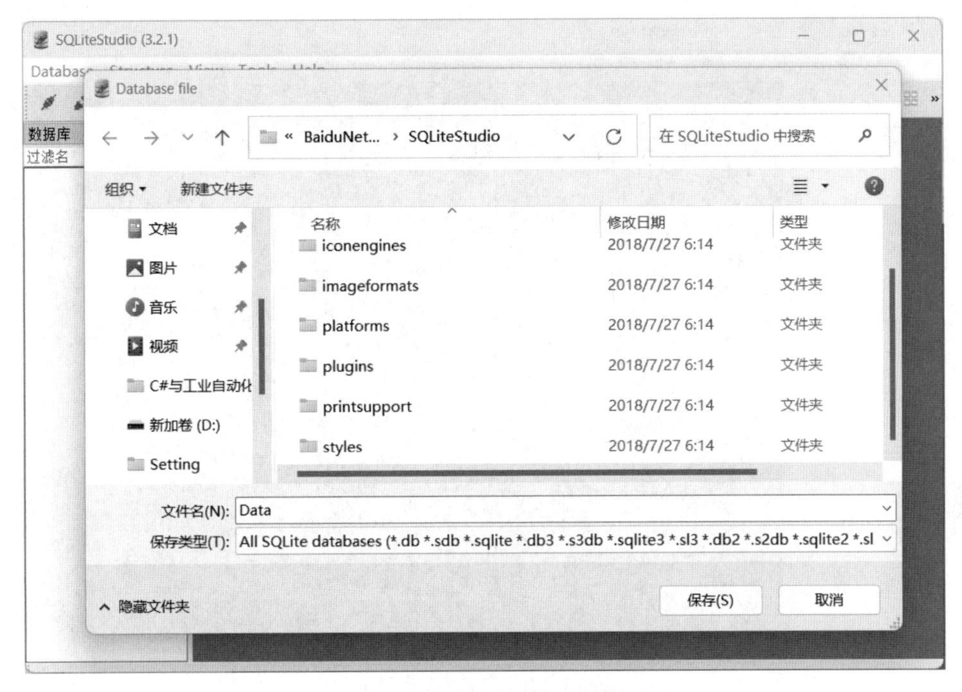

图14-37 选择数据库并输入数据库名称

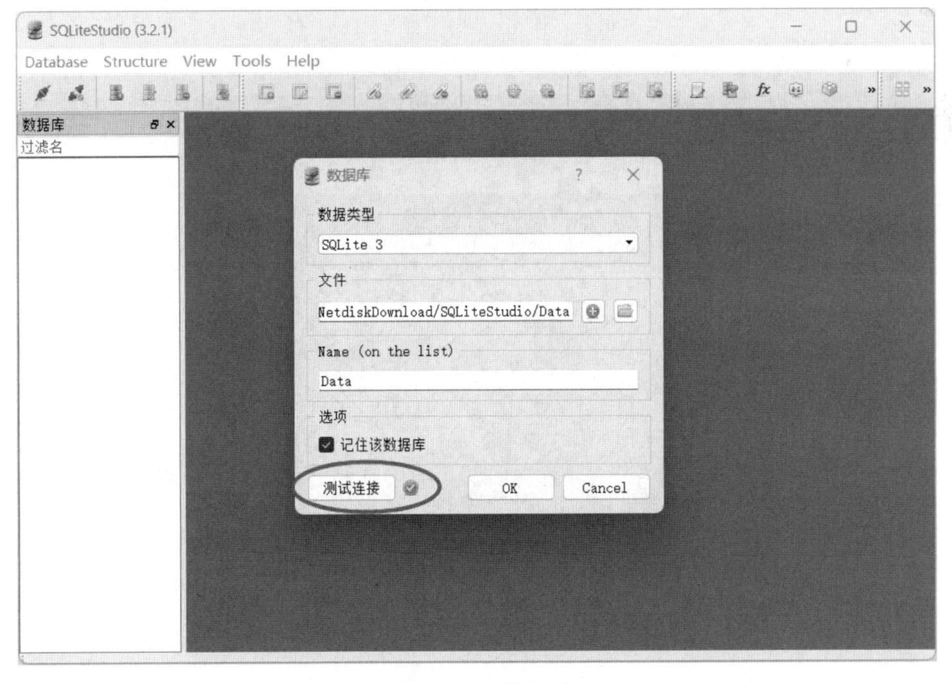

图14-38 测试连接

点击按钮“OK”关闭窗口，然后在主界面就能看到这个新建的数据库了（图14-39）。

数据库名称上右击选择“Connect to database”或者在数据库名称上双击，然后我们会看到“Tables”和“Views”两个子项（图14-40）。

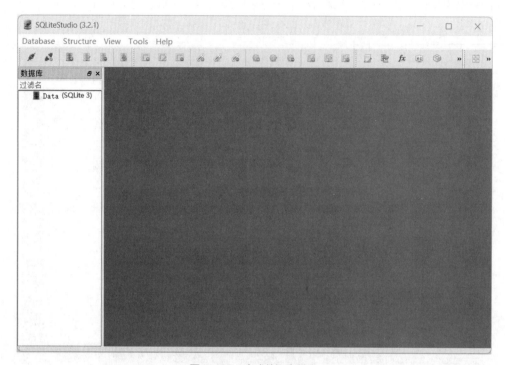

图14-39 完成数据库创建

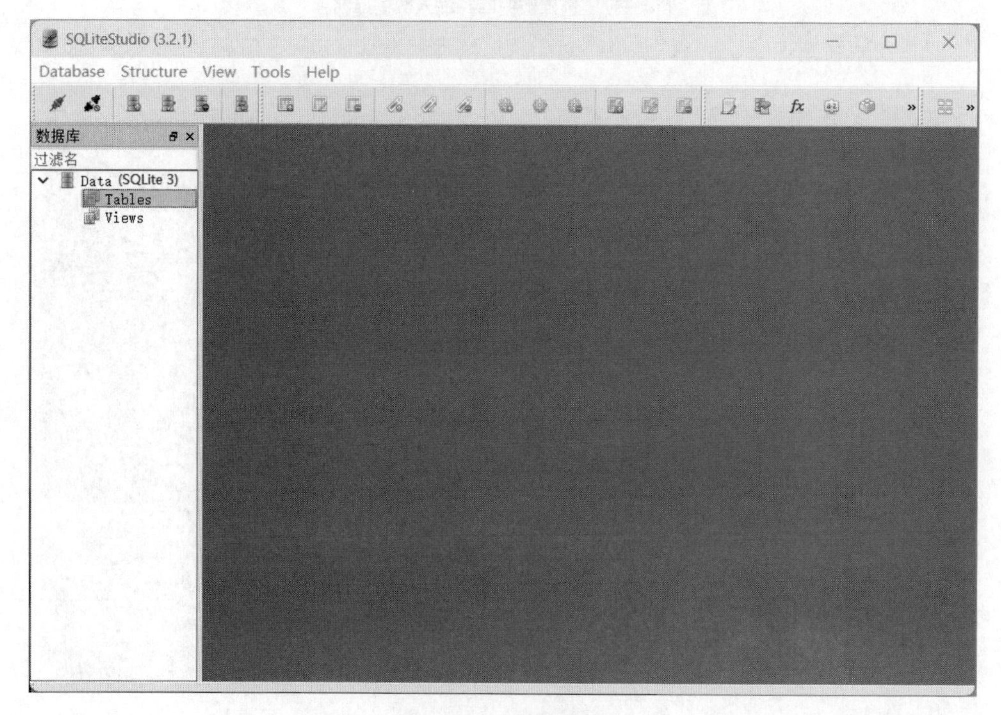

图14-40 连接数据库

在图 14-40 的“Tables”上右击选择“Create a table”即可为数据库插入新表，并在右边窗口设计表结构（图 14-41）。

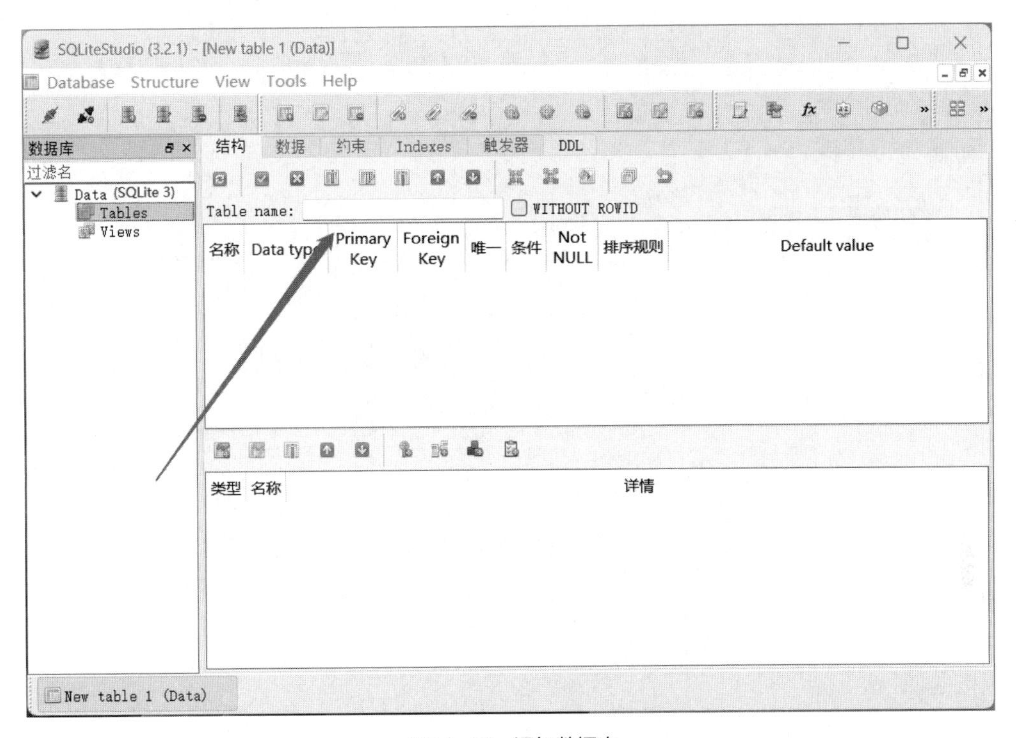

图14-41　添加数据表

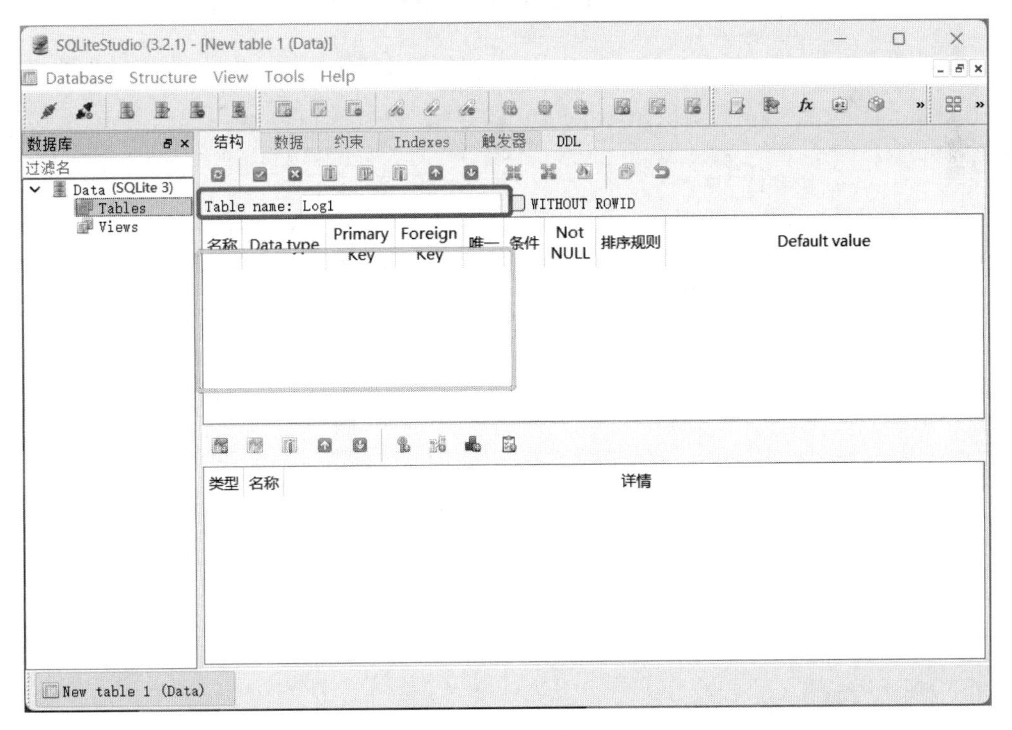

图14-42　设计数据表

在图14-42的深色方框中输入表名称，这里的表名称是“Log1”。然后在浅色方框的空白处双击，在弹出窗口中为表添加字段（图14-43）。

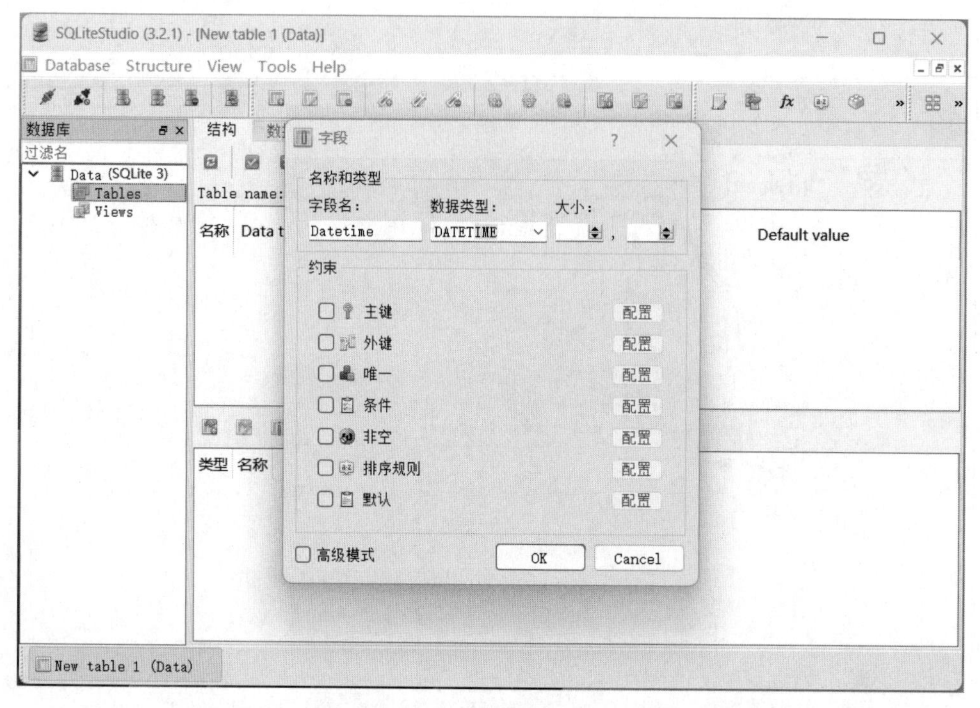

图14-43 添加字段

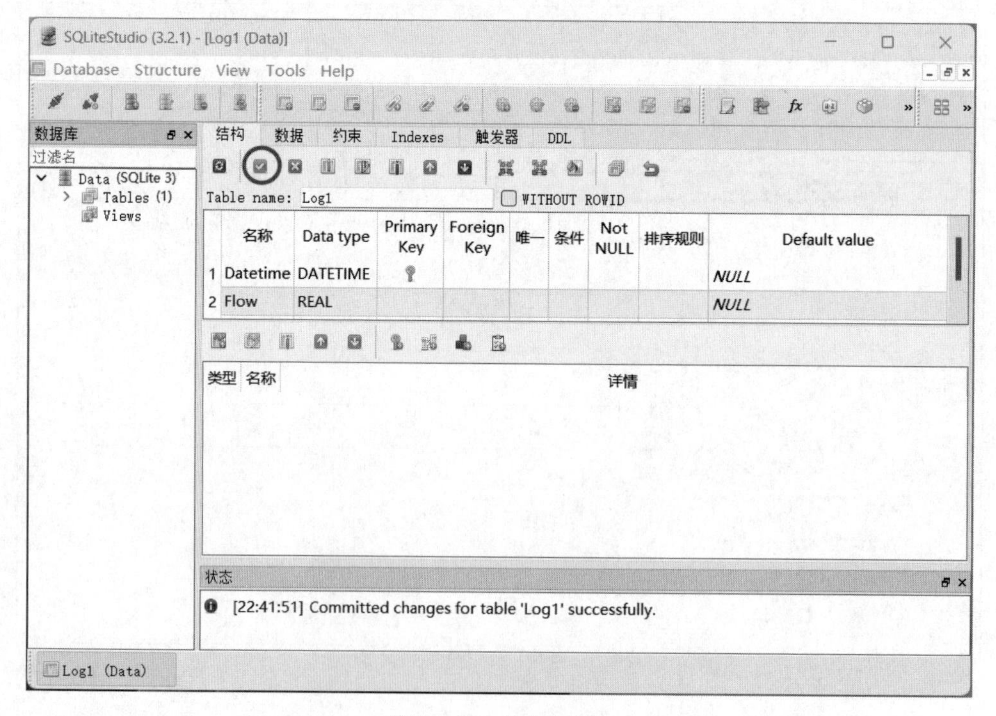

图14-44 完成表设计

这里我们一共为表Log1添加了三个字段，分别是Datetime、Flow和Level，它们的数据类型分别是DateTime、Real和Real。然后点击图14-44中深色圆圈里的绿色对号图标完成表设计。

完成后可以在“Tables”下面看到该表（图14-45）。

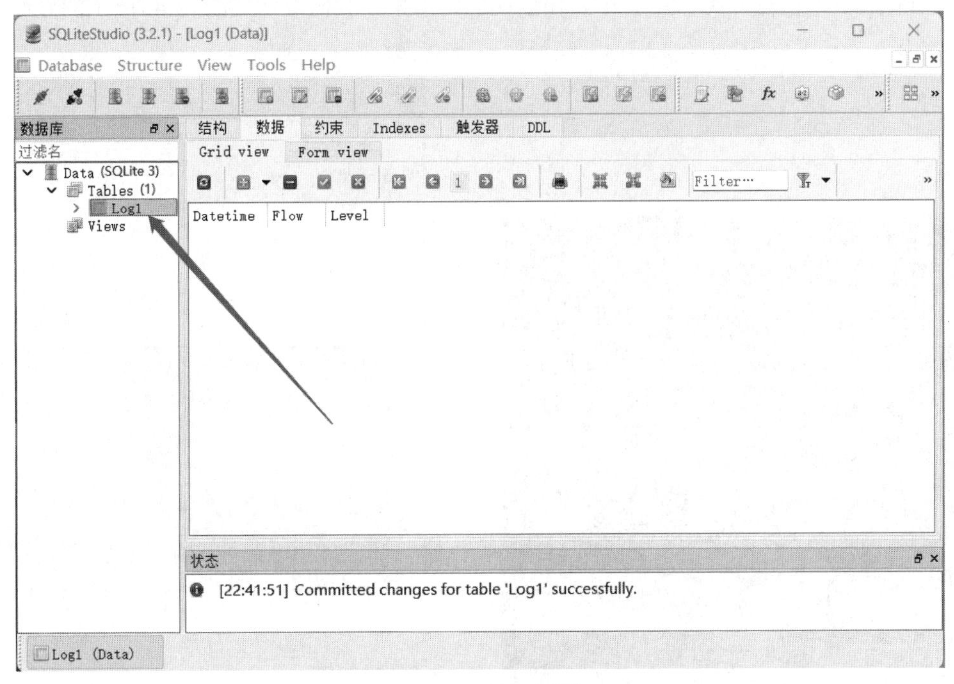

图14-45　浏览表结构

14.1.7.2　System.Data.SQLite

C#中操作SQLite一般使用System.Data.SQLite(SQLite Ado.Net provider)。它是SQLite3的.Net版本，内置了ADO.Net 2.0数据引擎，使用起来和操作SQL Server一样，非常方便。System.Data.SQLite可以通过NuGet安装，搜索关键字“sqlite”就能看到。

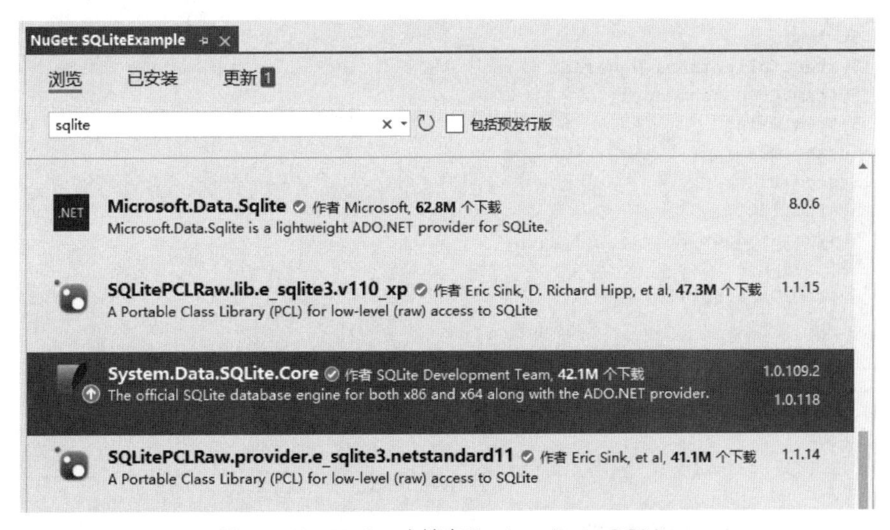

图14-46　NuGet上搜索System.Data.SQLite

这里我们用的是图14-46中方框内的版本。勾选图14-47中的项目名称，然后点击按钮“安装”即可。

完成了System.Data.SQLite的安装后，我们模拟一个插入实时数据的应用场景，将带时间戳的流量和液位数据写入到SQLite中。根据此应用场景，我们设计如图14-48所示的界面。

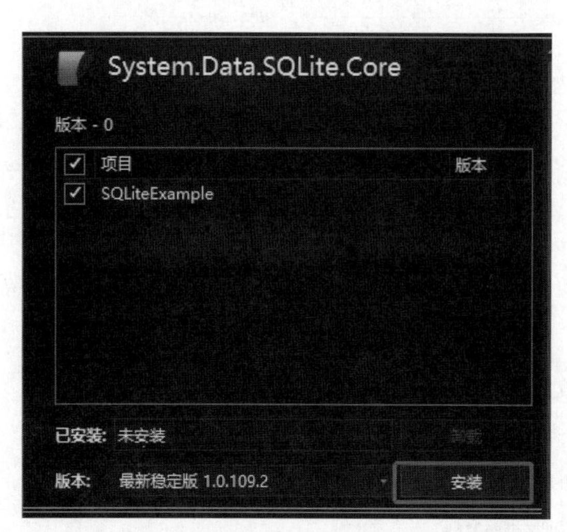

图14-47 为项目按照System.Data.SQLite

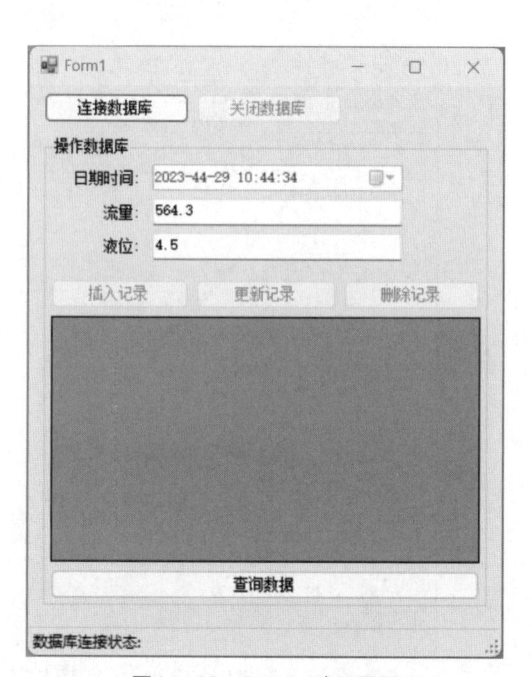

图14-48 SQLite应用界面

连接、关闭数据库及插入、更新等操作和前面的操作Access/SQL Server差不多，这里仅贴上完整源码（代码14-16），具体过程不再赘述。

代码14-16 操作SQLite

```
using System;
using System.Collections.Generic;
using System.ComponentModel;
using System.Data;
using System.Drawing;
using System.Linq;
using System.Text;
using System.Windows.Forms;
//引用命名空间System.Data.SQLite
using System.Data.SQLite;

namespace SQLiteExample
{
    public partial class Form1 : Form
    {
        public Form1()
        {
            InitializeComponent();
```

```
}

//声明变量
SQLiteConnection dbConn;
SQLiteCommand dbCmd;

//连接SQLite，并在状态栏上显示数据库状态
private void btnConn_Click(object sender, EventArgs e)
{
    dbConn = new SQLiteConnection();
    dbConn.ConnectionString =
   "Data Source =" + Environment.CurrentDirectory + "/Data.db";
    dbConn.Open();

    toolConnState.Text = "数据库连接状态：  " + dbConn.State;
    btnConn.Enabled = false;
    btnDelete.Enabled = true;
    btnCmd.Enabled = true;
    btnUpdate.Enabled = true;
    btnClose.Enabled = true;
}

//关闭SQLite，并在状态栏上显示数据库状态
private void btnClose_Click(object sender, EventArgs e)
{
    dbConn.Close();
    toolConnState.Text = "数据库连接状态：  " + dbConn.State;
    dbConn.Dispose();

    btnCmd.Enabled = false;
    btnDelete.Enabled = false;
    btnUpdate.Enabled = false;
    btnConn.Enabled = true;
    btnClose.Enabled = false;
}



//加载窗体时设置按钮初始状态
private void Form1_Load(object sender, EventArgs e)
{
    btnConn.Enabled = true;
    btnCmd.Enabled = false;
    btnUpdate.Enabled = false;
    btnDelete.Enabled = false;
    btnClose.Enabled = false;
}

//插入数据
private void btnCmd_Click(object sender, EventArgs e)
{
    dbCmd = new SQLiteCommand();
    dbCmd.Connection = dbConn;
    dbCmd.CommandText = "Insert into Log1(Datetime,Flow,Level)
                        values(datetime('now'),
                        '" + txtOperator.Text + "',
```

```
                        '" + txtEvent.Text + "')";
            dbCmd.ExecuteNonQuery();


            dbCmd.Dispose();
        }

        //更新数据
        private void btnUpdate_Click(object sender, EventArgs e)
        {
            dbCmd = new SQLiteCommand();
            dbCmd.Connection = dbConn;
            dbCmd.CommandText =
              "UPDATE Log1 SET Flow='-10.0' WHERE Flow='564.3'";
            dbCmd.ExecuteNonQuery();

            dbCmd.Dispose();
        }

        //删除数据
        private void btnDelete_Click(object sender, EventArgs e)
        {
            dbCmd = new SQLiteCommand();
            dbCmd.Connection = dbConn;
            dbCmd.CommandText = "Delete from Log1 where Level=4.5";
            dbCmd.ExecuteNonQuery();

            dbCmd.Dispose();
        }

        //展示数据
        private void button1_Click(object sender, EventArgs e)
        {
            string sql = "SELECT * FROM Log1";
            SQLiteDataAdapter da = new SQLiteDataAdapter(sql, dbConn);

            DataTable dt = new DataTable();

            da.Fill(dt);
            if (dt.Rows.Count >= 1)
            {
                dataGridView1.DataSource = dt;
            }

            da.Dispose();
            dt.Dispose();
        }

        //实时更新当前时间
        private void timer1_Tick(object sender, EventArgs e)
        {
            dateTimePicker1.Value = DateTime.Now;
        }
    }
}
```

运行后的效果如图 14-49。

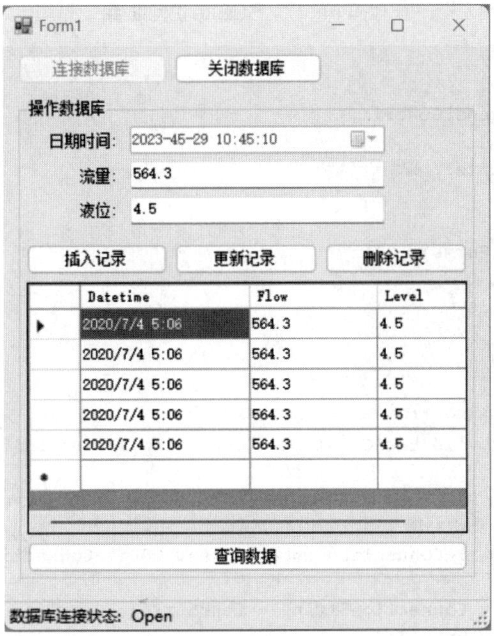

图14-49　运行效果

SQLite 具备 Access 数据库无需安装、配置的优点，同时也具备不弱于 SQL Server(并发性除外)的强大性能。如果您的应用对并发性没有要求，那么 SQLite 无疑是最好的选择。

14.1.8　SQLiteHelper

在前面我们介绍了通过 ADO.Net 访问数据库的一般方法。但是一般在实际项目中我们不会这么使用，因为如果在每个操作数据库的方法中都要频繁地来写连接、命令、断开这些语句无疑太麻烦了。所以大家在实际项目中通常都会自己封装一个数据库访问助手来使用。

数据库访问助手其实就是对 ADO.Net 的二次封装，将一些常用操作进行简化，便于在项目中使用。本节我们依然以 SQLite 为例，介绍数据库访问助手的封装方法。以上前文示例为基础，添加一个名为“SQLiteHelper”的类（图 14-50）。

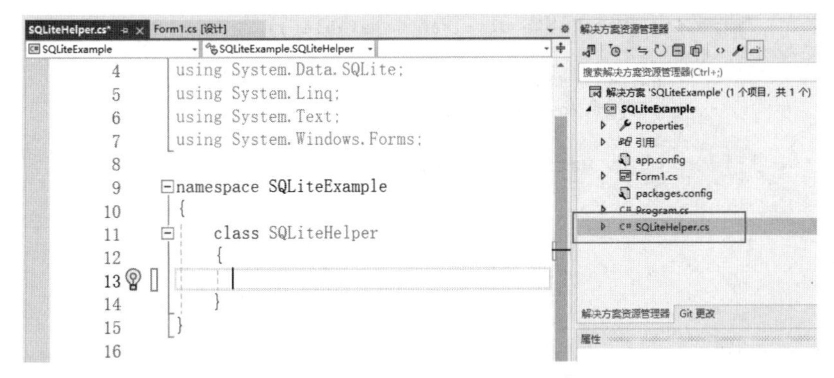

图14-50　添加SQLiteHelper类

双击打开类“SQLiteHelper”，添加代码 14-17 两个方法。

代码14-17 SQLite访问助手

```
using System;
using System.Collections.Generic;
using System.Data;
using System.Data.SQLite;
using System.Linq;
using System.Text;
using System.Windows.Forms;

namespace SQLiteExample
{
    class SQLiteHelper
    {
        //方法ExcSQL,根据传入的连接字符串和SQL命令执行
        public static void ExcSQL(string ConnString,string SqlCmd)
        {
            //using语句可以确保对象在被正确地释放，不再需要手写Dispost。
            //只可以用于提供IDisposable接口的对象
            using (SQLiteConnection dbConn = new SQLiteConnection())
            {
                dbConn.ConnectionString = ConnString;
                dbConn.Open();
                using (SQLiteCommand dbCmd = new SQLiteCommand())
                {
                    dbCmd.Connection = dbConn;
                    dbCmd.CommandText = SqlCmd;
                    dbCmd.ExecuteNonQuery();
                }
            }
        }

      //根据SQL语句进行查询，并将结果填充到控件DataGridView中
      public static void Query(string ConnString, string SqlCmd,DataGridView dv)
      {
          using (SQLiteConnection dbConn = new SQLiteConnection())
          {
              dbConn.ConnectionString = ConnString;
              dbConn.Open();
              using (SQLiteDataAdapter da = new SQLiteDataAdapter(SqlCmd,
                    dbConn))
              {
                  using (DataTable dt = new DataTable())
                  {
                      da.Fill(dt);
                      if (dt.Rows.Count >= 1)
                      {
                         dv.DataSource = dt;
                      }
                  }
              }
          }
      }
   }
}
```

在这个数据库访问助手类SQLiteHelper中我们添加了两个方法，一个用于查询，另一个用于插入、修改和删除数据。这里我们使用了using关键字，它的优点在于它所包含的所有对象会在执行完成后自动调用其Dispose方法进行释放。

最后我们将前文中对SQLite的操作改为使用SQLiteHelper，其中的界面和之前类似，只是我们删除了其中的“连接”和“关闭”按钮（图14-51）。

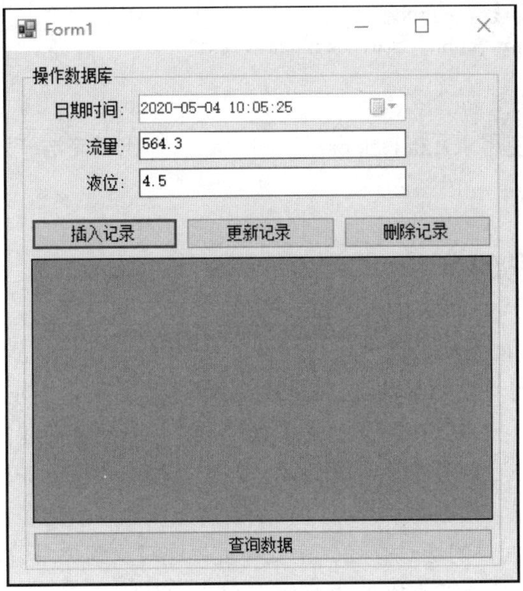

图14-51 SQLiteHelper应用界面

修改后的代码参见代码14-18。

代码14-18 SQLiteHelper使用演示

```
//插入新数据
private void btnCmd_Click(object sender, EventArgs e)
{
     string conn= "Data Source =" + Environment.CurrentDirectory + "/Data.db";
     string cmd= "Insert into Log1(Datetime,Flow,Level)
                 values(datetime('now'),'" + txtOperator.Text + "',
                 '" + txtEvent.Text + "')";
     SQLiteHelper.ExcSQL(conn, cmd);
 }

//更新数据
private void btnUpdate_Click(object sender, EventArgs e)
{
    string conn = "Data Source =" + Environment.CurrentDirectory + "/Data.db";
    string cmd = "UPDATE Log1 SET Flow='-10.0' WHERE Flow='564.3'";
    SQLiteHelper.ExcSQL(conn, cmd);
}

//删除数据
private void btnDelete_Click(object sender, EventArgs e)
{
    string conn = "Data Source =" + Environment.CurrentDirectory + "/Data.db";
```

```
        string cmd = "Delete from Log1 where Level=4.5";
        SQLiteHelper.ExcSQL(conn, cmd);
    }

    //查询数据
    private void button1_Click(object sender, EventArgs e)
    {
        string conn = "Data Source =" + Environment.CurrentDirectory + "/Data.db";
        string cmd = "SELECT * FROM Log1";
        SQLiteHelper.Query(conn, cmd, dataGridView1);
    }
```

将之前的代码改为使用SQLiteHelper后，可以看出来代码简洁了不少，无论是可读性还是可维护性都提高很多。

14.1.9 ORM框架

ORM(object relation mapping)是对象-关系映射的简称。ORM是随着面向对象的软件开发方法发展而产生的。面向对象的开发思想是当今企业级应用开发中的主流程序开发方法论。关系数据库是企业级应用环境中数据持久化的主流数据存储系统。对象和关系数据是业务实体的两种表现形式，业务实体在内存中表现为对象，在数据库中表现为关系性数据。内存中的对象之间存在关联和继承关系，而在数据库中，关系数据无法直接表达多对多关联和继承关系。因此，ORM框架一般以中间件的形式存在，主要实现程序对象到关系数据库中数据的映射。

使用ORM框架，我们可以不需要直接编写SQL语句，而是以面向对象的方式操作数据库，大大提高了开发效率，但是在执行效率上比直接操作SQL语句要稍低一点。目前主流的ORM框架有微软的Entity Framework、NHibernate、SqlSugar、Dapper等。前两种属于重量级ORM框架，比较复杂，学习成本大。后面的属于轻量级ORM框架，开源、轻量、小巧，上手容易，支持MySQL、SQLite、SQL Server、Oracle等一系列的主流数据库。

14.1.9.1 Dapper

严格来说，Dapper不算是真正的ORM框架，不过它足够轻量、速度快，所以我们依然保留了它的内容。

（1）安装Dapper

在项目文件夹的“引用”上右击，选择“管理NuGet程序包”，输入“Dapper”，参见图14-52。

选择图14-52中深色方框里面的“Dapper”进行安装。注意：截至目前，最新的稳定版是2.0.123，它不但支持.Net Framework 4.6.1，也支持.Net5.0，所以我们项目的目标框架必须高于.Net Framework 4.6.1。

（2）Dapper入门

首先我们在SQL Server中创建一个名为“hwlib”的数据库，添加一个表“Recipe”，表结构参见图14-53。

新建一个项目，引用类库Dapper。首先我们需要定义一个实体类“Recipe”，类成员需要和数据表Recipe的字段完全一致（代码14-19）。

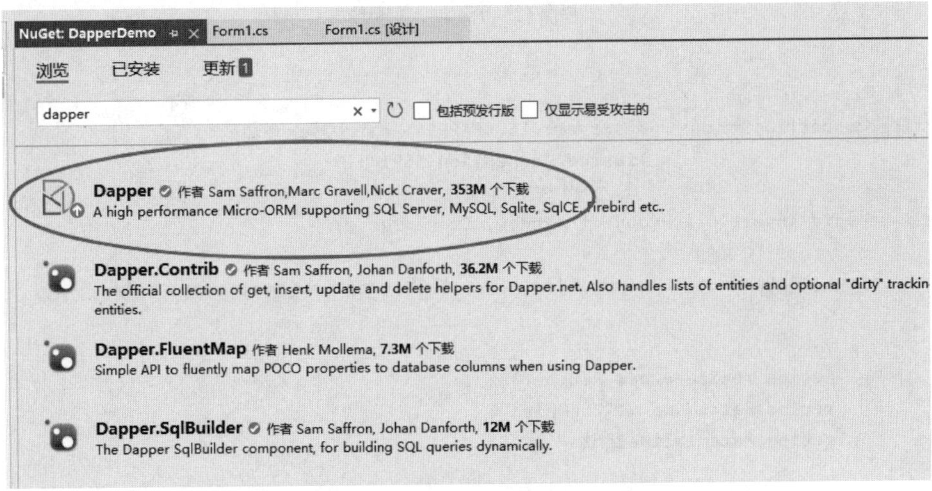

图14-52　通过NuGet中安装Dapper

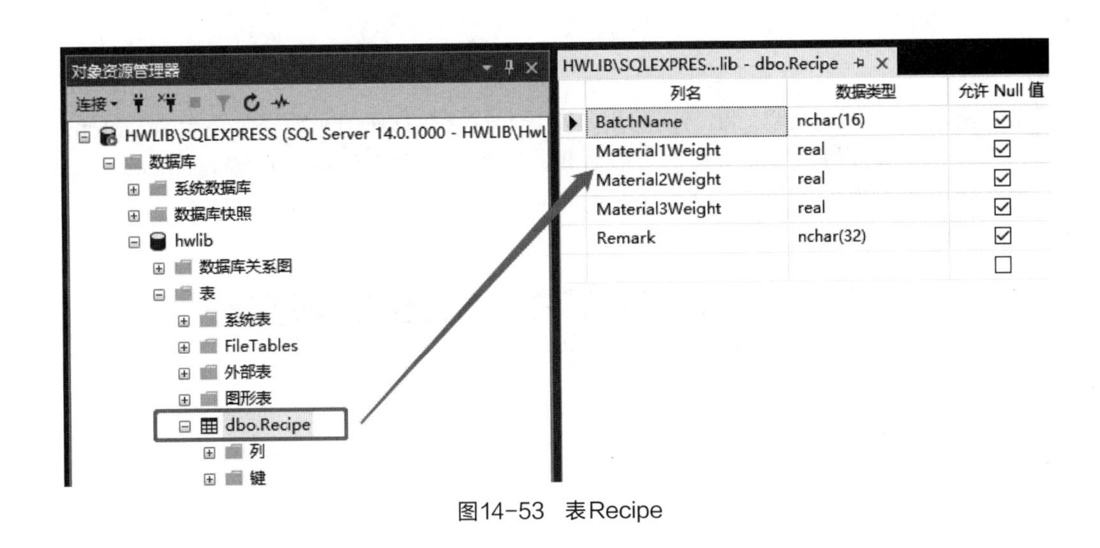

图14-53　表Recipe

代码14-19　类Recipe

```
//定义类Recipe
class Recipe
{
    public string BatchName { get; set; }
    public Single Material1Weight { get; set; }
    public Single MateriaL2Weight { get; set; }
    public Single Material3Weight { get; set; }
    public string Remark { get; set; }
}
```

在画面上添加三个按钮，分别为“Insert”“Update”“Delete”。双击按钮“Insert”插入代码 14-20。

代码14-20 插入新数据

```
//首先定义一个连接字符串
string connectionString = @"server=.\SQLEXPRESS;database=hwlib;
                           Trusted_Connection=SSPI";

private void Insert_Click(object sender, EventArgs e)
{
    using (IDbConnection connection = new SqlConnection(connectionString))
    {
        //创建数据实体
        Recipe recipe = new Recipe();
        recipe.BatchName = "Example1";
        recipe.Material1Weight = 1.0F;

        connection.Execute("insert into Recipe(BatchName,Material1Weight)
                           values(@BatchName,@Material1Weight)", recipe);
    }
}
```

从代码14-20里我们可以看出与之前用SQL语句操作数据库的方式完全不一样。首先我们创建一个数据实体，然后为成员赋值，最后将数据实体传递给Dapper的connection.Execute方法。整个代码非常简洁，运行项目，点击按钮“Insert”后我们可以看到数据表Recipe里面已经多了一条记录（图14-54）。

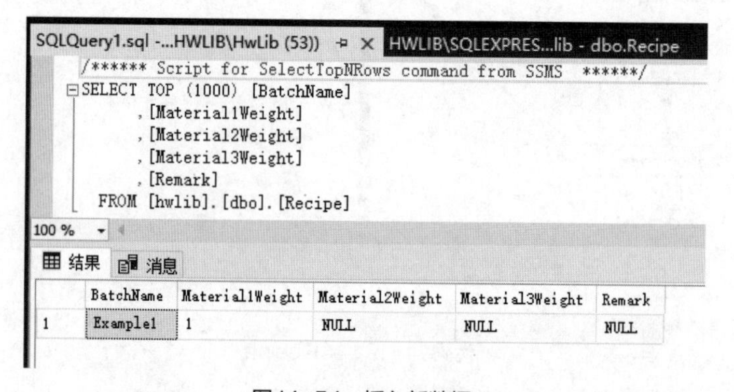

图14-54 插入新数据

如果想修改数据库里面某条记录的值，双击按钮“Update”输入代码14-21。

代码14-21 更新记录

```
private void Update_Click(object sender, EventArgs e)
{
    using (IDbConnection connection = new SqlConnection(connectionString))
    {
        //创建数据实体
        Recipe recipe = new Recipe();
        recipe.BatchName = "Example1";
```

```
            recipe.Material1Weight = 2.0F;

            connection.Execute("update Recipe set
                                Material1Weight=@Material1Weight
                                where BatchName=@BatchName", recipe
                              );
        }
    }
```

在代码14-21中，我们将所有字段“BatchName”的值为Examle1的记录的字段“Material1Weight”值修改为2.0。如果想删除某个数据，双击按钮“Delete”输入代码14-22。

代码14-22　删除记录

```
private void Delete_Click(object sender, EventArgs e)
{
    using (IDbConnection connection = new SqlConnection(connectionString))
    {
        //创建数据实体
        Recipe recipe = new Recipe();
        recipe.BatchName = "Example1";
        recipe.Material1Weight = 2.0F;

        connection.Execute("delete from Recipe
                            where BatchName=@BatchName", recipe
                          );
    }
}
```

代码14-22将删除数据表里面字段“BatchName”值为Example1的记录。如果我们想查询数据也很简单，首先在窗体上再增加一个查询按钮以及一个DataGridView控件。双击查询按钮输入代码14-23。

代码14-23　查询数据

```
private void Delete_Click(object sender, EventArgs e)
{
    using (IDbConnection connection = new SqlConnection(connectionString))
    {
        DataTable table = new DataTable("MyTable");
        var reader = connection.ExecuteReader("SELECT * FROM Recipe");
        table.Load(reader);
        dataGridView1.DataSource = table;
    }
}
```

代码14-23是从数据库中返回一个数据表，并将此表绑定到控件DataGridView的数据源。保存并运行项目，点击按钮“查询”可以看到如图14-55的效果。

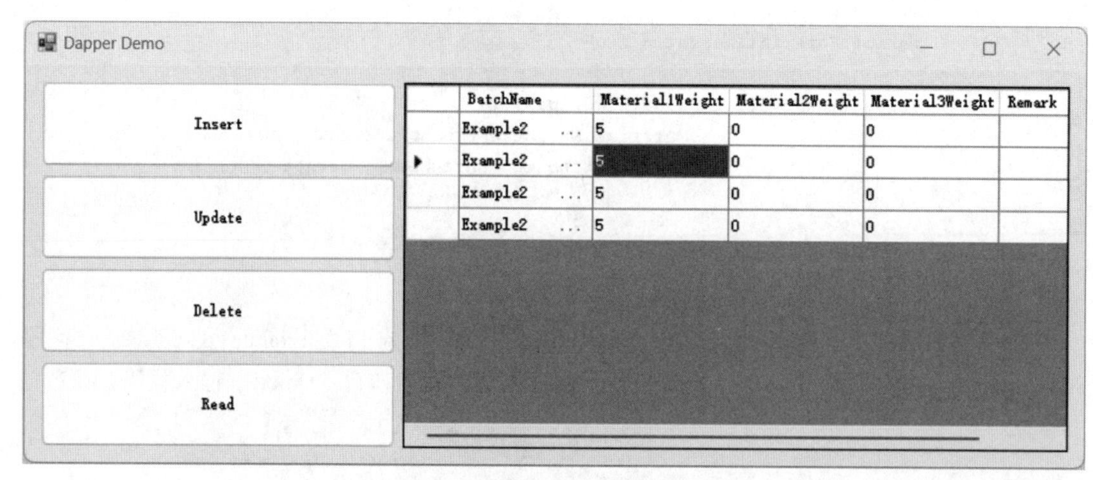

图14-55 查询数据并返回DataTable

14.1.9.2 SqlSugar

SqlSugar是国人开发的一款真正的轻量级ORM框架，使用简便、灵活，性能优良。这款框架在项目中使用比较多，相当成熟。

（1）安装SqlSugar

在项目文件夹的“引用”上右击，选择“管理NuGet程序包”，输入“SqlSugar”，参见图14-56。

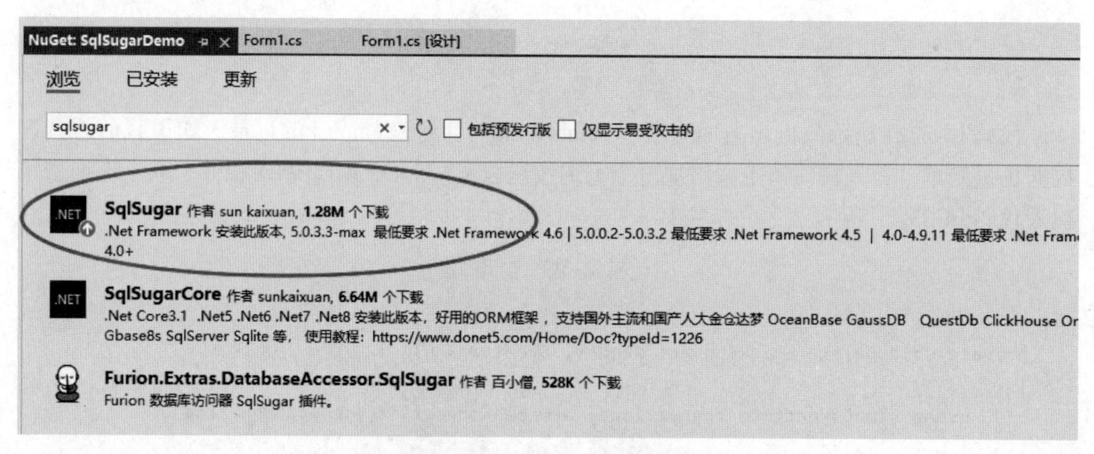

图14-56 通过NuGet中安装SqlSugar

选择图14-55中方框里面的“SqlSugar”进行安装。

（2）SqlSugar入门

首先我们在SQL Server中创建一个名为“hwlib”的数据库，添加一个表“Recipe”，表结构参见图14-57。

新建一个项目，引用类库Dapper。首先我们需要定义一个实体类“Recipe”，类成员需要和数据表Recipe的字段完全一致（代码14-24）。

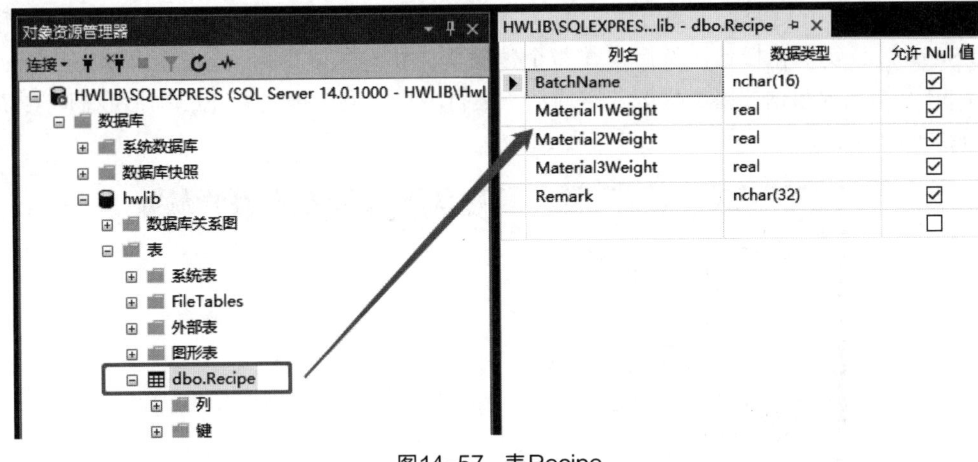

图14-57　表Recipe

代码14-24　类Recipe

```
//定义类Recipe
class Recipe
{
      //配置BatchName为主键
      [SugarColumn(IsPrimaryKey = true)]
      public string BatchName { get; set; }
      public Single Material1Weight { get; set; }
      public Single MaterialL2Weight { get; set; }
      public Single Material3Weight { get; set; }
      public string Remark { get; set; }
}
```

在画面上添加三个按钮，分别为“Insert”“Update”“Delete”。双击按钮“Insert”插入代码14-25。

代码14-25　插入新数据

```
private void Insert_Click(object sender, EventArgs e)
{
         var db = new SqlSugarClient(new ConnectionConfig()
         {
                 DbType = DbType.SqlServer,
                 ConnectionString =
                 @"server=.\SQLEXPRESS;database=hwlib;Trusted_Connection=SSPI",
                 IsAutoCloseConnection = true
          });

          Recipe recipe = new Recipe();
          recipe.BatchName = "Example1";
          recipe.Material1Weight = 2.0F;
          recipe.Material2Weight = 2.0F;
          recipe.Material3Weight = 2.0F;

          db.Insertable(recipe).ExecuteCommand();
}
```

从代码14-25中我们可以看出和之前使用SQL语句操作数据库完全不一样。首先我们对SqlSugar进行实例化操作，然后创建一个数据实体并为其成员赋值，最后调用SqlSugar的Insertable方法插入数据。整个代码非常简洁，运行项目，点击按钮“Insert”后我们可以看到数据表Recipe里面已经多了一条记录（图14-58）。

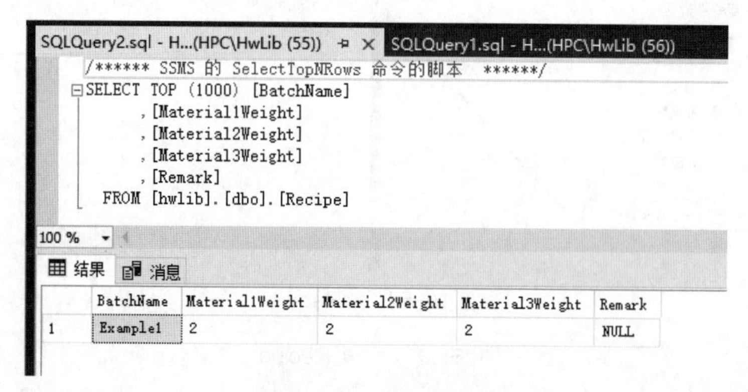

图14-58 插入新数据

如果想修改数据库里面某条记录的值，双击按钮“Update”输入代码14-26。

代码14-26 更新记录

```
private void Update_Click(object sender, EventArgs e)
{
        var db = new SqlSugarClient(new ConnectionConfig()
        {
                DbType = DbType.SqlServer,
                ConnectionString =
                @"server=.\ SQLEXPRESS;database=hwlib;Trusted_Connection=SSPI",
                IsAutoCloseConnection = true
        });

        Recipe recipe = new Recipe();
        recipe.BatchName = "Example1";
        recipe.Material1Weight = 5.0F;

        db.Updateable(recipe).ExecuteCommand();

}
```

在代码14-26里，我们将所有字段“BatchName”的值为Examle1的记录的字段“Material1Weight”值修改为5.0。如果想删除某个数据的话，双击按钮“Delete”输入代码14-27。

代码14-27 删除记录

```
private void Delete_Click(object sender, EventArgs e)
{
        var db = new SqlSugarClient(new ConnectionConfig()
        {
```

```
            DbType = DbType.SqlServer,
            ConnectionString =
            @"server=.\ SQLEXPRESS;database=hwlib;Trusted_Connection=SSPI",
            IsAutoCloseConnection = true
        });

        Recipe recipe = new Recipe();
        recipe.BatchName = "Example1";

        db.Deleteable<Recipe>().Where(recipe).ExecuteCommand();
    }
```

代码 14-27 将删除数据表里面字段“BatchName”值为 Example1 的记录。如果我们想查询数据也很简单，首先在窗体上再增加一个查询按钮以及一个 DataGridView 控件。双击查询按钮输入代码 14-28。

代码14-28　查询数据

```
private void Delete_Click(object sender, EventArgs e)
{
        var db = new SqlSugarClient(new ConnectionConfig()
        {
            DbType = DbType.SqlServer,
            ConnectionString =
            @"server=.\ SQLEXPRESS;database=hwlib;Trusted_Connection=SSPI",
            IsAutoCloseConnection = true
        });

        var list = db.Queryable<Recipe>().ToList();
        dataGridView1.DataSource = list;
}
```

上面的代码 14-28 是从数据库中返回一个数据表，并将此表绑定到控件 DataGridView 的数据源。保存并运行项目，点击按钮“查询”可以看到图 14-59 的效果。

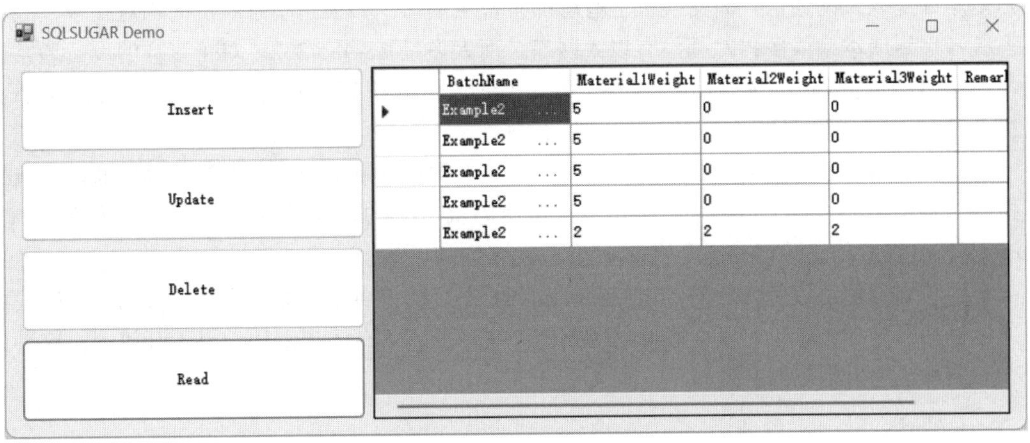

图14-59　查询数据并返回DataTable

14.2 数据中心框架

图14-60 工厂数据中心层级

工厂数据中心的规模因企业生产规模大小而异，可以是数十台乃至上百台冗余服务器，也可以是一台工控机同时作为SCADA和数据仓库。为了便于让大家直观地认识工厂数据中心，我们以一个中等规模的生产企业为例来进行具体介绍。下图是一个比较典型的数据中心网络拓扑图。

数据中心一般包括三层，分别是数据采集层、SCADA层、数据分析层（图14-60）。数据采集层负责对全厂所有重要区域的生产数据进行采集。SCADA层负责对生产状况的展示。数据分析层根据预置的模型对生产数据进行分析处理，其结果为生产决策层或质量保证提供参考。

通常工厂中由于设备的多样化，控制系统会比较杂。数据采集层可能需要面对各个品牌不同的硬件设备，如西门子、AB、施耐德等。如果SCADA软件采用商业成熟产品倒没什么问题，一般组态软件都支持很多种驱动。在数据采集行业里用得比较多的是Wonderware的InTouch，现在西门子的WinCC也有一些市场。如果希望自己用C#来开发SCADA或者省略这一层，数据直接由设备送到数据服务器，那么网关将必不可少。

为了保证数据安全性，数据中心一般至少需要两台热备冗余服务器。在正常情况下，两台数据服务器都在存储数据。其中任意一台发生故障都不会影响数据的存储工作，一旦故障服务器被修复重新投入使用，它应该会自动从正常服务器那里同步缺少的那部分数据。有些企业可能还需要Web浏览功能，那么就需要单独的一台Web服务器。当然对于小系统来说，将Web服务器和数据服务器共用也是可以的。网络拓扑图如图14-61所示。

14.2.1 接入设备

（1）PLC

对于工厂数据中心，很多数据可能是来自PLC或者DCS。如果是PLC则相对比较容易解决一些，无外乎是根据其支持的通信协议来制定采集方案。规模稍大点的系统相对容易接入，因为基本都是以太网通信，而交换机上普遍都有备用端口。如果是小系统反而相对复杂，因为小系统考虑到成本，很多PLC都没有以太网口，而大多是RS-485/232。对于这样的设备通常要用串口服务器进行转接（图14-62）。如果PLC上的通信口被触摸屏或者其他上位机占用那么还需要添加扩展通信模块。

串口服务器一般支持多种数据传输方式。比如最常用的透明传输，上位机可以通过安装的虚拟串口透明访问设备。这种情况下可以直接使用SCADA的通信驱动。另外比较常用是TCP Server/Client模式，这种模式适合用C#开发驱动来访问设备。

有的PLC通信协议是开放的，比如Modbus TCP/RTU，这种情况容易解决。按照报文格式编写通信驱动即可。当然也可以直接调用网上的一些开源库。有的PLC协议是不开放的，这种情况下厂商都会提供相应的开发包。

（2）DCS

DCS系统一般是不开放其协议的，但是一般它们都提供OPC Server，所以采用OPC方式

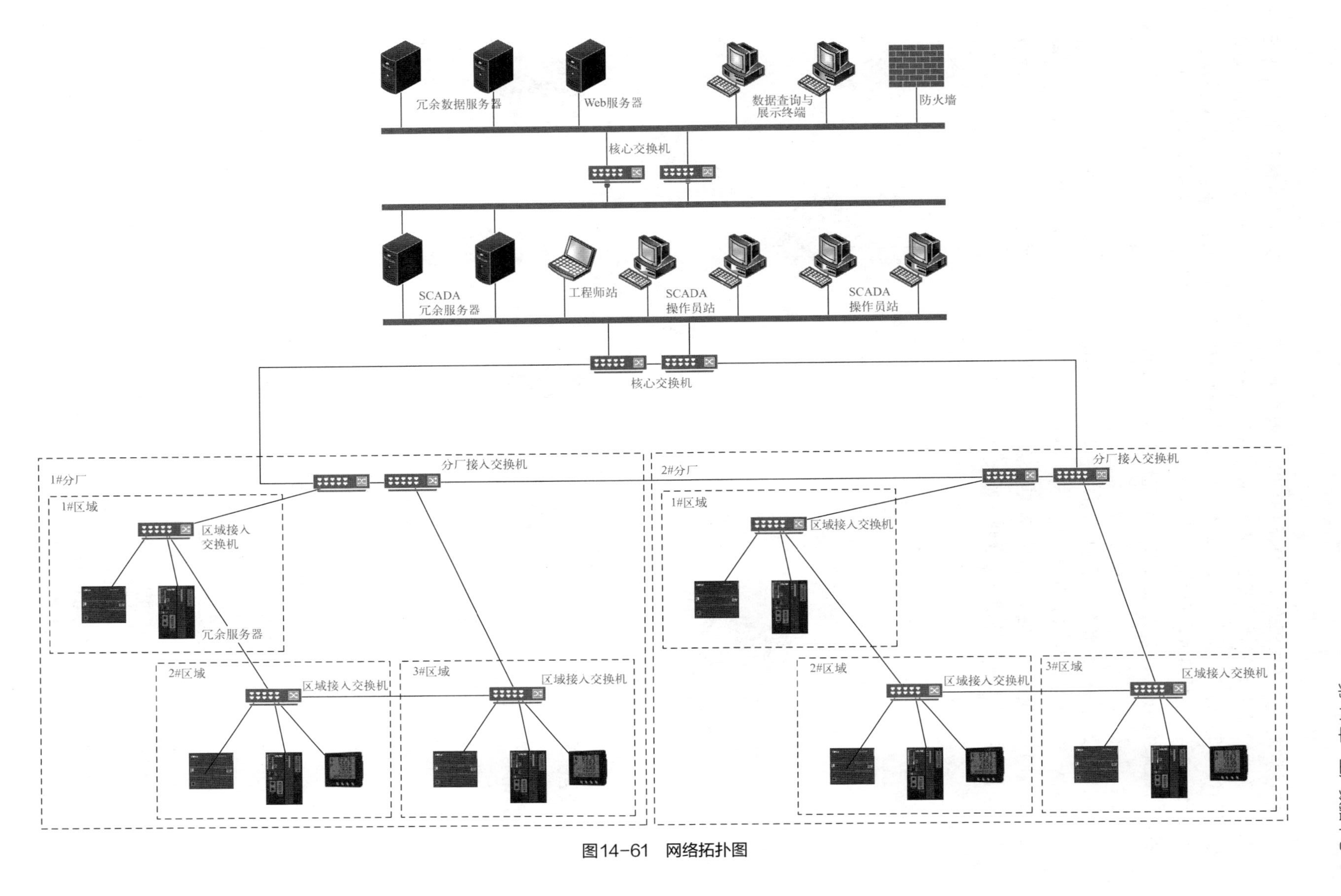
冗余数据服务器
Web服务器
数据查询与
展示终端
防火墙
核心交换机
SCADA
冗余服务器
工程师站
SCADA
操作员站
SCADA
操作员站
核心交换机
1#分厂
分厂接入交换机
1#区域
区域接入
交换机
冗余服务器
2#区域
区域接入交换机
3#区域
区域接入交换机
2#分厂
分厂接入交换机
1#区域
区域接入交换机
2#区域
区域接入交换机
3#区域
区域接入交换机

图14-61　网络拓扑图

访问DCS数据是最常用的方式。DCS的OPC一般都需要单独的授权，且价格不菲，国产的DCS系统一个OPC授权通常要2万元左右。目前DCS支持的OPC Server大多还是基于COM模型的OPC 2.0技术，也就是如果我们的OPC Client和DCS不在一台电脑上，还需要配置DCOM。如果有条件将客户端和服务端设置为相同的用户名和密码就比较省事了。最近几年，OPC UA也慢慢地普及起来，很多DCS系统也支持此种通信方式。

（3）仪表

工厂的仪表一般比较繁杂，如果输出信号是4 ～ 20mA，可以通过一个信号分配器将4 ～ 20mA一分为二，一路接入现有系统，另一路接入RTU（图14-63）。现场可能要根据情况放置若干台RTU，这些RTU通过区域接入交换机进入数据中心网络。如果仪表支持RS-485/232那么也可以采用串口服务器或者增设硬件网关等方法。

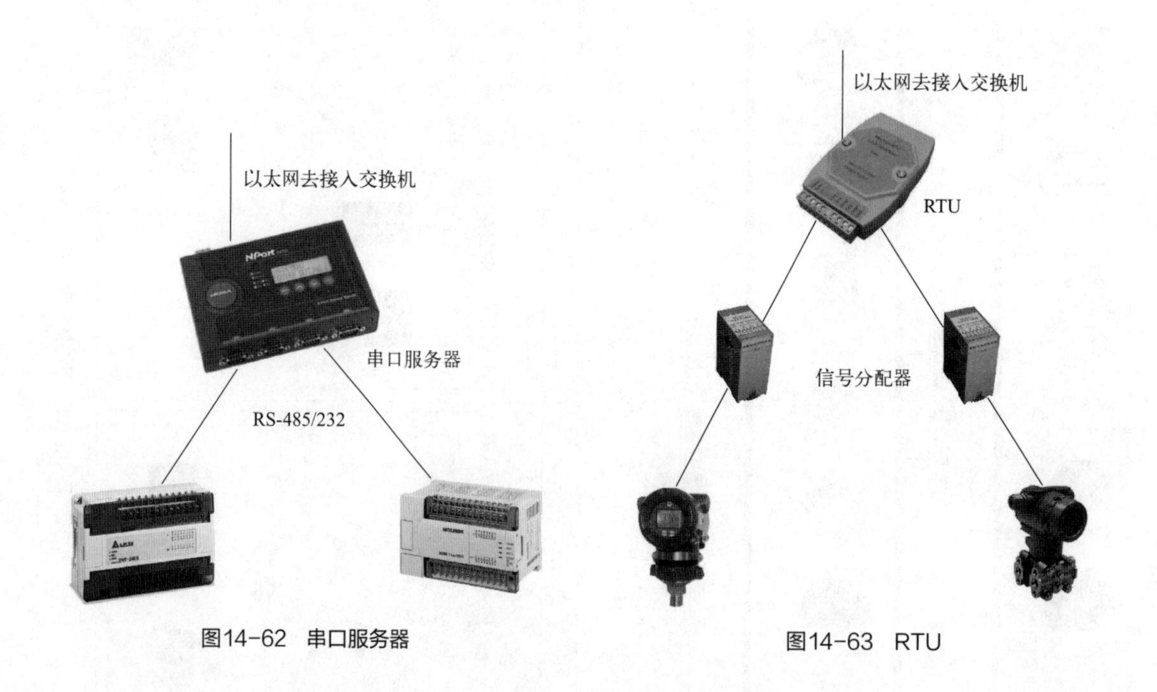

图14-62　串口服务器　　图14-63　RTU

14.2.2　网关

如果SCADA系统采用的是商业组态软件，那么这些软件一般都自带大量的通信驱动，很多设备可以直接与SCADA进行数据交换。如果是自己用C#开发SCADA系统或者直接由数据服务器来与设备进行数据交换，那么网关将是一个必不可少的东西。这里的网关特指通信协议网关，就是把一种协议转换为另一种协议。

网关一般分为软件网关和硬件网关。硬件网关的设备接入端口一般有多种，如RS-485/232、RJ45等，其支持的协议很多，和商业SCADA软件有得一拼。硬件网关应用示意如图14-64所示。现场的PLC、仪表通过各自的接口接入硬件网关后，由网关和它们交换数据，然后这些数据以标准的OPC或者Modbus-TCP的方式对外开放。C#开发的应用程序就可以很方便地通过网关和现场设备进行数据交换了。

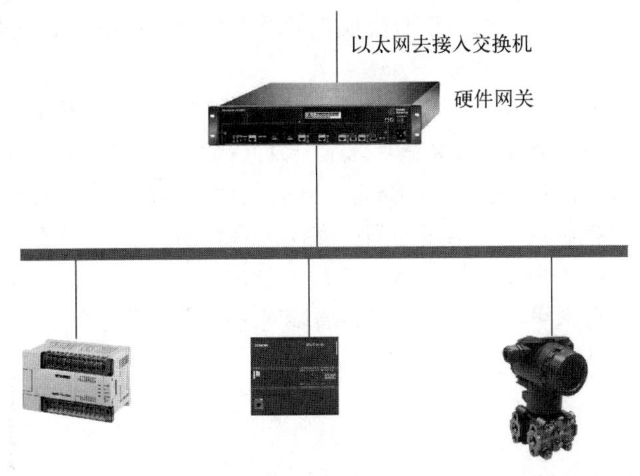

图14-64　硬件网关应用示意

硬件网关通常会提供Web页面以方便进行通信配置。它们适用于大型系统中，由于设备繁多，便于规划网络。如果是小型系统那么软件网关也是一个很不错的选择。软件网关支持的通信协议包罗万象，市面上大多数设备都可以被支持。软件网关通过相应的通信协议和现场设备交换数据，然后通过标准的OPC接口对外开放（图14-65）。由于这些软件网关提供的OPC接口很多还是基于OPC DA2.0，所以在穿透网络上有一定的困难，所以现在软件网关大多提供的是Modbus-TCP接口，也有的提供的是OPC UA接口。

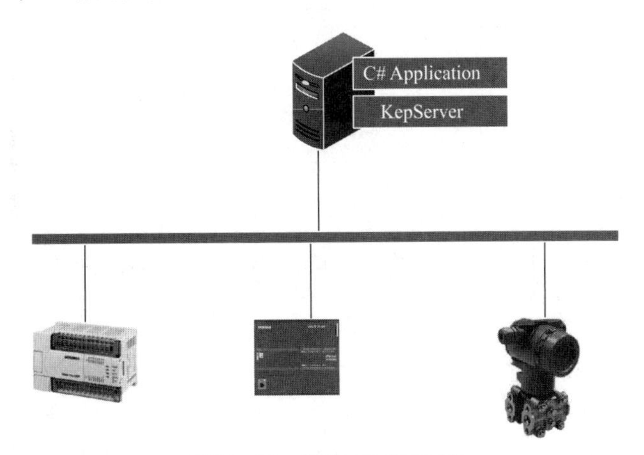

图14-65　软件网关应用示意

KEPServer EX是使用最广泛的软件网关，它集成了数百种通信驱动，允许您的系统通过它获取现场其他系统或仪表的数据。解决了在组态软件不支持某种通信协议时或者自己使用高级语言开发工具开发SCADA时的尴尬。新版本的KEPServer EX也已经支持OPC UA协议了，这样就省去了配置DCOM这些很麻烦的工作。

14.2.3　交换机

交换机是数据中心网络中最重要的数据转发设备。一般按照它们在数据中心网络中所起的作用分为接入交换机和核心交换机。接入交换机是设备区域或者车间通向数据中心的入口，负责将车间设备接入数据中心主干网。核心交换机管理着整个数据中心的主干网，是数据采集层和SCADA层的连接枢纽。

交换机按照其对应的OSI模型可以分为二层、三层和四层交换机(一层对应的是集线器，俗称HUB，目前已基本被淘汰)。二层交换机属于数据链路层设备，可以识别数据包中的MAC地址信息，根据MAC地址进行转发，并将这些MAC地址与对应的端口记录在自己内部的一个地址表中。我们在PLC控制系统中常用的那些交换机基本都属于二层交换机。对应西门子的产品来看，其X100/200/300都属于二层交换机范畴。三层交换机最显著的区别是支持路由功能。三层交换机多应用于大型网络，可以实现不同局域网之间的数据交换。

14.2.4 数据库

在工厂数据中心里常用的数据库有两种，分别是甲骨文公司的Oracle或微软的SQL Server，另外IBM公司的DB2也有一定的市场。这几种数据库都属于关系型数据库系统。一般规模较大的系统用Oracle会比较多，稍小的系统可能会选用SQL Server。Oracle数据库在口碑上要明显好过SQL Server，市场占有率也高出SQL Server很多。表14-3列出了它们之间的一些主要区别。

表14-3 SQL Server和Oracle比较

序号	类别	SQL Server	Oracle
1	支持平台	Windows/Linux	Windows/Unix/Linux
2	成本	低	高
3	安全性	无安全认证	有安全认证
4	操作性	全图形界面，操作简单	图形界面简陋，操作复杂
5	访问接口	ADO、DAO、ODBC、OLEDB	ODBC、JDBC、OCI

如前所述，Oracle在市场上的口碑一直好于SQL Server，大家普遍认为在大系统上SQL Server的性能表现要次于Oracle。就笔者个人所见，目前在冶金行业的MES基本都是采用Oracle数据库，采用SQL Server的极少。但是其他行业，比如汽车行业的追溯系统倒是有很多采用SQL Server。笔者个人的看法是工控领域SQL Server已经足够满足我们的使用，况且现在还有SQL Server Express版本，对于规模不大的应用也节省了软件成本。

14.2.5 服务器

一般数据中心至少得配置一台服务器，规模大点的数据中心一般会按照功能配置多台服务器，每台服务器负责不同的任务，比如负责Web发布的Web Server、负责存储数据的Data Server等。小规模的数据中心为了节省预算一般会把这些功能集中在一台服务器上。相比于个人PC，服务器（图14-66）具备以下特点。

·超强的可扩展性，服务器具有非常好的扩展性，如硬盘位、内存插槽、PCI等；

·高度的稳定性，在生产和测试阶段有更严格的工艺和流程，关键部分都是冗余设计，比如电源、磁盘等；

·更好的性能，体现在I/O处理能力、内存通道带宽、CPU等方面。

图14-66　服务器

服务器上一般安装服务器版本的操作系统，比如Windows Server 2008 R2、Linux等。相比于我们常用的Window 7/8/10等用于个人电脑上的操作系统，服务器操作系统具有下面明显特点。

·性能更稳定；

·安全性更高；

·文件管理和网络应用更强；

·图形功能相对弱一些，没有那么多的花哨界面。

14.2.6　云服务器(ECS)

对于数据中心来说，通常我们的应用和数据都会部署在服务器里。大型应用一般都是企业自行搭建服务器，小规模应用自行搭建服务器的成本就显得有点高了。一方面是服务器的硬件成本，另一方面如果需要支持外网访问，那么其静态IP等网络资源的价格也是不菲的。这时候使用云服务器(elastic compute service，简称ECS)就有很明显的优势了，具体优势体现如下。

·成本优势：云服务器削减了硬件的高成本。无需花费高额费用购置硬件设备以及与之相关的监控、管理和维护成本。使用云服务器，您只需为需要的资源和服务付费，随时享受基于自选资源的模式，精准控制你的成本支出。并且，可以大幅节省运维管理费用。

·便捷性、快速部署：传统服务器需要用户自己安装操作系统、配置防火墙、安装软件以搭建完善的应用部署环境。使用云服务器的话，这些工作都由云服务器供应商负责，供应商在云平台集成海量镜像，用户可一键获取并配置好相关应用程序的所需环境，即使技术实力较弱的小型企业也能轻松创建和管理线上IT服务。

·灾难恢复：使用云服务器可为网站或应用数据提供更高的可靠性支持。云平台支持多重副本实时容灾、快照备份和回滚、热迁移等强大功能。如果某服务器集群出现硬件故障，系统将立即停止数据写入，而由其他备用服务器集群接管，并实现数据热迁移，在客户无感知的情况下快速恢复使用，且这些行为都是完全免费的。如果企业自行投资来实现这些功能，投资巨大。

·敏捷性：云服务器基于云端海量的虚拟资源池，支持资源的弹性伸缩，包括横向增加虚拟机的数量和纵向扩展资源的规模，可适应不断增长或波动的计算和带宽需求。当应用资源需求增加，你可以轻松扩展云端容量，同理，你也可以根据需求变化收缩资源规模。这种可根据运营策略的调整和随需应变的敏捷性和高扩展性，是传统服务器无法比拟的。

目前市场上常见的云服务器提供商主要有阿里云、腾讯云、百度云等。各家在产品搭配和价格上相差不是很大。这里我们以阿里云为例来简单介绍阿里云的配置。首先我们需要购买或者以免费试用的方式获取一个服务器实例。这时我们会在自己账户的“管理控制台”→“云服务器ECS”里看到这个服务器实例（图14-67）。

图14-67　云服务器ECS

点击图14-67圆圈中的“云服务器”就能看到实例详情，参见图14-68所示。

图14-68　实例详情

从图14-68中可以看出，该ECS被自动分配了一个静态IP。点击图14-68中深色圆圈里的“管理”可以对服务器进行状态监控和配置，比如重置密码等。

点击图14-69或者图14-68中的远程连接按钮即可连接到服务器实例。这时会弹出图14-70所示的连接密码对话框。

第一次连接时会显示连接密码，这个密码要记住，以后每次登录都要输入这个连接密码。输入正确的连接密码后就可以进入服务器了（图14-71）。

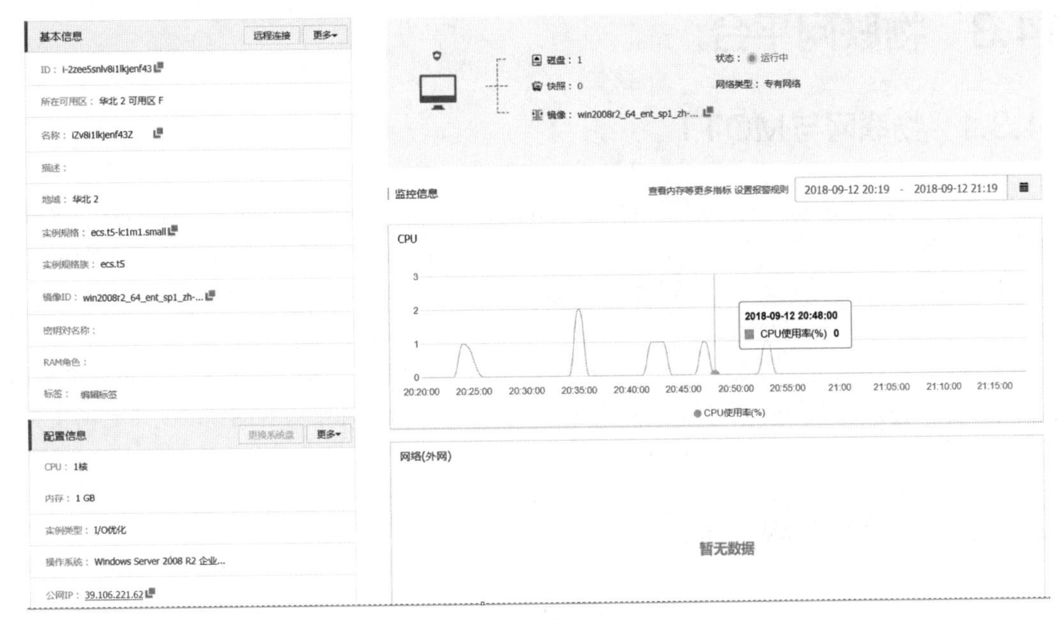

图14-69　管理ECS

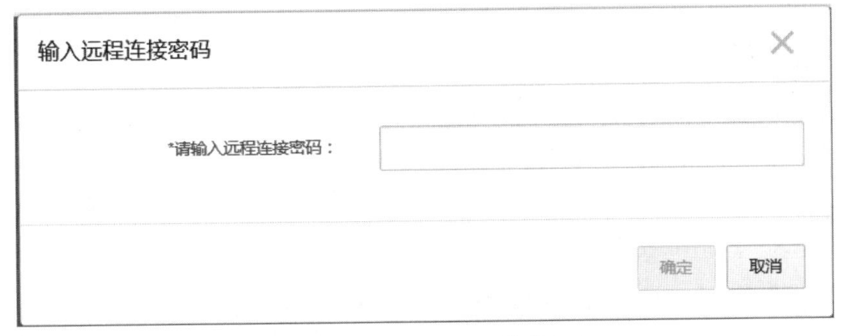

图14-70　连接密码对话框

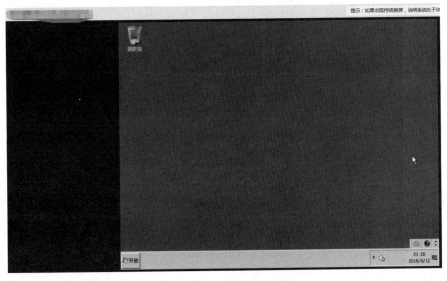

图14-71　云服务器ECS

14.3 物联网平台

14.3.1 物联网与MQTT

物联网(internet of things，简称IoT)源自MIT Auto-ID中心Ashton教授1999年在研究RFID时提出的概念。当然现在的物联网已经不再仅仅局限于RFID了，所有设备通过互联网连接到一起进行数据交换就是物联网。这些设备可以是类似PLC这样的智能设备，也可以是内置了MQTT Client的单片机，智能家居等。

MQTT（message queuing telemetry transport，消息队列遥测传输）是IBM开发的一个即时通信协议。该协议目前已经是物联网应用中的标准协议，它被几乎所有的物联网平台所支持，比如百度的天工物联网、阿里云的IoT等。

14.3.2 搭建物联网云平台

目前国内不少企业都提供物联网服务，比如百度、中国移动、阿里、腾讯等，国外也有Google、亚马逊等巨头。

14.3.2.1 IoT接入

IoT接入又称为IoT Hub，意指它就好比是一个集线器一样将所有的设备连接到一起。本书以百度云平台为例来做介绍。首先注册一个百度云账号，然后登录进去看到的是百度云管理中心。选择“产品服务”→“物联网服务”→“物接入IoT Hub”，参见图14-72。

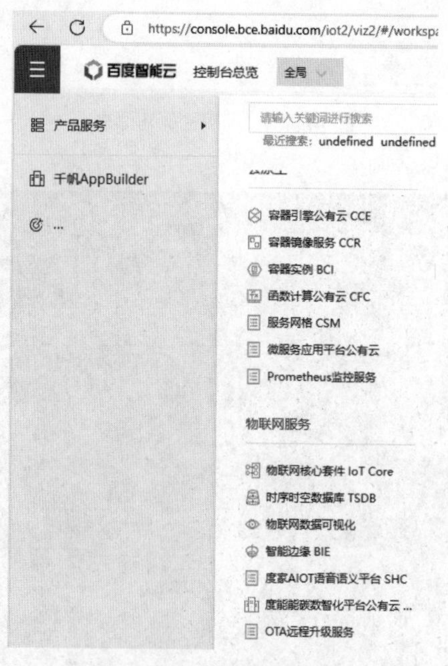

图14-72 物接入IoT Hub

点击按钮“创建项目”新建一个IoT Hub项目（图14-73）。

百度云
华南 - 广州
天工物联网总览
物接入
概览
项目列表
物解析
物可视
时序数据库
规则引擎
位置服务
用量与计费 正常
项目数: 1 个
本月账期: 2018-11-20 08:00:32
本月额度: 2,000,000 条
项目列表
+ 创建项目
项目名称/Endpoint
类型
描述

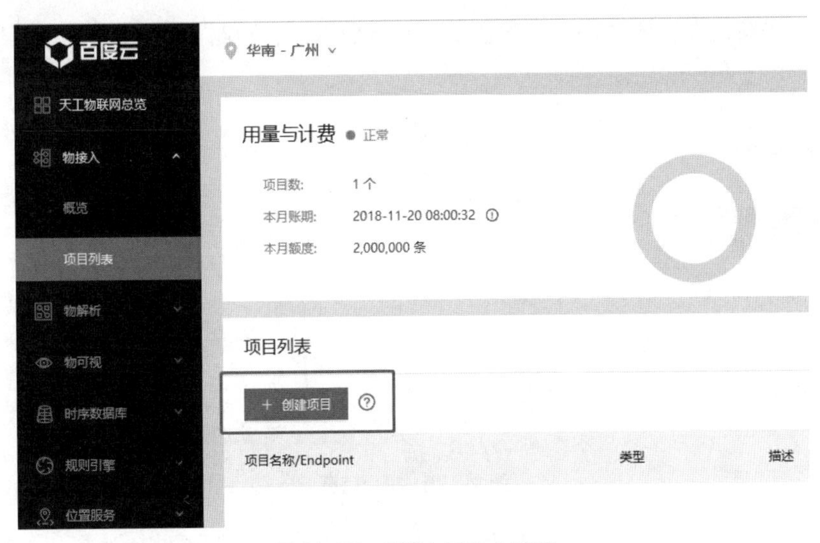

图14-73　新建IoT Hub项目

填写项目名称和描述。这里我们选择的项目类型是“数据型”，如果读者使用的是百度云提供的硬件板卡，那么选择“设备型”（图14-74）。

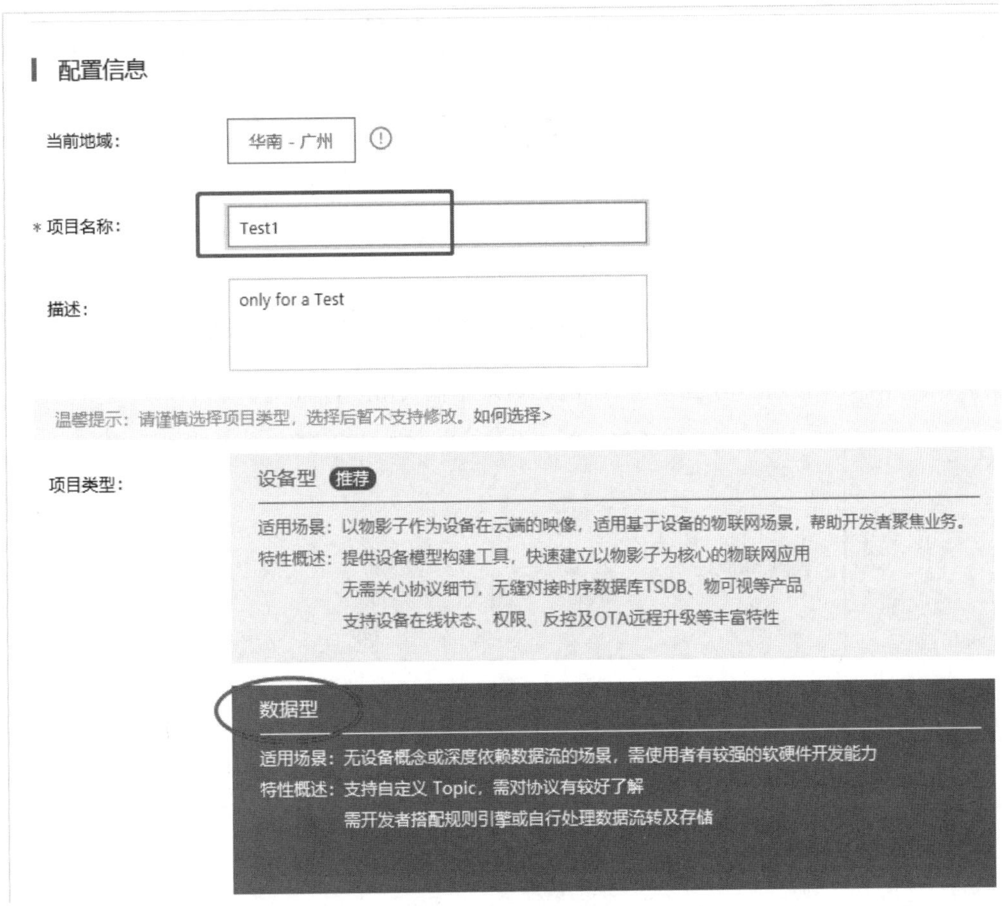

配置信息
当前地域:
华南 - 广州
* 项目名称:
Test1
描述:
only for a Test
温馨提示：请谨慎选择项目类型，选择后暂不支持修改。如何选择>
项目类型:
设备型 推荐
适用场景：以物影子作为设备在云端的映像，适用基于设备的物联网场景，帮助开发者聚焦业务。
特性概述：提供设备模型构建工具，快速建立以物影子为核心的物联网应用
无需关心协议细节，无缝对接时序数据库TSDB、物可视等产品
支持设备在线状态、权限、反控及OTA远程升级等丰富特性
数据型
适用场景：无设备概念或深度依赖数据流的场景，需使用者有较强的软硬件开发能力
特性概述：支持自定义 Topic，需对协议有较好了解
需开发者搭配规则引擎或自行处理数据流转及存储

图14-74　项目配置信息

完成后点击窗口右边的“提交”按钮。这时我们可以看到图14-75这样的项目信息，方框内的信息将被用于客户端连接。

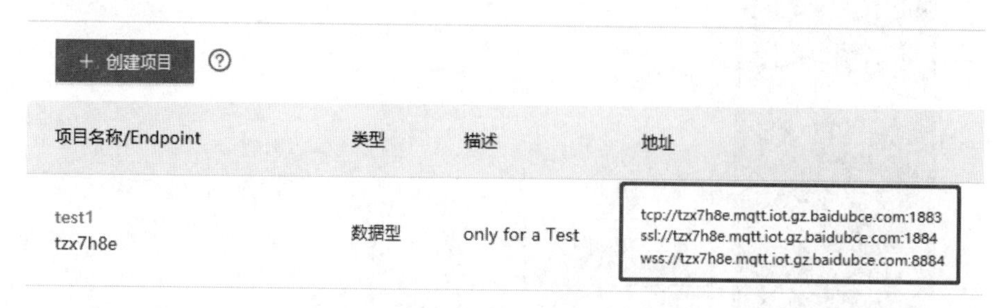

图14-75　项目信息

创建了一个IoT Hub项目后还需要为项目添加用户。点击图14-75中的项目名称，然后我们将看到图14-76所示的窗口。

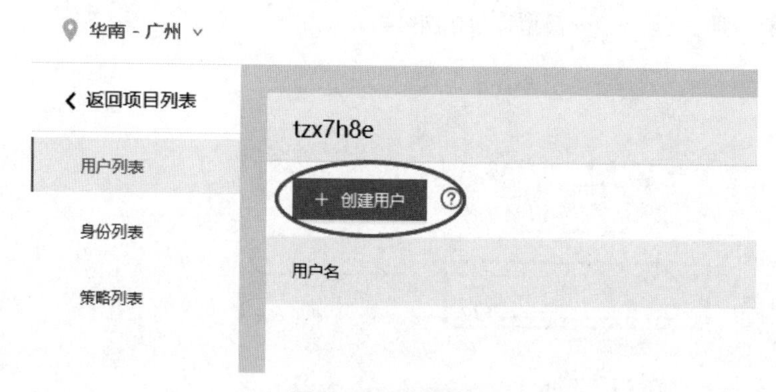

图14-76　创建用户

点击图14-76中按钮“创建用户”，在图14-77中输入用户名称。

图14-77　输入用户名称

点击按钮“下一步”。在图 14-78 窗口中点击“创建”按钮开始新建一个新的身份。

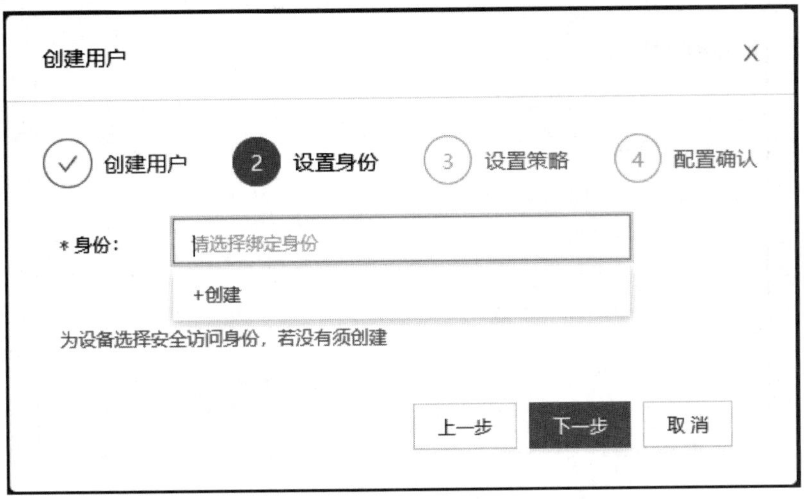

创建用户
创建用户
2 设置身份
3 设置策略
4 配置确认
* 身份：
请选择绑定身份
+创建
为设备选择安全访问身份，若没有须创建
上一步
下一步
取消

图14-78　设置身份

这里我们新建了一个名称“Manager”的访问身份，认证方式是“密码认证”，参见图 14-79。

创建用户
创建用户
2 设置身份
3 设置策略
4 配置确认
* 身份：
创建身份
为设备选择安全访问身份，若没有须创建
* 名称：
Manager
* 认证方式：
证书认证
密码认证
上一步
下一步
取消

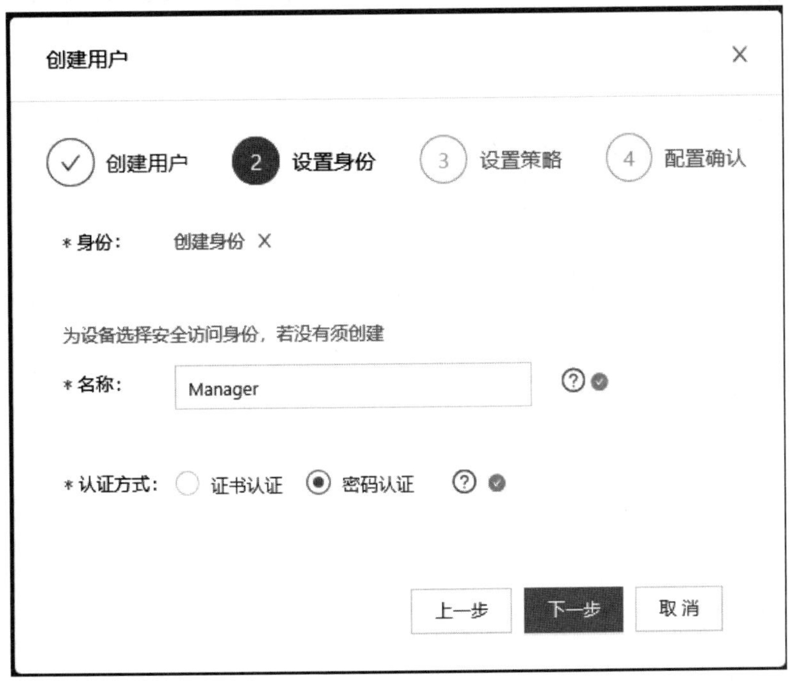

图14-79　新建身份

点击按钮“下一步”。在图 14-80 的窗口中点击“新建”按钮创建一个新的策略。

在图 14-81 窗口中输入策略名称和主题名称。注意这里最好将“发布”和“订阅”都勾选。然后继续“下一步”。

注意复制图 14-82 中的密钥并保存，然后点击按钮“确定”。

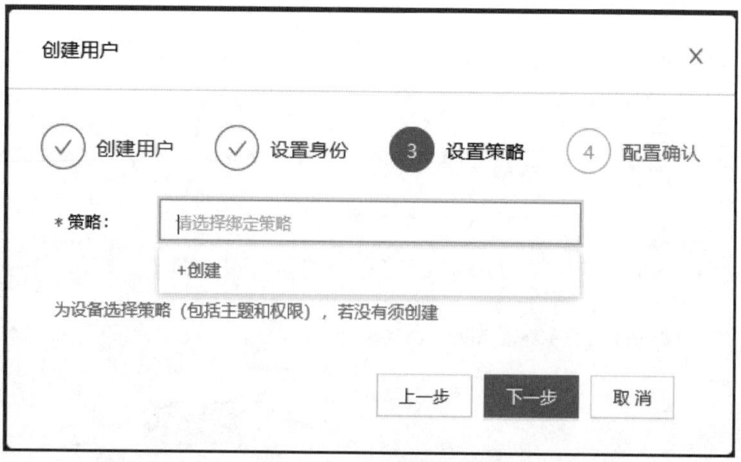

创建用户

创建用户　设置身份　3 设置策略　4 配置确认

* 策略：请选择绑定策略

+创建

为设备选择策略（包括主题和权限），若没有须创建

上一步　下一步　取 消

图14-80　设置策略

创建用户

创建用户　设置身份　3 设置策略　4 配置确认

* 策略：创建策略 X

为设备选择策略（包括主题和权限），若没有须创建

* 名称：pc1

* 主题：top

* 权限：发布(PUB)　订阅(SUB)

+ 新增主题

上一步　下一步　取 消

图14-81　新建策略

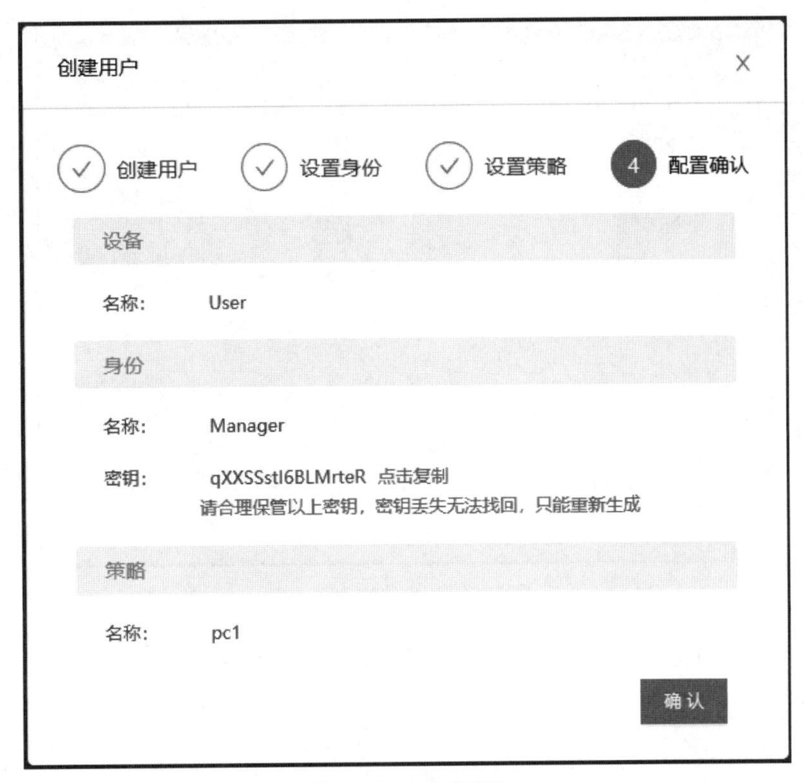

图14-82　完成配置

到此为止我们便完成了一个IoT Hub项目的配置（图14-83）。这样的IoT Hub不但可以接收MQTT Client发布的信息，还可以向下推送信息。

图14-83　完成配置后的IoT Hub项目

14.3.2.2　连接测试

接下来我们将对这个新建的项目进行测试。虽然百度云也提供了连接测试功能，但是使用另外的测试工具显然更可靠一点。当然我们也可以先用百度云自己的连接测试功能确认一下连接正常再使用外部工具。

百度云自己的连接测试使用比较简单，这里就不介绍了。下面我们使用MQTT官方提供的一款客户端工具进行连接测试。

安装完成后双击桌面上的MQTT.fx。

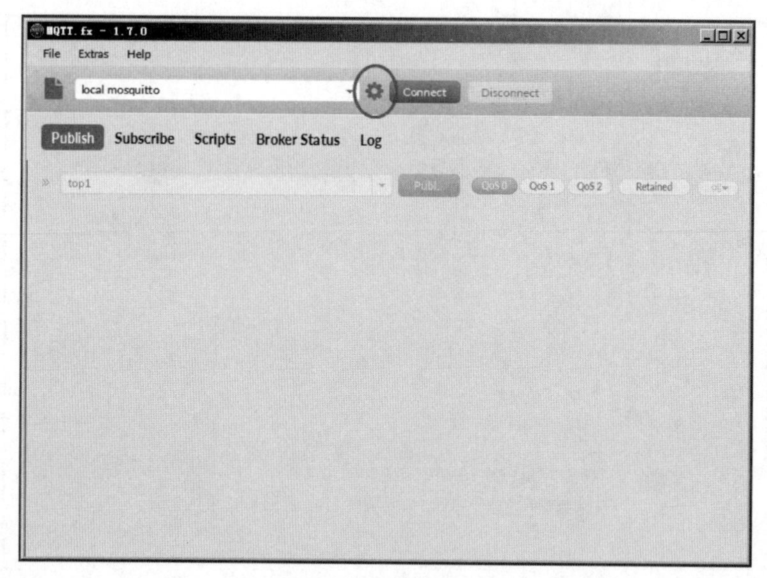

图14-84 启动MQTT.fx

点击图14-84中圆圈内的按钮，在图14-85窗口中输入图14-75中的地址和端口号。点击按钮“Generate”创建一个用户ID。

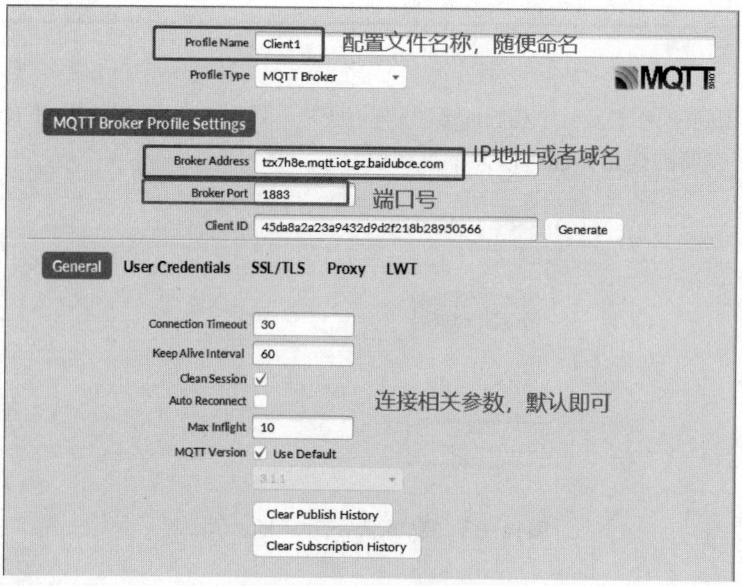

图14-85 IoT Hub信息

点击选项卡“User Credentials”输入用户名和密钥，参见图14-86。

完成后点击右下角按钮“Apply”然后关闭窗口。在图14-87主窗口中点击按钮“Connect”，若连接成功，右边的指示灯会变为绿色。

在百度云的项目用量统计中也可以看到连接的设备数量（图14-88）。

在主界面中输入图14-81中的主题名称，然后输入待发送的信息，点击按钮“Publish”即可将信息发布到MOTT Server，也就是我们创建的百度云IoT Hub（图14-89）。

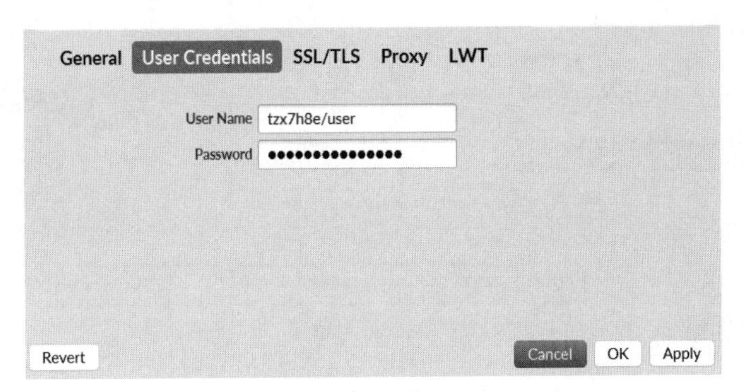

图14-86　用户密钥

图14-87　连接状态

图14-88　用量统计

图14-89　发布信息

图14-89中的主题名称不可以出错，否则会导致连接断开。由于IoT Hub中的信息我们暂时还看不到，那怎么才能知道发送成功呢？我们可以再创建一个MQTT Client。新的MQTT Client需要创建一个新的Client ID（图14-90），否则两个客户端冲突导致只能一个在线。

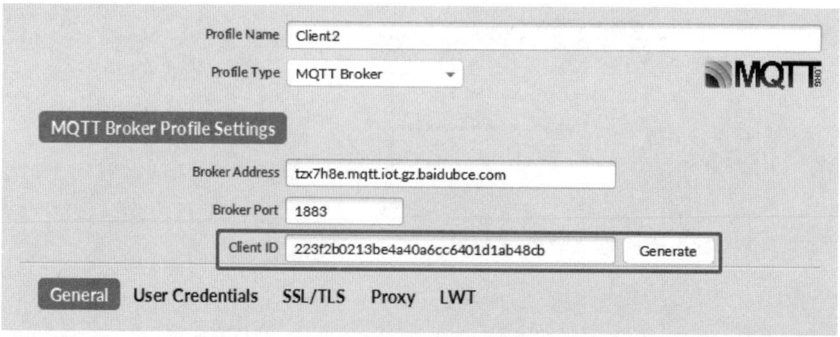

图14-90　创建Client ID

激活该客户端连接。点击选项卡“Subscribe”。

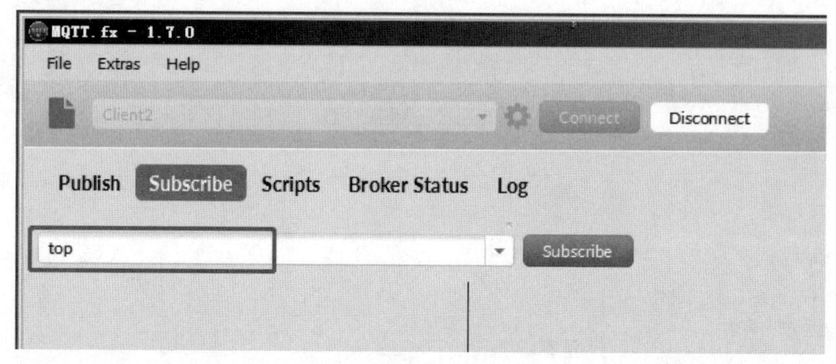

图14-91　选择订阅

在图14-91红色方框中输入相同的主题名称，点击按钮“Subscribe”激活订阅。然后我们将看到图14-92的画面。

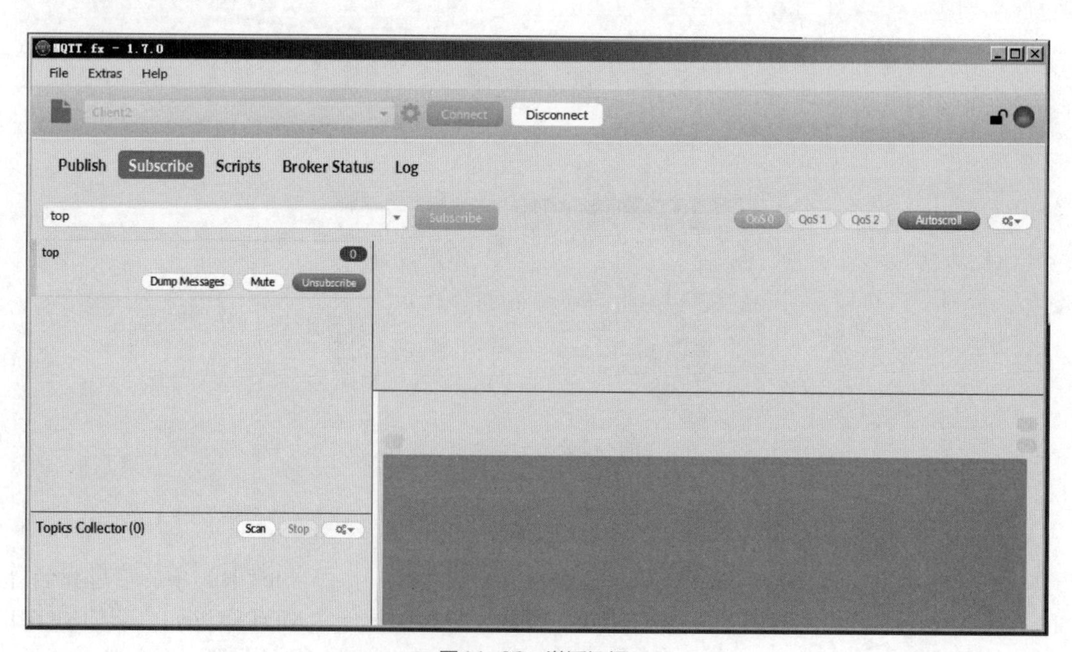

图14-92　激活订阅

继续通过之前创建的客户端发布信息，然后我们在这个客户端就能看到这些信息了（图 14-93）。

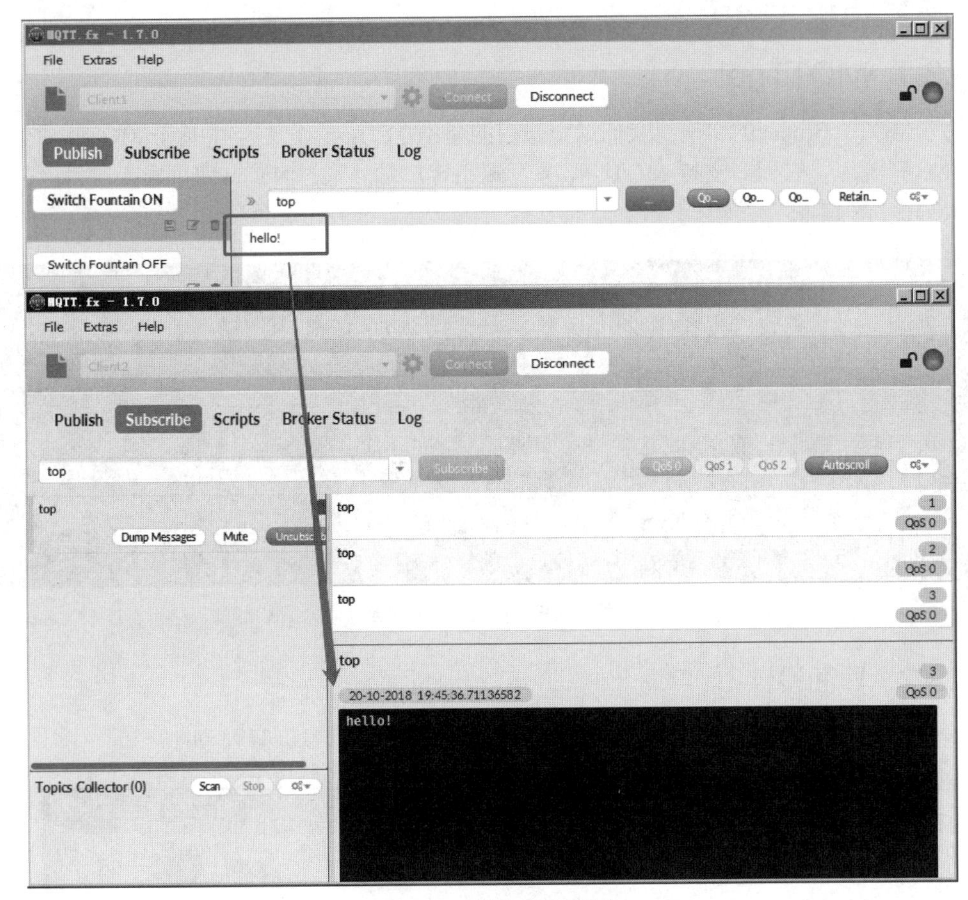

图14-93　发布和订阅信息

14.3.3　基于C#的物联网云平台

百度、阿里这些企业提供的云平台服务通常是以流量进行收费的。除了费用问题外就是数据的敏感性，有的企业并不希望自己的数据暴露给第三方。这种情况下，搭建自己的云平台也是一个不错的选择。

一个云平台一般包含数据接入口(通常是MQTT Broker)、数据处理模块、数据存储模块、数据分析及展示模块等（图 14-94）。

图14-94　云平台基本架构

本小节重点在于介绍如何实现一个MQTT Broker。如图14-94所示，MQTT Broker只是物联网云平台的数据接入口，除此之外还有数据处理、存储、展示等一系列工作，这些实现方式大家可以参照其他章节，这里就不再一一赘述了。

14.3.3.1 MQTTnet

为了MQTT Broker的实现，我们这里采用的是MQTTnet，它是一个基于 MQTT 通信的高性能 .Net开源库，它同时支持 MQTT 服务器端和客户端。通过NuGet即可导入，目前最新版本是3.0.16（图14-95）。

图14-95　安装MQTTnet

14.3.3.2 界面设计

本例演示了一个简单的MQTT Broker，界面也比较简单，参见图14-96。

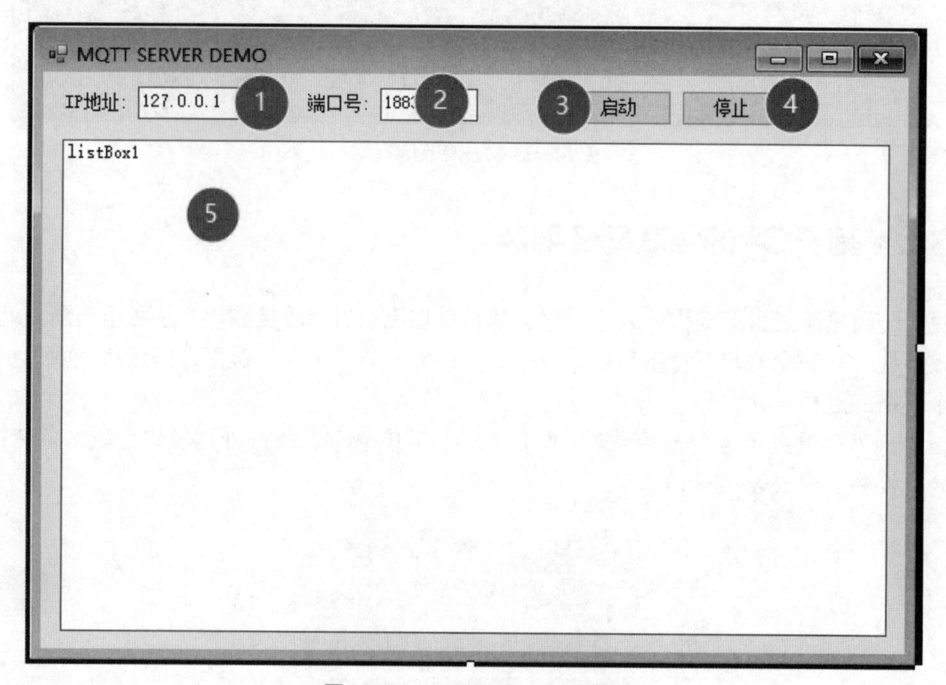

图14-96　MQTT Broker界面

各控件属性设置见表14-4。

表14-4　窗体控件属性一览表

序号	控件	属性	值	用途
1	Button	Name	btnStart	启动MQTT Server
		Text	启动	
		Enabled	True	
2	Button	Name	btnStop	停止MQTT Server
		Text	停止	
		Enabled	False	
3	TextBox	Name	txtIP	绑定的IP地址
		Text	127.0.0.1	
4	TextBox	Name	txtPort	绑定的端口号
		Text	1883	
5	ListBox	Name	lst	显示MQTT状态信息

表14-4并未包含所有的窗体控件，Lable之类很简单的控件就不再列出了。

14.3.3.3　功能设计

双击按钮“启动”，在其点击事件中写入代码14-29。

代码14-29　启动MQTT服务

```
//声明一个MQTT服务器
private IMqttServer mqttServer = null;
private async void btnStart_Click(object sender, EventArgs e)
{
    //使能STOP按钮
    btnStop.Enabled = true;
    btnStart.Enabled = false;

  //定义MQTT服务器的一些特性
  //设置最大连接数
var optionBuilder = new
MqttServerOptionsBuilder().WithConnectionBacklog(1000)
            //绑定本机IP
            .WithDefaultEndpointBoundIPAddress(IPAddress.Parse(txtSvrName.Text))
            //绑定端口号
            .WithDefaultEndpointPort(Convert.ToInt32(txtPort.Text))
            //连接验证程序，一般这里会放用户名和密码验证
            .WithConnectionValidator(
                c =>
                {
                    c.ReasonCode = MqttConnectReasonCode.Success;
                })
               //允许客户端订阅消息
               .WithSubscriptionInterceptor(
                c =>
```

```
                {
                    c.AcceptSubscription = true;
                })
                //接收客户端消息
                .WithApplicationMessageInterceptor(
                c =>
                {
                    c.AcceptPublish = true;
                });

        //实例化MQTT Server并启动
        var options = optionBuilder.Build();
        mqttServer = new MqttFactory().CreateMqttServer();
        await mqttServer.StartAsync(options);
}
```

双击按钮“停止”，在其点击事件中写入代码14-30。

代码14-30　停止MQTT服务

```
private async void btnStop_Click(object sender, EventArgs e)
{
    btnStart.Enabled = true;
    btnStop.Enabled = false;

    await mqttServer.StopAsync();
    mqttServer.Dispose();
    mqttServer = null;
}
```

为了让用户能直观地了解MQTT Broker运行状态，我们还需要在ListBox中显示它的启动、停止信息。实现方法是绑定它的事件，在触发事件时将信息写到ListBox中。

先准备两个方法，用于向ListBox中写入信息（代码14-31）。

代码14-31　启动、停止事件

```
//MQTT Server启动事件
public void OnMqttServerStarted(EventArgs e)
{
    lst.Items.Add("MQTT Server is Started.");
}

//MQTT Server停止事件
public void OnMqttServerStopped(EventArgs e)
{
    lst.Items.Add("MQTT Server is Stopped.");
}
```

然后将这两个方法绑定到MQTT Server的对应事件即可（代码14-32）。

代码14-32 绑定事件

```
//MQTT Server启动事件
mqttServer.StartedHandler = new MqttServerStartedHandlerDelegate(OnMqttServerStarted);
//MQTT Server停止事件
mqttServer.StoppedHandler = new MqttServerStoppedHandlerDelegate(OnMqttServerStopped);
```

我们可以通过运行检验效果。正常情况下当我们点击按钮“启动”和“停止”后如图14-97所示。

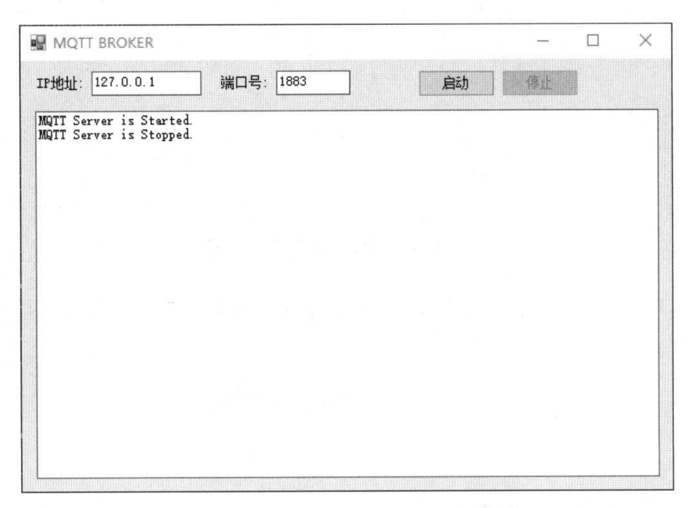

图14-97 MQTT Broker运行效果

MQTT服务启动后就可以接收客户端的连接请求了。为了显示客户端信息，我们还要再创建一个方法并将其绑定到MQTT服务器的客户端连接事件上（代码14-33）。

代码14-33 连接及断开事件

```
//绑定连接及断开事件
mqttServer.ClientConnectedHandler = new
     MqttServerClientConnectedHandlerDelegate(OnMqttServerClientConnected);
mqttServer.ClientDisconnectedHandler = new
     MqttServerClientDisconnectedHandlerDelegate(OnMqttServerClientDisconnected);

//客户端连接
public void OnMqttServerClientConnected(MqttServerClientConnectedEventArgs e)
{
     lst.Items.Add($"客户端[{e.ClientId}]已连接.....");
 }

//客户端断开连接
public void OnMqttServerClientDisconnected(MqttServerClientDisconnectedEventArgs e)
{
    lst.Items.Add($"客户端[{e.ClientId}]已断开连接！");
}
```

运行程序，现在客户端请求连接及断开连接也会在ListBox上面看到了（图14-98）。

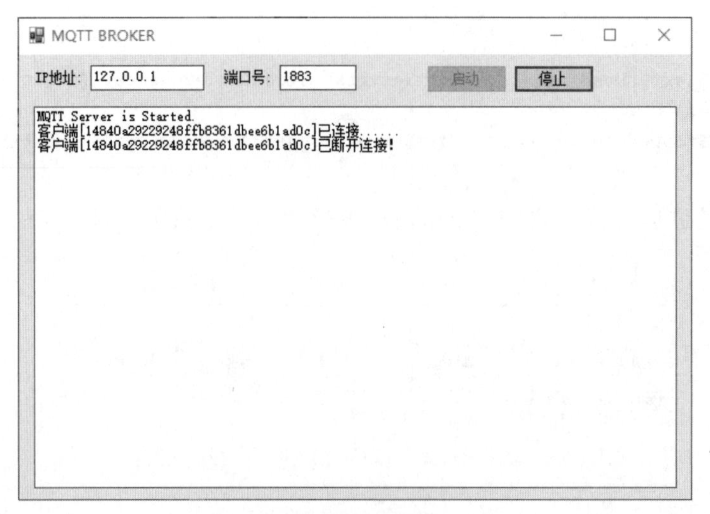

图14-98　客户端连接及断开

客户端连接成功后就可以发送信息了。我们可以通过MQTT服务器的相关事件来获取客户端信息（代码14-34）。

代码14-34　获取客户端信息

```
//接收新消息事件
mqttServer.ApplicationMessageReceivedHandler = new
                        MqttApplicationMessageReceivedHandlerDelegate(
                        OnMqttServer_ApplicationMessageReceived);

public void OnMqttServer_ApplicationMessageReceived(
                        MqttApplicationMessageReceivedEventArgs e)
{
        lst.Items.Add($"客户端[{e.ClientId}]>>
主题：{e.ApplicationMessage.Topic}
负荷：{Encoding.UTF8.GetString(e.ApplicationMessage.Payload)}
Qos：{e.ApplicationMessage.QualityOfServiceLevel}
保留：{e.ApplicationMessage.Retain}");
}
```

最后运行程序，我们就可以看到接收的消息了（图14-99）。

14.4　数据展示分析

随着现代工业生产对自动化要求得越来越高，很多业主开始要求对数据进行多种形式的展示、分析，比如能源消耗的同比、环比，产量的同比、环比，生产KPI分析，等等。现在越来越多的企业意识到数据也是企业的财富之一，愈加重视对生产数据的采集、加工、存储、分析，从而充分挖掘数据价值。

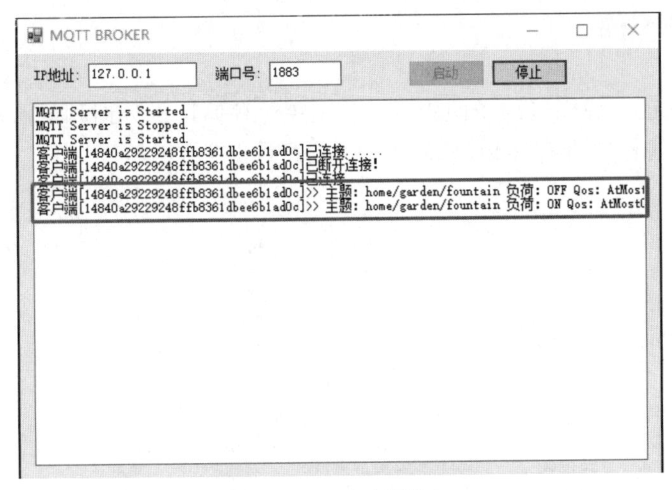

图14-99　客户端消息

数据的分析离不开展示，将数据直观地展示出来有助于快速发现可能的问题，比如对比本日与前日的某一点的能源消耗以及产量数据可以发现一些隐蔽的问题点。所以直观有效的数据展示是进行数据分析的前提条件。在WinForm中，有两个主要的数据展示控件，分别是DataGridView和Chart，分别用于对数据的表格展示和图形展示。对于数据分析来说DataGridView这种表格形式的展示使用不多，大部分是图形展示。不过Chart比较老了，不太美观，我们今天介绍的是一款开源图形数据展示控件——LiveChart。

14.4.1　LiveChart

LiveChart是一款开源的图表控件，使用简便，界面美观，支持WinForm与WPF两个GUI平台。LiveChart的安装非常方便，可以通过NuGet管理器在线安装（图14-100）。

引用成功后我们可以在工具箱里面看到LiveCharts提供的相关控件（图14-101）。

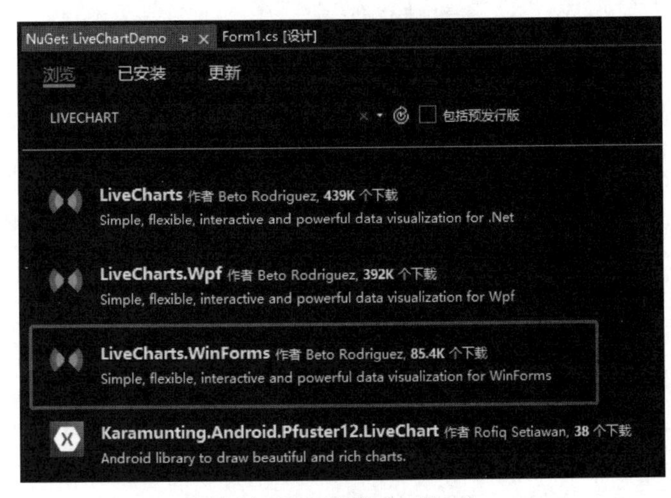

图14-100　安装LiveChart

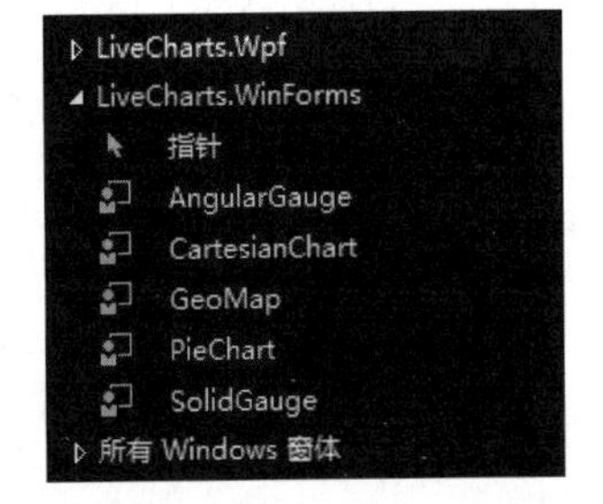

图14-101　LiveCharts相关控件

14.4.2 准备工作

在展示数据之前，我们先准备两张表，分别用于存储产量数据和能源消耗数据（图14-102）。然后我们通过柱形图和曲线图来展示每天的产量和能源消耗。

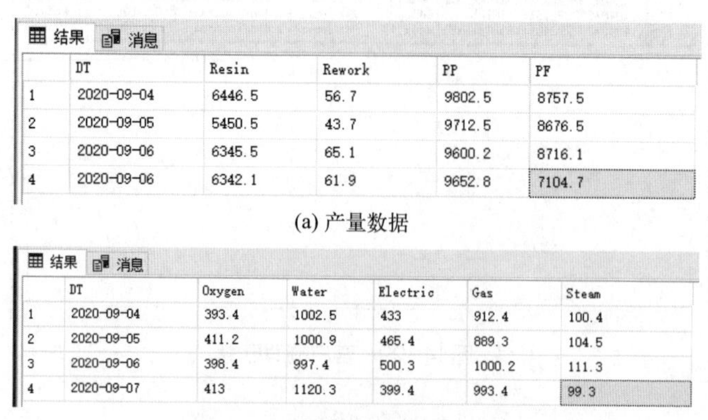

结果 消息

	DT	Resin	Rework	PP	PF
1	2020-09-04	6446.5	56.7	9802.5	8757.5
2	2020-09-05	5450.5	43.7	9712.5	8676.5
3	2020-09-06	6345.5	65.1	9600.2	8716.1
4	2020-09-06	6342.1	61.9	9652.8	7104.7

(a) 产量数据

结果 消息

	DT	Oxygen	Water	Electric	Gas	Steam
1	2020-09-04	393.4	1002.5	433	912.4	100.4
2	2020-09-05	411.2	1000.9	465.4	889.3	104.5
3	2020-09-06	398.4	997.4	500.3	1000.2	111.3
4	2020-09-07	413	1120.3	399.4	993.4	99.3

(b) 能源消耗数据

图14-102 产量数据和能源消耗数据

14.4.3 支持缩放的数据展示窗体

本节我们使用WinForm提供的布局控件来设计一个支持缩放的数据展示窗体。新建一个项目，目标框架不低于4.6.1，引用类库“LiveChart.WinForms”和“Dapper”。然后在主窗体上添加一个“TableLayoutPanel”控件，设置其属性“Dock”为“Fill”，列数为1，第二行为绝对大小，值为90，参见图14-103。

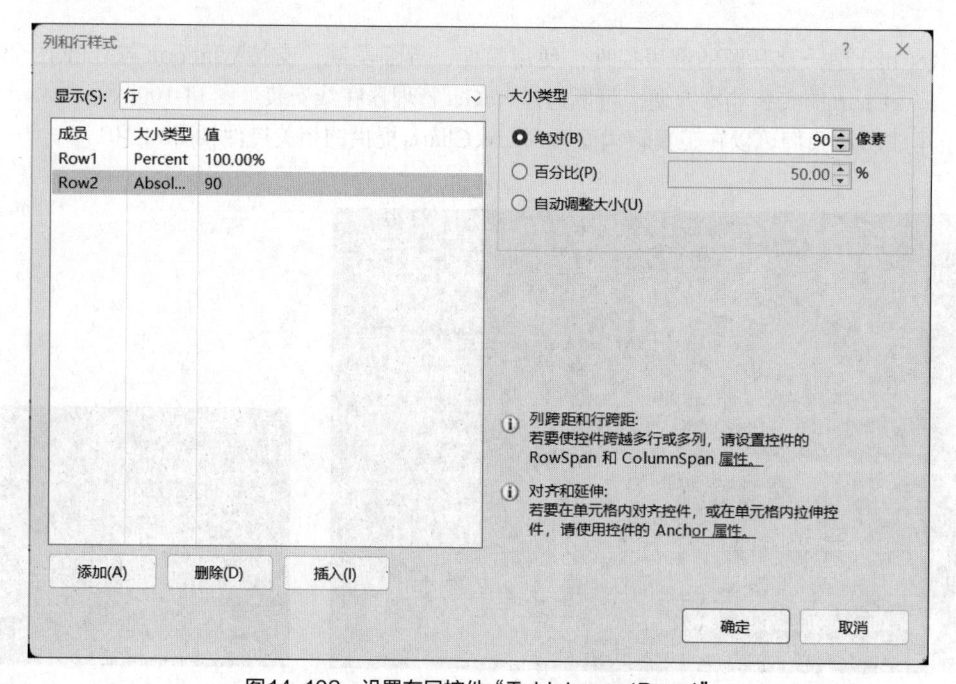

图14-103 设置布局控件“TableLayoutPanel”

然后分别为控件“TableLayoutPanel”的上下两行各添加一个控件“Panel”，设置它们的属性“Dock”值为“Fill”，属性“BorderStyle”值为“Fixed3D”。完成后的效果如图 14-104 所示。

图14-104　添加控件“Panel”

拖一个控件“cartesianChart1”到控件“Panel1”中，设置其属性“Dock”值为“Fill”，如图 14-105 所示。

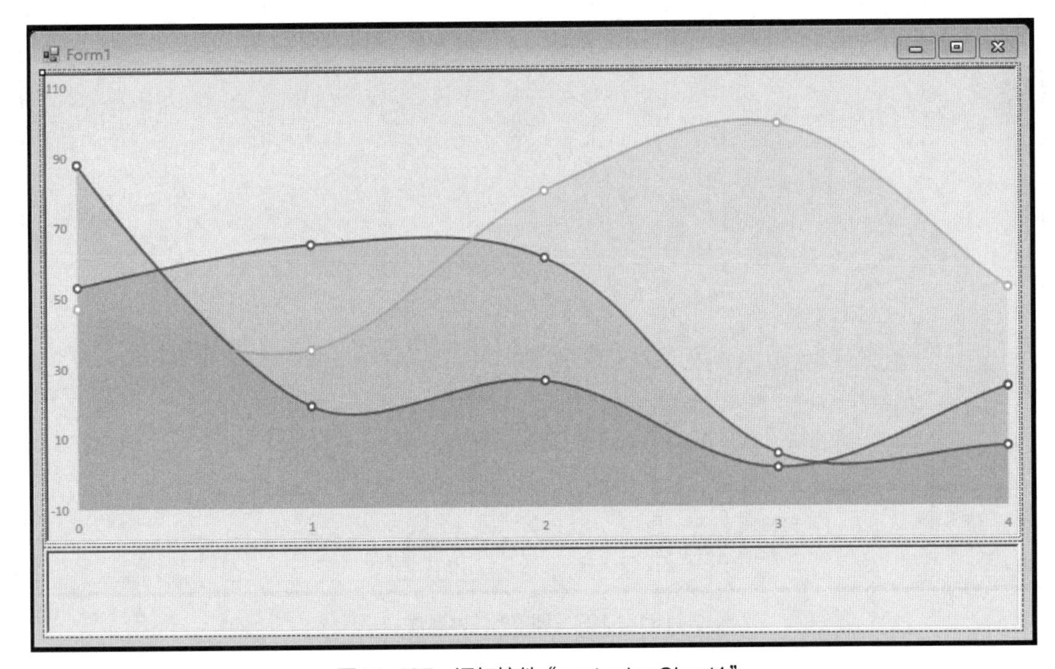

图14-105　添加控件“cartesianChart1”

为控件“Panel”添加两个“RadioButton”控件，两个“DateTimePicker”控件、两个“Label”控件，以及两个按钮控件。调整好位置和大小如图14-106所示。

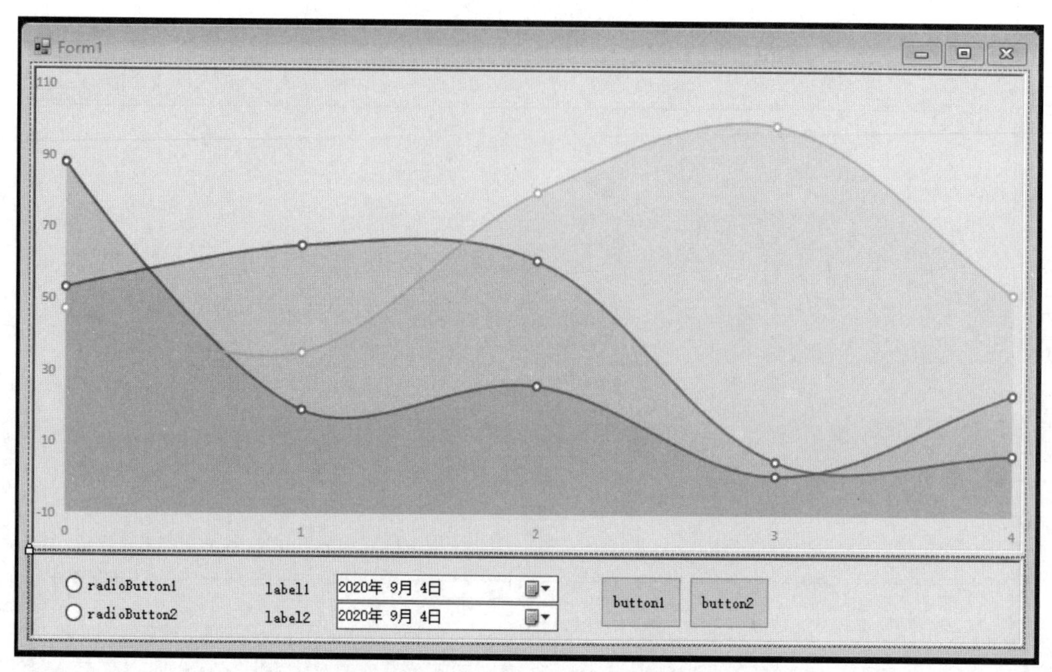

图14-106 为控件“Panel”添加控件

设置各控件的“Text”属性，并为两个按钮控件设置背景图片（图14-107）。

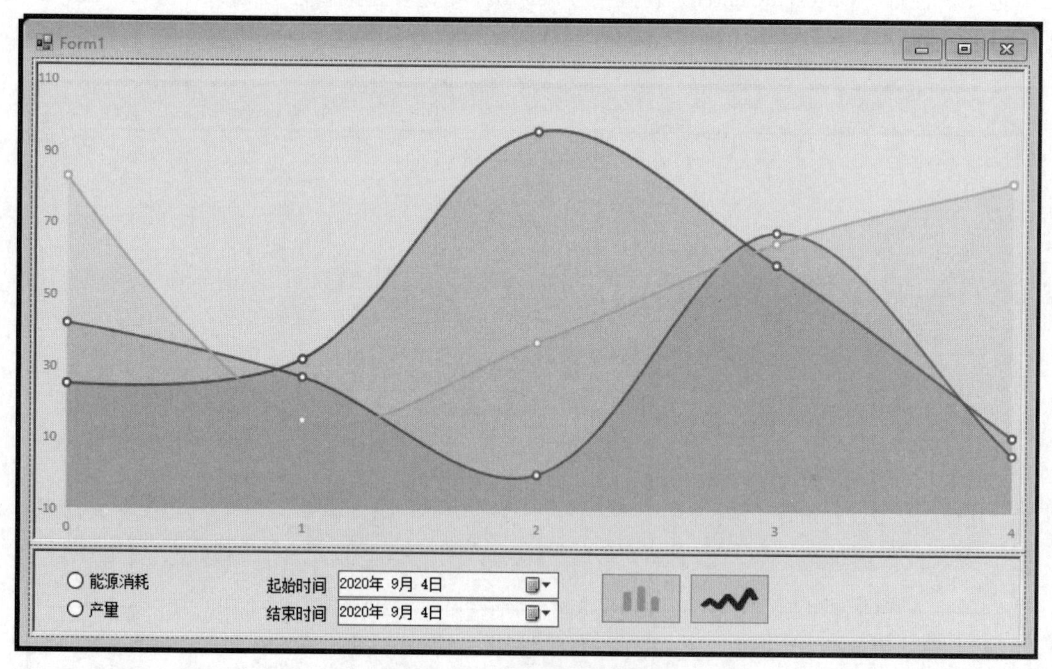

图14-107 调整各控件属性

经过这种方法制作的窗体是支持缩放的，拖动窗体边框调整大小就可以看到效果。

14.4.4　查询并展示数据

图 14-106 中的两个按钮分别用于以柱形图展示数据和以曲线形式展示数据。在开始展示数据之前我们需要根据数据表 Power 和 Product 创建两个实体类（代码 14-35）。

代码14-35　实体类Power和Product

```
namespace LiveChart
{
    class Power
    {
        public DateTime DT { get; set; }
        public Single Oxygen { get; set; }
        public Single Water { get; set; }
        public Single Electric { get; set; }
        public Single Gas { get; set; }
        public Single Steam { get; set; }
    }
}

namespace LiveChart
{
    class Product
    {
        public DateTime DT { get; set; }
        public Single Resin { get; set; }
        public Single Rework { get; set; }
        public Single PP { get; set; }
        public Single PF { get; set; }
    }
}
```

为数据表创建了实体类后，再双击柱形图按钮，在其点击事件中输入代码 14-36。

代码14-36　以柱形图展示数据

```
//定义连接字符串，指向数据表
string connectionString = @"server=.\SQLEXPRESS;database=hwlib;
                            Trusted_Connection=SSPI";

private void BTN1_Click(object sender, EventArgs e)
{
        //清空控件
        cartesianChart1.Series.Clear();
        cartesianChart1.AxisX.Clear();
        cartesianChart1.AxisY.Clear();

        //根据选择的报表类型显示报表标题
        string _title = "";
        if (chkPower.Checked) { _title = "能源报表"; }
        if (chkProduct.Checked) { _title = "产量报表"; }

        //根据选择的报表类型从对应的数据表中查询数据
        List<Power> pd1;
        List<Product> pd2;
```

```
using (IDbConnection connection = new SqlConnection(connectionString))
{
    DateTime st = dateTimePicker1.Value.Date;
    DateTime et = dateTimePicker2.Value.Date;

    var dynamicParams = new DynamicParameters();
    dynamicParams.Add("BeginDate", st);
    dynamicParams.Add("EndDate", et);

    string TableName = "";
    if (chkPower.Checked)
    {
        //能耗报表
        TableName = "Power";
        pd1 = connection.Query<Power>("select * from Power where DT >=
                @BeginDate and DT< @EndDate", dynamicParams).ToList();

        foreach (var item in pd1)
        {
            cartesianChart1.Series.Add(new ColumnSeries
            {
                Title = item.DT.ToString(),
                Values = new ChartValues<double> { item.Oxygen,
                      item.Water, item.Electric, item.Gas, item.Steam }
            });
        }

        cartesianChart1.AxisX.Add(new Axis
        {
            Title = _title,
            Labels = new[] { "氧气", "水", "电", "煤气", "蒸汽" }
        });
    }
    else
    {
        //产量报表
        TableName = "Product";
        pd2 = connection.Query<Product>("select * from Product where DT >=
                  @BeginDate and DT< @EndDate", dynamicParams).ToList();

        foreach (var item in pd2)
        {
            cartesianChart1.Series.Add(new ColumnSeries
            {
                Title = item.DT.ToString(),
                Values = new ChartValues<double> { item.Resin,
                                          item.Rework, item.PP, item.PF }
            });
        }

        cartesianChart1.AxisX.Add(new Axis
        {
            Title = _title,
            Labels = new[] { "Resin", "Rework", "PP", "PF" }
        });
    }
}
```

```
        cartesianChart1.AxisY.Add(new Axis
        {
            Title = "能源消耗/产量报表",
            LabelFormatter = value => value.ToString("N")
        });
    }
}
```

保存项目并运行，选择起始和结束时间，然后点击矩形图按钮就可以看到图14-108的效果。

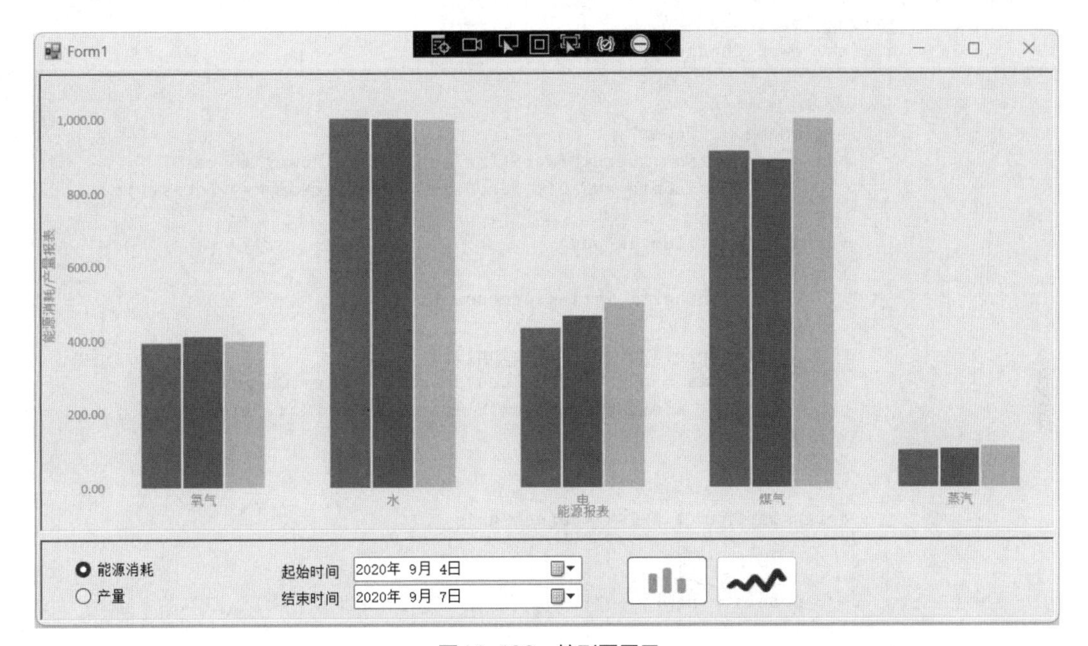

图14-108　柱形图展示

双击曲线图按钮，在其点击事件中输入代码14-37。

代码14-37　以曲线图展示数据

```
//定义连接字符串，指向数据表
string connectionString = @"server=.\SQLEXPRESS;database=hwlib;
                            Trusted_Connection=SSPI";

private void BTN1_Click(object sender, EventArgs e)
{
        //清空控件
        cartesianChart1.Series.Clear();
        cartesianChart1.AxisX.Clear();
        cartesianChart1.AxisY.Clear();

        //根据选择的报表类型显示报表标题
        string _title = "";
        if (chkPower.Checked) { _title = "能源报表"; }
        if (chkProduct.Checked) { _title = "产量报表"; }

        //根据选择的报表类型从对应的数据表中查询数据
        List<Power> pd1;
```

```
List<Product> pd2;
using (IDbConnection connection = new SqlConnection(connectionString))
{
    DateTime st = dateTimePicker1.Value.Date;
    DateTime et = dateTimePicker2.Value.Date;

    var dynamicParams = new DynamicParameters();
    dynamicParams.Add("BeginDate", st);
    dynamicParams.Add("EndDate", et);

    string TableName = "";
    if (chkPower.Checked)
    {
        //能耗报表
        TableName = "Power";
        pd1 = connection.Query<Power>("select * from Power where DT >=
                @BeginDate and DT< @EndDate", dynamicParams).ToList();

        foreach (var item in pd1)
        {
            cartesianChart1.Series.Add(new LineSeries
            {
                Title = item.DT.ToString(),
                Values = new ChartValues<double> { item.Oxygen,
                      item.Water, item.Electric, item.Gas, item.Steam }
            });
        }

        cartesianChart1.AxisX.Add(new Axis
        {
            Title = _title,
            Labels = new[] { "氧气", "水", "电", "煤气", "蒸汽" }
        });
    }
    else
    {
        //产量报表
        TableName = "Product";
        pd2 = connection.Query<Product>("select * from Product where DT >=
                   @BeginDate and DT< @EndDate", dynamicParams).ToList();

        foreach (var item in pd2)
        {
            cartesianChart1.Series.Add(new LineSeries
            {
                Title = item.DT.ToString(),
                Values = new ChartValues<double> { item.Resin,
                                        item.Rework, item.PP, item.PF }
            });
        }

        cartesianChart1.AxisX.Add(new Axis
        {
            Title = _title,
            Labels = new[] { "Resin", "Rework", "PP", "PF" }
        });
    }
}
```

```
            cartesianChart1.AxisY.Add(new Axis
            {
                Title = "能源消耗/产量报表",
                LabelFormatter = value => value.ToString("N")
            });
        }
    }
```

保存项目并运行，选择起始和结束时间，然后点击矩形图按钮就可以看到图 14-109 的效果。

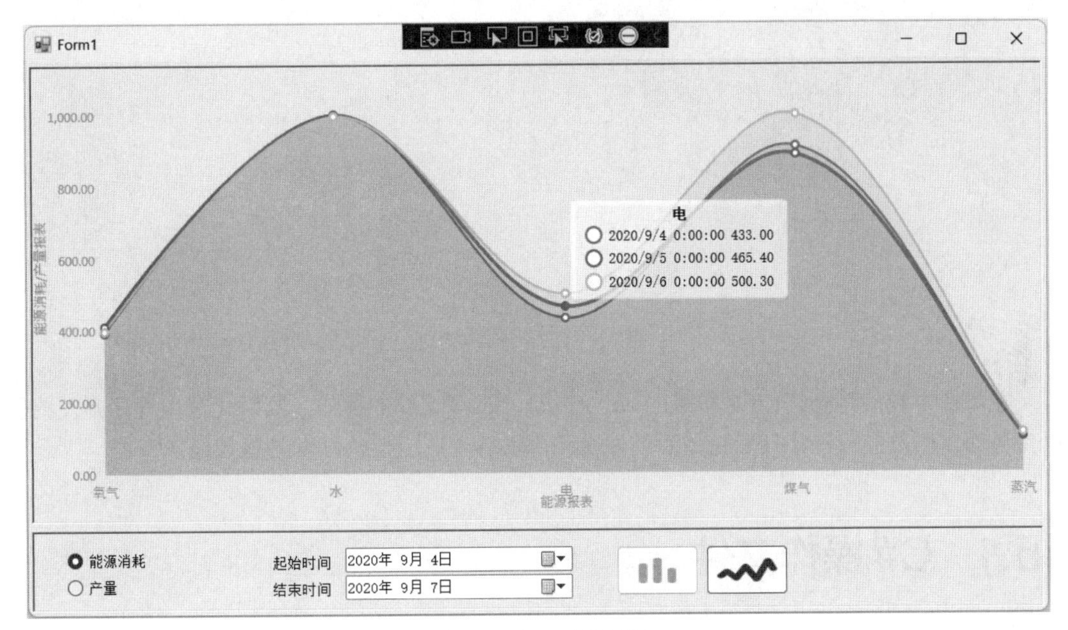

图14-109　曲线图展示

这里的展示相对来说还是比较简单的，更复杂的展示还有能耗和产量的比较、超限预警、能耗或者产量的同比环比等。在生产管理系统或者能源管理系统中需求比较多，对于SCADA 可能这种需求较少。

第15章 文件操作及其他

在本章中我们将介绍C#对常规的txt、Excel、ini等文件的操作，国际化应用程序开发的多语言界面，以及应用程序开发完成后的发布和部署等一些上位机开发必备技能。

15.1 C#操作文件

C#对文件的操作在实际项目中是很常见的。比如我们在项目中可能需要导入导出Excel数据，从ini文件中读取或者保存程序配置信息，等等。

15.1.1 txt

C#对txt文件的操作可用于与第三方应用程序的数据交换。比如笔者曾经就遇到过这样的一个需求，就是把PLC的一些数据读取过来后放到txt文件中供LED应用程序读取并展示。

C#对txt文件的操作一般使用StreamReader和StreamWriter这两个类。前面一个用于从txt文件中读取字节流，后面一个用于将字节流写入到txt文件中。

（1）StreamReader

类StreamReader属于命名空间System.IO。它的作用是从文件中读取字节流并按照指定的编码格式将其转换为字符。为了测试StreamReader类，我们先在D盘创建一个名为Data.txt的文件。该文件里列出了LED展示需要的数据地址，详细内容如图15-1所示。

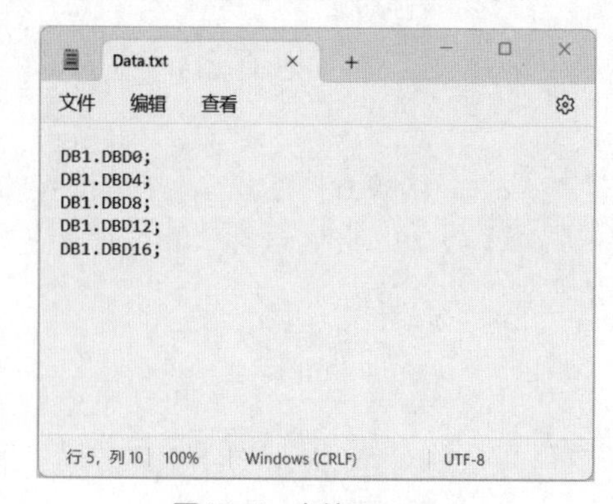

图15-1 文件Data.txt

新建一个名为RW_TXT的项目，在默认的Form1窗体上添加一个RichTextBox控件和一个按钮控件。窗体布局如图15-2所示。

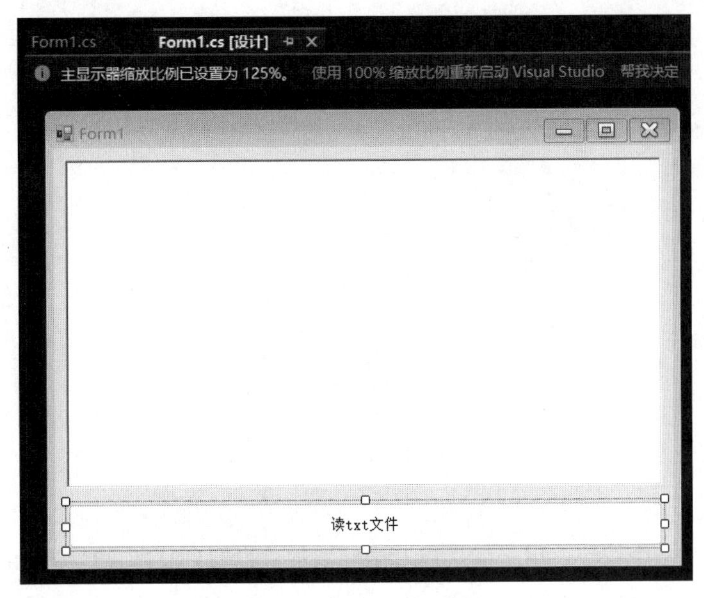

图15-2　窗体Form1布局

双击按钮，在其点击事件中输入代码15-1。

代码15-1　读文本信息

```
private void button1_Click(object sender, EventArgs e)
{
    //清空控件内容，避免重复加载数据
    richTextBox1.Text = string.Empty;

     using (StreamReader sr = new StreamReader("D:/Data.txt"))
     {
          string content=string.Empty;

          //按行读取文本内容，直至结束
          while ((content = sr.ReadLine()) != null)
          {
              richTextBox1.Text += content;
              //添加换行符
              richTextBox1.Text += "\r\n";
          }
     }
}
```

在代码15-1中，我们首先打开D盘下面的Data.txt文件，然后进行逐行读取，直至结束。在读取的同时将返回的字符填充到控件RichTextBox控件中。图15-3展示了读取后的效果。

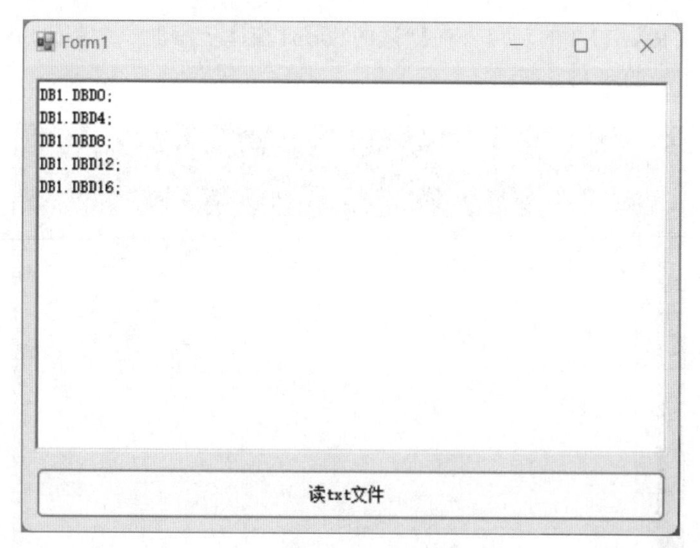

图15-3　读取文件

（2）StreamWriter

在窗体上添加一个按钮，用于将从PLC中获取的数据写到文本文件中，供LED程序读取。窗体布局如图15-4所示。

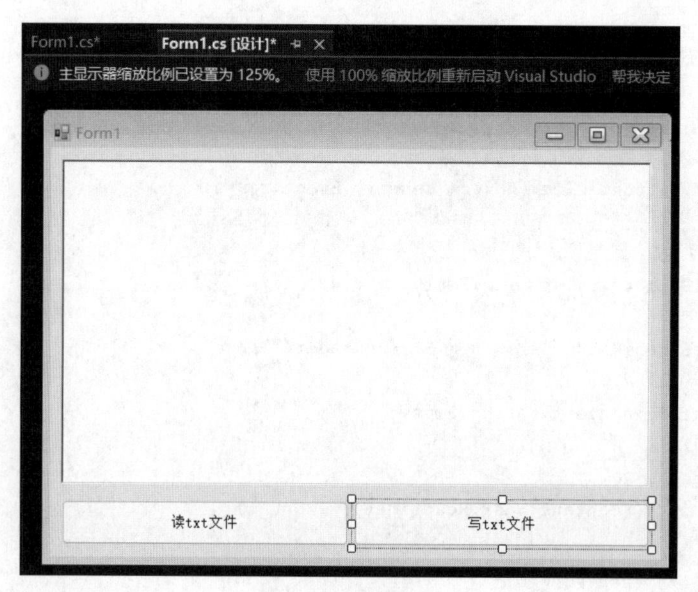

图15-4　读取文件

双击“写txt文件”按钮，在其点击事件中输入代码15-2。

代码15-2　写文本信息

```
private void button2_Click(object sender, EventArgs e)
{
    string[] Data=new string[5];
    Data[0] = "DB1.DBD0 = 1.2";
```

```
        Data[1] = "DB1.DBD4 = -23.6";
        Data[2] = "DB1.DBD8 = 88.0";
        Data[3] = "DB1.DBD12 = 45.6";
        Data[4] = "DB1.DBD16 = 0.9";

        using (StreamWriter sw = new StreamWriter("D:/DataNew.txt"))
        {
            for (int i = 0; i < Data.Length; i++)
            {
                sw.WriteLine(Data[i]);
            }
        }

          MessageBox.Show("写入成功！");
    }
```

在代码15-2中，我们先手动模拟了5个数据，实际项目中，这些PLC数据应该是由后台线程从PLC中自动获取的。然后再按行将数据写入到文本文件“Data.txt”中。成功写入的文件打开后内容如图15-5所示。

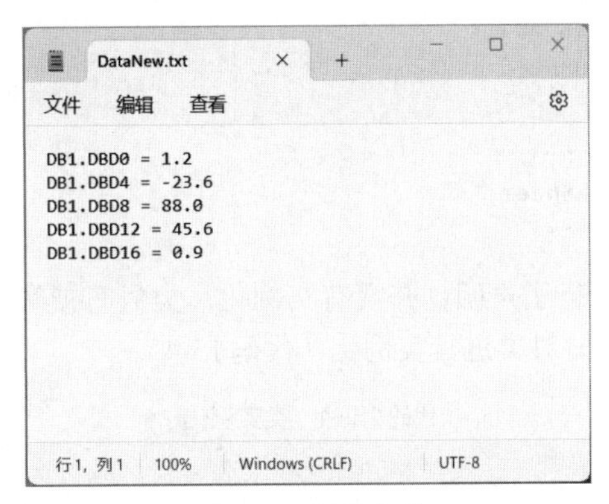

图15-5　读取文件

15.1.2　Excel

C#操作Excel目前方法比较多，有免费的也有收费的。在免费的方法中，比较主流的有NPOI和Microsoft.Office.Interop.Excel.dll两种。NPOI是网上的一个开源库，功能非常丰富，已经维护不少年了。后者是微软提供的一个操作Excel文件的类库，基于Office提供的一个COM组件。这里我们使用的是后者。

首先创建一个Excel文件，命名为“TestData”放在D盘根目录下。启动VS新建一个项目命名为ExcelData。然后添加对Microsoft.Office.Interop.Excel.dll类库的引用。

在VS中按快捷键F7切换到代码编辑器，在代码引用区添加using myExcel=Microsoft.Office.Interop.Excel;，此语句的作用是使用Microsoft.Office.Interop.Excel.dll类库的命名空间，并赋予一个别名myExcel，在后面的代码中我们就可以使用myExcel指向该类库了。参见图15-6。前面我们在命名空间那里说过，命名空间是一种对类库的管理方式。

```
1   using System;
2   using System.Collections.Generic;
3   using System.ComponentModel;
4   using System.Data;
5   using System.Drawing;
6   using System.Linq;
7   using System.Text;
8   using System.Windows.Forms;
9   using myExcel = Microsoft.Office.Interop.Excel;
10
```

图15-6 使用命名空间

引用了类库后，在代码编辑区声明几个全局变量，参见代码15-3。

代码15-3 声明变量

```
//Excel文件路径
const string exlFile = @"d:\TestData.xlsx";

//Excel应用程序
Microsoft.Office.Interop.Excel.Application xlApp;

//工作簿，也就是Excel文件
myExcel.Workbooks xlWorkBooks;
myExcel.Workbook xlWorkBook;

//Excel文件里的页面
myExcel.Worksheet xlWorkSheet;
```

代码15-3只是对类库进行了声明，并没有实例化，类只有被实例化才能引用里面的方法。我们可以在窗体初始化组件时对类进行实例化（代码15-4）。

代码15-4 类实例化

```
Public Form1()
{
        //初始化组件，VS自动生成
        InitializeComponent();

        //实例化Excel应用程序类
        xlApp = new Microsoft.Office.Interop.Excel.Application();

        //打开Excel文件
        xlWorkBook = xlWorkBooks.Add(exlFile);

        //获取Excel文件中的页面
        xlWorkSheet = (myExcel.Worksheet)xlWorkBook.Worksheets.get_Item(1);
}
```

通过对类的实例化并获取了Excel文件中的页面后我们就可以对它进行操作了，代码15-5列出了一些操作方法。

代码15-5　操作Excel文件

```
Public Form1()
{
    //第一行、第一列添加数据
    xlWorkSheet.Cells[1,1] = "welcome";

    //批量添加数据
    xlWorkSheet.Range[xlWorkSheet.Cells[2, 2], xlWorkSheet.Cells[4, 4]].Value =
          new string[] { "1", "2", "3", "4", "5", "6", "7", "8", "9" };

    //朗读指定内容
    xlWorkSheet.Range[xlWorkSheet.Cells[2, 2], xlWorkSheet.Cells[2, 2]].Speak();

    //设置边框样式
    xlWorkSheet.Range[xlWorkSheet.Cells[2, 2], xlWorkSheet.Cells[4,4]].Borders.
            LineStyle=DataGridLineStyle.Solid;

}
```

代码15-5是通过Microsoft.Office.Interop.Excel.dll类库对Excel文件的操作。在实际应用中我们大多是先建立一个Excel模板，然后往里面填充相应的数据。如果我们需要新建一个Excel文件可以使用代码15-6。

代码15-6　创建Excel文件

```
//Excel文件路径
xlApp = new Microsoft.Office.Interop.Excel.Application();
xlWorkBooks = xlApp.Workbooks;

//参数True表示在内存中创建一个Excel文件
xlWorkBook = xlWorkBooks.Add(true);
xlWorkSheet = (myExcel.Worksheet)xlWorkBook.Worksheets.get_Item(1);
xlWorkSheet.Cells[1, 1] = "welcome";

//内存文件保存到硬盘上
xlWorkSheet.SaveAs("d:\\NewData.xlsx");

//退出Excel应用
xlApp.Quit();

//释放掉多余的Excel进程
System.Runtime.InteropServices.Marshal.ReleaseComObject(xlApp);
xlApp = null;
```

如果在项目编译的时候出现“丢失编译器成员'Microsoft.CSharp.RuntimeBinder.Binder.Convert'”字样的错误，手动在项目中添加引用“Microsoft.CSharp”即可（图15-7）。这种情况一般在使用.Net Framework V3.5以上框架时会出现。

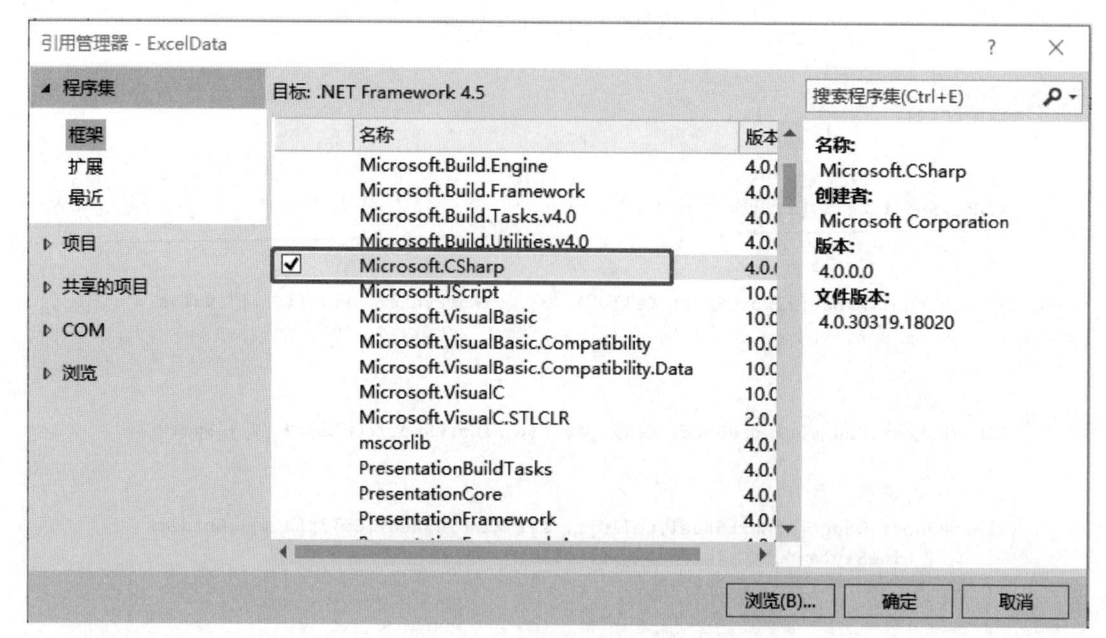

图15-7　引用Microsoft.CSharp

可能出现“CS1752 无法嵌入互操作类型‘ApplicationClass’，请改适用的接口”这样的错误，参见图15-8。

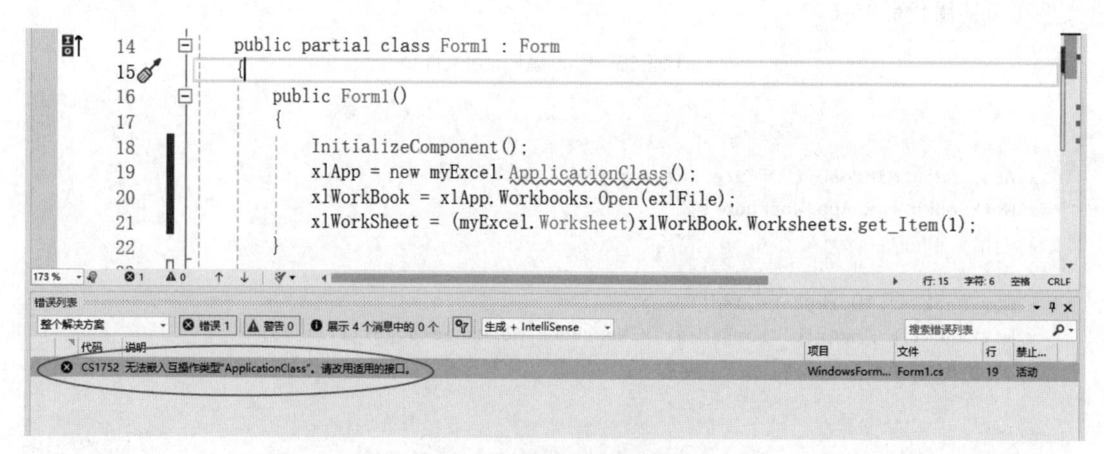

图15-8　无法嵌入互操作类型

这种错误的处理方法是在引用中选中该类库，然后把它的属性“嵌入互操作类型”改为“False”即可（图15-9）。

15.1.3　ini

ini格式的文件与文本文档txt非常类似，它通常被用于保存一些软件安装信息或者配置信息。我们可以在很多安装软件中看到这种格式的文件，参见图15-10。ini文件作为保存软件配置信息的一种方法，使用非常简便。不过现在很多软件已经比较倾向于使用XML文件来保存配置信息了。

图15-9　修改嵌入互操作类型

图15-10　软件包中的ini文件

15.1.3.1　ini文件简介

ini文件由节(section)、键(key)和注释(comment)组成。节用于将功能相同的内容进行归类。键用于区分不同的配置信息。注释用于对内容进行说明。在图15-11中，RTime5就是节，它包含了两个键，分别是begin和end。它们的键值分别是2017/12/20 22:14:00和2017/12/21 23:00:00。

```
[RTime5]
begin=2017/12/20 22:14:00
end=2017/12/21 23:00:00
```

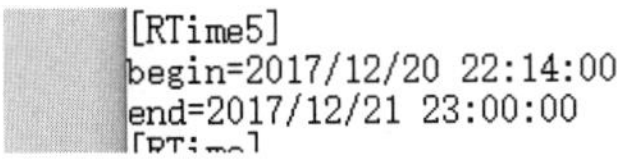

图15-11　ini文件内容

从这里我们可以看出，ini其实相当于一张数据表，它通过节和键可以写入及查找相关信息。我们也可以把它理解为一个文档类型的小型数据库。虽然现在应用程序使用ini文件来保存配置信息已经不是很多，但是ini文件由于其使用便利性依然存在巨大的市场。

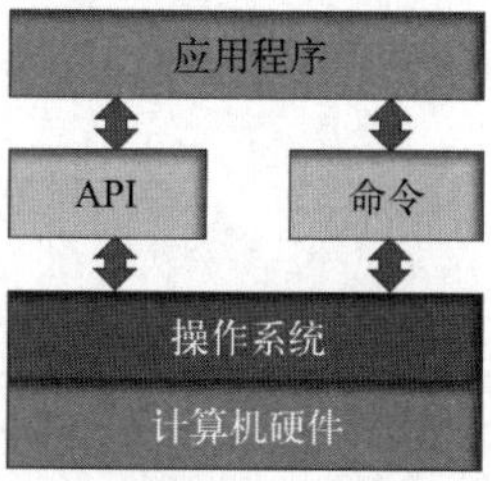

15.1.3.2　系统API

API(application programming interface，应用程序编程接口)是一些预先定义的函数。Windows系统提供了大量的API函数，目的是为应用程序提供访问系统的接口，从而获取计算机的软件和硬件资源。API为应用程序访问系统资源提供了通道，它介于操作系统和用户应用程序之间（图15-12）。

图15-12　应用程序和API

Windows API规模宏大，共包含了几千个可调用的函数，它们大致可以分为以下几个大类:

- 基本服务；
- 组件服务；
- 用户界面服务；
- 图形多媒体服务；
- 消息和协作；
- 网络；
- Web服务。

上述这些API函数散布在kernel.dll、User.dll、GDI.dll、ADVAPI32.dll、NETAPI32.dll等动态链接库中。绝大多数编程语言都具有访问API函数的能力，C#自然也不例外。不过.Net Framework已经为我们提供了非常庞大的类库，通常情况下我们是不需要访问系统API的。但是有些特殊功能如果.Net Framework不提供，那么就需要使用API来实现了，比如本小节的访问ini文件就需要访问API函数。

15.1.3.3　C#访问API

C#访问系统API需要首先引用命名空间System.Runtime.InteropServices，然后使用DllImport导入动态链接库并声明需要调用的函数。代码15-7以使用API弹出一个消息对话框为例来说明。

代码15-7　导入dll

```
using System;
using System.Collections.Generic;
using System.ComponentModel;
using System.Data;
using System.Drawing;
using System.Linq;
using System.Text;
using System.Windows.Forms;
//下面这个语句默认是没有的，需要手动添加
using System.Runtime.InteropServices;
```

```
namespace API

{
    public partial class Form1 : Form
    {
        public Form1()
        {
            InitializeComponent();
        }


        //导入dll
        [DllImport("User32.dll")]
        //声明API函数
        public static extern int MessagexBox(int h,
                                             string m,
                                             string c,
                                             int type);


    }
}
```

导入dll并声明函数后就可以在应用程序中使用它了。我们在画面上添加一个按钮，双击该按钮，在其事件中写入代码15-8。

代码15-8　调用API函数

```
private void button1_Click(object sender, EventArgs e)
{
        //调用已经声明的API函数
        MessageBox(0, "Hello, Welcome to API!", "API Test", 4);
}
```

保存并运行程序，当我们点击窗口中的按钮就会弹出图15-13的信息对话框。

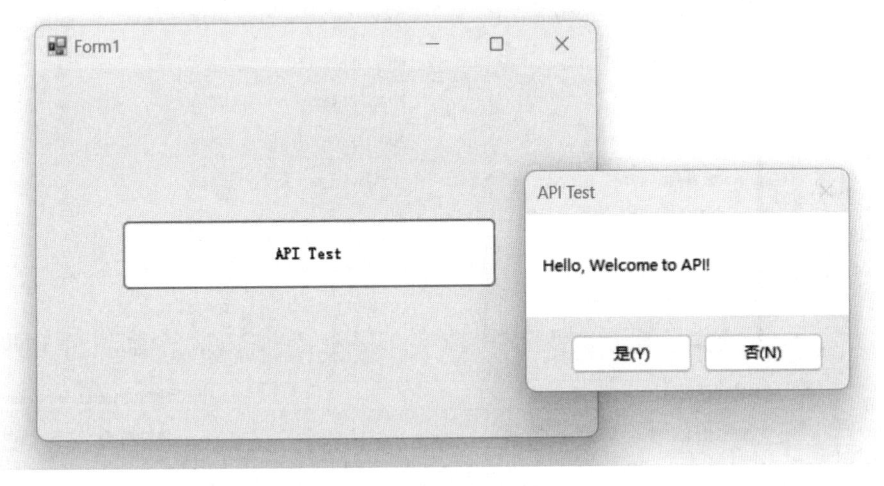

图15-13　函数MessageBox

15.1.3.4 使用ini.cs

ini.cs是一个已经封装了ini操作方法的C#类，我们不需要直接和API打交道就可以使用C#实现对ini文件的操作。ini.cs来源于网络上的一个开源库。在使用ini.cs之前我们需要先将它导入到我们的项目中。首先在项目名称上右击，选择“添加”→“现有项”，参见图15-14。

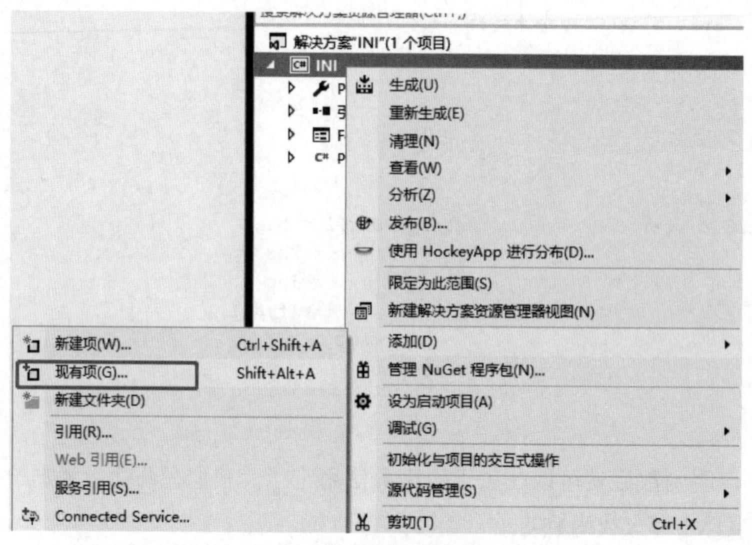

图15-14 添加现有项

然后通过弹出的对话框定位到ini.cs文件的存放路径，点击按钮“添加”，参见图15-15。

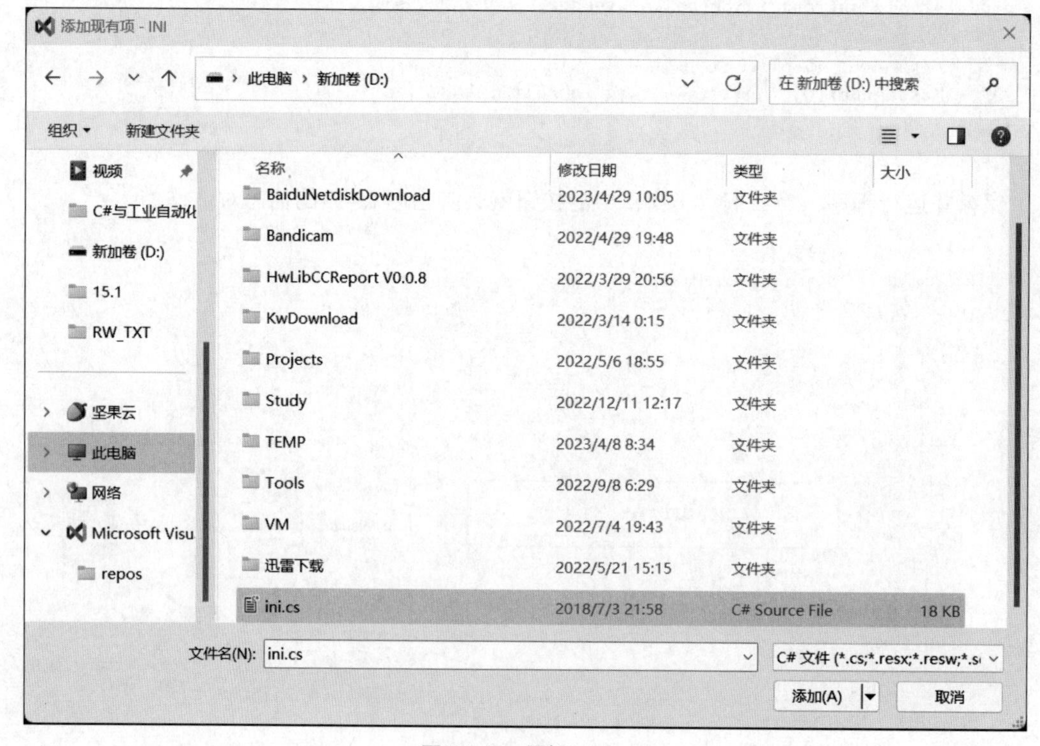

图15-15 添加ini.cs

然后我们就可以在项目中看到这个文件了（图15-16）。双击它可以打开并查看它的源代码，或者在必要时修改代码。

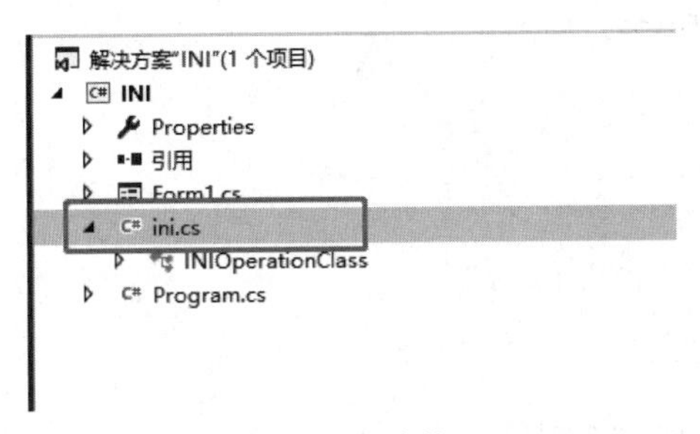

图15-16　项目中的ini.cs

完成导入后我们就可以使用它提供的方法对ini文件进行操作了。比如读写键值、删除节等，非常方便。下面我们以演示一个写键值操作来说明它的使用方法，其他功能使用基本相似。首先我们需要定义ini文件的存储路径，这里以放在D盘根目录为例（代码15-9）。

代码15-9　声明文件路径

```
//文件路径及文件名保存在字符串类型的变量中
//也可以这样写：string FileName = @"D:\For_Test.ini";
string FileName = "D:\\For_Test.ini";
```

代码15-9表示了一个文件For_Test.ini在D盘根目录下。实际上我们无需事先创建一个For_Test.ini去放到D盘。ini.cs中的方法在执行时如果没有在D盘根目录下检测到这个文件会自动创建它。然后我们在窗体上放一个按钮，在它的点击事件中写入代码15-10。

代码15-10　调用ini.cs中的方法1

```
//调用方法INIWriteValue
private void button1_Click(object sender, EventArgs e)
{
    iniFile.INIOperationClass.INIWriteValue(FileName,
                                            "Section_Test",
                                            "Key_Test",
                                            "Hello, INI");
}
```

这里有必要解释一下为什么在方法INTWriteValue前面要加上iniFile.INIOperationClass。双击ini.cs我们可以看到它的命名空间是iniFile，而类名称是INIOperationClass。如果我们需要访问它里面的方法就必须在方法名称前加上iniFile.INIOperationClass。如果我们使用using iniFile，那么代码如代码15-11所示。

代码15-11　调用ini.cs中的方法2

```
using System;
using System.Collections.Generic;
using System.ComponentModel;
using System.Data;
```

```
using System.Drawing;
using System.Linq;
using System.Text;
using System.Windows.Forms;
//引用命名空间iniFile
using iniFile;

namespace INI
{
    public partial class Form1 : Form
    {
        public Form1()
        {
            InitializeComponent();
        }
        string FileName = "D:\\For_Test.ini";
        private void button1_Click(object sender, EventArgs e)
        {
            //引用了命名空间后就不再需要iniFile了
            INIOperationClass.INIWriteValue(FileName,
                                            "Section_Test",
                                            "Key_Test",
                                            "Hello, INI");
        }
    }
}
```

保存代码并运行程序，点击窗体上的按钮，我们会在D盘根目录下看到文件For_Test.ini。双击打开它就可以看到它里面的内容和我们代码中写入的内容一致（图15-17）。

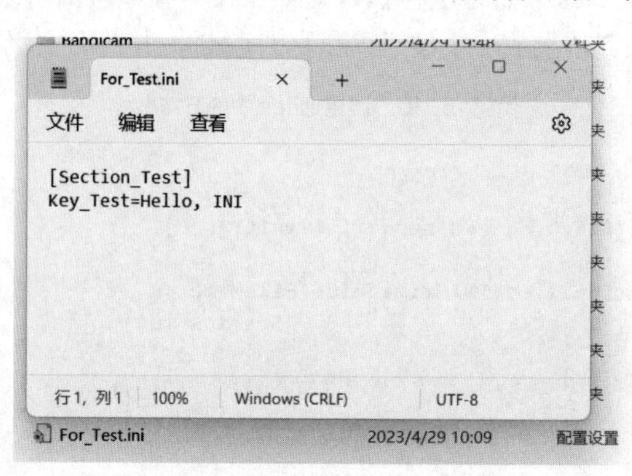

图15-17　文件For_Test.ini

15.1.4　设置文件

除了使用前面介绍的ini文件来保存应用程序配置外，我们还可以使用C#提供的设置文件来保存一些数据。与ini文件相比，使用设置文件更加方便，因为数据编辑、修改都集成在项目里面，不需要额外打开文件编辑。

在应用程序中使用设置文件非常简单，首先在程序名称上右击，选择“添加”→“新建项”，参见图15-18。

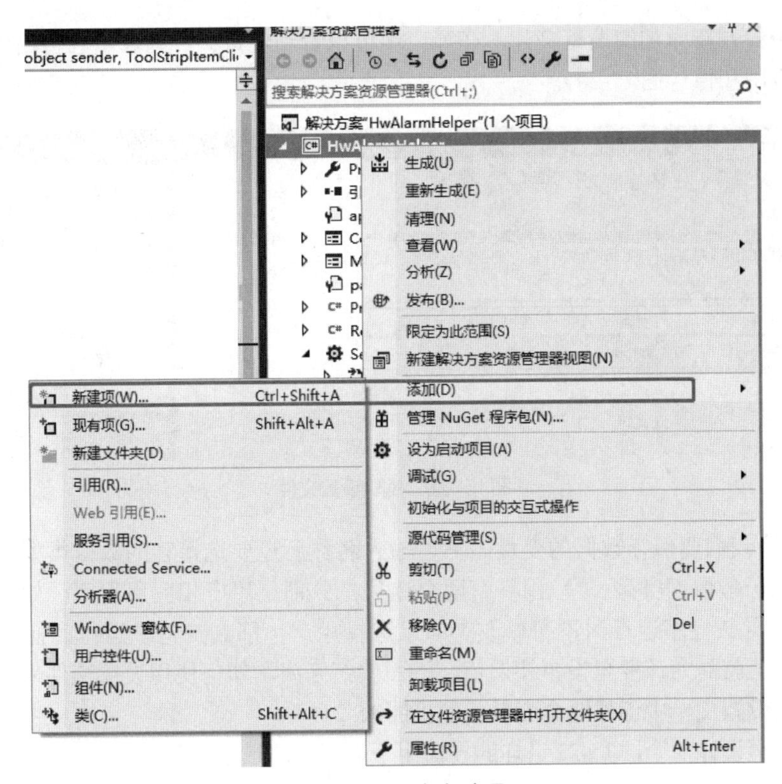

图15-18　添加新建项

在图15-19窗口中选择“设置文件”。

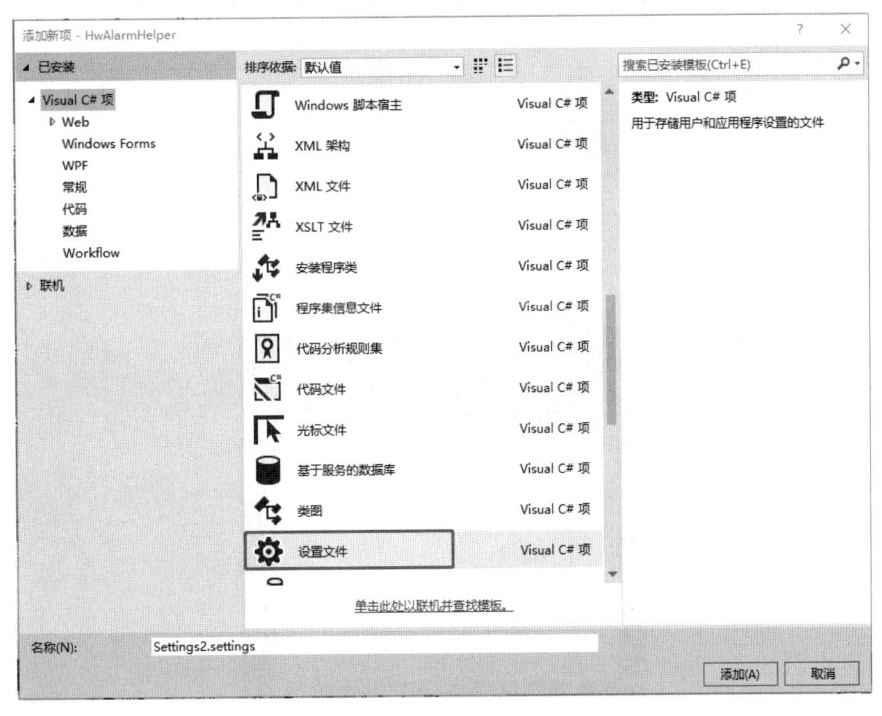

图15-19　添加设置文件

然后双击打开新添加的设置文件，在窗口中可以看到设置文件列表中包含四列，分别是名称、类型、范围和值（图15-20）。

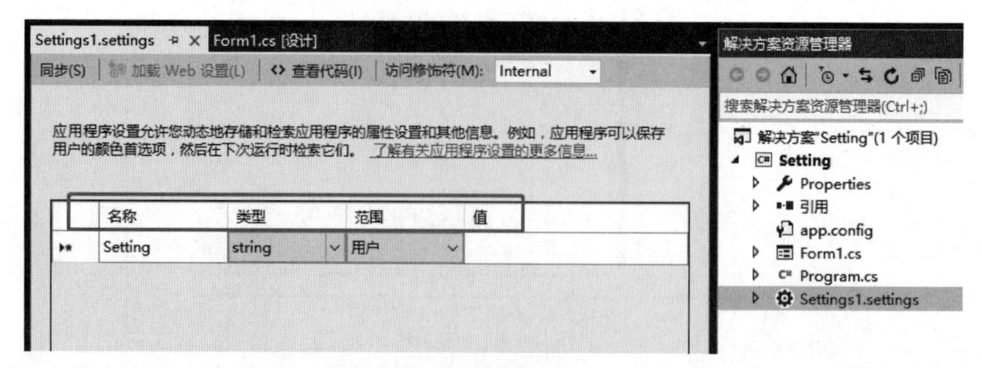

图15-20　编辑设置文件

“名称”是我们要保存数据的变量名称。输入名称后还要选择它的数据类型，在设置文件中支持常用的一些数据类型。“范围”有两个选项，分别是用户和应用程序。如果选择应用程序，那么该变量在程序运行时不可修改。如果选择用户，那么支持在运行时操作人员修改数据。最后一列值就是为该变量设置初始值。下面我们来演示如何使用设置文件来保存单位职工信息。首先在设置文件中创建四个变量，参见图15-21。

然后我们再设计一个图15-22这样的界面用于显示及修改职工信息。

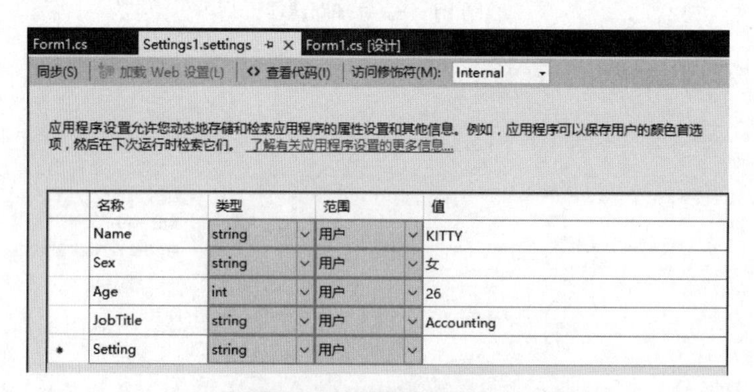

图15-21　保存职工信息

图15-22　应用程序界面

双击按钮“读取”，在按钮点击事件中输入代码15-12。

代码15-12　读取设置文件

```
private void btnRead_Click(object sender, EventArgs e)
{
        txtName.Text=Settings1.Default.Name;
        txtSex.Text = Settings1.Default.Sex;
        txtAge.Text = Settings1.Default.Age.ToString();
        txtPosition.Text = Settings1.Default.Positon;
}
```

保存后运行程序，点击按钮“读取”，然后我们就可以看到图15-23的效果。

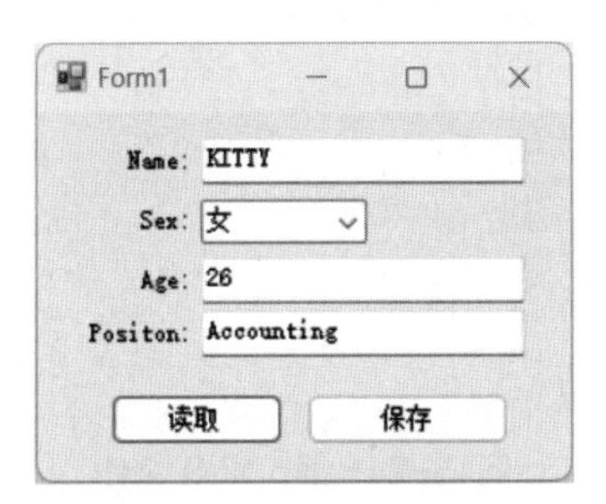

图15-23　读取设置文件

我们也可以修改图15-23中的信息，然后点击按钮“保存”将数据写入设置文件。为了能够保存设置文件，我们还需要在按钮“保存”的点击事件中写入代码15-13。

代码15-13　写入设置文件

```
private void btnSave_Click(object sender, EventArgs e)
{
    Settings1.Default.Name = txtName.Text;
    Settings1.Default.Sex = txtSex.Text;
    Settings1.Default.Age = int.Parse(txtAge.Text);
    Settings1.Default.Positon = txtPosition.Text;

    //最后记得保存
    Settings1.Default.Save();
}
```

完成后再次运行程序就可以修改数据了。修改完成后退出程序再次运行，我们会发现数据修改有效。

15.1.5　XML文件

XML属于一种标记语言，是extensible markup language的缩写。XML是被设计用来传输及存储数据的，比如很多应用程序的配置文件都是XML格式。

在Visual Studio项目中也可以直接插入XML文件。在项目上右击，选择“添加”→“新建项”，在窗口中选择“XML文件”即可（图15-24）。

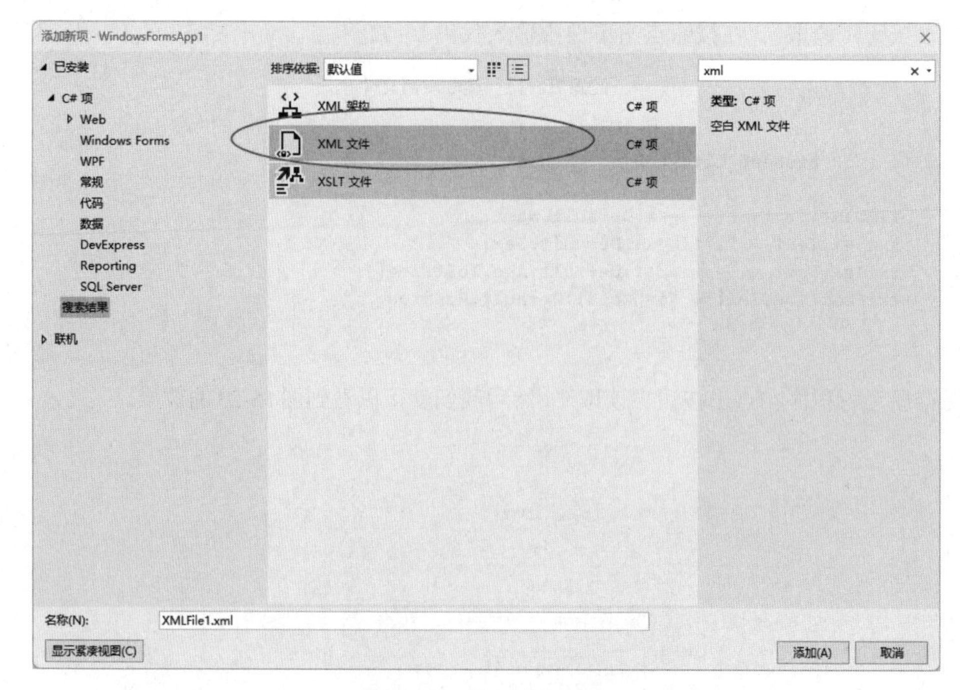

图15-24 插入XML文件

图15-25展示的是我们创建的一个用于配置PLC通信参数的XML文件。

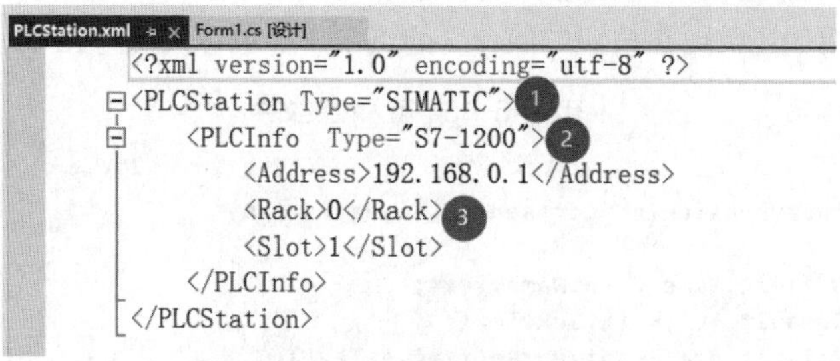

PLCStation.xml Form1.cs [设计]

```xml
<?xml version="1.0" encoding="utf-8" ?>
<PLCStation Type="SIMATIC">①
    <PLCInfo  Type="S7-1200">②
        <Address>192.168.0.1</Address>
        <Rack>0</Rack>③
        <Slot>1</Slot>
    </PLCInfo>
</PLCStation>
```

图15-25 XML文件结构

在一个XML配置文件中，通常我们需要操作的也就节点、元素及节点属性这几项。凭借.Net Framework提供的XmlDocument类，这些都可以轻松实现。

新建一个项目，创建一个PLC参数设置窗口（图15-26）。

Form1.cs [设计]

PLC参数设置

PLC地址

机架号

槽号

确定

图15-26 PLC参数设置窗口

首先我们要在窗口加载时读取上一次的PLC参数（代码15-14）。

代码15-14 读取XML文件

```
private void Form1_Load(object sender, EventArgs e)
{
    XmlDocument xml = new XmlDocument();
    //导入指定XML文件
    xml.Load("PLCStation.xml");

    //指定一个节点
    XmlNode root = xml.SelectSingleNode("PLCStation");
    //指定一个子节点
    XmlNode child = root.SelectSingleNode("PLCInfo");
    //获取指定子节点的指定属性值
    this.Text += "(" + child.Attributes["Type"].Value + ")";
    //读取节点Address
    XmlNode address = child.SelectSingleNode("Address");
    //读取节点Rack
    XmlNode rack = child.SelectSingleNode("Rack");
    //读取节点Slot
    XmlNode solt = child.SelectSingleNode("Slot");
    txtAddress.Text = address.InnerText;
    txtRack.Text = rack.InnerText;
    txtSlot.Text = solt.InnerText;

    //这样也可以
    //XmlNodeList element = xml.GetElementsByTagName("Address");
    //MessageBox.Show(element[0].InnerText);
}
```

保存并运行后如图15-27所示。

图15-27 读取参数

当我们需要修改某一个参数，然后点击按钮“确定”后，执行代码15-15。

代码15-15 保存参数至XML文件

```
private void button1_Click(object sender, EventArgs e)
{
    XmlDocument xml = new XmlDocument();
```

```
    //导入指定XML文件
    xml.Load("PLCStation.xml");
    //指定一个节点
    XmlNode root = xml.SelectSingleNode("PLCStation");
    //指定一个子节点
    XmlNode child = root.SelectSingleNode("PLCInfo");
    XmlNode address = child.SelectSingleNode("Address");
    XmlNode rack = child.SelectSingleNode("Rack");
    XmlNode solt = child.SelectSingleNode("Slot");
    //设置节点值
    address.InnerText= txtAddress.Text;
    rack.InnerText= txtRack.Text;
    solt.InnerText= txtSlot.Text;
    //保存XML文件
    xml.Save("PLCStation.xml");
    MessageBox.Show("设置成功！");
}
```

保存并运行程序，修改参数后点击按钮“确定”，下次打开程序就是最新的参数了。

15.2 多语言界面

随着国外项目越来越多，多语言界面显得尤为必要。不同的国家或者地区的项目只需要一键切换为当地语言即可，而无需为每个国家或者地区单独开发一套程序界面。在C#中可以使用资源文件实现多语言热切换，而无需重启程序。下面以一个简单的例子来说明，首先新建一个应用程序，拖两个按钮到窗体上，分别设置它们的Text属性值为“你好”和“Hello”，为“语言切换”按钮添加一个背景图片，完成后的界面如图15-28。

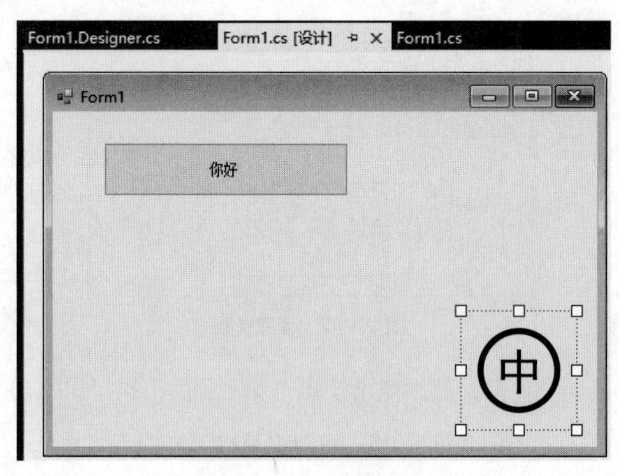

图15-28 演示窗体

选中“语言切换”按钮，选中其属性BackgroundImage，点击后面的按钮“…”，在弹出窗口中分别导入两个图片资源文件，分别表示中英文，参见图15-29。

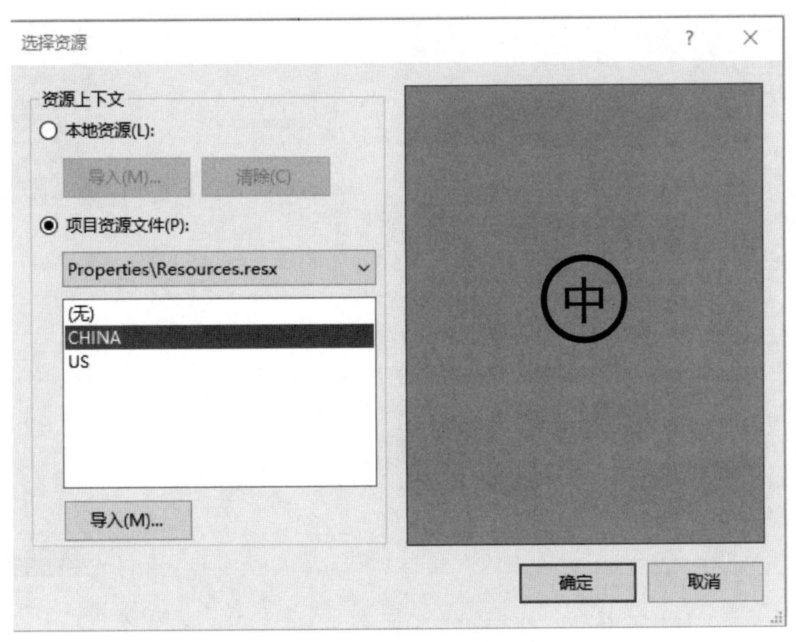

图15-29　导入图片资源文件

注意窗体的属性Localizable需要设置为True(实际上不设置此属性也没关系)。

15.2.1　配置资源文件

C#的多语言文本信息来自资源文件，每种语言的文件存储在各自的资源文件中。也就是说一个中英文双语界面肯定需要包含一个表示英文的资源文件和一个表示中文的资源文件。首先在项目名称上右击选择“添加”→“新建项”，参见图15-30。

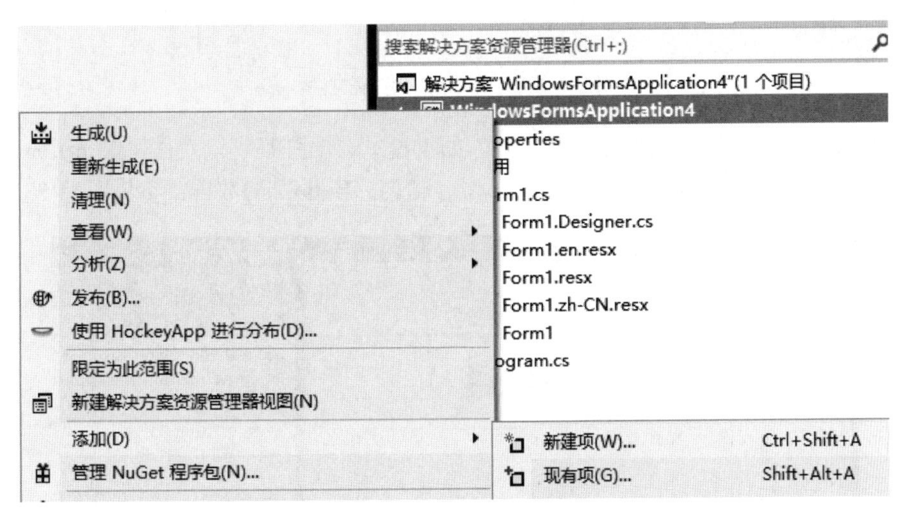

图15-30　插入新建项

然后在弹出窗口中选择“资源文件”，文件名称是“Form1.en.resx”。Form1是窗体名称，这个要与窗体的名称完全一致。后面的en表示的是英文资源。

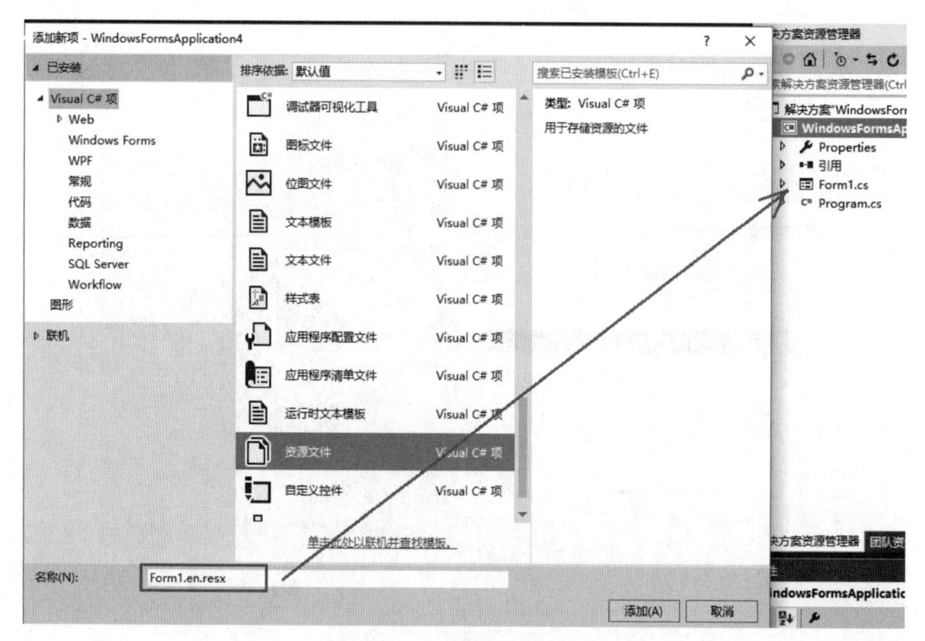

图15-31 添加英文资源文件

点击图15-31按钮“添加”后，资源文件会自动插入到窗体Form1目录下，参见图15-32。

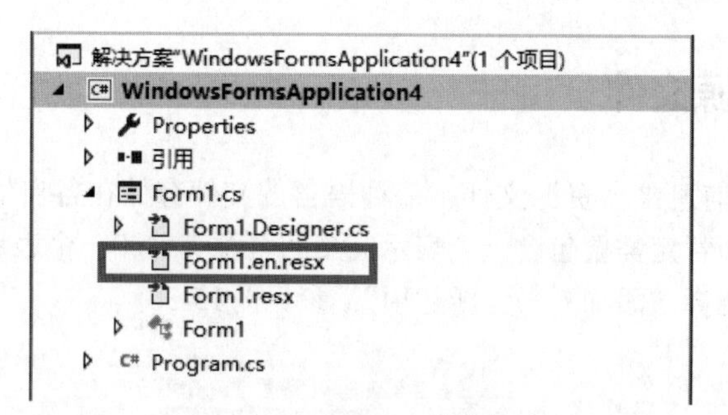

图15-32 自动插入的资源文件

通常情况下插入的资源文件会自动打开，如果没有自动打开可以双击“Form1.en.resx”打开。然后在里面新建一个名称为“button1.Text”，值为“Hello”的数据，参见图15-33。

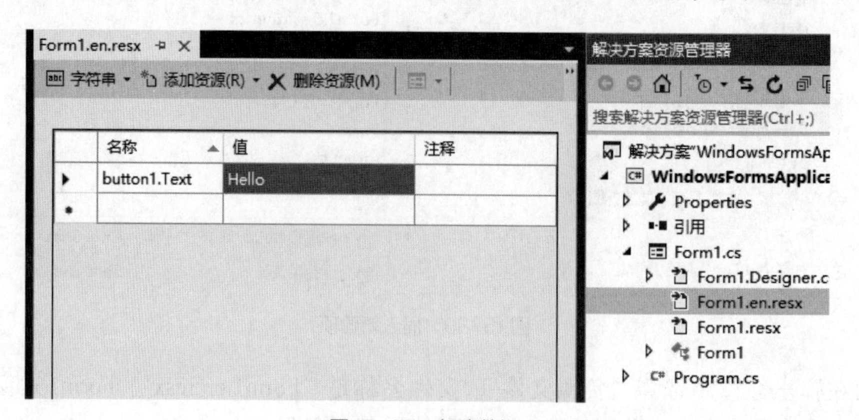

图15-33 新建数据

插入的是英文资源文件。下面我们用同样方法插入一个中文资源文件。需要注意的是中文资源文件需要命名为“Form1.zh-CHS.resx”，完成后的项目文件目录如图15-34所示。

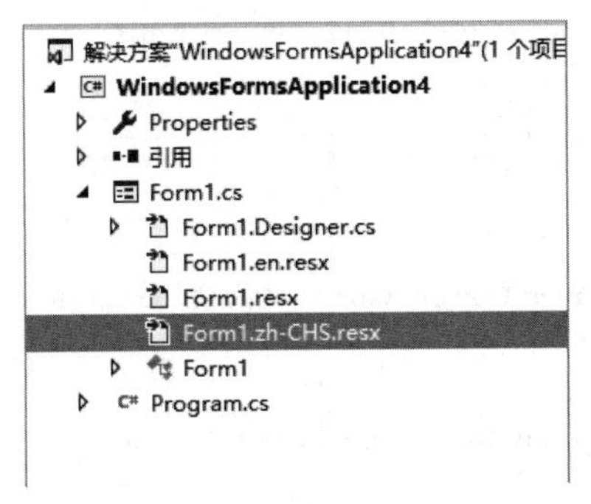

图15-34　插入中文资源文件

双击“Form1.zh-CHS.resx”打开资源文件编辑器，插入一个名称为“button1.Text”，值为“你好”的数据，参见图15-35。

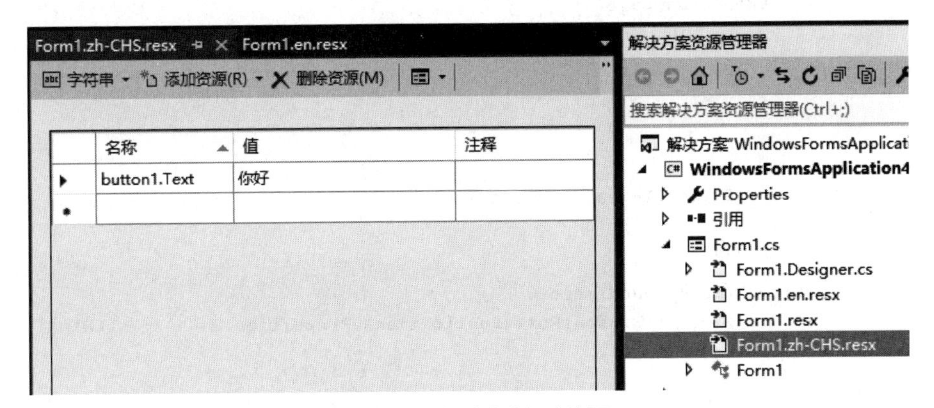

图15-35　新建中文语言资源

15.2.2　语言切换

上一小节我们为应用程序创建了语言资源文件，这里我们要把它们读取出来并应用到软件界面。首先我们创建一个读取资源文件的方法，参见代码15-16。

代码15-16　ChangeLanguage

```
private void ChangeLanguage()
{
    //实例化ResourceManager
    //注意:需要使用using System.Resources
    ResourceManager rm = new ResourceManager(typeof(Form1));
    //读取我们之前创建的字符串
     button1.Text = rm.GetString("button1.Text");
}
```

创建完语言切换方法后我们可以通过按钮事件来调用这个方法。双击“语言切换”按钮，在其Click事件中写入代码15-17。

代码15-17　调用语言切换

```
private void button2_Click(object sender, EventArgs e)
{

            if (Thread.CurrentThread.CurrentUICulture.ToString()!="en")
            {
                //加载资源文件
                Thread.CurrentThread.CurrentUICulture = new CultureInfo("en");

                //切换按钮背景图片
                button2.BackgroundImage
                        global::WindowsFormsApplication4.Properties.Resources.US;
                //调用语言切换方法
                ChangeLanguage();

                //返回，避免执行后面的语言
                return;
            }
            //加载资源文件
            Thread.CurrentThread.CurrentUICulture = new CultureInfo("zh-CHS");

            //切换按钮背景图片
            button2.BackgroundImage =
                    global::WindowsFormsApplication4.Properties.Resources.CHINA;

            //调用语言切换方法
            ChangeLanguage();

}
```

代码15-17主要是加载中英文语言资源文件，然后根据当前加载加载的资源文件切换按钮的背景图片。保存并运行程序，中文环境下如图15-36。

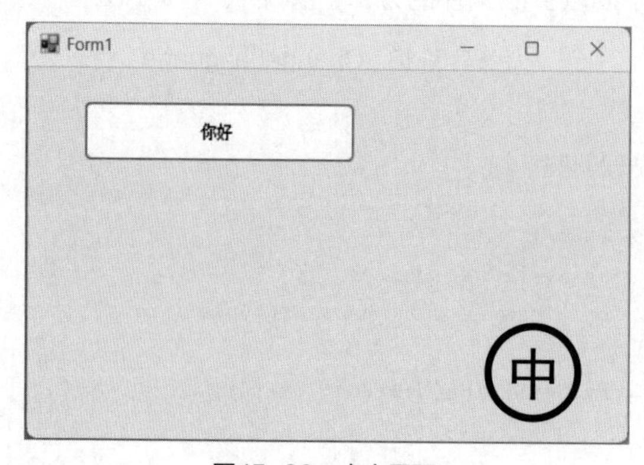

图15-36　中文界面

点击“语言切换”按钮，界面切换到图15-37所示英文环境。

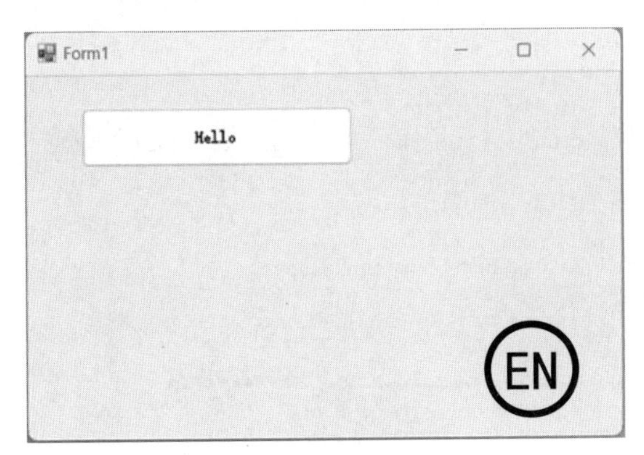
Form1
Hello
EN

图15-37　英文界面

15.3　异常处理

异常是在程序执行期间出现的问题。这些在运行期间出现的异常如果不被处理，可能会导致程序闪退、崩溃等。C#中的异常是对程序运行时出现的错误进行响应，比如弹出提示信息等（图15-38）。C#的异常处理提供了一种把程序控制权从某个部分转移到另一个部分的方式。它包括了下面四个关键字。

- try：正常执行的代码需要被try包围；
- catch：当捕捉到异常时程序控制权转移到catch代码块；
- finally：该代码块用于执行给定的语句，不管异常是否被抛出这里的代码都会被执行；
- throw：程序抛出一个异常。

在上位机开发中，我们经常会需要将用户的设置值写到设备里面的情况。那我们的代码首先要将用户输入的设置值转换为设备可以接受的数据类型，比如浮点、整型等。如果用户输入错误，比如输入了一个无法被转换的字符，那么程序就会崩溃。

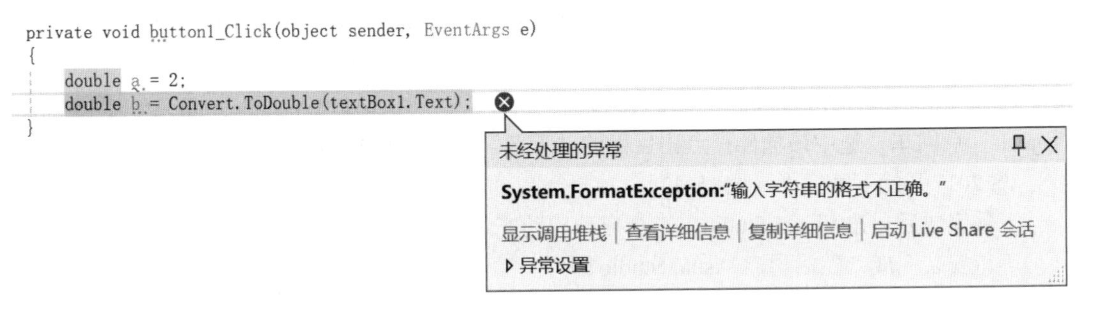
private void button1_Click(object sender, EventArgs e)
{
double a = 2;
double b = Convert.ToDouble(textBox1.Text);
}
未经处理的异常
System.FormatException:"输入字符串的格式不正确。"
显示调用堆栈 | 查看详细信息 | 复制详细信息 | 启动 Live Share 会话
异常设置

图15-38　程序异常

在生产环境出现这种情况是不可以接受的，因为它导致了程序异常退出。所以为了避免程序异常崩溃，我们需要对可能的错误进行处理。我们把转换代码放到try程序块里面，在catch里面进行错误提示（图15-39）。

```
private void button1_Click(object sender, EventArgs e)
{
    try
    {
        double a = 2;
        double b = Convert.ToDouble(textBox1.Text);
    }
    catch (Exception ex)
    {
        MessageBox.Show(ex.Message);
    }
}
```

Form1

button1

button2

输入字符串的格式不正确。

确定

图15-39　捕捉异常

这样当操作员一旦输入了错误的数据后，程序会弹出错误提示而不会崩溃。这种异常处理方式比较简单。而对于一些情况下的异常我们往往还需要使用finally程序块。比如操作数据库中出现异常，我们需要在finally里面把连接关闭。

15.4　安装与部署

大家都知道，C#开发的应用程序是需要.Net Framewrok才能正常运行的。由于不同的操作系统自带的.Net Framewrok版本不一样，这就容易导致我们的程序在这个系统中运行正常，到另一个系统下可能就不能正常工作了。另外对于复杂的程序，可能还会涉及很多依赖文件及数据库设置等，所以一般稍大点的程序都需要制作安装文件。

15.4.1　安装插件

自VS 2012开始，Visual Studio在安装时默认不再带有项目安装与部署模板，需要自行安装。对于VS 2015，官方提供了单独的组件VSI_bundle.exe。对于VS 2017，选择菜单“工具”→“扩展和更新”，这时我们应该看到图15-40这个窗口。

点击图15-40中的“联机”，然后在搜索栏中输入“Microsoft Visual Studio 2017 Installer Projects”后回车，选中该插件，点击后面的“下载”按钮（图15-41）。

VS 2017开始下载插件（图15-42）。

下载完成后退出Visual Studio，它会自动启动安装程序，参见图15-43。

等待安装完成，然后重启Visual Studio即可。

15.4.2　打包项目

这里我们以前面的S7NetPlusTest项目来演示如何对项目进行打包。首先打开项目S7NetPlusTest，在解决方案上右击，选择“添加”→“新建项目”，我们会看到图15-44的窗口。

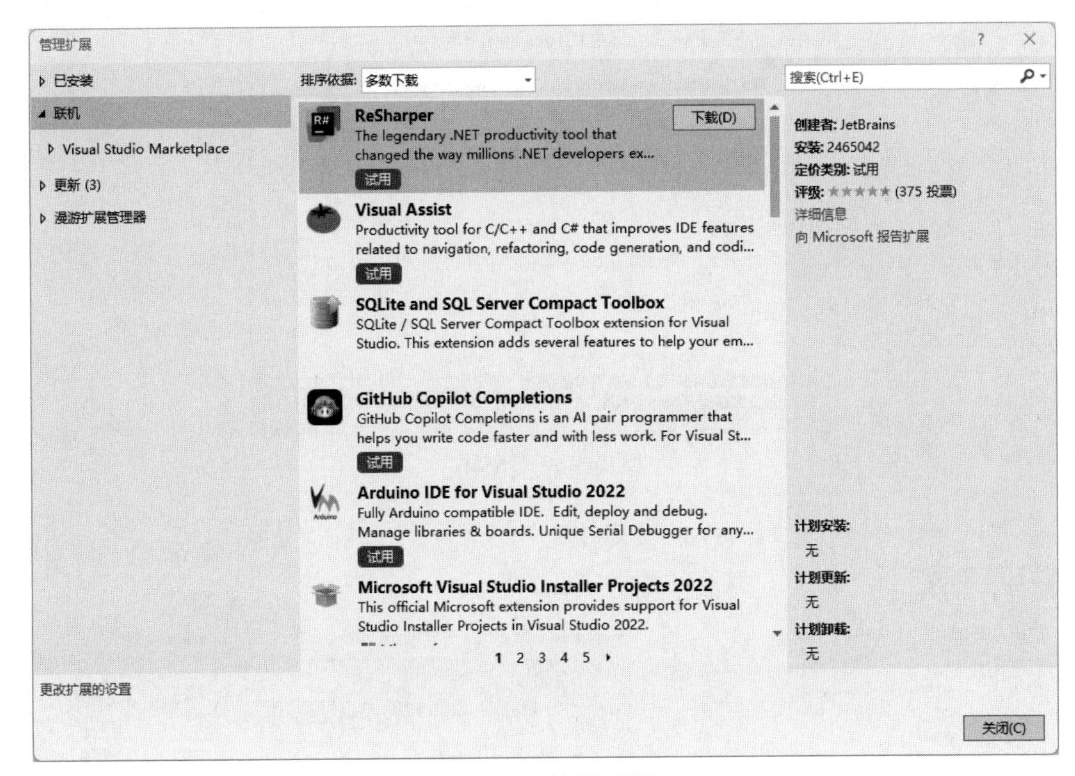

图15-40　扩展和更新

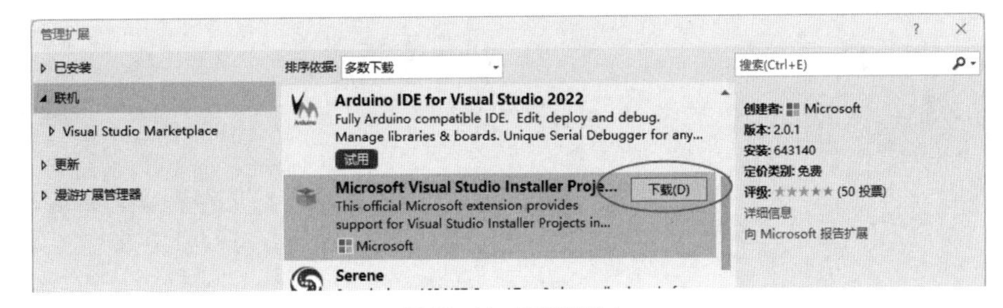

图15-41　下载插件1

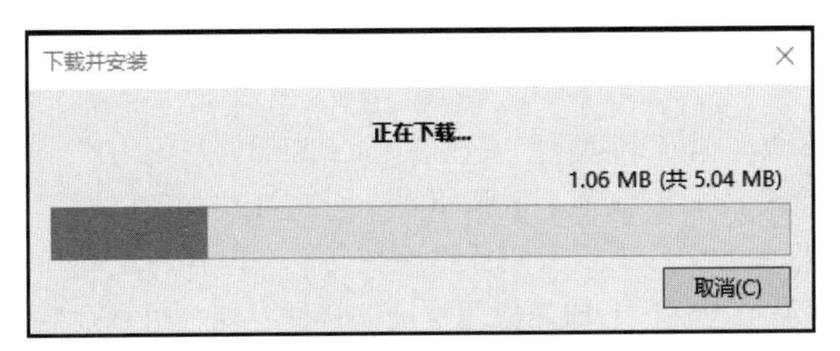

图15-42　下载插件2

图15-43　安装插件

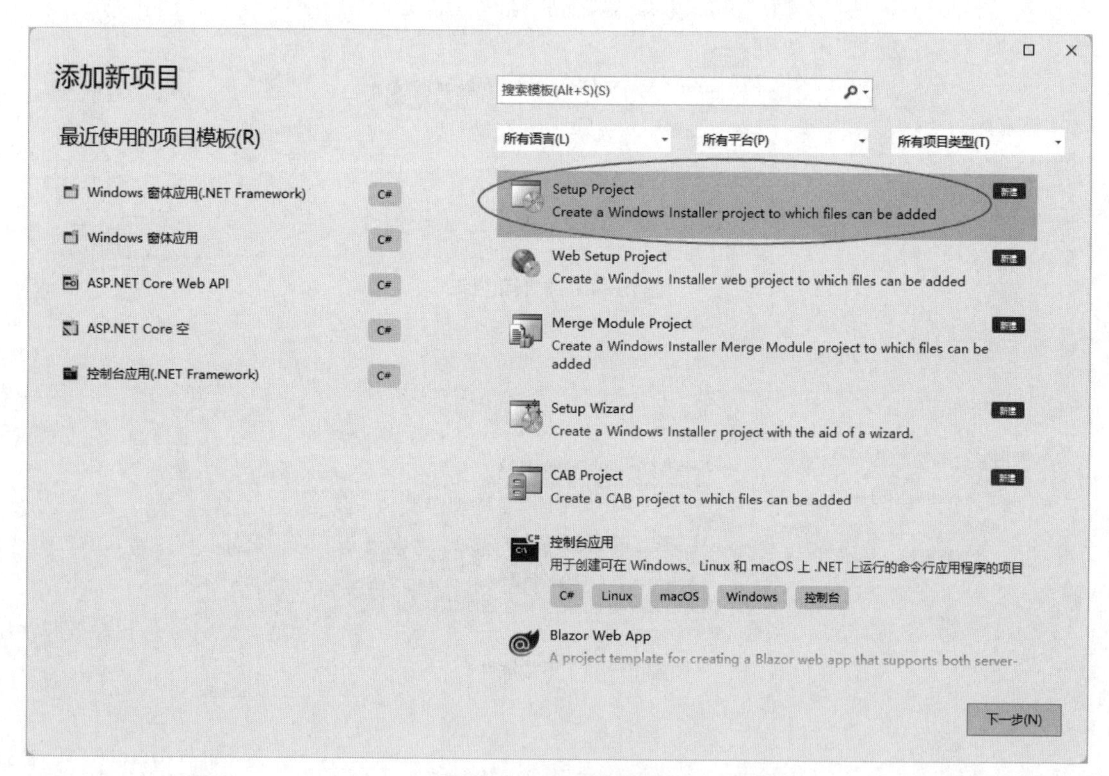

图15-44　添加新建项目

在图15-44中选择“其他项目类型”→“Visual Studio Installer”，在右边窗口中选择“Setup Project”，点击按钮“确定”。然后我们将看到图15-45的窗口。

图15-45中深色方框中的文件夹用于配置程序主文件夹内容。浅色方框中的文件夹用于配置应用程序在桌面上的显示内容，一般是应用程序的快捷方式。粗线方框中的文件夹用于配置应用程序在用户程序菜单中的内容。右击图15-45中深色方框内的“Application Folder”，在快捷菜单中选择“Add”→“项目输出”，参见图15-46。

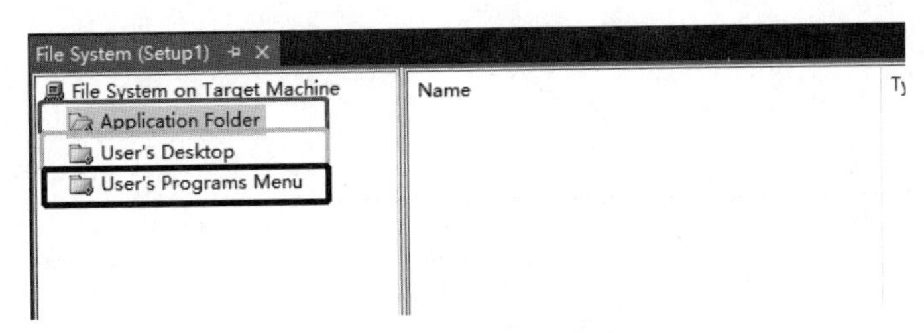

图15-45　Setup的配置窗口

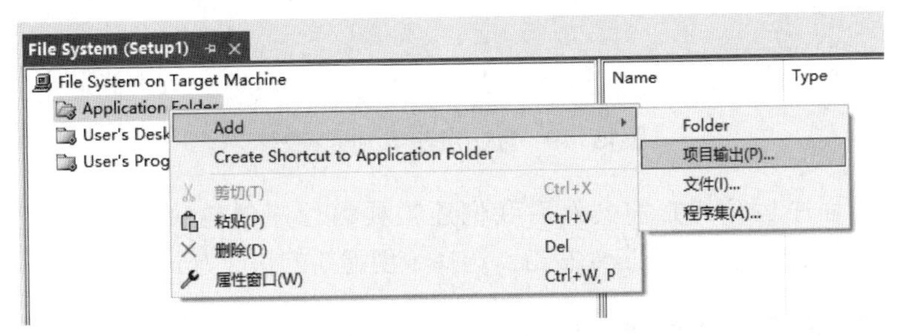

图15-46　添加项目输出

在弹出窗口中选择项目的应用程序文件夹（图15-47）。

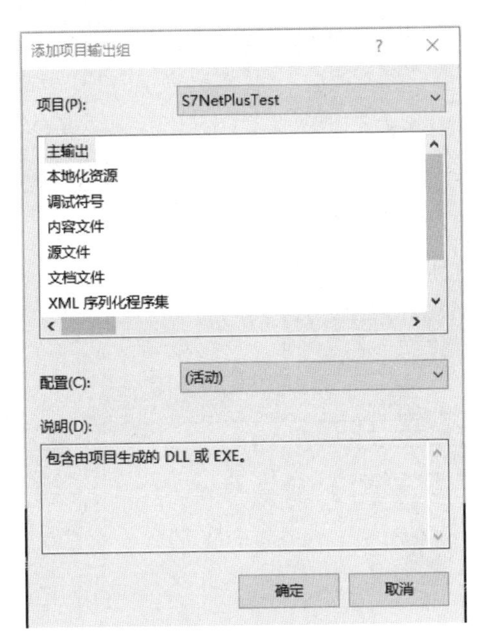

图15-47　设置输出文件

这里的主输出文件夹根据上图中的“配置”而定，可以选择Debug或者Release。如果选择“活动”，主输出文件夹根据配置而定，参见图15-48。

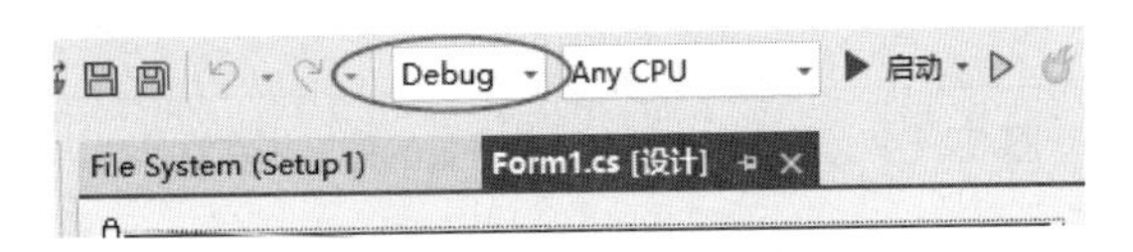

图15-48　解决方案配置

添加完成后的Application Folder如图15-49所示。也可以在空白处右击，为应用程序添加依赖文件。

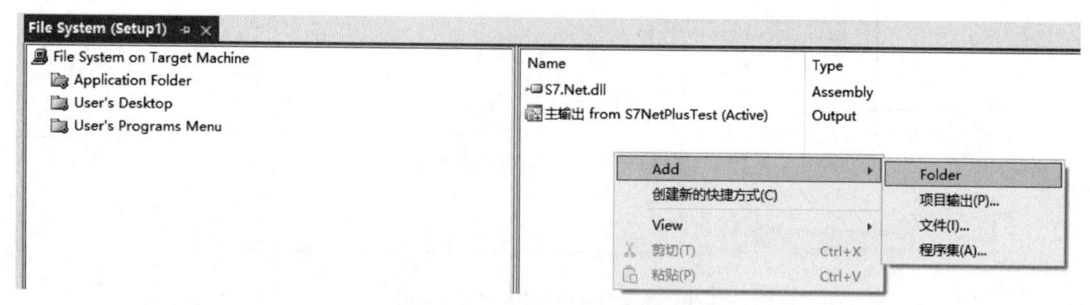

图15-49　为应用程序添加依赖文件

添加了应用程序运行的必需文件后我们还需要为程序创建快捷方式。选中图15-50的“User's Desktop”，在右边窗口空白处右击，选择“创建新的快捷方式”。

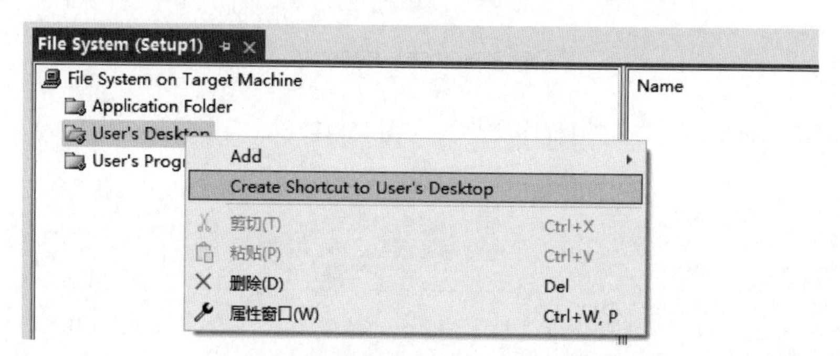

图15-50　User's Desktop

这时我们会看到图15-51所示弹出的窗口。

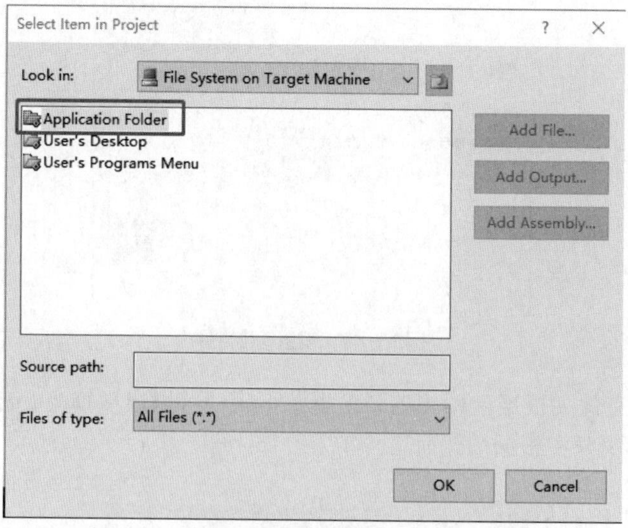

图15-51　选择需要创建快捷方式的程序所在文件夹

在图15-51弹出的窗口中双击“Application Folder”。

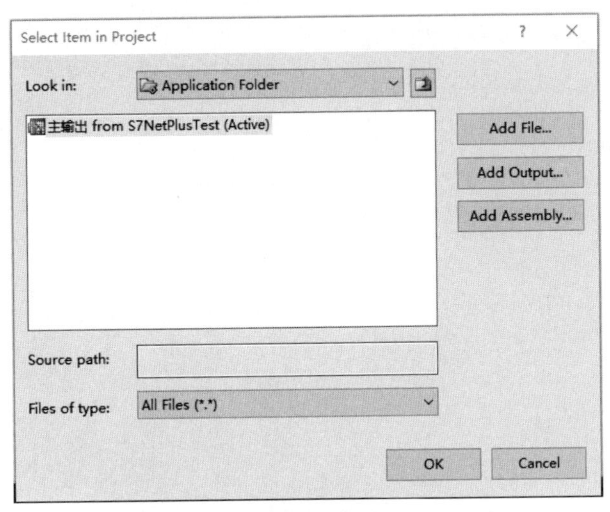

图15-52　选择需要创建快捷方式的程序

在图15-52所示窗口选中需要创建快捷方式的应用程序，点击按钮“OK”。在安装项目上右击，选择“生成”，参见图15-53。

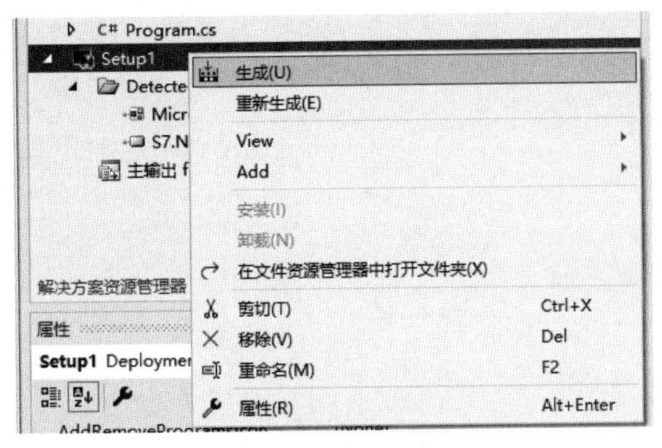

图15-53　生成项目

然后我们在项目文件夹“Debug”或者“Release”中就可以看到生成的安装程序（图15-54）。

图15-54　生成的安装文件

将安装文件拷贝到目标电脑上，双击里面的“setup.exe”开始安装，完成后我们会看到桌面上生成的应用程序快捷方式。双击快捷方式就可以运行程序。